大夏书系·教育艺术

儿童
心理辅导

孩子一生幸福的基石

吴增强 / 著

华东师范大学出版社

全国百佳图书出版单位

·上海·

图书在版编目（CIP）数据

儿童心理辅导：孩子一生幸福的基石 / 吴增强著 .
—上海：华东师范大学出版社，2022
ISBN 978-7-5760-2772-3

Ⅰ. ①儿… Ⅱ. ①吴… Ⅲ. ①儿童心理学 Ⅳ. ① B844.1

中国版本图书馆 CIP 数据核字（2022）第 053402 号

大夏书系·教育艺术

儿童心理辅导：孩子一生幸福的基石

著　　者　吴增强
策划编辑　李永梅
责任编辑　万丽丽
责任校对　杨　坤
装帧设计　奇文云海·设计顾问

出版发行　华东师范大学出版社
社　　址　上海市中山北路 3663 号　　邮编　200062
网　　址　www.ecnupress.com.cn
电　　话　021-60821666　　行政传真　021-62572105
客服电话　021-62865537
邮购电话　021-62869887　　地址　上海市中山北路 3663 号华东师范大学校内先锋路口
网　　店　http://hdsdcbs.tmall.com/

印 刷 者　北京密兴印刷有限公司
开　　本　700×1000　16 开
插　　页　1
印　　张　29
字　　数　441 千字
版　　次　2022 年 10 月第一版
印　　次　2022 年 10 月第一次
印　　数　6 100
书　　号　ISBN 978-7-5760-2772-3
定　　价　79.80 元

出 版 人　王　焰

（如发现本版图书有印订质量问题，请寄回本社市场部调换或电话 021-62865537 联系）

目　录

前　言

当下儿童青少年的心理健康越来越受到全社会的关注，缘于两大动因：一是教育的功利主义忽视孩子的天性，忽视孩子的需求，在"分数第一""一切都是为了孩子好"的成人意志下，孩子的生活世界被挤压，孩子的自主性、独立性和创造性被抑制，而心理和行为问题日趋增多。二是现代教育呼唤人的发展，促进人的全面发展是现代教育的基本宗旨。联合国教科文组织国际 21 世纪教育委员会指出："教育应当促进每个人的全面发展，即身心、智力、敏感性、审美意识、个人责任感、精神价值等方面的发展。应该使每个人尤其借助于青年时代所受的教育，能够形成一种独立自主的、富有批判精神的思想意识，以及培养自己的判断能力，以便由他自己确定在人生的各种不同的情况下他认为应该做的事情。"可见，人的全面发展是身体、心智、精神的和谐发展。儿童的身心健康是孩子一生幸福的基石。

我从事儿童青少年心理发展与辅导研究工作 30 多年，写了不少专业著作，其中华东师范大学出版社出版的两本书广受教育工作者的欢迎：一是 2009 年出版的《班主任心理辅导实务（中学版）》，二是 2010 年出版的《班主任心理辅导实务（小学版）》。为了帮助班主任和心理老师更有效地开展中小学生心理辅导工作，2013 年我写了《青少年心理辅导》，作为《班主任心理辅导实务（中学版）》的拓展，帮助中学班主任和心理老师在青少年发展和心理辅导的理论层面上有所提高。《青少年心理辅导》同样受到大家的欢迎，至 2020 年 11

月已经第五次印刷。这使我受到了极大的鼓舞，给了我继续写这本《儿童心理辅导》的动力。《儿童心理辅导》作为《班主任心理辅导实务（小学版）》深化阅读的著作，旨在帮助广大小学班主任、心理老师提高对儿童心理辅导的能力。

撰写《儿童心理辅导》的过程，是我对多年来从事的儿童心理发展与辅导研究和实践工作反思的过程，也是对孩子心理世界进一步理解的过程。儿童期比之青少年期，孩子更加天真烂漫、可塑性更大，是培养积极心理品质、开展发展性心理辅导的最佳时期。本书旨在探讨如何提高儿童心理辅导的科学性、艺术性和有效性，真正让心理辅导惠及广大儿童，促进孩子健康成长。我想与广大读者分享的体会如下：

其一，儿童心理辅导的前提是了解儿童心理发展的特点。本书对儿童认知发展、自我发展、情绪发展、社会性发展等方面有清晰的论述。儿童的心智发展是从不成熟走向成熟的过程。美国著名哲学家、教育家杜威对于儿童的未成熟有深刻的论述，他说："生长的首要条件是未成熟状态……我们说未成熟状态就是有生长的可能性。这句话的意思，并不是指现在没有能力，到了后来才会有；我们表示现在就有一种确实存在的能力——发展的能力。"这表明"未成熟"恰恰具有生长的优势，孩子现在是棵小树苗，但有长成参天大树的可能。这就需要教育工作者遵循儿童身心发展的规律，对孩子精心培育。

其二，要从积极的视角探讨儿童心理辅导。本书有专门的章节论述了儿童积极心理品质的培育。受到积极心理学的启示，儿童心理辅导，既要遵循问题导向，解决孩子成长中的困惑，也要遵循优势导向，培育孩子积极的心理品质。其实每个孩子内心都蕴藏着积极向上的心理资源，每个孩子都拥有各自的才能与禀赋，关键在于如何发现、如何开发。这是我一贯的教育信念。

其三，帮助孩子解决成长中的困惑是儿童心理辅导的主要任务。本书从儿童自我发展、情绪辅导、学习心理辅导、适应行为辅导、人际交往辅导、生命教育六个方面分章进行专题探讨，既有对儿童心理与行为问题的清晰简明心理学分析，又有丰富的案例和实用的辅导策略，力求体现心理辅导的科学性、艺术性、有效性和可操作，也力求文本通俗易懂、可读。除了在专题辅导里，其他都结合案例讨论辅导技术。本书在后三章专门介绍了常用的适合儿童的认知行为治疗技术、表达性艺术治疗技术和家庭治疗技术，便于心理老师和班主任等教育工作者学习运用。

其四，辅导的一个重要目标是关注当下，让孩子拥有幸福的童年。孩子的生活不光是学习，还有生活和休闲。现在许多孩子觉得不快乐，是因为成人随意剥夺了他们玩的权利、玩的时间。童年应该是人一生中最快乐、最无忧无虑的阶段。回顾自己的童年时光，没有过多的课业负担，没有过多的学业压力，记忆中更多的是丰富的课外活动、同伴之间的嬉戏。我从小喜欢踢足球，课余时间，经常和小伙伴们在操场上甚至弄堂里踢球；星期日去不远的田野、河沟里捕鱼捉蟹……我想，我的童年是非常快乐和自由自在的。本书有专门的章节讨论了精彩童年生活。

本书共有12章，各章主要内容如下：

第1章"孩子一生幸福的基石"，这是本书的绪论，主要讨论如何理解孩子成长的需求，儿童心理健康的状况和意义，以及儿童心理辅导的目标与基本任务，强调心理健康是孩子一生幸福的基石。旨在鼓励更多的教育工作者不断地学习心理辅导的理念与方法，了解孩子、读懂孩子，帮助孩子解决成长中的烦恼，使其顺利度过儿童期，给孩子一个快乐的童年。

第2章"探索自我的生长"，主要讨论儿童自我观的发展，常见自我发展困惑的辅导，包括自卑心理辅导、任性心理辅导、嫉妒心理辅导和性别角色辅导。

一个人只有拥有健全的自我，才会拥有健全的人格。因此，儿童的自我健康发展是其人格和谐发展的基础。儿童自我的发展是在学习、交往活动中进行的，在自己的实践活动中形成积极的自我评价，体验到自尊自信，学会自我调节。同时也会在这个过程中遇到困难和挫折，可能会由此产生自卑、任性、嫉妒等，需要我们给予帮助。

第3章"情绪发展与辅导"，主要讨论积极情绪培育，常见情绪问题辅导，包括分离性焦虑辅导、恐惧心理辅导、社交焦虑辅导、抑郁情绪辅导。

积极情绪对于人的心理健康促进作用越来越受到关注。积极情绪是心理健康、幸福感的重要指标。如何通过增加积极情绪，促进积极情绪与消极情绪的平衡，对儿童情绪健康具有重要的价值。儿童的焦虑、恐惧、抑郁情绪往往是其成长中的烦恼，我们要及时发现，通过辅导来应对和解决。切不可对这些情绪问题视而不见，掉以轻心。来自精神卫生部门的报告发现，近年来儿童的焦虑、抑郁等情绪障碍开始增多。我们要做到"早发现、早预防、早干预"。

第4章"学习心理辅导"，主要讨论儿童学习心理发展、学习习惯养成、入学适应辅导、厌学心理辅导、学习困难辅导。

帮助孩子更好地学习，关键要根据儿童的认知发展特点和非智力因素发展的特点。对于低年级孩子要加强小学入学适应辅导，学习习惯的培养应该贯穿于整个小学阶段。当然，厌学心理辅导、学习困难辅导也是儿童学习心理辅导的主要议题。

第5章"适应行为辅导"，主要讨论注意缺陷多动障碍辅导、攻击性行为辅导、强迫行为倾向辅导和网络游戏沉迷辅导。

儿童成长中出现的行为问题，诸如多动、攻击、强迫和网络游戏沉迷等，影响孩子的学习、生活、交往和社会适应，常常使得家长和老师烦恼不已。针对儿童的这些行为问题，本章提供了不少有效的辅导方法。除了心理老师和班主任要学习掌握这些辅导方法，家长训练也尤为重要。要让孩子在学校和家庭里，从情感上体验到安全感、归属感和成就感；在行为上习得良好的行为习惯，提高自我掌控能力。这是帮助孩子建立积极的适应行为的关键所在。当然，对于符合症状诊断标准的行为障碍，如注意缺陷多动障碍，由于其成因还有不少生物学因素，如神经递质、大脑执行功能问题等，需要心理医生的介入，开展"医教结合"的综合干预。

第6章"和谐人际交往"，主要讨论儿童亲社会行为发展、同伴交往辅导、亲子关系辅导、留守儿童辅导。

和谐的人际关系与交往是孩子走向社会化的必由之路。他们通过交往得到友谊和爱，获得他人的接纳或赞许，从中体验到自己的存在价值和生活乐趣。对于儿童来说，在学校里最主要的社会交往是同伴交往和师生交往，在家庭中则主要是亲子关系与沟通。同伴交往让孩子学会合群与合作，师生交往给孩子知识与智慧，亲子关系让孩子体会到亲情的温暖和爱。

跟一般儿童相比，留守儿童最大的问题是亲情的缺失。一方面，要提高家长监护和教育子女的意识，促进家长对孩子行为的关注；另一方面，需要学校和社区相关人员对其积极地呵护和关心，化不利的环境因素为有利的环境因素，以促进孩子的健康成长。

第 7 章"积极心理培育"，主要讨论幸福心理学、乐观的培育、希望的燃起、心理韧性的开发。

积极心理学倡导者塞利格曼（Seligman）说："我以前一直认为积极心理学的主题就是幸福，它的测量标准就是生活满意度，而今幸福的含义变得更加丰富，它的目标是让生命变得更加丰盈、蓬勃。"他提出幸福心理学的若干要素，对于儿童心理辅导富有启示。其中乐观、希望、自我效能、心理韧性和积极关系等对于儿童身心成长更为重要。

第 8 章"生命关怀"，主要讨论生命教育的价值与意义、生命教育实施的途径、丧失与哀伤辅导、儿童虐待辅导。

变化纷繁的社会环境、自媒体时代的多元化信息，使得有的孩子变得迷茫，认识不到自己存在的意义，有的甚至轻待生命。将生命教育融入到孩子的日常学习、交往和生活之中，潜移默化、滴水穿石，让孩子在自己的生命历程中，在解决自己成长的困惑与烦恼中，认识到生命的意义、体验和感悟生命的精彩。对儿童丧失事件的哀伤辅导，对儿童虐待的预防与干预都是对儿童的生命关怀和人文观照。

第 9 章"精彩童年生活"，主要讨论休闲生活辅导、财商与消费教育、动漫阅读辅导。

玩是儿童的天性。休闲与营养健康、居住环境、生活方式等因素一样，是儿童生命存在的方式，对其道德、智力和个性发展起着重要作用，是儿童成长发展不可或缺的因素。财商教育是儿童学习的一个新兴领域，它着眼于 21 世纪未来公民的核心素养的培养。财商教育不仅帮助孩子学会理财、学会消费，而且更重要的是培养孩子的理财观念，普及理财与投资知识，以及理财智慧和能力。动漫是孩子喜欢的一个天地，动漫与童话故事一样，给孩子的心灵以滋润精神的养料，潜移默化地影响孩子的成长。因此，动漫阅读辅导是教师和家长走进孩子内心世界的一把钥匙。

第10章"认知行为治疗技术运用"，主要讨论认知行为治疗的理论基础、认知行为治疗技术运用、正念技术运用。

认知行为治疗是儿童青少年心理辅导常用的咨询理论与技术。这是一个结构严谨、概念清晰、体系完整，并且其疗效得到大量循证研究支持的治疗方法。本章精要介绍了认知行为治疗的理论观点，着重介绍了认知行为治疗技术的操作和正念技术的操作，便于心理老师和班主任在辅导实践中学习和运用。

第11章"表达性艺术治疗技术运用"，主要讨论绘画疗法技术的运用，沙盘游戏治疗技术的运用，校园心理情景剧技术的运用。

表达性艺术治疗是一种综合多种艺术形式的治疗方法，为人们的成长、发展和康复服务。表达性艺术治疗的形式是多种多样的，本章选取了绘画疗法技术、沙盘游戏治疗技术和校园心理情景剧，是基于在目前中小学心理健康教育领域已经得到比较广泛的运用，尤其适用于儿童心理辅导。

第12章"家庭治疗技术运用"，主要讨论家庭治疗理论流派、家庭治疗技术运用、家庭治疗案例分析。

儿童的许多行为和心理问题是由不良的家庭教育环境引起的。学校心理老师和班主任在处理孩子的问题的时候，往往需要做父母的工作，这就需要学习家庭治疗的理论与技术。而目前对于学校心理工作者的家庭治疗理论和技术的专业培训是远远不够的，是需要加强的环节。

本书得以写成，我要感谢在儿童青少年心理健康教育领域长期与我合作的同事和一线的心理老师，以及我工作室的伙伴们，没有他们扎实的研究成果和鲜活的实践案例，难以写成此书。

希望广大教育工作者能够喜欢这本书，也希望大家多提意见，以便今后改进和完善。

吴增强

孩子一生幸福的基石

当前在我国进入全面建设小康社会的现代化进程中，广大人民群众的生活水平不断得到提高，但是社会矛盾与冲突，社会不稳定的风险与隐患也在增加。尤其是数字化时代的多元文化与价值观念对于人们的冲击，使得学校教育面临前所未有的挑战：学生学业压力持续增大、拒学现象时有发生、危机事件不断增多、身心健康问题及家庭教育问题等日渐突出。尤其是对于小学阶段的孩子来说，他们正处于身心快速发展的关键时期，心理健康成长是关乎其一生发展的核心任务。

本章讨论以下问题：

理解儿童的成长需求；

关注儿童心理健康；

儿童心理辅导的基本任务。

1

第 *1* 节
理解儿童的成长需求

童年是人一生中最快乐、最无忧无虑的阶段。回顾自己的童年时光，没有过多的课业负担，没有过多的学业压力，记忆中更多的是丰富的课外活动、同伴之间的嬉戏。我从小喜欢踢足球，课余时间，经常和小伙伴们在操场上甚至弄堂里踢球；星期日去不远的田野、河沟里捕鱼捉蟹……我想，我的童年是非常快乐和自由自在的。

时光飞梭，60 多年过去了。社会飞速发展，世界发生了翻天覆地的变化。当今的孩子物质生活极大丰富，但是他们常常觉得不快乐。请听一个孩子的心声：

妈妈，我不想上兴趣班

每周六下午都要去跳舞，连续 3 个小时，中间也只有 10 分钟的休息时间，太累了。而且我不擅长跳舞，老师也说过我身体太过于僵硬了。从家里到补课的地方很远，骑车过去要 45 分钟，上午也有补课，有时老师拖堂了，连午饭都来不及吃就过去学跳舞了。

现在不少家长给孩子报了各种培训班，也不问问孩子是否喜欢、是否愿意。这样的盲目教育只是随了自己的心意，而恰恰无视孩子成长的需求。

教育要返璞归真，给孩子一个幸福的童年

当代社会出现的一些不良习气，诸如功利主义、享乐主义、物质化倾向，弱化了人对自身存在价值与意义的思考，弱化了人对有意义生活的向往，弱化

了人对精神世界的追求。我想起了德国哲学家狄尔泰的生命哲学主张。19 世纪以来，科学理性主义的迅速发展，遮蔽了人的精神价值和生存意义，人的完整性和主体性丧失，人成为"单向度的存在物"，人的精神世界被疏离了。如何摆脱这种困境，走出人自身生命的异化？ 19 世纪末 20 世纪初的哲学家们提出了种种哲学主张，其中根本的精神就是"找回失落的精神世界"，归还生命的完整性。德国哲学家狄尔泰就是其中的一位代表人物。他认为，人文世界不同于自然世界。自然界一切都是机械运作，服从于特定不变的秩序。人文世界不是僵死的、机械的世界，而是一个自由和创造的世界，一个意义世界，人文世界是由一种内在的力量——有意识的生命所驱动。功利主义的教育无视孩子的天性，无视孩子的需求，在"分数第一""一切都是为了孩子好"的成人意志下，孩子的生活世界被挤压，孩子的自主性、独立性和创造性日益丧失。与此同时，成人与孩子的和谐关系受到了损害。孩子也是有主体人格的大写的人，不要把孩子当成考试的机器，不要把孩子当成功利主义教育的工具。

孩子有自己的世界

了解儿童的成长需求，要求我们克服成年人的思维定势，设身处地站在儿童的角度观察他们、体察他们。要了解孩子，首先得承认孩子有自己的世界。鲁迅先生在抨击旧教育时，曾经这样说："往昔的欧洲人对于孩子的误解，是以为成人的预备；中国人的误解，是以为缩小的成人。直到近来，经过许多学者的研究，才知道孩子的世界，与成人截然不同；倘不先行理解，一味蛮做，便大碍于孩子的发达。"其次，要引导孩子，给予孩子平等的思想，以"养成他们有耐劳作的体力，纯洁高尚的道德，广博自由能容纳新潮流的思想"。再次，还要"解放孩子，去掉孩子身上种种束缚，自由地进行陶冶，给他们创造一个美好、有趣、健康、活泼的世界，使他们自由成长，成为独立的新人"①。

---

① 中央教育科学研究所.鲁迅论教育［M］.北京：教育科学出版社，1986：18.

我国著名教育家陶行知、陈鹤琴主张尊重儿童、解放儿童，反对把儿童看成是"小大人"，反对把成人的意志强加于儿童，摧残儿童的天真，剥夺儿童应该享有的权利。他们深信儿童蕴藏的潜力和创造力，力图打破成人和学校对儿童的种种束缚，创造儿童健康成长的良好环境和教育。[①]

自然主义教育观

卢梭认为，儿童的教育就要把儿童当作儿童，适应儿童的特点，遵循儿童的自然发展顺序，促进儿童身心自然、自由的发展。他指出："大自然希望儿童在成人以前就要像儿童的样子。如果我们打乱了这个次序，就会造成一些早熟的果实，它们长得既不丰满也不甜美，而且很快就会腐烂：我们将造成一些年纪轻轻的博士和老态龙钟的儿童。"[②]

印度大诗人泰戈尔在《我的学校生活》中说道："孩子们是热爱生活的，这是他们最初的爱。生活中的所有色彩和变化吸引着他们的心灵。"泰戈尔主张的儿童教育观与卢梭的自然主义教育思想一脉相承，他又说："儿童并不是生来就能接受学习知识的清规戒律的约束的。一开始他们必须通过对生活的热爱来获得知识，随后他们便会脱离生活去求得知识，再往后，他们又会带着成熟的智慧重返自己更为充实的生活。"

泰戈尔认为应该让儿童接触大自然，在大自然中受到陶冶和教育。孩子的心灵是用一种非同寻常的方式意识到自己身边的活动，在接受感官的印象方面超过自己的老师。用脑学习之前，他们是用肢体和感觉器官开始自己的学习的。因此，有必要给他们这样的环境，这种环境将培育和激励他们的好奇心，使他们愉快而简单地认识周围世界，这个环境就是知识的本源——大自然。儿童在大自然中的时间越多，铭印在他们脑海中的周围世界的形象和画面越鲜明，这对儿童来说，就成了进行理性思维的源泉，因为在周围世界形象的

① 桑标.儿童发展［M］.上海：华东师范大学出版社，2014：12.
② 卢梭.爱弥儿论教育［M］.李平沤，译.北京：人民教育出版社，2001.

多种形式、色彩和声响之中包含着数以千计的问题。教师在揭示这些问题的内容时，仿佛是在掀翻"大自然的书"。泰戈尔认为大自然是最优秀的老师，他让学生在广场的树荫下上课，鼓励他们研究大自然瞬息万变的形态和热爱大自然。①

心智健康成长：儿童幸福的原点

以上中外名家对儿童教育的论述，给了我们深刻的启迪：教育既要遵循自然、顺应儿童的天性，又要促进儿童心智的健康成长。遗憾的是，教育往往处于两难的境地：一方面，在轰轰烈烈地推进素质教育、推进课程改革，期望学生全面发展；另一方面，功利主义教育的影响实实在在，"育分"不"育人"的现象依然存在。

顺应儿童的天性不是任其自由发展，而是应该促进儿童心智的健康成长。我认为，其中有两点值得强调：

其一，教师要善于创设生活化情境，让儿童享受到学习的快乐。大自然是儿童心智成长的土壤，在对大自然奥秘的好奇和探究中，唤起儿童对知识的兴趣。前面已有卢梭、泰戈尔的相关论述。

其二，在儿童学习的过程中，教师要激发儿童内在积极的力量，包括自信、自尊和自我接纳。积极的自我信念是儿童心智健康成长的主要任务之一。心理学大师埃里克森把人生的发展分为八个阶段，任一时期的身心发展顺利与否，均与前一时期的发展有关；前一时期发展顺利者，将有助于其后一时期的发展。在人生的每一阶段，都是发展的危机与转机共存。不过每个阶段的特点各不相同。童年期的主要冲突是勤奋与自卑。儿童在学校里学习顺利、社会交往活动积极，会赢得教师与家长更多积极的评价，这将继续促进他们勤奋和自信；倘若儿童学习困难、学校生活适应困难，会受到教师与家长更多的负面评价，这将大大挫伤他们的自尊、自信，使这些儿童变得自卑而怠惰。如果

---

① 何胜.论泰戈尔的儿童美育思想［J］.杭州师范学院学报（自然科学版），2003（3）.

一个儿童在这个阶段变得勤奋与自信，获得了积极的经验，可以说其心智是健康的。

一个心智健康的儿童会体验到学校生活的快乐，体验到学习知识的乐趣，体验到伙伴交往的愉悦。因此，心智健康成长是童年幸福的基石与原点。[①]

第 2 节
关注儿童心理健康

近 20 年来，儿童青少年的心理健康越来越受到社会各界的关注。自 2002 年教育部颁布了《中小学心理健康教育指导纲要》以来，全国各地中小学心理健康教育得到有力的推动。近年来，国家相关部委又连续出台了文件，如 2016 年 12 月 30 日国家 22 个部门联合印发《关于加强心理健康服务的指导意见》，2018 年 11 月国家 10 个部门联合发布《关于印发全国社会心理服务体系建设试点工作方案的通知》等，都把儿童青少年心理健康服务作为一个重要的部分。

基于实证的调查

2013 年上海学生心理健康教育发展中心对本市 4.5 万多名中小学生心理健康与发展状况进行了调查。[②] 有几个调查结果值得关注：

1. 发现小学生心理健康问题与参考常模相比有所减少，初中、高中学生心理健康问题有所上升（见图 1–1）。

---

① 吴增强. 班主任心理辅导实务（小学版）[M].上海：华东师范大学出版社，2010：2–5.
② 吴增强，沈之菲，等：上海各级各类学生心理健康与发展调查报告内部报告（2015 年）。

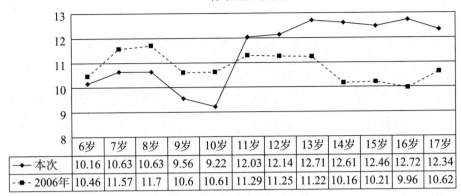

各年龄困难总分

	6岁	7岁	8岁	9岁	10岁	11岁	12岁	13岁	14岁	15岁	16岁	17岁
—◆— 本次	10.16	10.63	10.63	9.56	9.22	12.03	12.14	12.71	12.61	12.46	12.72	12.34
--■-- 2006年	10.46	11.57	11.7	10.6	10.61	11.29	11.25	11.22	10.16	10.21	9.96	10.62

—◆— 本次　--■-- 2006年

图 1-1　中小学生心理健康问题状况

　　小学阶段孩子的心理问题相比中学生有所减少，可能有多种原因，其中"就近入学，取消升学考试"是一个重要因素，也就是说，小学生学业压力没有中学生重，相对来说，小学的课程比较丰富，给了孩子不少活动的空间。而一到中学，学习负担就明显增加了。

　　2. 一年级到三年级的孩子入学适应期。我们还注意到，小学一年级到三年级，不论是 2006 年还是 2013 年的数据都是呈上升趋势，三年级是个拐点，三年级以后就呈下降趋势。这表明一年级到三年级，孩子们有一个入学适应的过程。

　　3. 小学生心理问题中，同伴关系居第一位（28.8%），多动冲动居第二位（18.1%），情绪问题居第三位（11.0%），见表 1-1。可见孩子的合群与交往、多动行为和情绪问题应该引起我们的重视。

表 1-1　小学生心理问题分类情况　　　　　　　　　　（%）

问　题	行为问题	情绪问题	多动冲动	同伴关系
占　比	9.5	11.0	18.1	28.8

　　以上调查数据表明了儿童的心理健康与其所处的环境密切相关。

儿童身心与环境相互作用

遗传与环境对于儿童发展的影响，有三种不同的观点：一是单一的因果关系，该观点认为个体与环境是两个分离的实体，个体是环境影响的对象，典型代表：华生的环境决定论；二是经典交互作用，该观点认为个体与环境是双向作用的，例如依恋对母子关系的交互作用；三是整体交互作用，该观点认为个体的心理的、行为的和生物的因素，与环境的社会的、文化的和物理的因素之间不断进行着交互作用。以下分析若干个模型：

（一）基因与环境相互作用

多年前，科学家就提出了基因和环境相互作用的假说，即素质－应激模式，这个假说认为，个体会以多基因的方式遗传获得某种特性或者行为倾向，然后在某种应激条件下被激活的每种遗传就是一种素质，即意味着产生某种障碍的易感性。这个假设被卡斯皮（Caspi）等人（2003）所进行的一系列非常严密的研究证实。他们对于基因和早期环境相互作用引起成年期抑郁做了长达 23 年的追踪研究。对 847 名被试者，从 3 岁起追踪了 23 年，得到如下结论：（1）两个长基因的个体比两个短基因的个体能够更好地应付应激；（2）短对偶基因者比长对偶基因者，在经历了至少 4 次应激事件后，发生抑郁的可能性高出 1 倍；（3）在短对偶基因者中，童年受到创伤和虐待的，比没有受到虐待的，到成年后发生抑郁的可能性高出 1 倍以上（63% 比 30%）；（4）而长对偶基因者，童年时的应激经历与成年时抑郁发生率没有显著相关（均为 30%），如图 1–2 所示。[①]

---

① 戴维·H·巴洛，马克·杜兰德.异常心理学（第四版）[M].杨霞，等，译.北京：中国轻工出版社，2006.

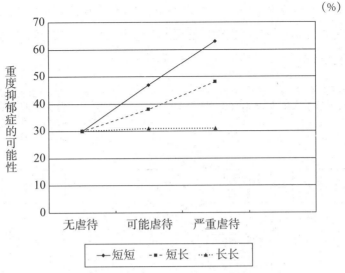

图 1-2　基因和早期环境的相互作用引起成年期重度抑郁

（二）青少年抑郁模型

图 1-3 是一个青少年抑郁的综合模型，其中包括了基因、生物学、认知、人际关系、家庭、环境因素以及挑战。这个模型从儿童模型发展而来，又融合了青春期和环境容易引发抑郁的因素。

根据这个模型，来自父母心理的家庭问题、压力环境会影响孩子和父母的支持关系，这些不好的经历会内化到孩子的自我和人际关系相处中。比如认为自己不值得爱，认为人们之间不值得信任，没有价值。家庭的功能紊乱可能催生不具备适应性的情绪和行为调节，比如无助感。家庭问题可能以基因的方式传导，比如喜怒无常的个性，不具备适应性的人际关系信念和应对策略可能会产生人际关系问题或者面对压力问题时的抑郁。

在青春期时，由于身体成熟带来的压力可能是最大的，青春期时的疏离、新奇、不确定性可能会激活之前的创伤阴影，女孩特别危险，她们的特性促使她们面对过渡期会更加受伤。比如负面的自我评价等。青春期的女孩要面对更多的挑战，比如父母提高的期望，早期的浪漫关系，这个模型解释了青春期的女孩为什么更容易抑郁。

青春期的抑郁与更早期的发展任务相连。比如家庭关系中协商关系、建立亲密的朋友关系。这些会产生额外的压力，这个过程可以部分解释为什么抑郁是间歇性发作的。

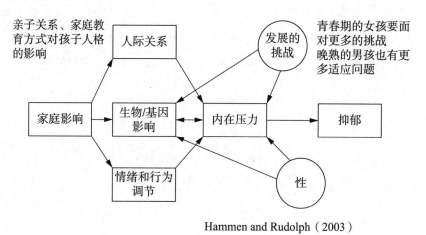

Hammen and Rudolph（2003）

图1-3　青少年抑郁的理论模型

（三）儿童焦虑的发展路径

关于儿童焦虑障碍的成因分析，有学者提出以下的可能发展路径（图1-4）：

有着先天的焦虑和恐惧倾向的儿童，感觉到这个世界是不安全的，可能会发展成对焦虑的心理易感性。这种心理易感性，一方面，源于基因影响和产前环境引起儿童行为抑制的气质，而对抑制性儿童的家庭养育方式的过度保护和过度控制，会增加儿童的心理易感性。对9—12岁患焦虑障碍儿童与其家长的互动展开观察的研究发现，患儿的家长更多地被评价为很少给儿童自主性；而儿童给自己的父母评分则认为他们的接纳度更小。另一方面，不安全依恋可能是儿童焦虑障碍出现的另一个危险性因素。研究发现，患焦虑障碍的母亲自身常有不安全依恋，而这些母亲的孩子80%也有不安全依恋。依恋关系矛盾的孩子更容易在儿童期和青春期被诊断为焦虑障碍。在应激源出现之后，儿童的焦虑和回避会持续很久，甚至在应激源已经消失依然存在。这是一个简化的模型，因为不同类型的焦虑障碍的发展路径应该是不同的，甚至那些相同的焦虑障碍对于不同儿童而言，其发展路径也是不同的。

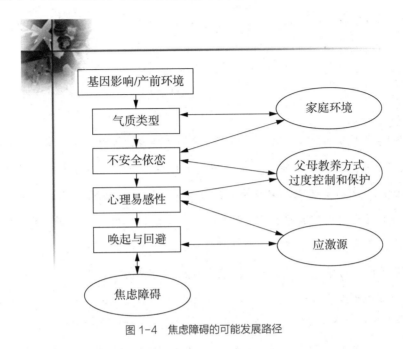

图1-4 焦虑障碍的可能发展路径

第3节
儿童心理辅导的基本任务

儿童心理辅导的基本任务主要有两个：一是促进每个孩子心智健康成长，培养其积极心理品质，使之不断成长、成熟；二是帮助孩子解决成长的心理困扰。每个孩子在成长的历程中都会遇到困难。心理老师、班主任、任课教师和家长都有责任运用科学的教育方法帮助孩子。下面的案例是讲述一个胆怯害羞的孩子在班主任的帮助下，怎样战胜社交焦虑的。

给她一个机会

一个怯弱的女孩在班主任的辅导下变得自信，毕业后，她心怀感激地给班主任写了一封信：

亲爱的景老师：

您好！

您还记得我吗？3 年前，在您班上有一个怯懦的女孩，她，常常一张嘴就脸红，常常掉泪，常常躲在人后，那就是我——王鸿。告诉您吧，我现在变了，胆子大了，课堂上，我能大胆地举手发言，大声说出自己的想法；校会上，我站在全校同学面前表演，虽然紧张得直发抖，但我坚持下来了，并获得了热烈的掌声。这一切离不开您的帮助和教导。谢谢您，老师。

还记得那次课上，您让我们表演课本剧，同学们争先恐后地要表演，我像往常一样低着头不敢举手，虽然我也非常想演一演，可是我害怕。这时，我听到一个声音："给王鸿一个机会好吗？"我愣住了。在老师和同学们的鼓励下，我终于站到了教室前面，我的表演并不理想，但老师的表扬、同学们的掌声，给了我信心和勇气，正是你们的鼓励给了我自信。从那以后，我的胆子渐渐大了，同学们也愿意与我一起玩了，大家都说我变得开朗了，爱说爱笑，我的学习成绩有了进步，爸爸妈妈的笑容越来越多，我心里真高兴！

老师，虽然我已经离开了小学，但您的教导我会牢记，您那鼓励的话语会激励着我，相信我，我一定会做得更棒的。

学生　王鸿

上课害怕发言，往往是许多胆怯害羞孩子的典型行为，长此以往，会加重孩子的自卑。班主任注意到了王鸿的退缩和胆怯，为王鸿提供了一个机会，"给王鸿一个机会好吗？"这句话震撼了孩子的心灵，这次机会成了王鸿心态改变的一个转机。教育的机会往往稍纵即逝，景老师抓住了这个契机，无意中对孩子进行了一次心理辅导，缓解了王鸿的胆怯害羞。其实景老师无意之中就运用了心理辅导的方法帮助了王鸿同学。

心理辅导的概念

"辅导"一词，在英文里对应的术语是"guidance"，有引导、辅助别人的意思。教育心理学专家张春兴对辅导的定义是：辅导是一个教育的历程，在辅导历程中，受过专业训练的辅导人员，运用其专业知能，协助受辅者了解自己，认识世界，根据其自身条件（如能力、兴趣、经验、需求等），建立有益于个人和社会的生活目标，并使之在教育、职业及人际关系等各方面的发展上，能充分展现其性向，从而获得最佳的生活适应。

张春兴指出辅导有四个特征：其一，辅导是连续不断的历程，人的一生任何阶段均需辅导；其二，辅导是合作和民主式的协助，根据受辅者的需求而辅导，而非强迫式的指导；其三，辅导重视个别差异，旨在配合个人条件，辅其自主，导其自立；其四，辅导的目标是个人与社会兼顾，期使个体在发展中既利于己，也利于人。[1]

另一个与辅导相关的术语叫"counseling"，一般译作"咨询"，但也有的译作"辅导"，有时两者混用。对于咨询有两种界定：

一种是将咨询视为辅导的历程，基本含义同上。

另一种将咨询视为心理治疗过程，即咨询是一个再教育或习惯矫治的历程。在此历程中，受过专业训练的咨询员，运用其专业知能，对生活适应困难或心理失常者给予适当的帮助，使之改正不良习惯，重建人格，从而恢复其健康的人生。

根据学校教育的目标，学校心理辅导可以界定如下：

学校心理辅导，是指教育者运用心理学、教育学、社会学、行为科学乃至临床心理学等多种学科的理论和技术，通过小组辅导、个别辅导、心理辅导课程以及家庭心理辅导等多种形式，帮助学生自我认识，自我接纳，自我调节，从而充分开发自身潜能，促进其心理健康与人格和谐发展的一种教育活动。[2]

---

[1] 张春兴.张氏心理学辞典［M］.上海：上海辞书出版社，1992：292.
[2] 吴增强.学校心理辅导实用规划［M］.北京：中国轻工业出版社，2012：2-3.

这个表述有以下几点含义：

1. 学校心理辅导的直接目标是提高全体学生的心理素质，最终目标是促进学生人格的健全发展。

2. 学校心理辅导是帮助学生开发自身潜能、促进其成长发展的自我教育活动，通过他助、互助，培养其自助能力。

3. 学校心理辅导是具有现代教育理念的方法和技术，它不是一种带有指示性的说教，而是耐心细致的聆听和诱导；它不是一种替代，而是一种协助和服务。

4. 学校心理辅导工作应该由教师承担。当然，不同的教师承担的任务是不同的，专职心理辅导教师全面承担学校心理辅导工作计划的实施，对学生（有时也对教师）进行心理服务工作，包括个别辅导、小组辅导和心理问题转介等。而班主任主要是承担面向班级全体学生的发展性心理辅导，帮助学生解决心理困惑，如，学习困扰、人际关系问题、情绪问题以及青春期适应问题等。

心理辅导、心理咨询和心理治疗是既有联系又有区别的三种心理服务模式。其共同点在于：其一，都是帮助当事人解决心理问题，使当事人获得认知、情绪和行为的改变；其二，都需要在受助者与助人者之间建立良好的关系；其三，涉及的理论、技术和方法基本相同。因此，许多学者建议，把心理辅导、心理咨询和心理治疗看成是一条线上的不同点，是连续的，而不是割裂的，其间的差异是呈程度的，而非本质的。

这三者的差异主要表现在服务对象、服务功能、干预方法的侧重点，以及服务人员等方面。心理治疗是以心理疾病患者为对象，经由精神医学的治疗计划，达到治愈的目的，主要由精神病医生和临床心理医生来承担。心理咨询是以心理障碍者为对象，主要由临床心理医生和其他心理咨询专业人员来承担。心理辅导是以一般正常人为对象（在学校里以全体学生为对象），通过各种辅导活动，提高其心理素质，促进心理健康，主要由学校心理辅导人员和班主任承担。当然，这三者也不是截然分开的，承担心理咨询的专业人员有时也进行心理治疗的工作，学校心理辅导教师有时在处理个案时，也在一定程度上扮演心理咨询者的角色。

儿童健康心理发展目标

当前，基础教育改革都在关注 21 世纪的核心素养。北京师范大学林崇德教授率领的研究团队研制的中国学生发展的核心素养如下（表 1-2）：

表 1-2　中国学生发展核心素养体系

方　面	要　素	要　点
文化基础	人文底蕴	人文积淀、人文情怀、审美情趣
	科学精神	理性思维、批判质疑、勇于探索
自主发展	学会学习	乐学善学、勤于反思、信息意识
	健康生活	珍爱生命、健全人格、自我管理
社会参与	责任担当	社会责任、国家认同、国际理解
	实践创新	劳动意识、问题解决、技术运用

有学者梳理了国际上 29 个核心素养的框架，整合了 18 个条目如下（表 1-3）[①]：

表 1-3　21 世纪核心素养

维　度		素　养
领域素养	基础领域	语言素养、数学素养、科技素养、人文与社会素养、艺术素养、运动与健康素养
	新兴领域	信息素养、环境素养、财商素养
通用素养	高阶认知	批判性思维、创造性与问题解决、学会学习与终身学习
	个人成长	自我认识与自我调控、人生规划与幸福生活
	社会性发展	沟通与合作、领导力、跨文化与国际理解、公民责任与社会参与

以上关于学生核心素养的框架对于我们讨论儿童健康心理发展目标富有

---

① 师曼，等 . 21 世纪核心素养的框架及要素研究［J］. 华东师范大学学报（教育科学版），2016（3）.

启发。其中都含有心理素养的内容。在中国学生发展核心素养中，健全人格、自我管理、理性思维、审美情趣等都是心理素养的成分。21 世纪核心素养里，五个领域之中，其中高阶认知、个人成长和社会性发展三个领域均为心理素养，可见学生的心理素养在未来 21 世纪核心素养中占有重要地位。

人是一个完整的生命体，完整的生命应该是身体、心理、精神的整体和谐，是在社会、自然、自我之中获得养料和力量，继而成长和发展。生命向内探索构成了生命与自我的关系，生命向外探索构成了生命与社会的关系和生命与自然的关系。因此，心智健康成长主要体现在个体与自我、与他人、与环境的三种和谐关系上。具体表现在：

（一）帮助儿童认识自己、接纳自己，促进其积极的自我发展

自我是个体内心和谐的基础、人格发展的核心，它是个体生命历程的生理和心理基础。人因为有了自我，才会觉得自己是独特的、与众不同的生命体。而正因为每个人都是一个独特的自我，才会构成我们这个丰富多彩的世界。大量研究和事实表明，自我认同感较好的学生，在学习和生活中能够体验到较强的自尊和自信，热爱生活、充满生命的活力。而自我认同感较差的学生，常常会体验到自卑与沮丧，他们总是觉得自己一无是处，觉得自己被人排斥，对于自己的社会角色认识模糊，感到生活没有意义、生命没有价值。因此，辅导旨在帮助学生从朦胧的自我走向理性的自我和同一的自我。实践告诉我们，人对生命的态度往往取决于内心的自我信念，热爱生命、热爱生活的个体，往往拥有健康的身体，健全的、积极的自我意识与信念。

（二）帮助儿童建立良好的人际关系，学会关怀、尊重与合群

帮助学生与同伴、父母、教师，以及其他周边的人群和谐相处。与人和谐相处是一种人生智慧，最近，哈佛大学医学院麻省总医院精神科医生罗伯特·瓦尔丁格教授公布了一项"人生全程心理健康研究"成果，这个报告开始于 1940 年，对哈佛精英的个案和波士顿男孩个案追踪了 75 年，他们要研究的是，美好生活最重要的个人因素是什么？报告还引入最近调查：询问 1980—2000 年出生的年轻人，人生的目标是什么。80% 的调查者回答是"富有"，

50% 的人回答是"成名"。而他们的重要研究结论恰恰相反，美好生活最重要的因素并非富有和成就，而是良好的身心，温暖、和谐、亲密的人际关系。

（三）帮助儿童积极适应学校生活，激发学生学习潜能

学会学习是儿童青少年生命历程中一项主要的历史使命，儿童青少年学习的目的不光是为了升学，更为重要的是培养他们对知识的好奇心、探究欲和创造力，这是孩子获得终身学习能力的基础。然而功利主义教育使得儿童学习的真正意义和价值发生了偏离，在"孩子不能输在起跑线"口号的鼓动下，孩子的课业负担日趋加重、学业压力日趋加重，乃至孩子的学习焦虑、厌学、退避等心理困惑越来越多，孩子的学习热情与潜能受到压抑。从更长远的意义来思考，儿童青少年的学习潜能、创新能力事关国家和民族的未来。

（四）帮助儿童学会情绪调节和积极应对，提高抗挫折能力

身体健康与心理健康是相互依存、相互作用的，其中情绪是连接的纽带，帮助学生学会情绪调节对其健康成长至关重要。困难与挫折的经历是学生成长中的财富，积极的应对方式、抗逆力不仅是一种技能，更是一种心理品质与生活态度，可以帮助学生走向成熟。

（五）帮助儿童关心社会、热爱大自然，培养责任心

人的发展是个性化与社会化的统一。个性发展不是以自我为中心的、无政府主义的。个性发展是与社会性发展联系在一起的。社会由一个个个体组成，每个人的社会责任感是社会进步、安定、有序的基础。只有在安定、有序、公正的社会里，才有个性的自由和发展。我们不能设想在一个混乱的、无序的和充满恐怖的社会里还有什么个性发展！因此，一个真正自由的人，是一个富有社会责任感、使命感和正义感的人。人在承诺对社会的责任和义务的同时，其生命的价值和意义也得到了升华。

同时也要培养孩子热爱大自然的情怀，与自然环境和谐共处。自然界养育着人类的生命，人的生命与自然息息共生。生命与自然的和谐关系，是指理解尊重生命的多样性、热爱自然、保护自然环境，进而理解个体与人类的和谐关

系，懂得关心人类的危机，创造人类美好未来。

帮助儿童解决成长中的烦恼

（一）帮助儿童解决自我发展的困扰

目前许多资料表明，升学压力和沉重的课业负担，使得相当一部分中小学生的自我效能感低下，他们对于学校课程缺乏热情，厌学情绪滋长，并且感到自己没有价值，对自己没有自信。学生许多情绪和行为问题，其根由就来自消极的自我意识。

儿童常见的自我发展困扰包括：自卑心理、任性、依附心理和性别角色学习。

自卑常常是学生学业挫折、社会适应不良、人际关系紧张的内在心理原因，是一种自我认同危机。分析学生自卑心理的由来，解决学生的自卑心理，是帮助学生自我探索、增长自助能力的重要一环。

任性的孩子常常以自我为中心，不考虑别人的感受，我行我素。任性对于儿童心智健康成长的影响是显而易见的：一方面，影响其同伴交往，在班级里往往处于"众叛亲离"的境地；另一方面，也会产生许多行为问题，影响其社会化进程。因此，班主任对于任性孩子的辅导，实际上是对其情商的培养。

具有依赖心理的儿童，常常会过分在乎别人的评价，它是一种附属内驱力，常常是低年级儿童遵从老师和家长的动力。随着年龄增长，附属内驱力会越来越弱，逐渐为认知内驱力、自我提高内驱力所替代，使儿童变得积极主动。但也有少数儿童依附心理反而越来越重，这就使其增加了许多沉重的心理负担，抑制了儿童的主体能动性。

性别角色学习往往是家长和教师容易疏忽的一个问题，性别角色学习是儿童心理发展的重要任务。儿童社会化过程要求赋予男孩和女孩不同的性别角色和气质：阳刚之气与阴柔之美。大众传媒的多元化使性别角色的界线变得模糊。青少年时期的性别角色错位往往源于幼儿园和小学阶段。性别角色辅导就是要确立男孩和女孩对自己性别的认同和接纳，培养各自性别相应的气质。

（二）培养儿童健康的情绪

情绪健康是心理健康的显著标志，现代脑科学研究进展表明，情绪健康不仅有益于身体健康，而且还有益于智力活动和潜能开发。积极的情绪可以促进儿童学习、交往，提高参加各种活动的效率。学校心理辅导工作中很大一部分，是处理学生的情绪健康问题。

儿童常见的情绪问题有分离性焦虑、恐惧心理、嫉妒心理和易怒情绪等。

儿童面临学习、生活和交往的压力，会表现出不同程度的焦虑情绪。而儿童的焦虑情绪常常不被教师和家长注意，更得不到相应的辅导。这可能是由于害怕和焦虑情绪的很多症状不容易被发现，另外，焦虑也不像行为问题那样会给班级和同学带来明显的损害。儿童常见的焦虑情绪有分离性焦虑和恐惧等。分离性焦虑是指儿童会对与父母分离或者离开家，产生与其年龄发展不适应、过度的焦虑。有分离焦虑的幼儿会经常表现出对于父母关注的过度需要，比如缠着父母或者寸步不离，晚上要睡到父母的床上。大些的孩子会觉得很难白天一个人待在房子里、很难独自在家睡觉、去上学或者去野营等。

恐惧心理，是指儿童对某些物体或情境出现过分的恐惧，伴有焦虑不安与回避行为。儿童恐惧一般可分为特定恐惧和社交恐惧。当面临恐惧的对象时，儿童就表现为恐惧、害怕、焦虑，并伴有呼吸急促、胸闷、心悸、血压升高、肢体震颤、出汗、面色苍白等，离开恐惧对象后症状消失。恐惧会严重影响儿童的日常学习与生活。

嫉妒是儿童之间竞争和攀比时产生的一种不良心理。好嫉妒的儿童心胸狭窄、容不得别人，经常会造成人际关系紧张。

（三）帮助儿童突破学习困境

学生在学校的主要任务是学习，许多资料表明，学生心理问题大多与学习有关，例如考试焦虑，因升学压力过重而厌学、弃学，以致因学业失败而产生的抑郁、自卑，甚至各种危机事件（自弃、自残、自杀或伤害他人）等。一名称职的教师，不仅要把知识教授给学生，更重要的是培养学生的求知欲望、探究精神、创造力和积极的思维方式。《学习的革命》一书中说得好，"儿童的大脑不是填充东西的容器，而是需被点燃的火把"。如果真正能够做到这一点，那是学校教育的极大成功。这就需要教育工作者学习基本的学习理论，并运用理论解决教育教学过程中出现的问题。这对于教师和学生的成长都是有益的。儿童常见的学习心理问题有入学适应、拒学行为和学习困难等。

从幼儿园进入小学学习，对于儿童来说是一个挑战，小学学习不同于幼儿园，是正规学校学习生活的开始，对于低年级的孩子来说，需有一个适应的过程。而每个孩子的适应能力有差异，适应能力低的孩子，入学适应时间长些，需要教师和家长有更多的耐心。

旷课、逃课、拒学实际上都属于学习退避行为，其深层次动机是习得性无能。尤其是拒学在家，荒废学业，容易使孩子迷恋网络游戏，影响身心健康，孩子的拒学行为应该引起家长和教师的高度重视。

学习困难学生的辅导是教育的永恒主题，帮助班级里学习落后的学生，正是体现了教育的公平，"一个不能少"，不让一个学生掉队。运用心理辅导帮助学生走出学习困境，是一项挑战性任务。

（四）帮助儿童合群与交往

人际交往是儿童社会化的最重要的途径，学会合群与合作是儿童社会化最为重要的指标。交往是人的一种基本的社会需要，儿童亦是如此。他们通过交往得到友谊和爱，获得他人的接纳或赞许，从中体验到自己的存在价值和生活乐趣；同时，交往又是十分重要的社会接触。善于交往的人之所以受人欢迎、人缘好，其中一个重要的心理品质，就是善于理解别人，乐于帮助别人，与人合作协调。儿童合群交往方面主要讨论：亲社会行为培养、同伴交往辅导、孤僻心理辅导。

亲社会行为包括利他行为、合作与分享，关心他人、关心社会是 21 世纪核心素养的一个重要元素，也是儿童建立良好人际关系的重要心理品质。

同伴交往是小学生在学校里最主要的人际交往之一，许多孩子从小缺少伙伴交往，在同伴交往中会"自我为中心"，不会谦让和关心同学。同伴交往辅导就是让孩子学会合群与合作。

而有些孩子性格孤僻，孤独离群，容易被班集体边缘化，容易引发心理和行为问题。

（五）帮助儿童重建适应行为

出于种种原因，在班级里总会有些行为问题儿童，这些儿童常常会成为班级里的"麻烦制造者"，因而也成了班主任的心病。以往老师往往会给这些孩子扣上"差生"或者"双差生"的帽子，除了批评教育，别无他法。其实，行为问题是儿童发展中的一种障碍，可以通过心理辅导来加以解决。儿童常见的行为问题有课堂行为问题、注意缺陷多动障碍和攻击性行为辅导。

注意缺陷多动障碍（即多动症，英文缩写 ADHD）是最常见的儿童行为问题。主要表现为与年龄不相称的注意力易分散，注意广度缩小，不分场合的过度活动和情绪冲动，并伴有认知障碍和学习困难，但智力正常。ADHD 有关研究表明，ADHD 儿童存在不少功能损害问题：90% 以上的 ADHD 儿童父母报告患儿在学校学习、遵守纪律和完成家庭作业方面存在困难；62% 的父母报告患儿在按时起床、准备上学方面有一定困难。由于这些孩子学业不佳，又有课堂捣乱行为，经常受到教师批评和歧视，往往容易成为班级的另类而被边缘化，严重影响其身心健康成长。

攻击性行为是班主任经常遇到的班级事件。过去对待学生攻击性行为的处理往往采用思想教育加纪律制裁，而忽视对学生内心动机的了解和心理辅导。许多成功的案例表明，辅导结合教育可以更加有效地处理学生的攻击性行为。

（六）帮助儿童乐观面对生活

社会急剧变迁，使得学生成长的环境面临着巨大的变化，有利的环境因素与不利的环境因素同步增长，给学生健康生活、学习带来不同程度的隐患。这些危机有的来自社会与自然，也有的来自家庭和学校：一是近年来自然灾害、社会恶性事件频发；二是校园暴力、校园伤害事故逐年增多；三是家庭暴力、儿童虐待事件时有报道；四是大量农民工涌入城市寻找生存机会，出现了成千上万的留守儿童。今天，许多孩子拥有幸福的童年，我们不应忘记同在蓝天下，还有少数弱势群体儿童的生存状况堪忧。社会、学校和家庭要对这些孩子予以人文关怀、心理疏导。儿童常见的生活困境有丧失与哀伤辅导、儿童虐待和留守儿童问题。

生活中充满了各种丧失，如失去亲近的人、失去未来各种可能性以及身体的损伤等，可以说丧失与成长共存，它们会带来生活的改变。儿童遇到的创伤性事件主要是亲人与同伴的亡故，这些丧失与哀伤事件会引起孩子巨大的心理悲痛和创伤，不仅影响他们当下的生活与学习，甚至会留下终身的阴影。而自汶川地震以后，无数儿童丧失亲人和同伴，人们对丧失与哀伤辅导、灾后心理干预予以了前所未有的重视，把它作为儿童心理辅导的重要主题。

儿童虐待问题普遍存在于人类社会，虐待和忽视儿童权利已成为造成儿童意外伤亡的第一杀手。国内外有关文献表明，儿童虐待事件发生率逐年上升，令人吃惊的是，相当一部分家长和教师不以为然，在"棒打出孝子""都是为了孩子好"等成人意志下，儿童的权利备受践踏。儿童虐待应该引起教育工作者的高度重视。

大量"留守儿童"的产生不仅给农村教育、社会管理和社会稳定带来了新的问题，而且严重影响儿童的身心健康。在心理健康和生命安全方面，许多"留守儿童"出现逃学、厌学、学习适应不良、人际关系紧张、情感淡漠、脆弱、无助感、被遗弃感、无价值感、性格孤僻、任性、攻击性行为、退缩性行为、小偷小摸、自杀行为等诸多心理健康问题和溺水、触电、烫伤、烧伤、幼女被强奸等生命安全事故。为此，全社会应高度重视"留守儿童"的心理健康问题，整合家庭、学校、社会各方面的力量，采取有效的应对策略来调适"留守儿童"的心理健康问题。[1]

本章结语

时代发展需要未来公民具有 21 世纪的核心素养，其中身心健康、人格和

[1] 程良道. 农村"留守儿童"的心理健康问题与应对策略 [J]. 美中教育评论，2006（1）.

谐发展既是回应时代的呼唤，同时也是儿童成长发展的内在需要。儿童心理辅导不仅是一种教育活动，也是一种教育服务。儿童期比之青少年期，孩子更加天真烂漫、可塑性更大，是培养积极心理品质，开展发展性心理辅导的最佳时期。它需要教育工作者不断地学习心理辅导的理念与方法，了解孩子、读懂孩子，就要知道孩子有孩子的世界，教师和家长不能用成人的眼光看待孩子；需要教育工作者运用心理辅导，帮助孩子解决成长中的烦恼，使其顺利度过儿童期，给孩子一个快乐的童年。

我们面对的是一个个鲜活的生命体，是富有朝气与活力的孩子，他们需要的是知识疆界的拓展、生活的历练，需要的是教师和家长的启发和指引。在从童年走向成年的生命旅程中，儿童在不断地探索内心的自我，探索周围世界，积累积极的经验。儿童心理辅导点亮了孩子心里的一盏灯，是孩子成长的阶梯。

探索自我的生长

儿童青少年时期，心理上最大的变化，莫过于自我的
发展与变化。儿童期的自我正处于客观化自我向主观
化自我发展的过渡。所谓客观化自我，即儿童对自
己、对别人、对事物的看法，往往依从权威和成人的
观点，缺少自我的独立判断。所谓主观化自我，即儿
童对于事物的看法开始有了自己的观点。因此，小学
低、中年级的孩子往往视老师为权威，而到了高年
级，孩子往往就不那么顺从了，开始有自己的主张。
儿童的自我是在其生活、学习和交往的过程中不断发
展的。在成功的情境中体验到自尊、自信，在挫折、
失败的情境中体验到自卑。积极的自我会促进儿童人
格健康成长；消极的自我会引起心理和行为问题，需
要我们去辅导，帮助儿童走出自我发展的困惑。
本章讨论以下问题：
自我观的发展；
自卑心理辅导；
任性心理辅导；
嫉妒心理辅导；
性别角色辅导。

第 *1* 节
自我观的发展

人与动物的区别之一就是人存在"自我"。什么叫自我？这是一个十分古老的哲学问题。早在 17、18 世纪，西方哲学家就对之进行了许多思考。笛卡儿曾把人的自我理解为一种反思能力——"我思故我在"，洛克把自我看作一种感觉力量，康德则认为自我是一种经验的意识统觉。心理学上把自我作为研究对象，可以追溯到威廉·詹姆斯、米德等人。以后，精神分析、人本主义等心理学学派都十分关注对自我的探讨。以下分别加以介绍。

早期心理学家的自我观

（一）主观我与客观我（I 和 me）

威廉·詹姆斯（Willian James，1891）认为，自我由主观、客观两个方面构成，主观的我用"I"表示，即是对"自己认识的自我"；客观的我用"me"表示，即是一个能称之为人的一切的总和，包括能力、社会性和人格特征以及物质所有物等。主观的我"I"在句子里是主语成分，如"我觉得自己有信心完成这项工作""我感到心里内疚"等。客观的我"me"在句子里是宾语成分，是被观察到的我。客观的我又分为三个成分：物质的我（object self）、社会的我（social self）和精神的我（mental self）。

物质的我，包括自己身体的各个组成部分、衣着仪表、家庭中的亲人、家庭环境等。社会的我是指自己受到朋友们的认可，给周围人留下的印象、个人的名誉与地位，以及自己在所处的社会群体中的作用。精神的我乃是指自己的智慧、能力、人格倾向，以及感觉知觉的经验、情绪情感体验、各种动机欲望等。

詹姆斯认为，上述三种客观自我，都受到主观自我的价值判断和评价的影响，产生自我体验，进而形成自我追求，即主观的我要求客观的我努力保持自己的优势，以受到社会与他人的尊重与赞赏。当前有些学者在研究中发现（Hart & Danor，1986），儿童自我意识的发展，的确存在上述几方面的客观自我成分，如"我长得很高"（躯体的我）；"我篮球打得好"（活动或行为的我）；"我与同学们都相处得很好"（社会的我）；"我相信世界会走向和平"（心理的我）。[①]

（二）镜中我

库利（Coolry）从个人与社会的关系中，提出"镜中我"（looking-glass self）的概念。他认为他人对自己的态度是自我觉知的"一面镜子"，他说："自我觉知的内容，主要是通过与他人的相互作用这面镜子而获得的。通过这面镜子，一个人扮演着他人的角色，并回头看自己。"也就是说，一个人处在一定的社会关系中，是通过与他人相处，从他们对自己的评价中看到自己的形象的。

"镜中我"一说可以追溯到亚当·斯密的论著中。他在《道德情感论》（1759）一书中谈到，社会好似一面镜子，人们可以从这面镜子中看到自己。在这面镜子之前，我们可以尽可能地以别人的眼光来审视自己行为的合理性。亚当·斯密、库利关于镜子的隐喻都具有双重含义。在日常生活里，我们常对着镜子观赏我们自己的脸、身材和衣着打扮，并根据它们是否符合我们的愿望，对它们进行评价，表示满意和不满意。同样，在与他人的相互作用中，经常想象一下我们在别人眼里究竟是何形象也是非常必要的，别人成为我们的一面镜子，他们对我们的看法可以从他们的言谈举止中表露出来。正如库利所说："人与人之间可以作镜子，都能照出他面前的人的形象。就像我们可以在

[①] 时蓉华.社会心理学［M］.杭州：浙江教育出版社，1998：136-137.

镜子中看到自己的面孔、体态和服装一样，人们之所以引起我们的兴趣，是因为他们与我们自己有关——我们在自己的映像中，努力设想自己的外貌、风度、目的、行为、性格和友谊等在他们的思想中怎样反映的，从而会以一定的程度影响着我们。"

根据库利的看法，自我是一种社会现象，源于各种社会关系中。镜中我实际上是一种社会我。它也包含三个主要成分：对自己在他人眼里的形象的想象，他人对自己所做的评价和判断的自我想象，自己对自己怀有的某种情感（如自尊、自卑等）。

（三）社会互动的我

米德也提出类似库利镜中我的观点，他说："谁也不能知道自己，除非从别人那里发现自己的结果。"米德认为，自我产生于社会经验，不能把人的有机体和自我混为一谈。人的有机体是生物进化的结果，其神经生理结构不过是自我出现的一个条件。只有当人的个体成为他自身的客体时，自我才会出现。同时，只有在开始把自我作为客体来对待时，人才能成为真正的人。"否则，可能有意识，却不可能有自我意识。"其实，人的自我反省、自我觉察便是人把自己作为客体来审视的一种能力。

米德对詹姆斯的主观的我和客观的我做了进一步的论述。他认为，主观的我是行动的我，并给人格以动力性和独特性；客观的我是社会的我，它依赖角色扮演，反映的是社会的经验，具体地说，它是通过在社会互动中概括他人对自己的态度后形成的。主观的我和客观的我构成了人的统一的自我的两个方面，密切相连，不可分割。正如米德所说："它们共同构成一个出现在社会经验中的人。自我实质上是凭借这两个可以区分的方面进行的一个社会过程。"①

上述对自我的论述，基本上与詹姆斯和库利的自我观相近。米德的自我观的独特之处，是运用符号交互作用论解释自我。米德指出，符号意义的意识是自我形成的决定性环节，有意义的符号在为人类带来自我意识之时，也为人类

---

① 米德.心灵、自我与社会［M］.上海：上海译文出版社，1992：158.

社团随之带来了语言成分。正是由于语言，人类才能充分掌握思想的智能。通过和他人的姿态交流，大到人类的文化发展，小到具体的个人生活圈子，都出现了语言。正是通过有意义的符号（语言）的发展和使用，它首先用于相互交流，后来用于内心思考，以致我们就成了现在这种独特的物种。另外，他还运用游戏和角色扮演理论讨论了儿童自我意识的发展。

精神分析学派的自我观

（一）弗洛伊德的本能驱动的我（ego）

精神分析中的自我概念与哲学中的自我和社会学意义上的自我有很大的不同。弗洛伊德以人的本能的力量为重心研究自我。他将人格分为三个部分：本我、自我和超我。其中本我代表人格中的生物成分，自我代表心理要素，而超我则代表社会文化因素。他认为，人格是一个复杂而精密的能量系统，人格的动力状态就是将心理能量分配给本我、自我和超我。由于能量有限，所以当其中一个系统获取过多的能量时，其余两者的能量就会不足。人的行为就是受此心理能量所支配的。

本我是人格结构中最原始的领域，婴幼儿完全受本我控制。本我是人的心理能量的根源和本能的栖息所，它缺乏组织，而且盲目、苛求和固执。本我就如同正在沸腾的锅，无法忍受紧张，其功能是消灭即时紧张，以恢复平衡状态。它受快乐原则（pleasure principle）的支配，其目标在于减缓紧张，趋乐避苦。本我缺乏逻辑，没有道德观，只想要享乐以满足本能的需要。本我就像是被宠坏的小孩，永远不会成熟，它只有赤裸裸的欲望和冲动，从不思考，只是期望快乐和行动。本我大部分属于潜意识。

自我是人格与外在现实世界相接触的部分，它是人格结构中的执行者，扮演统筹、控制和调节的角色，如同交通警察般地控制本我、超我和外在世界的平衡状态。它的主要工作是协调本能和周围环境的关系。自我遵循现实原则（reality priniple），有现实的与逻辑的思考，以形成行动计划来满足需求。

超我是人格结构中监督批判的机构，是个人道德的核心，其主要作用在于判断个体行为的是非善恶。它代表理想，而非现实；它追求的是完美，而非享乐。它代表的是父母传授给孩子的传统价值观念和社会理想，其功能在于抑制本我冲动，说服自我以道德目的替代现实目的，并且力求完美。因此，超我是父母及社会标准的内化，这与心理的奖赏和惩罚有关，其奖赏就是自尊和自爱的感觉，而惩罚就是罪恶和自卑的感觉。

虽然弗洛伊德把自我看作控制本能的一种力量，但他的自我观基本上是消极被动的。因为他始终强调的心理事实是本我，本我是由本能构成的，而本能则是人的所有活动的终极原因。自我相对于本我而言是被动的，它没有自己的能量，自我的能量始终来自本我。本我要求什么，自我就得到什么。这使得自我只是为本我从事防御工作的工具。

（二）哈特曼的适应性自我

哈特曼是第二次世界大战以后最著名的精神分析理论家之一，被誉为"自我心理学之父"。哈特曼指出，"在精神分析中，自我不是人格或个性的同义语，不是与经验客体对应的主体，也不是人们意识到或感觉到的自己（self）。在精神分析中，自我具有不同等级的概念，它是人格的亚结构，由其机能来规定"。知觉、思维、活动、防御等与现实有关的机能都是自我的重要机能。

把适应看作自我的根本机能，这是哈特曼的自我观的第一个特点。他认为，适应是一个中性概念，它连接着人和环境。哈特曼扩展了弗洛伊德的自我概念，使自我的机能由防御本能变为适应环境。他还看到，人的适应与动物的适应有所不同，人们可以利用种种活动改造环境，然后，再适应这一被改造了的环境，因此，人类的历史不是自然进化史，而是文明的发展史。人在环境面前是主动的，适应即是人类能动性的表现。哈特曼的适应概念还强调社会关系的影响。他指出，从生命的一开始就存在着人对人的适应，人类要适应的环境是由人际关系组成的。而后，哈特曼的后继者玛勒在具体研究婴儿的适应活动时，发现了人对人的适应是整个人格发展的基础，婴儿的适应表现为他与母亲的相互作用，婴儿的成长即是对母亲的适应。

哈特曼的自我观的第二个特点，是赋予自我更大的自主性，对弗洛伊德的生物化倾向有所纠正。如前所说，弗洛伊德认为，自我在本我和超我面前是软弱的，一味调和矛盾，在冲突前面只知退却。而在哈特曼看来，无论是精神病人还是正常人，自我都是人格结构中最具有主动性的力量，自我在本能面前不是被动的，更不是本我中分化出来的一部分，而是有其独立起源的自主性结构。人有能力控制环境和本能力量。

（三）玛勒的分离 - 个体化

玛勒（Mahler）是一位重要的自我心理学家、儿童精神分析学家。她把精神分析传统的驱力模式、自我模式和客体关系模式相结合，创立了分离 - 个体化理论。玛勒将人格的发展分为三个阶段：

正常的自闭期，是指初生到一个月。此间，婴儿的大部分时间用于睡眠，似乎处于一种原始的、虚幻的无指向状态，她将之比喻为孵化中的鸟蛋。

正常的共生期，大约是出生后二至四个月，自闭的壳开始打破，并形成一种新的、积极的精神保护层，这就是婴儿与母亲的共生圈。

分离与个体化期，大约从四至五个月开始，此时的心理发展有两条通道，一是个体化，这是一种渐进的精神自主化过程。另一个是分离，是指从精神上与母亲分化、脱离，并与母亲保持适度的距离。[①] 精神分析治疗理论认为，成年人的边缘性人格障碍和自恋型人格障碍缘于婴儿期分离和个体化发展过程的紊乱和创伤造成的。

鲍斯（Blos）延伸了玛勒的观点，认为到了青少年阶段，个体必须经历第二次的心理分离 - 个体化。此时，青少年必须重新审查其内化的父母形象，不再被僵化的价值观控制住，脱离对父母情感的依赖，从家中独立出来，重新建构独立的自我。在与母亲分离的过程中，亲子关系将会经历重大的转变，青少年将不再事事以父母的意见为原则。鲍斯认为，个体的第二次心理分离要通过退化（regression）机制来完成，也就是说，青少年一方面害怕失去与父母的联结，向往回到亲子间的亲密结合；另一方面，又畏惧会被父母控制、失去自

---

① 赵恒春.从分离 - 个体化理论看青少年逆反现象［J］.河北经贸大学学报（综合版），2015（1）.

主性而想远离父母，保持距离。在这种冲突下，个体将进行第二次分离个体化的过程。

（四）科胡特的自体心理学

科胡特的自体心理学产生于对自恋型人格障碍和行为障碍的治疗与探究。20世纪的社会变迁使很多个体面对各种难以共情的环境和机构，体验着人际疏离和冷漠。他们无法从充满关怀的自体客体处得到足够的刺激和回应，导致了自体的破碎感。这些个体的主要问题不是弗洛伊德内驱力框架下的俄狄浦斯冲突，而是弥漫着抑郁和低自尊。由于心理结构的缺失，他们无法将自体内化为稳定的理想价值系统，经常体验着内在的空虚和生活的迷失。他们也没有建立有效的心理防御，未被整合的、很不现实的自我夸大感使人格处于衰弱和多重破碎的状态。科胡特认为，对于这种个体，治疗的首要任务不是处理心理冲突，而是要培植一个较为完整和坚固的内在心理结构，即内聚性的自体。科胡特并没有放弃古典的内驱力模型，而是认为自体心理学与古典理论是互补的，具体说来，对弗洛伊德称谓的移情神经症，要处理的是心理结构之间的冲突；而对自恋型病人，要处理的是缺失的自体与养成环境之间的冲突。

科胡特所使用的自体概念是广义的，指一个人精神世界的核心。这个核心在空间上是紧密结合（内聚性）的，在时间上是持久的，是个体心理创始的中心和印象的容器。一个具有内聚性自体的人，通常会体验到一种自我确信的价值感和一种实实在在的存在感。弗洛伊德从内驱力模式出发，认为自恋涉及本能性能量从客体撤回以及对自我的投注，这样的自恋与环境隔绝并拒绝人际关系，基本上被看成是病理性的。科胡特更新了弗洛伊德自恋的概念内涵，认为自恋不是病理性的，而是自体形成与发展中的正常现象。自恋有自己独立的发展线，最终没有一个个体能够成为一个完全不自恋的人。个体心理是否健康取决于是否拥有成熟的自恋。科胡特把自体客体定义为：能为自体提供一种功能进而能服务于自体的人或客体。所以在科胡特的定义里，即便一个病理性自恋的人也并没有放弃关系，他只是在自恋地体验别人，也把别人作为自体客体来体验。自恋者有一种对别人的幻想性控制，其方式类似于成人对自己身体的控制。科胡特确立了三极自体的概念，即他把自体看成由三个主要部分构成：一极是抱负，一极是理想，还有一极是才能和技能这一中间区域。科胡特认为，发展不是源于内驱力而是源于人际关系。当婴儿诞生在人类的环境中，其内部潜能和自体客体对其的响应，使婴儿形成一个核心自体或自体的雏形。如果环境比较适宜和理想，那么非创伤性的、恰到好处的挫折会启动转换其内化的发生：儿童从自体客体处撤回一些自恋式的期望，同时获得一部分内在的心理结构，随之核心自体会逐渐发展成一个内聚性的自体，拥有健康的自恋；理想化的双亲影像被内射为理想化的超我；孪生体验激发出了能增强自我确认的个体才能和技巧的发展。个体成熟期的健康自恋有多种表现形式，如创造性、幽默、智慧和共情能力等。①

人本主义心理学的自我观

人本主义代表人物卡尔·罗杰斯认为，在特定的治疗情境下，个体有能力帮助自己实现个人成长，并为自己找到健康的生活目标和方向。②

（一）自我实现的自我观

人本治疗理论是以积极的人性观为基础的。首先，他强调人的主观能动性。罗杰斯认为："人基本上是生活在他个人的和主观的世界之中的，即使他在科学领域、数学领域或其他相似的领域中，具有最客观的机能，这也是他的主观目的和主观选择的结果。"在这里，他强调了人的主观性，这是在咨询与治疗过程中要注意的一个基本特性。人所得到的感觉是他自身对真实世界感知、解释的结果。当事人自我一个独立的人也有自己的主观目的和选择。罗杰斯认为，当一个人发怒的时候，总是有所怒而怒，绝不是受到肾上腺素的影响；当他爱的时候，也总是有所爱而爱，并非盲目地趋向某一客体。个体总是

---

① 吕伟红.科胡特自体心理学理论对心理治疗的启示与助益［J］.学术交流，2014（10）.
② 普劳特，等.儿童青少年心理咨询与治疗［M］.林丹华，等，译.北京：中国轻工业出版社，2002：192.

朝着自我选择的方向行进。因为他是能思考、能感觉、能体验的一个人，他总是要实现自己的需要。由于罗杰斯相信每个人都有其对现实的独特的主观认识，所以他进一步认为人们内心是反对那种认为只能以单一的方式看待真实世界的观点的。因此，人本治疗强调了人的主观性的特性，为每个当事人保存了他们的主观世界存在的余地。

其次是人的自我实现倾向。实现是一种基本的动机性驱动力，它是一个积极主动的过程，不但在人身上，而且在一切有机体身上都表现出先天的、发展自己各种能力的倾向性。在这一过程中，有机体不但要维持自己，而且要不断地增长和繁衍自己。这种实现的倾向操纵着一切有机体，并可以作为区分一个有机体是有生命的还是无生命的鉴别标准。例如，婴儿就有着天生的实现趋势，这种实现趋向就是要使自己这个有机体朝向成熟、壮大的方向发展。当婴儿在学习行走的时候，他一次次摔倒，按照强化原理，婴儿应该很快减少尝试行走的努力，但事实上，尽管摔倒，尽管疼，孩子仍然不停地要尝试走路。这就是因为实现趋向是一种强大的力量，1岁左右的婴儿要尝试行走乃是人类实现趣向预定的日程。

罗杰斯坚信人类的发展朝着自我实现的方向迈进是具有实现的倾向。他从其对个体和小组治疗的经验中得到这样的启示："人类给予人印象最为深刻的事实似乎就是其有方向性的那种倾向性，倾向于朝着完美，朝着实现各种潜能的方向发展。"基于这种观点，他所倡导的人本治疗的基本原理就是使当事人向着自我调整、自我成长和逐步摆脱外部力量的控制的方向迈进。[①]

（二）自我概念与积极关注需要

随着儿童的成长，他们的感知领域开始分化出自我，形成自我概念，并组成了儿童的内部经验和对环境的感知，尤其是别人对他们的反应，以及相互的人际互动。这时儿童就会产生获得积极关注的需要，即需要别人对自己肯定、看重、认可和喜爱。那些获得积极关注的儿童会形成正确的自我价值。当父母

---

① 乐国安，等.咨询心理学［M］.天津：南开大学出版社，2002：328–329.

和他人将自己的爱建立在儿童是否做了令他们满意的事情时，儿童开始怀疑自己的内部情感和想法，并调整自己的言行，使之能获得身边重要他人的认可。这样，儿童的行为就得到引导，这并非因为他们体验到什么是好的，什么是对的，而是因为这样的行为能够获得爱。例如，当儿童在家里感到很生气时，他们可能会将自己生气的情绪掩饰起来，尽管他们内在的感觉和反应是相反的。当儿童能够考虑到他人的需要，并能达到他人的期望时，他们的自我价值已经形成。罗杰斯认为，当儿童的自我积极关注与他人对自己的关注相一致时，儿童就会形成积极的自我概念。罗杰斯说过这样一句话："如果个体体验到别人给予的无条件的积极尊重，那么他就会发展起无条件的自我价值。积极尊重和自我尊重的需要与生物进化是一致的，个体会不断地调整自己的心理状态，并最终达到完全的自我实现。"

从以上百年以来各个心理学大师对自我的论述中，我们可以体会到自我是一个复杂的人格系统，是人类生命体不断发展的重要部分，它不是与生俱来的东西，而是在社会经验过程和社会活动过程中出现的。自我的确立离不开社会和人际环境，个体往往是在对他人对自己的态度和评价中，产生自信、自尊或者自卑。同时，自我不是本能、欲望的奴隶，而恰恰是它们的主人。一个积极的自我具有良好的适应性和自主性。一个人只有拥有健全的自我，才会拥有健全的人格。因此，儿童的自我健康发展是其人格和谐发展的基础。

儿童自我发展的特点

自我是个体发展的一个动力系统，由知、情、意三方面组成。"知"是指个体对自我的认识，"情"是指个体对自我的体验，"意"是指个体对自我的调控。[①]

自我认识方面：

首先，儿童能用心理特征来描述自己；其次，他们开始将自己的特点和同

① 桑标.儿童发展［M］.上海：华东师范大学出版社，2014：285.

伴的特点进行比较；再次，他们开始思考自身优点和缺点的原因。这些关于自我的思维方式对其自尊的建立有重要影响。

自我体验方面：

其中自尊是自我体验中最主要的方面。儿童的自尊往往与其表现和他人评价有关。多数学龄前儿童有着较高的自尊，随着儿童进入学校，他们通过与同伴的比较得到更多的反馈，从而得知他们的表现如何。学习成绩、老师、家长和同伴的评价，都被整合到自我评价中。结果，自尊出现分化，并调适到更加现实的水平。

有研究表明，自尊水平在小学开始的几年当中会发生下降。这种下降的原因是与能力相关的反馈变得越来越频繁，儿童会越来越多地通过社会比较进行判断。为了保护自己的自尊，儿童会将社会比较和个人成就目标保持平衡。多数儿童能现实地评价自己的性格特点和能力，同时保持自我认同和自尊的态度。因此，随着年级上升，大多数儿童自尊水平趋于上升。①

自我调控方面：

有研究发现，具有较高自控能力的儿童也具有较高的成就动机。另外，自控能力的缺乏还是儿童多动症出现的重要原因之一。巴克利（Barkly，1997）根据多年对儿童多动症的研究指出，注意缺陷多动障碍起因于调节抑制及自我控制功能的损失，而这种自控上的损失又反过来损伤了其他对维持注意起关键作用的脑功能。这个结论得到大多数儿童临床心理学家的认同。

自我控制有一个适宜的度。儿童自我控制过低，常常表现为容易分心、无法延缓满足、易冲动、攻击性强；自我控制过强，会表现出很强的抑制性（抑制个体的需要和情绪表达）和一致性（与成人要求保持同一）。这类儿童平时很少在班级、家里惹麻烦，容易被人忽视，容易焦虑、抑郁、不合群。最适宜的自我控制可以称为有弹性的自我控制，这类儿童的特点是"管得住、放得开"，能够随着环境的变化灵活改变自控的程度。②

---

① 劳拉·E·贝克.婴儿、儿童和青少年（第五版）[M].桑标，等，译.上海：上海人民出版社，2008：612-613.
② 桑标.儿童发展[M].上海：华东师范大学出版社，2014：300.

第 2 节
自卑心理辅导

儿童往往是在学习、交往顺利和成功的情境中体验到自尊和自信，但是有些孩子在学校的学习不是一帆风顺的，他们会遇到困难和挫折，难免自尊心受挫，容易产生自卑心理：表现为对自己缺乏一种正确的认识，在交往中缺乏自信，办事无胆量，畏首畏尾，随声附和，没有自己的主见，一遇到有错误的事情就以为是自己不好。这样导致他们失去交往的勇气和信心。

班里的隐形人

李小坤是一个三年级的男孩。这一天上数学课的时候，老师照例叫几位同学到黑板上答题，喊到李小坤的时候，他死活不愿意上来答题。老师生气了，就批评了他几句。他哭了。老师觉得很奇怪，一个三年级的男生还哭哭啼啼。没想到李小坤这一哭就没完没了，以至于他那天都没有吃午饭。这时候大家才意识到，班里有一个男孩叫李小坤，说实话，平时大家都没有太注意他。

李小坤因为一二年级时没有打好学习基础，所以在三年级的学习中特别累。他并不善于表现自己，也不爱说话，难得开一次口，说话的声音小得只有他自己才能听得到，所以，在班里他就好像一个隐形人，没有一点存在感。①

自卑心理解读

心理学大师埃里克森的人格发展理论指出，儿童期最大的心理冲突是勤奋与自卑。这时候，儿童已进入学校，开始接受社会赋予他的任务。为了完成这些任务，为了不落后于众多的同伴，他必须勤奋地学习，但同时又渗透着害怕失败的情绪。这种勤奋感与自卑感的矛盾便构成了本阶段的危机。如果儿童在

---

① 本案例由蔡素文老师提供。

学习中不断取得成就，得到奖励，他们在学习上就会变得越来越勤奋；如果学业上屡遭失败，经常受到别人批评，就容易形成自卑感。

自卑心理，有时也称自卑感，指的是对自己的能力及某方面的心理品质的评价偏低，而产生的不如别人的一种消极自我信念。自卑强烈的儿童常常自我评价偏低，总觉得自己一无是处，缺乏进取精神，行为退缩，孤独离群等。自卑心理的形成原因是综合性的，有内部因素，也有外部因素，主要有以下几个方面：

1. 家庭环境因素。精神分析学派和认知治疗学派都强调，儿童早期的经验对于其今后的人格发展有着决定性影响。童年时家庭父母关系不和，或者遭受过父母的虐待等创伤性经历，都会导致孩子缺乏安全感，情绪抑郁和自卑。

2. 没有得到别人的关注和肯定。希望得到别人的关注和肯定，是这个阶段孩子内心最重要的需要之一。从成就动机的角度看，这种需要被称为附属内驱力。这类内驱力往往是小学低年级孩子重要的成就动机。也就是说，这个阶段的孩子往往缺少独立的自我意识，他们常常是在别人的肯定的正面评价中体验到自尊和自信。由于现行教育对学生的评价很重视学习成绩，学习成绩不佳的孩子往往会受到歧视和更多负面的评价。因此，学习不顺利对于孩子的打击是双重的。

3. 气质和性格因素。气质抑郁、性格过于内向的孩子，心理易感性比较强，遇到应激性事件，容易产生消极情绪和消极的自我信念。例如，遇到考试成绩不理想，心理易感性比较强的孩子往往会做出非理性的判断，或者消极归因，因而容易产生自卑。

4. 身体的缺陷。这最易直接地引发儿童的自卑心理。著名精神分析学家阿德勒自身就有身体残障，他对其深有感触。他说，"带着器官缺陷来到这个世界的儿童自小就被卷入了令人痛苦的生存斗争之中，结果常常使其社会感陷于窒息"（社会感，阿德勒提出的重要概念，是指个体对自己归属于人类社会的意识以及个体对社会的态度）[①] 当一名伤残儿童把自己和健康的同伴做比较时，

---

① 阿德勒.理解人性［M］.陈太胜，译.北京：国际文化出版公司，2000：45.

他认识到有些活动大家都能完成，自己却不能，而且还要担心受到其他同学的讥笑，因此产生自卑心理。有身体缺陷的孩子多数会表现出退避行为。他会设法避免那些暴露其残疾的活动，以减轻内心的痛苦。有位小学五年级学生自小生就一双"斗鸡眼"，视力较一般学生弱。在上幼儿园时，不小心摔了一跤，左手骨折，因她的骨头长得与常人不同，接好后并没有完全恢复，造成左手到现在为止还伸不直。自己一直深深为此苦恼，感到孤单，低人一等。

自卑心理辅导策略

怎样帮助容易自卑的孩子？以下结合案例提几点建议，供大家参考。

（一）让孩子有安全感和归属感

针对一部分得不到关注和肯定的孩子，老师要与之多交流多沟通。安全感和归属感是孩子自尊自信的基础。有个小学二年级的孩子因父母工作忙常常不来接送，情绪很低落，觉得在同学面前抬不起头。班主任这样写道：

小展同学是家庭条件和自身条件都不错的一个男孩，在小学二年级时转到我们班级。不久，我就发现他有些自卑，在课堂上，他的眼光总是游离不定，不敢正视老师，说话声音很低，而且一说话就脸红；下课时也很少和同学交流，室外活动也很少参加，感觉总是有心事。在经过一段时间和他接触并取得他的信任后，有一天我装作不经意地问他："小展，你总在想什么啊，是不是希望以后成为一个哲学家啊？"小展低着头想了一会儿才轻声说："我总在想，为什么我爸爸妈妈从来不接我放学呢？是他们不爱我吗？"原来他见到其他同学放学时都有父母接，也特别想让他的父母能来接他一次，但是他的父母都是从商的，特别忙，曾经答应过他几次，但因为客户突然来访没来接，因此，他觉得父母不爱他。放学时，同学们扑向父母怀里时的欢声笑语，他看成了是对他无人接送的嘲笑，他变得越来越孤独、离群。事后我与小展的父母即时进行了联系，说明了小展的心思，他的父母听了大吃一惊。在我和家长的配合下，小展慢慢地开朗起来，开始主动与同学打招呼、踢球和聊天了。

这个案例的成功就在于班主任了解到孩子情感的缺失，及时与他父母沟通。重要的是让孩子获得安全感和归属感。

（二）发现孩子的优点

每个孩子内心都有积极的力量。发现和发扬孩子的闪光点，也是培养他们自信的起点。不少班主任采用"优点卡"的形式，鼓励容易自卑的孩子。有位班主任写了这样一个案例：

小方同学原本是一个胆小、怯懦和缺乏自信的男孩。自从开展了"优点小卡传传传"的活动，小方从同学的字条中发现自己原来竟有那么多优点：有礼貌，乐于助人，字迹工整，作业本整洁等。小方慢慢变了，变得活泼、开朗和自信起来。在学期评语中，我这样写道："你是个活泼又自信的男孩，你有许多优点被同学们发现了，还有许多优点连你自己都没有注意到，挖掘它们吧。"在同学的称赞和我的鼓励下，小方的胆子大了，对自己也更自信了。[①]

（三）学会接纳自我

要帮助容易自卑的孩子学会接纳自我。要让孩子明白每个人都不是十全十美的，都有各自的长处和短处，在学习和生活中要扬长避短。有些缺点是可以改正的，而有些身体方面的缺陷是难以改变的，要正视它、接纳它。对自己身体、外貌的认同感是自我认同的基础。老师可以采用榜样示范法，用名人的故事激励孩子。如，英国前首相丘吉尔，虽然又矮又胖，但是他有杰出的领导才能，风趣、幽默，富有人格魅力，赢得了世人的尊敬和敬佩。

（四）开展鼓励性评价

孩子的自卑往往与学业评价有关。尤其对于学习成绩不佳的孩子，整齐划一的评价常常使他们自卑。鼓励性评价着眼于孩子自己的进步，而不是单一的横向比较；着眼于"两点论"，即要肯定优点，也要指出不足，以便孩子寻找到努力的方向。有位老师是这样评价学生的。

---

① 白璐. 小学生自卑心理成因分析与矫正策略［J］. 中国科教创新导刊，2007.

该生平时作业不但错误多，而且书写混乱。一次做数学作业，他虽然答案全对，但是字迹潦草，书写不规范。按惯例，这样的作业最多给70分。问题是这个70分能否对学生有所触动。于是我给他打了这样一个分数："100分 –20分 –10分"，并在每个分数下面分别做出了解释：100分——全做对；减20分——写字潦草，字迹不工整；减10分——书面不整洁。同样的70分，但两者的效果就不一样。这个带减号的70分，既是对学生成绩的肯定，又能较为具体地指出他存在的问题。该学生从这个分数中不仅看到了自己的成绩，也看到了老师对自己的信任和期待。①

其实，自卑对于儿童的成长不只是有消极意义，也有积极意义。阿德勒认为，儿童在体验到自卑感的同时就会受到自己追求卓越动机的推动。帮助孩子走出自卑，他的内心就增加了一份自信的力量。正如阿德勒所说，"在每个人身上追求优越和自卑感是并存的，因为自卑我们才会去追求优越，我们企图通过努力追逐来获得成就，以消除自卑感"。

第3节
任性心理辅导

任性的孩子常常是由着自己性子来，不考虑别人的感受，不愿受纪律、规范的约束，我行我素。一方面，影响其同伴交往，在班级里往往处于"众叛亲离"的境地；另一方面，也会产生许多行为问题，影响其社会化进程。任性是孩子心理发展不成熟的表现，若童年期的任性得不到调整，任其发展，到了成年会演变成不健康的人格，就会影响到个人的生活和工作。

---

① 尤兴虎.矫治小学生自卑心理三法［J］.云南教育，2006（4）.

"孤家寡人"贝贝

在一次社会实践活动中，贝贝在车里号啕大哭，原因是没有一个小朋友愿意和她坐一块儿，大家都像躲瘟神一样躲着他。尽管班主任耐心地劝导大家，学生们都表示，老师说过的，社会实践时我们可以自主选择和哪一个小伙伴坐在一起。最后老师也没办法了，贝贝只能和老师坐在了一起。老师默默地摇摇头，回想起贝贝与同学相处的一幕幕：贝贝从来不爱跟别人分享，更不愿意去帮助别人，但是只要她想要的东西，她哪怕抢也要抢过来，她从来不会遵守规则，无视班里的任何规则，想哭就哭，想闹就闹，大家见了她都怕。这一次，贝贝成了"孤家寡人"，是她任性导致的后果呀。①

任性心理解读

孩子的任性固然有性格的因素，但主要不是天生的，而是家长不加约束，放纵教育的结果。正如阿德勒所说，"那些饱受宠爱与纵容的孩子，他们不愿意忍受严苛的纪律和约束"。

1. 遗传因素。孩子受遗传的影响，有的天生气质就属于较兴奋的类型，情绪表现较强烈，属于那种"有个性"的孩子，这与家长的遗传因素有很大关系。如果后天再不注意改良，这样的孩子最容易出现任性的行为。

2. 心理反抗期（生长发育特点）。婴幼儿在正常发育的情况下，两三岁就开始出现心理反抗现象，出现强烈的独立需求意识。如愿意自己吃饭、自己穿衣服、上下楼梯不愿别人牵领，自己家的东西不让别人动，处处以自我为核心，遇到不满意不顺心的事情大哭大闹，劝阻和强制都不起作用，直至家长妥协、自己满意为止等。

3. 家庭教育因素。任性与遗传因素有一定的关系，与人的神经类型有关。但是，关键还是后天的教育和影响。一是家长对孩子溺爱、娇惯、放任、迁就。据调查，独生子女和末生的孩子任性率较高。孩子任性往往与他们在家庭

---

① 本案例由王红老师撰写，略作删改。

中受到百般宠爱有关。如上述案例中的贝贝，就是因为爸爸妈妈、爷爷奶奶过分宠爱，导致她自我为中心，自认为是家里的老大，为所欲为，肆无忌惮。她曾对要向她爸爸告状的小朋友说："我们家我最大，在家里只有我管爸爸的份儿，我说怎样就怎样。"二是家长对孩子简单粗暴。有些家长的教育方法简单粗暴，造成孩子的逆反心理，不管家长说得对不对，孩子都不接受，从而埋下了任性的种子。有些家长无视孩子生理、心理的发展，无视孩子的兴趣、爱好，对孩子一味限制，要求孩子绝对服从，想出各种方法让孩子就范。这种做法不仅违背孩子的意愿，也违背孩子的身心发展规律，同时，这种做法也是孩子任性的重要原因。三是家长粗暴的教养方法损害了孩子的自尊。有些家长总爱讽刺、挖苦、谩骂孩子，或者当着众人面数落孩子，有时家长的话虽然是对的，但刺伤了孩子的自尊心，孩子心里明白自己错了，可为了保全面子也不接受批评，于是产生对抗。[①]

任性心理辅导策略

通过对任性心理的分析，提供以下辅导建议供大家参考。

（一）坚持原则，严格规范

任性的孩子往往是父母过于纵容，没有遵循规范的意识。因此，在家庭教育中要坚持原则，严格规范。有的孩子抓住了家长的弱点，家长越怕孩子哭，孩子越哭个没完；家长越怕孩子满地打滚，孩子就偏在地上滚个没完。家长对孩子提出的不合理要求，不管他怎么哭，怎么闹，绝不能有任何迁就，态度要坚决，而且要坚持到底。本节案例中，要改变贝贝任性的现状，就需要：首先，要求家长给贝贝定规矩，要爸爸学会对女儿说"不"；其次，让她懂得谦让和关心别人，让她明白，懂礼貌、有教养的孩子才会受到大家的欢迎。

---

① 杨泽辉.浅谈任性孩子性格的形成和教育策略［J］.延边教育学院学报，2008（3）.

（二）尊重同伴，目中有人

任性的儿童由于自我为中心，一般不大考虑别人的感受。班主任可以采用以下方法：

1. 角色互换方法，让孩子学会换位思考。例如，可以启发孩子体会，"如果别人对你蛮横无理，你会是什么感受？"也可以问问孩子，"为什么你没有朋友？""有朋友的同学怎么对待别人的？"

2. 正强化法，对于任性孩子良好的人际交往行为予以奖励，对于攻击性行为予以惩罚。针对本节案例中的贝贝，大家就是采用奖励的方法，收到良好效果。具体做法是：

刚开始两周，班主任、家长和她约定好，每天她不和同学吵闹或者打架，可得 1 枚五角星，若得到 3 枚五角星即可满足她一个合理的小要求；从第 4 周开始，和她约定好要连续得到 3 枚五角星才可被满足一个小愿望；从第 10 周开始，和她约定好要得到 4 枚五角星可满足一个合理的小要求；从第 16 周开始，和她约定好要连续得到 5 枚五角星可满足一个合理的要求。同时，若贝贝和同学打架了也要受到惩罚，那就是双休日她最想看的电视节目就看不成了。而贝贝由于视力不好，本来每周看电视的时间也不超过 15 分钟，所以她特别珍惜这样的机会。

（三）消退冷冻，缓和冲动

任性的孩子往往也比较容易情绪冲动，行为过激。因此，冷处理常常是班主任辅导这些孩子的策略之一。有位班主任曾经遇到这样一个任性的孩子，请看她是怎么冷处理的——

班上有个叫毛毛的小男孩，每节课都积极举手发言，普通话发音标准，嗓音洪亮，但是有时会在课堂上莫名其妙地发脾气。如果哪一次你没有叫他发言，他便会生气地将铅笔扔在桌子上，嘟嘟囔囔发一通牢骚。要是没人搭理他，他接着就大哭起来，越哭越凶。遇到他爱哭闹，我采用冷处理的方法，不理他。几次下来，他逐渐感到哭是解决不了问题的。而且我明确告诉他，等到你不哭了，老师才会和你谈话。渐渐地，毛毛闹情绪的毛病收敛了许多。[1]

任性的孩子非常希望引起别人的关注，不过他们用了许多错误的方式，这是他们的内在动机。冷处理是一种非强化技术（或者称为消退），其目的就是抑制孩子的任性行为。对有此类动机的孩子，这个方法常常能够奏效。

（四）情绪合理宣泄

任性的孩子遇到事情容易情绪冲动，帮助他们学会调节情绪，宣泄情绪很重要。

在本节案例中，老师就给贝贝提供了情绪宣泄的机会。每周由心理辅导老师和她单独谈话一次，了解她在学习、生活中遇到的问题和麻烦，了解她外表品行表现之下隐藏的心理和情绪问题。每次谈话的时间不一定很长。有时发现她情绪不是很好，就安排活动让她在学校适当地发泄情绪，把怒气发泄在不会造成伤害的中性物体上，如让她在心理咨询室画画、书写、大声朗读、随音乐跳舞等。有时也会让她在心理咨询室里利用空椅法，站在同学的立场上来体验同学和自己吵架时的心态，让她慢慢地平静下来。当她情绪较稳定时，我也会针对她在教室里没有朋友这一苦恼，教她一些交朋友的小窍门，让她明白一些小事不可过于计较，特别是被同学不小心碰了一下，不要就认为别人是故意的，自己吃亏了一定要碰回来。这样想不但自己不高兴，而且由于太斤斤计较，时间长了就没人愿意跟自己玩了。

曾经不受同学们欢迎的贝贝，经过老师和家长一段时间的精心辅导，现在再也不是"孤家寡人"了。

现在的贝贝不再像以前"孤家寡人"一个了，班级里已有同学主动找她玩。记得本学期开学不久后的一天，我正在心理咨询室里值班，看见贝贝拉着一张苦瓜脸进来了，我心里一紧，心想是不是又发生什么事了，没曾想到我还没开口，贝贝扑哧一声笑了出来，她高兴地对我说："王老师，今天婷婷她们

---

① 李绪坤，等. 扬起奋进的风帆——中小学心理辅导案例集［M］. 济南：明天出版社，2004：218.

叫我和她们一起玩游戏了。"我说："太好了！那你刚才进来时为什么还苦着一张脸呢？"没想到小家伙居然说："我本来想骗骗你的，可是我太高兴了，憋不住了，所以就变成这样了。"是啊，这对她确实具有重要意义。因为婷婷是班上人缘最好的同学之一。

第4节
嫉妒心理辅导

嫉妒是一种自私、气量狭窄、不能容忍他人的负面心理状况。嫉妒是人的一种本能，和恐惧、害怕一样，往往是与生俱来的。嫉妒不但破坏自己的情绪，还会使人走火入魔，心态失衡，失去正常的判断力，破坏人际关系。有些孩子在学习和生活交往中，难免也会产生嫉妒心理。

她为什么心里酸溜溜的

今天，老师表扬了小雨的同桌辰辰，说他上课认真听讲，小雨心里酸溜溜的：明明自己听得也很认真呀，为什么老师不表扬我呢？小雨越想越气愤，心里像有好多小虫爬似的。于是她趁辰辰不注意，偷偷把辰辰的铅笔盒藏了起来，看到辰辰着急得满头大汗找铅笔盒的样子，小雨心里竟涌起一股快感。[1]

嫉妒心理解读

心理学研究发现，即使是婴儿也会产生嫉妒，这种嫉妒往往来自占有的欲望，如看到妈妈给其他孩子自己不玩的玩具时，也会一把抢过来。这种强烈的

---

① 刘电芝，等 . 儿童心理十万个为什么［M］. 北京：科学出版社，2018：46.

"想要……"的嫉妒情感就产生了。而童年期孩子的嫉妒往往来自与同伴的比较。心理学家史密斯发现，嫉妒发生的条件有四种：第一，相似性。若是比较学习成绩，六年级的小朋友不会与一年级的小朋友做比较，一般能引起嫉妒感受的比较对象多是与自己年龄接近的朋友。第二，相关性。引起小学生嫉妒的事情一般都与他们的学习生活密切相关，如同学买了新文具、得到老师的表扬等。第三，低控制性。自己喜欢却没有办法得到的东西更能引起嫉妒。如果能让孩子觉得被比较物是可以通过努力得到的，那么不仅可以缓解孩子的嫉妒情绪，还可以培养孩子的意志品质和积极主动性。第四，主观的公平感。如果孩子觉得自己身处某种不公平、有偏颇的环境中，就容易产生嫉妒情绪。比如，老师对某位学生特别的偏爱极易引起周遭同学的嫉妒。

嫉妒心理的形成原因是多种多样的，除以上所述，还有性格因素、自我评价、应付方式、环境因素等。

1. 自小养成了气量狭窄、不能宽容别人的性格。这种性格的学生容易主观片面，他们待人处事的准则往往自我为中心，一般不太考虑别人的想法和感受。

2. 家长态度、行为的影响，父亲或母亲常在孩子面前有嫉妒他人的表现。潜移默化中，孩子在不知不觉中形成了嫉妒心理。

3. 由于先天不足或后天表现不及别人，造成自卑感而引起嫉妒。并不是自卑的学生都好嫉妒，有的学生自尊心很强，遇到挫折以后会变得自卑，这时就容易产生嫉妒心理。如自己因表现不及其他同学，得不到老师的表扬，无形中会嫉妒老师经常表扬的同学。

嫉妒心理辅导策略

综合上述分析，对孩子嫉妒心理的辅导建议有以下几种。

（一）要帮助学生认清嫉妒心理的危害

嫉妒心理是一种于人有害、于己不利的心理疾患。嫉妒者常常处心积虑、耗费心机去算计别人，消耗了不少才智和精力；嫉妒他人的优越性，内心会很痛苦。以下这段文字把嫉妒的危害描写得惟妙惟肖：

一到下雨天，雨伞就得到主人的重用，因此，它过得很快活。可好景不长，雨衣得到了重用，雨伞感到非常失落，对雨衣的态度很快由羡慕变成了妒忌。一天，雨衣刚工作完，就舒舒服服地躺在一边睡起觉来。雨伞觉得这是个大好的机会，于是就来到雨衣旁，用伞头把雨衣扎了个大洞。干完了这一切，它满意地回到了角落。又是一个雨天，主人把雨衣拿出来，发现有个破洞很心疼。他于是就用剪刀，从雨伞上剪下来一块布，缝在雨衣上。因为主人的手巧，补丁变成了一朵美丽的花，雨衣比以前更漂亮了。而雨伞却被丢在了垃圾箱中哭泣。妒忌者的痛苦比任何痛苦都大，因为他既要为自己的不幸而痛苦，又要为别人的幸福而痛苦。[①]

（二）要培养宽阔的胸怀

首先是宽容，对别人不要吹毛求疵，宽以待人，同时要包容不同的观点；其次是虚心向别人学习，"三人行，必有我师"，多看别人的优点，少看别人的缺点，就不容易妒忌。有个学生写信给某杂志心理栏目的老师：

我最好的朋友和我一起参加班长竞选，我赢了，他成了副班长。在各方面我好像总是胜他一筹，他也好像在暗暗和我竞争。在近期的一次他非常重视的考试中，我的成绩也比他好，同学们都比较喜欢我。因此，他很伤心。有一次，他对我说他很嫉妒我，我不知道该对他说什么好。

老师的回答：

你的朋友对你说他嫉妒你，说明他很真实。你现在最重要的是理解你的朋友，他只是想做得比你更好。你要经常给他一些关键性的帮助。比如，对一件事情，你是怎么想的，怎么做的，你要告诉他，还要和他一起研究怎样

---

① 马春梅.妒忌［J］.班主任之友，2006（3）.

做更好。这样既能帮助朋友提高，自己也会进步。只有共同进步的友谊才会地久天长。

这位老师引导得很好，用宽容和理解来化解好朋友的嫉妒，对自己也是一次心理修炼。

（三）要学会合理竞争

合理的竞争不是打击别人抬高自己，而应该是双赢的竞争、公平的竞争。一位老师在对学生嫉妒心理辅导时，讲了唐代大诗人李白和杜甫的故事，启发她应该与嫉妒对象成为好朋友。对话如下：

师：依我看，你也有比张丽好的地方，说不定张丽也很羡慕你呢？

生：（脸上露出怀疑的神情）真的吗？

师：我看你们完全可以成为朋友，互相学习，互相竞争。听说唐代大诗人李白和杜甫交往的故事吗？他们两个惺惺相惜，结下了深厚的友谊，两个人在切磋交流中，写诗水平都提高了，成为一代"诗仙"和"诗圣"。

生：老师，我与张丽真的能成为好朋友吗？

师："世上无难事，只怕有心人。"你试着与她交往，我想你们肯定能成为好朋友。你现在对她还有嫉妒之心吗？

生：您这样一讲，我对她的感觉好多了，我不应该有嫉妒之心。

（四）提高自身能力和信心

好嫉妒的学生往往内心虚弱，底气不足。教师引导学生专注于自身能力的提高，将会降低其妒忌心理。

（五）教师要公正地关心每个学生，满足学生被尊重、被关心、被人喜爱的需求

有位学者曾说："嫉妒的孩子通常都是确信没有人爱他们，也没有人会爱他们。"所以，教师要公正地关心每个学生，要让他们感受到自己也是讨人喜欢的。

第5节
性别角色辅导

性别角色辅导是当前学校教育比较忽视的一个方面。儿童的社会化过程要求赋予男孩和女孩不同的性别角色和气质：阳刚之气与阴柔之美。大众传媒的多元化使性别角色的界线变得模糊。青少年时期的性别角色错位往往源于幼儿园和小学阶段。一些家长不注意对孩子进行性别教育，有的把女孩男性化打扮，有的把男孩女性化打扮，容易引起孩子对自己性别身份认识的混乱。性别角色辅导就是要确立男孩和女孩对自己性别的认同和接纳，培养各自性别相应的气质。

一个娇滴滴的男孩

亮亮是个男孩子，今年10岁，长得白白净净，挺秀气的，他常穿粉红、嫩黄的套装，一副娇滴滴的模样。开学一星期后，亮亮有些异常的举动引起了全校老师的注意——他说话嗲声嗲气，经常抱着年轻的女教师撒娇："老师，你真漂亮，你抱抱我嘛！"或者用手拉女老师的裙子，说真好看，甚至还会掀起来瞧瞧。他还跟着女老师上厕所，就站在女老师旁边有一句没一句地聊着。一个月后，他不仅要抱女老师，还经常去抱女同学，有时还会亲女同学。对女老师戴的项链、耳环很感兴趣，经常用手去摸，或把鼻子凑到女老师脸上、手上去闻，说："啊！真香啊！"一脸崇拜与陶醉的样子。①

性别角色解读

（一）性别角色

性别角色，是指属于一定性别的个体在一定的社会和群体中占有的适当位

---

① 本案例由李峻老师撰写，有所删减。

置，以及被该社会和群体规定了的行为模式。这个概念有以下几个含义：

性别角色是一种社会角色。当个体从母胎分娩出来时，凭其性器官就能鉴别性别。由于性器官的不同，个体被明确地划分为男孩或是女孩，随着身体的生长，男孩在身高、体重以及形态方面逐渐优于女孩，社会对性别不同的孩子予以不同的角色期望，形成了男性角色和女性角色。

性别角色决定了个体的社会化定向。在传统观念中，男子的社会化定向是在社会上谋取成功和地位，而女子的社会化定向则是在家庭中充当贤妻良母。不同的社会化定向必然导致男女有选择地接受不同的社会影响，导致男女形成与其特定的性别角色相适应的不同的人格倾向。

社会群体为男女制定了一套行为规范。性别角色使得我们对个体的行为进行性别的标定，如我们在评论某人为"娘娘腔"或"假小子"的时候，就是按照公认的性别角色对此人的行为进行标定的。此外，个体在社会化过程中，一旦将性别角色规范内化，就会自动地按照适合自己性别的行为方式来认识、思考、行动，形成性别角色的心理差异。[①]

（二）性别角色认同

什么叫性别角色认同？学者有多种界定。海登认为，性别角色认同意指个人认同他或她自己的性别群体的理想的心理结构，具体表现在适合个人性别的行为、态度、情感上。林崇德认为，性别角色认同指获得真正的性别角色，即根据社会文化对男性、女性的期望而形成相应的动机、态度、价值观和行为，并发展为性格方面的男女特征，即所谓的男子气（男性气质，masculinity）和女子气（女性气质，femininity）。

吴增强等人的研究表明，大多数儿童青少年能够认同自己的性别，但也有一部分儿童青少年对自己的性别不太认同。根据我们的调查，男孩的性别认同优于女孩。当问及"如果你可以选择自己的性别的话，选择什么性别"时，69.1%的男生仍选择男性，而女孩选择女性的为33.1%，百分比相差一倍以上。

---

① 时蓉华. 社会心理学［M］. 杭州：浙江教育出版社，1998：177–178.

20.9% 的女孩不再选择女性，而男孩不选择男性的仅为 2.3%（如表 2–1）。[①]

表 2-1　男、女生对自己性别认同的比较

	选原来性别	不选原性别	讨厌原性别	无所谓
男生	69.1%	2.3%	0.7%	27.7%
女生	33.1%	20.9%	2.9%	43.1%

女孩性别认同比男孩差，更多女孩不认同自己的性别，应引起教师和家长的关注。性别认同是青少年社会化的一个重要指标。按照埃里克森的同一性理论，如果青少年对自己的性别不认同，一方面，可能会使自己的自信心、自尊感降低，自卑、沮丧，缺乏进取心；另一方面，可能会影响自己社会角色的承担，形成社会适应不良。因此，加强对性别认同度低的女孩进行自强、自爱教育是教育者的重要职责。

（三）性别角色困扰

性别角色困扰，主要是家庭中的长者（如父母或爷爷、奶奶等）对子女错误的异性期望和装扮造成的，即有的家长把自己的儿子或女儿从小就错扮成性别反向装束，并在心理和行为上按照自己的期望给予异向诱导。慢慢地，他或她的心理、行为模式会往自己性别相反的方向上发展，并随着年龄的增长不断地强化。当步入青春期和进入社会时，他或她逐渐感到自己的心理、性格和行为与周围的人群，尤其是与同性别人群格格不入，严重的会成为性变态者。有一对夫妻生了三个男孩，于是把小儿子从小打扮成女儿，两个哥哥也把他当小妹妹来看待，从不让他干重活，不让他单独外出办事，处处照顾他，使他的心理、行为沿着弱女子的心理、行为模式上发展。结果长大后他无法适应社会生活，当考上大学时，只因不敢单独离家外出，只好放弃机会，参加工作又因为不能胜任工作连调几个单位都被辞退。最后只好去做心理咨询，在医生的指导下，他才慢慢地纠正过来。这种作为女孩抚养的男孩，往往情感脆弱，胆小无

---

① 吴增强. 当代高中生的性困惑 [J]. 当代青年研究，1999（4）.

为，严重地影响其未来的发展。与此相反，还有一对夫妇把独生女儿从小当男孩抚养，穿着、打扮一副男孩模样，连玩具也是男孩玩的刀、枪、棍等，她常和男孩一起玩耍，慢慢地，其心理、性格、言行就沿着男性角色的模式去发展，长大后虽然改穿女儿装，但在她的身上仍然处处显示出男性角色的特征，而少了女性角色的特征。结婚后，其丈夫由于无法容忍其性格和言行，几个月后就离婚了。这样的女性往往成为同性恋中的"男性"角色的扮演者。其言行不为周围的人群所理解和接受，甚至连自己也无法理解和接受，经常由此产生心理矛盾和角色冲突，从而影响自身或他人的心身健康。[①]

性别角色辅导策略

由于学生性别认同与其生活的家庭环境密切相关，因此，家长、学校和社会有关部门必须联手合作，重视对学生进行性别角色辅导。

（一）预防学生性别角色困扰的辅导策略

第一，家长要给予正确的性别角色期望和性别角色装扮，使子女能根据自己的服式及其颜色等来正确认识自己的性别角色。在本节案例中，李老师和亮亮谈话，帮助亮亮明确了自己的男孩角色。

师：亮亮喜欢女孩子吗？

生：喜欢。

师：女孩子喜欢你吗？（亮亮太喜欢抱女孩子，所以女孩子看见他就逃。）

（生不说话）

师：亮亮是女孩子还是男孩子？

生：男孩子。

师：你知道女孩子喜欢和怎样的男孩子玩吗？

生：不知道。

---

① 吴用纲，等.论性别角色健康教育必要性及其对策［J］.中国健康教育，1998（12）.

师：你去观察一下，下星期告诉我，好吗？

生：好的。

李老师给家长提出建议：让亮亮多和男孩子一起玩耍，同时协助他和班里几个男孩子建立较固定的伙伴关系；不穿女性化的衣服。

第二，要给予正确的性别角色行为引导。在日常生活中要根据少年儿童的性别特点进行相应的行为引导，多做些有益于性别形成的游戏和事情。对应该避忌的事情要坚决避忌，千万不要叫他或她去做该性别角色不应做的事，使其从小逐渐形成与性别角色相适应的行为。在本节案例中，心理老师就鼓励亮亮多参加体育活动，并征得他的同意，让他参加学校足球队，培养他的阳刚之气和意志力，很有效果。李老师写道：

就这样不知不觉一年过去了，每个人都感受到了亮亮的变化，他已不再主动抱女教师和女孩子，并经常找男孩子玩耍，对是否穿漂亮衣服不再那么重视，有一次上体育课，他的衣服被钩破了，他竟然毫不在意，亮亮已成为小小男子汉了。

第三，要给予相应性别角色的知识教育。学校老师和家长应根据少年儿童不同的年龄阶段给予相应的性知识、性道德教育和相应的性别角色心理诱导，使其能正确认识"我是小男子汉"或"我是小姑娘"，并在言谈举止方面给予相应的知识教育，实现正常、健康的性别角色。

第四，家长们要以身作则。人自出生以后的第一任老师就是父母，因此，父母们要认真扮演好自身的性别角色，注意自身言行，给子女做个好榜样。

（二）优化学生性别角色的辅导策略

从更为积极的意义上，我们应该帮助男女学生性别互补，完善各自的性别角色。当今，随着社会的进步与发展，在要求青少年对自己性别角色认同的同时，性别角色互补和优化的呼声日趋高涨，传统的性别刻板印象把男性人格特征与女性人格特征相对立。例如，男性刚强，女性柔弱。男性的气质更易于在社会上拼搏，而女性的气质更适合营造温馨的家庭和被男性保护。这种性别刻板印象正在受到挑战。现实生活中，女性已经从家庭走入社会，她们要在社会上立足并发展，必须具备传统意义上属于男性的品质，例如，坚强、果断和具备领导气质等。相当一部分社会学家认为，传统的两性对立的性别角色，正在朝着两性人格特征更加接近的方向发展，即两性化人格特征。

那么，如何认识校园里出现的"假小子"和"娘娘腔"呢？我认为，"假小子"和"娘娘腔"不等于两性化人格。两性化人格是指男性和女性性格的优化重组，应该兼备男性和女性各自的优点。"假小子"往往是指直爽、果断的女孩，她们具备男性的优点，但未必具备女孩的优点。至于"娘娘腔"往往是指腼腆、羞怯、迟疑不决，有些脂粉气的男孩，他们既不具备男性的优点，也不具备女性的优点，更不值得效仿和提倡。因此，处于人格形成中的青少年，首先是要对自己性别的认同，培养各自的性别优势，而后再学习异性所长。

本章结语

百年来心理学大师有关自我发展的论述给我们的启示是，一个积极的自我具有良好的适应性和自主性，一个人只有拥有健全的自我，才会拥有健全的人格。因此，儿童的自我健康发展是其人格和谐发展的基础。

儿童自我的发展是一个知情意行的动力系统，儿童自我评价、自我体验和自我调控是相互联系的。儿童往往在学习、交往活动中形成积极的自我评价，体验到自尊自信，学会自我调节。例如，一个学业顺利的孩子往往得到更多他人的正面评价，这种正面评价会带动积极的自我评价，使其体验到自尊、自豪感，并且激励其更加努力地学习。同样，一个同伴关系良好的孩子，往往从他人的正面评价中体验到自尊自信，形成积极的自我评价，学习良好的人际交往技能。孩子在学习、生活和社会交往中也会遇到困难和挫折，由此产生的自卑、任性、嫉妒等是可以理解的。

同时，儿童自我的发展具有主体能动性。笔者认同哈德曼的观点，即自我是人格结构中最具有主动性的力量，自我在本能面前不是被动的，更不是本我中分化出来的一部分，而是有其独立起源的自主性结构，人有能力控制环境和本能力量。当然儿童的自我发展毕竟是从不成熟走向成熟的过程。美国著名哲学家、教育家杜威对于儿童的未成熟有深刻的论述，他说："生长的首要条件是未成熟状态……我们说未成熟状态就是生长的可能性。这句话的意思，并不是指现在没有能力，到了后来才会有；我们表示现在就有一种确实存在的能力——即发展的能力。"因此，教师和家长要看到孩子内在成长的潜力，了解孩子自我发展的特点与规律，调动孩子内在积极的资源，帮助其解决成长的烦恼，促进儿童人格健康发展。

情绪发展与辅导

情绪和情感表达是人类心理体验的核心成分。人从出生开始，它们就成为婴儿活动和调节机制的主要特点。在人的一生中，情绪反应帮助我们做出对抗或者逃避的反应——警告人们有危险，确保了我们的安全。情绪背后有类似皮质醇这样强大的压力——调节激素做支撑，所以情绪对于健康适应是至关重要的。现代脑科学研究进展表明，情绪健康不仅有益于身体健康，而且还有益于智力活动和潜能开发。积极的情绪可以促进儿童学习、交往，提高参加各种活动的效率。学校心理辅导工作中很大一部分，是培养学生健康的情绪。然而，由于每个孩子的个性不同、面临的生活事件不同，以及由此形成的应对方式不同，使得一部分孩子会产生情绪问题，诸如焦虑、恐惧、抑郁心理等。

本章讨论以下问题：

积极情绪培育；

分离性焦虑辅导；

恐惧心理辅导；

社交焦虑辅导；

抑郁情绪辅导。

第 *1* 节
积极情绪培育

随着积极心理学的发展，积极情绪对于人的心理健康的促进作用越来越受到关注。积极情绪是心理健康、幸福感的重要指标。如何通过增加积极情绪，促进积极情绪与消极情绪的平衡，对儿童情绪健康具有重要的价值。

他学会了微笑

小昱学业成绩较差，在学习上屡遭失败，常常受到家长的责备、教师的批评、同学的冷遇，久而久之就产生了厌学情绪。心理老师与他多次接触，惊异地发现，从来没看到他笑过，心理老师和他商量能不能学会多微笑。在心理老师循循善诱和不断鼓励下，他终于肯给心理老师一个"面子"——笑了。同时，心理老师和学科老师沟通，建议学科老师在课堂教学中能创造机会，请小昱回答问题，并给予鼓励与积极反馈。这样下来，他一连好几天学习兴致高涨。这一笑，能让小昱尽快从学业压力中释放出来，从厌学情绪中挣脱出来，怎么不令人欢欣鼓舞？微笑能给人带来积极情绪。微笑对于人类，就好比阳光之于花朵，能推动人心态的改善。①

积极情绪解读

情绪的认知理论认为积极情绪是在目标实现过程中取得进步或得到他人积极评价时产生的感受。弗雷德里克森（Fredrickson）提出积极情绪是对个人

---

① 本案例由浦东新区观澜小学曹丹红老师撰写。

有意义的事情独特的即时反应，是一种暂时的愉悦，包括快乐、兴趣、满足感、爱、自豪、感恩等因素。消极情绪则是指在实现目标的过程和行为中，由于外因或内因的影响而产生的不利于继续完成目标或者正常思考的情感反应，包括忧愁、悲伤、愤怒、紧张、焦虑、痛苦、恐惧、憎恨等。

（一）积极情绪与消极情绪

弗雷德里克森认为消极情绪和积极情绪均具有进化适应的意义。消极情绪能使个体更加专注于即时的境况，迅速做出决定并采取行动，以求得生存。例如当个体体验到生命受威胁时，消极情绪会使个体产生一种特定行动的趋向（体验到恐惧时，流经肌肉群的血液会增加，从而为逃跑做好准备）。而积极情绪具有完全不同的适应价值，当个体在无威胁的情境中体验到积极情绪时，会产生一种非特定行动的趋向，个体会变得更加专注并且开放，产生尝试新方法、发展新的解决问题策略、采取独创性努力的冲动。另外，积极情绪可消解消极情绪的影响：一方面，积极情绪可以缓解由愤怒、恐惧、焦虑等消极情绪导致的心跳加快、心血管扩张、血压升高，使躯体平静；另一方面，积极情绪可以放松消极情绪对个体思维的控制，修复消极情绪体验后思维的敏捷性，促进个体探求思维和行动的新路径。[①]

尽管情绪让个体产生不同的感觉，让我们得以区分正面的积极情绪和负面的消极情绪，但是对于情绪的划分并没有明确的好坏之分。从很多方面来看，所谓的消极情绪，和积极情绪一样，可为个体带来好处，例如适当的内疚情绪能够及时提醒个体的某些行为有悖于道德标准，从而进行调整以帮助个体适应社交情境。而过度的积极情绪对个体也有负面影响，例如过度的自豪可能导致个体不能正视自己，过高的评价自己或以自我为中心。

因此，消极情绪不是越少越好，积极情绪也不是越多越好，要想获得美好的人生，弗雷德里克森给出的最佳的积极情绪和消极情绪的配比是 3:1。也就是说，你拥有 1 份消极情绪时，再加上 3 份积极情绪就能够重新充满活力。

---

① 高正亮. 积极情绪的作用：拓展—建构理论［J］. 中国健康心理学，2010（2）.

（二）积极情绪的功能

积极情绪具有拓展与建构效应。所谓"拓展"侧重指积极情绪的即时效应，就是指积极情绪扩大了个体的注意范围，以及思考与行为的能力范围（thought-action repertoire）。所谓"建构"侧重指积极情绪的长期效应，就是指随着积极情绪的反复体验以及思维方式、行为能力的不断拓展，积极情绪会发挥建构持久资源的能力，这些持久的资源包括身体资源（如身体健康状况、睡眠时间），心理资源（如心理弹性，又称韧性，以及环境掌控能力等），社会资源（如与他人的关系、接受或给予社会支持的能力）。这些改善后的资源，会进一步增加积极情绪，从而出现积极情绪的螺旋上升（upward spiral）效应。此外，积极情绪还具有抵消效应，就是能帮助个体加速在消极情绪中的心血管恢复，使得在压力中经历积极情绪的人从他们开阔的心态中获益，并成功地调节他们的消极情绪体验。

积极情绪培育的策略

按照时间维度，积极情绪的来源可以分为当下、过去和未来三类。

（一）从当下汲取积极情绪

1. 挖掘优势所在，重获掌控感。我们可以通过自我回顾和询问他人两种途径，重新看待自己及遇到的困境，找到自己的优势所在。当在做自己擅长的事情时，我们会重新获得一种对于当前生活的掌控感，有利于我们驱散内心的无助感和消极情绪。掌控感也是心流体验的重要组成部分。在平时的学习和生活中，心流体验的获得要满足三个条件：一是要设定明确具体的可操作性目标，并主动寻求反馈；二是尝试做一些有挑战性但又可实现的事情；三是尽可能减少外界的干扰。

2. 主动亲近自然，享受真实感。亲近自然、沐浴阳光能给我们带来积极情绪。可以选择在有阳光的地方享受阳光的温暖。每日清晨起床，把室内的窗帘都拉开，呼吸一口新鲜的空气、伸个懒腰。在学习一段时间后，就眺望一下远处，感受大自然真实的美好。运动能够帮助身体自我更新、重现活力，带来积极的情绪体验。

（二）从过去汲取积极情绪：体验感恩的积极情绪

记录感恩日志，收藏满足感。养成写感恩日志的习惯，不仅能够帮我们留住当时那份难得的喜悦，还能够时刻提醒我们把注意力停留在事物积极美好的那一面。在日志中，每天记录 3 条让自己感动的事情就好。当然我们也可以把感恩转化为帮助他人的行动，试着写一封信、画一张画、唱一首歌，用自己的方式来表达内心的感谢。

（三）向未来汲取积极情绪：体验希望与乐观的积极情绪

学会积极应对困难，保持乐观感。如何才能保持希望、习得乐观呢？希望与乐观也被看作重要的积极情绪。我们可以用"ABCDE 模式"来帮助我们改变那些面对不好事情时产生的消极的不合理想法，从而学习成为一名乐观者。这里的 A（accident）代表事情；B（belief）代表自己的想法；C（consequence）代表后果，也就是产生的感受或行为；D（debate）代表反驳（如反驳消极的想法）；E（effort）代表激发。如本案例中小昱之所以有情绪上的改善，原因之一就是对自己的评价或看法更积极了。

积极情绪在幸福体验中发挥着重要的启动作用。我们帮助学生在与过去、现在、未来的有意义联结中培育积极情绪，让积极情绪给学生成长带来更多的心理资源。[①]

第 2 节
分离性焦虑辅导

焦虑（anxiety）是由紧张、不安、忧虑、担心、恐惧等感受交织而成的

---

① 朱仲敏，等．积极心理学视角下的中小学生心理免疫力提升指南［M］．上海：上海教育出版社，2020：9-10.

复杂情绪状态。焦虑大多是因为遭遇到威胁和内心冲突而引起的，不过这些威胁的想象成分一般多于真实成分，焦虑中的人往往夸大威胁的严重性。它可以是正常的，也可以是病态的；它可以是偶尔发生的，也可以是持续存在的。儿童的焦虑不同于成年人，分离性焦虑是儿童常见的情绪问题。

躲在衣柜里的女孩

新学期开学已经有一周了。一年级一班的班主任王老师，每天早早地来到学校，不敢在办公室停留就直奔教室。因为这一群刚踏入小学门槛的"小不点"，还真让人放心不下。当然，最让她放心不下的是一个名叫宁宁的小女孩。听孩子的妈妈说，她不愿意来学校，一听到要上学就哭个不停。从校门口到教室的这段路也一定要妈妈陪着。有一天，宁宁为了不去上学，竟然躲在自家的衣橱里，害得爸爸妈妈在家里四处寻找了半天。[1]

什么是分离性焦虑

上述宁宁的表现是一种典型的分离性焦虑。所谓分离性焦虑（separation anxiey disorder，简称 SAD）是儿童在与最依恋的人分离后表现出过度的焦虑，担心父母或者儿童自己在分离后会受到伤害。如担心父母之一会在某种意外事件中受到伤害，会被谋杀和绑架等。因此，不愿离开父母，拒绝上学或者单独就寝，并做与分离有关的噩梦，并常常诉述头疼、胃痛等各种躯体不适的症状。

一般来说，年幼儿童更可能担心有灾难降临到亲人身上，故拒绝离开亲人去上学。年长儿童更可能是在与亲人分开时表现出苦恼。少年期则主要表现为躯体症状与不愿上学。国外研究显示，与其他焦虑性障碍相比，SAD 的发病年龄要早，平均为 7.3 岁，他们更多的来自单亲家庭和社会经济状态较差的家庭。男女之间发病率无差异，症状上两性之间也无区别。具体表现为

---

[1] 本案例由蔡素文老师撰写。

以下症状：

- 分离性焦虑的儿童会对于父母分离或者离开家产生与其年龄发展不适应、过度的、绝望的焦虑。幼儿可能会有模糊的焦虑感，反复做有关被绑架或杀害以及父母死亡的噩梦。大些的孩子会有特定的关于疾病、事故、绑架或躯体伤害的幻想。例如，一位 10 岁患有分离性焦虑的女孩会害怕有人在夜里潜入她家，把她带到地下室，然后绑起来，让水一直从她前额缓慢流淌。

- 经常表现出对于父母关注的过度需要。比如，缠着父母或者寸步不离，晚上要睡在父母床上。大些的孩子会觉得很难白天一个人待在房间里，很难一个人在家睡觉、很难完成任务、去上学或者去野营。

- 为了避免分离，他们会焦躁不安、哭泣、尖叫。躯体不适包括心跳很快、晕眩、头疼、胃疼和恶心。[①]

分离性焦虑成因分析

许多研究表明，儿童分离性焦虑形成的主要原因有两个：一是对陌生环境本能的不安全感和害怕感；二是对父母的依恋行为。习性学与认知理论都对此提出了解释。

习性学的理论认为，分离焦虑是相对复杂的情感反应，部分是因为对不熟悉的事物的一般性恐惧焦虑。鲍尔比（Bowlby，1973）认为，婴幼儿面临的许多情境实际都蕴含着自然的危险信号；在人类的进化过程中，这些环境如此频繁地与危险联系在一起，使得人类对于它们的恐惧成为一种具有生物基础的自发反应。一旦婴幼儿有能力将熟悉的事物和不熟悉的事物加以区分，在与熟悉的陪伴者分离的时候，婴幼儿就会本能地对陌生的面孔（在远古时期，很可能就是猛兽）、陌生的环境感到恐惧。按照习性学依恋理论，怯生和分离焦虑的产生，是幼儿依恋产生的标志，即幼儿的陌生人焦虑和分离焦虑都是与幼儿

---

① 埃里克，戴维.异常儿童心理学［M］.徐浙宁，等，译.上海：上海人民出版社，2009：230.

的依恋息息相关的。对养护者（父母）产生依恋情感的幼儿，在与养护者分离的时候，会因为感到失去依靠和安全感，从而产生恐惧和紧张的情绪，对陌生的环境（幼儿园）、陌生的人（教师、新的伙伴）感到焦虑。根据艾思沃斯（Ainsworth，1978）的研究，那些很少与其养护者分离的幼儿，任何的分离对他们来说都是很陌生和恐惧的。

鲍尔比通过观察婴儿与母亲分离后产生的分离焦虑，发现分离焦虑经历了三个界限分明的阶段：反抗、失望和超脱阶段。第一个阶段是反抗阶段，儿童会极力阻止分离，自发地采取各种手段试图与母亲重新亲近。第二个阶段是失望阶段，当与母亲亲近的愿望得不到满足，儿童开始失望，反抗行为减少，反抗强度也降低，但是依恋联结依然存在。这时儿童可能会将依恋行为指向一位"替代母亲"，但是儿童对替代母亲的依恋行为并不会削弱对自己母亲的依恋。第三个阶段是超脱阶段，此时儿童的依恋行为被抑制，但是依恋联结并没消失，适当迟缓之后，儿童的超脱反应立即被强烈的依恋行为取代，并且在强度和频率方面都超过分离之前，由超脱行为戏剧性地转变为依恋行为。

认知发展理论认为，分离焦虑是幼儿知觉和认知发展的自然产物。凯根指出，个体6—10个月时已经具备了以下图式：（1）熟悉陪伴者的面容；（2）这些陪伴者在家中的可能行踪（如果他们不在眼前）。这个时候，突然出现的与幼儿头脑中的看护人图式不同的陌生人的脸会使幼儿感到不安，因为他们无法解释他是谁或者自己的养护者发生了什么事。婴儿会对无法预期养护者去向的分离表现出抗拒和紧张，因而产生了分离焦虑。[①]

另外，遗传基因和环境影响也是重要的因素：

● 遗传因素。患焦虑症父母的子女，焦虑症的发生率明显高于正常父母的子女。单卵双生子焦虑症的同病率高达50%，说明本症与遗传有关。

● 生活事件影响。常见的生活事件有与父母突然分离、在学校受到挫折、不幸的事故、亲人重病或死亡等。

---

① 张鹏.从依恋理论看幼儿分离焦虑及其消除策略［J］.读与写，2008（3）.

分离性焦虑辅导策略

（一）一般辅导策略

1. 扩大孩子的接触面。与其"圈养"，不如散养。不要把孩子关在家里，要让孩子尽量多与外界接触。培养孩子与陌生人打招呼的习惯，培养孩子对外部环境（自然环境、公共环境等）的适应能力，以克服孩子在陌生环境里的恐惧感。

2. 培养孩子的生活自理能力。要注意培养孩子的生活自理能力，如吃饭、穿衣、洗手、大小便等。不要让孩子对母亲过分依赖，进入幼儿园或者小学时，孩子才能很快地适应集体生活。

3. 培养孩子的合群能力。家长要鼓励孩子与其他孩子一起活动，以培养孩子与人相处的能力，减少或避免分离焦虑的发生。本节案例中王老师让班上两位热情的同学主动与宁宁交朋友，就是一个很好的辅导策略。

班主任王老师决定请班级里两个比较热情的孩子（一个还是宁宁幼儿园的同学）帮忙。上课之前，王老师把三个小朋友叫到跟前，拉起宁宁的小手说："宁宁，今天真勇敢，没有哭！同学们知道了抢着和你交朋友。"然后她把宁宁的小手交给了其他两个孩子。"宁宁，我们是好朋友啦！""宁宁，下课我们一起做游戏啊！"宁宁听后虽然没有什么特别的表示，但是也没有挣脱那两个孩子的手。

王老师心里一阵窃喜，私下里又对这两个孩子做了具体布置，下课后多带宁宁一起玩，多和她说说话。虽然宁宁还只会被动地接受小伙伴的邀请，但有了两个活泼、可爱的小伙伴，宁宁看上去的确快乐了许多。

4. 做好入学前的准备工作。在入学前，父母可以经常给孩子描述学校的生活，告诉孩子那里有许多小朋友，大家在一起学习非常开心；也可以带孩子到学校看看，当他对学校比较熟悉时，再正式送孩子入学，可防止分离性焦虑的发生。

5. 入学期适应。应给孩子一个入学适应的阶段，在孩子入学的头几天，对于个别害怕上学的孩子，家长可以陪孩子上学。随着孩子与陌生的小朋友和老师熟悉之后，家长可逐渐减少陪伴时间，直到最后完全放手。本节案例中宁宁妈妈开学初要求在学校里陪女儿，应该说从帮助孩子入学适应的角度看是合情合理的，作为班主任要认识到这也是一个辅导策略，而不要把它当作家长不合理的要求。

宁宁妈妈对王老师说："孩子有一个小小的要求，说一定要我待在学校陪她。她就乖乖地不哭。这不，我跟她说我就坐在学校的传达室里。"

"您就在我们学校传达室待上一天？"

"我是这样答应她的。"

王老师无奈地摇摇头，真是可怜天下父母心！但是她还是积极肯定了孩子的进步。可没想到的是，从这以后，宁宁妈妈就一直"坚守"在学校的传达室里了。

有了妈妈远距离的陪伴，宁宁每天都能按时来学校了。

6. 行为干预。运用强化技术培养孩子积极的行为是常用的辅导方法。本案例中，王老师在班级里开展"微笑行动"，鼓励宁宁用积极行动争取"微笑奖章"，辅导效果很明显。

王老师为宁宁特别量身定做了一套"微笑奖章"的获奖要求（如表3-1），并联合了所有的任课老师，请他们尽可能地看到宁宁的进步，并适时地多给宁宁一些"微笑奖章"。

表 3-1 "微笑奖章"获奖要求

学习目标／目标行为	奖 励	老师的话
每天早上能够自己进教室。	☺	
上课认真听课，能够发言。	☺	
下课能够和小朋友一起游戏玩耍。	☺	
其他好的表现（老师可以写下她的好表现）。	☺	
一天的总奖章数（　　　）		

因为"微笑奖章"的魅力，宁宁早上能自己背着书包进教室了。王老师招呼了一声"宁宁早"后，她也会怯生生地回一句："老师早！"看来每一个孩子都有向上的力量，只要我们老师找准着力点，就可以激发他们内心的力量。

7. 药物治疗。对于个别有严重焦虑症状、影响饮食和睡眠、躯体症状明显的患儿，可考虑使用抗焦虑药物进行治疗，以二氮䓬类药物疗效较好，不良反应较少，但一定要在有经验的儿童心理医生的指导下服用。[①]

（二）分类辅导策略

也有人提出可以根据儿童不同的依恋类型采取不同的辅导策略。

心理学将依恋划分为 4 种类型，分别是：

1. 安全型依恋。大部分幼儿属于这一类，喜欢与其依恋对象在一起并将他作为对外探索的安全基地。这类幼儿在依恋对象在身边时会独自探索，依恋对象的离开会让他们感到明显的不安，依恋对象返回时他们会有温暖的回应，如果他们感到压抑，常常会寻求身体接触来缓解压力。有依恋对象在场时，他们对陌生人表现出随和、大方。

2. 抗拒型依恋。这是一种非安全型依恋，这种依恋类型的幼儿具有强烈的分离抗拒，希望与依恋对象保持亲近，但分离后再重聚时又表现出抗拒。

3. 回避型依恋。这也是非安全型依恋。特征是很少表现出分离抗拒，能进行独立探索活动，但是缺少情绪性。介于前两种类型之间。

4. 组织混乱／方向混乱型依恋。这可能是最不安全的依恋类型，混合了抗拒型和回避型依恋的模式，特殊之处在于幼儿与养护者重聚时出现矛盾行为，先是想接近，然后突然回避。

依恋类型不同，分离焦虑幼儿的焦虑强度、频率上有所不同。要消除不同依恋类型儿童的焦虑情绪，就要采取不同的策略。

1. 安全型依恋的儿童一般分离焦虑程度最低，很快能适应学校的环境和生活。对这类儿童，尽可能为他们创设自由宽松的环境，让他们的注意力集中到

---

① 引自翁晖亮的《儿童分离性焦虑》，略作删减。

学校新奇的事物中去，主动进行探索，主动适应。同时，教师注重对他们进行情感上的关怀，让他们产生安全感。具体操作上，可以提供大量的活动等，把教室布置得丰富多彩，让他们把注意力转移到学校这个新的环境中去。最好可以让他们在正式入学之前就由父母带来学校熟悉环境和老师。

2. 抗拒型依恋的儿童焦虑程度较高，反应强度也最大。对这类儿童，教师需要投入相当大的关注和耐心，重点放在满足他们情感的需求上。同时最好能和家长合作，让家长坚持送孩子上学。根据鲍尔比对分离焦虑划分的三个阶段理论，教师要争取尽早成为儿童的替代依恋对象。具体操作上，家校配合必不可少，一定要取得家长的支持；教师要注意多对这些孩子进行个别关心，和他们进行交流。也可以参考安全型依恋幼儿的做法，在正式入学之前由父母先带来学校和教师进行交流。

3. 回避型依恋的儿童的表现介于安全型和抗拒型之间，焦虑强度也不会很高，教师要多和他们进行交流，尽量引导、鼓励他们进行探索，把注意力放在探索上。对这类儿童，教师的策略是多鼓励，多进行情感交流。

4. 组织混乱 / 方向混乱型依恋的儿童比较少见，赫茨加德（Hertsgaad，1995）等人认为这一类型可能是最不安全的。教师面对这种类型的儿童可以参照抗拒型依恋的做法。[1]

第 *3* 节
恐惧心理辅导

恐惧是儿童常见的情绪问题，是指儿童对某些物体或情境出现过分的恐惧，伴有焦虑不安与回避行为。当面临恐惧的对象时，儿童就表现为恐惧、害

---

① 张鹏. 从依恋理论看幼儿分离焦虑及其消除策略 [J]. 读与写，2008（3）.

怕、焦虑，并伴有呼吸急促、胸闷、心悸、血压升高、肢体震颤、出汗、面色苍白等，离开恐惧对象后症状消失。因此，当遇到恐惧对象时，儿童为了摆脱痛苦而采取逃离回避行为。

害怕看电影的小女孩

晓晓是小学四年级学生，少先队大队长，学习成绩优秀，聪明漂亮，富有想象力，人见人爱，但在她的心中有一片抹不去的乌云，那就是害怕看电影。对大多数孩子而言，看电影是一件快乐的事。可是晓晓是个例外，每当她走进电影院，影片开始播放时，面对周围漆黑一片，那些逼真的音响与画面，那些电影故事情节以及惟妙惟肖的电影人物形象，都会让她会感到紧张和不安，此时此刻，仿佛电影中的一切突然都变幻成了"魔鬼"，而这些"魔鬼"紧紧地包围着她，极度的害怕，迫使她立即逃离，以至于无论怎样劝说她都不敢再走进影院。①

什么叫儿童特定恐惧

儿童恐惧一般可分为特定恐惧和社交恐惧。本节讨论特定恐惧，以上是一个特定情境恐惧案例。

特定恐惧是指面对特殊物体或情境而发生过度的恐惧害怕。根据恐惧的对象不同具体分为下列几种类型：

1. 动物恐惧，如害怕猫、狗、昆虫等。

2. 自然环境恐惧，如对暴风雨、登高、水的恐惧。

3. 注射与血液恐惧。

4. 特殊情境恐惧，如对黑暗、隧道、电梯、桥梁、飞机、公共汽车或其他封闭场所等的恐惧，也称为广场恐惧。

5. 特殊物体恐惧，如对尖锐物体的恐惧。

---

① 本案例由韩凤鸣老师撰写。

6. 疾病恐惧，害怕患癌症、肝炎、心脏病，害怕死亡。上述案例中晓晓的影院恐惧应属于特殊情境恐惧。

很多儿童会有特定恐惧，其中大多数儿童随着年龄的增长，这种恐惧会消失。但是，如果儿童的恐惧在不恰当的年龄还继续，出现持续、不必要的过分恐惧，导致对于物体和事件的回避，影响日常生活，则被称作恐惧症。

儿童特殊恐惧症的识别要点：（1）遇到特殊事物或情境时产生焦虑、恐惧的情绪反应。（2）为了减轻或不产生恐惧情绪而回避这些特殊事物或情境。（3）离开这种环境后表现正常。

儿童恐惧心理成因分析

尽管儿童恐惧症的发病机理不是非常的明确，但是现有的研究表明遗传因素、气质类型以及环境因素都与儿童恐惧症的形成有较为密切的关系。

（一）遗传基因

肯德勒（Kendler）等人研究发现，女性单卵双生子共患病率达到24.4%，相对的异卵双生子的共患病率是15.3%。亲属中有患病者会加大患病概率，一级亲属被感染社交恐惧症的概率比对照组高10倍之多。赫德森（Hudson）等发现被确诊儿童分离性焦虑障碍的儿童中，其母亲有1/4患有焦虑障碍，包括社交恐惧障碍。可见，遗传因素在儿童社交恐惧症的发病中起着重要作用。

（二）气质

对于气质方面，卡根（Kagan，1989）用"行为抑制（behavioralinhibition）"来描述婴儿和儿童在面对新的环境、新的人群、新的事物时的退缩行为。一方面，"行为抑制"儿童的生理反应阈值较低，同时对环境存在较高的负性评价。正是由于低的反应阈值才使得儿童在新的环境与人群中担心、不安等反应过度。另一方面，防止逃避行为的正性影响不足。施瓦茨（Schwartz）等人研究发现有大约34%具有"行为抑制"的儿童在青春期被诊断为恐惧和焦虑症。家系研究也发现在抑制性的儿童的一级亲属中，存在社交恐怖和儿童焦虑障碍的高发生率。

（三）大众传媒中的不良信息

当今大众传媒中的恐惧故事传递了消极的信息，如危险、伤害、暴力血腥、死亡、虚幻、非理性、迷信魔咒、妖魔鬼怪等被解释为日常生活的构成元素，这些恐惧信息除自然界中不可避免的危险伤害外，更多的是人为的恐惧信息。对于儿童青少年而言，这样的恐惧信息远远超出了他们所能承受的限度。研究不断地发现儿童更多普遍性的恐惧几乎总与危险的情境和身体伤害有关，因而危险、伤害、暴力血腥、死亡都是儿童普遍感到恐惧的对象。[①] 本节案例中的晓晓就是因为第一次看电影时被恐怖画面吓坏了：

有一天，学校组织看电影，她有生以来第一次来到电影院，刚进影院灯就灭了，周围漆黑一片，这时大荧幕上出现了恐怖、狰狞的"人头魔影"，血腥的厮杀打斗，吓得晓晓不知自己身在何处，她双眼紧闭，低头捂耳，可影院里立体声音响发出了尖厉的叫声和可怕的敲击声，这时晓晓仿佛置身于妖魔鬼怪间，它们向她伸出魔爪……她惊吓得无所适从，"哇"地哭出声来，从座位上跳起来，不顾一切地逃出了影院。

儿童恐惧心理辅导策略

儿童恐惧心理可以采取以下辅导方法：

（一）认知行为治疗

这是目前已被研究数据支持的心理治疗干预方式。认知行为治疗已被用于治疗儿童焦虑障碍达几十年，并普遍有较满意的效果。该治疗方法包括系统脱敏疗法、逐步暴露法、模仿法（即指导病人模仿他人的行为）等。然而，对儿童恐惧症来说，逐步暴露法效果比较好。本节案例中的辅导主要就是采用了认

---

① 傅丽萍. 恐惧信息对儿童青少年心理发展的影响［J］. 贵州师范大学学报（社会科学版），2004（4）.

知行为治疗技术。

心理老师为了帮助晓晓摆脱看电影的恐惧心理，主要采取了三项辅导措施。

第一，说明屏幕里面有什么，纠正晓晓"屏幕里面有'魔鬼'"的认知偏差。

老师：你知道电影院里有什么吗？

（晓晓想了想，然后摇摇头。）

老师：我让你看这是什么（把教室黑板前一块放幻灯片的幕布放下来），这块幕布和放电影的幕布差不多，你来看看幕布是白色的（拉着幕布晃动一下），它的正反面有东西吗？你来摸摸。

（晓晓犹豫了一会儿，又摇摇头，然后走近幕布，小心地轻轻摸了一下幕布。）

老师：真好！电影院里还有音响，就像我们收音机一样，它是专门播放声音和音乐的。你想听听音乐吗？（说着，播放了轻松的《春天在哪里》的歌曲，由轻到响……）

（晓晓神情放松了许多）

老师：好听吗？我们一起唱吧……

老师：晓晓，电影院里幕布上会有画面是吗？其实幕布上的人都是由胶片通过放映机放出来的，那是假的。（把事先借来的用铁盒子装的胶片拿出来让她看）

（晓晓惊奇地看着）

老师：知道吗？电影院里主要就是靠这些设备放电影的。如果我们教室里有幕布、音响、胶片和放映机这些设备也可以看电影的。其实电影院就像我们教室，没什么可怕的。

第二，体验观赏电视电影的愉悦。

在家里，每天由父母陪伴看半小时至一小时电视，从她不惧怕的新闻和文艺节目开始，然后看儿童娱乐片，如《欢乐蹦蹦跳》《小鬼当家》，再看有故事情节的儿童动画片，如《蓝精灵》等。

在学校里，由班主任和同学一起在课间看（教室里电视机播放的）儿童动画片，内容有轻松活泼的《聪明的一休》，也有紧张惊险的《名侦探柯南》。

持续一个月的电视播放，使晓晓由起初的不愿看到想看，最终喜欢看，逐渐消除了她对看电视的戒备、回避心理，从而初步培养了她看电视的兴趣。

她在与我交流的日记中写道：原来电视里的节目真好看！

第三，采用逐级暴露法，帮宁宁摆脱看电影的恐惧心理。

把晓晓对看电影的恐惧程度分为若干等级："如果影院的灯灭了""如果影院里的音响节奏紧张起来""如果荧幕上的画面出现了""如果可怕的'魔鬼'向我走来了"等。我对她进行逐级想象暴露训练。让她放松地坐在椅子上，进行肌肉放松，15~30秒，然后专心想象她既害怕又程度最轻的情境，当她出现害怕的情绪时，马上叫她停止想象。再放松15~30秒钟，接着仍然想象上述情境，这样重复几次后，再开始想象害怕程度稍重的情境，当她又产生害怕的情绪时，马上叫她停止想象。再放松15~30秒钟。这样的放松、想象重复几次，再回到想象第一种情境。这样交替进行，直到连续两次想象第一种情境不再引起害怕的情绪时，放弃第一种情境的想象，再开始想象害怕程度最重的情境。如"如果荧幕上的画面出现了"，"如果可怕的'魔鬼'向我走来了"，重复想象几次，再与第二种情境交替想象，直到这些想象不再引起害怕情绪为止。

就这样每周两次，持续五周，晓晓每次都能积极配合，放松反应逐渐抵消了那些想象中"如果"情境引起的害怕情绪。

韩老师的精心辅导终于使晓晓走出了害怕看电影的恐惧心理。

为了验证辅导效果如何，我再一次提出让晓晓到学校的小剧场观看《白雪公主》（晓晓原来看这个影片也会害怕），她终于答应了……《白雪公主》终于放完了，晓晓也终于敢进剧场看一场完整的电影了。走出影院，我问晓晓感觉怎样，她说开始有点紧张，后来忘记害怕了。我问：白雪公主可爱吗？她兴奋地点点头。

（二）父母训练

心理治疗过程中父母的参与很重要，因为家庭环境可能和病因及症状的持续时间有关。父母的一些做法或态度，如不鼓励孩子参加社交活动等，可能会导致儿童对社交活动的回避，会加重儿童的症状，因此要对父母进行如何教导儿童的培训，以便改变他们对孩子症状的不良影响。有证据表明，个别心理治疗加家庭治疗，比单独进行个别心理治疗更有效，患儿的复发率更低。父母的焦虑障碍会妨碍儿童的治疗进展，因此，鼓励患病父母首先对自己进行治疗。本节案例的成功之处，也有父母的积极配合。

以前晓晓父母很少关心孩子的娱乐生活，每天只要求她认真完成作业，其余时间让她自己看书、读报，家里几乎不看电视。为了减缓晓晓对影视剧情的恐惧心理，我要求家长协同配合，要经常陪孩子看一会儿电视，与孩子交流节目内容，以增加孩子对电视节目的正向体验。

第4节
社交焦虑辅导

社交焦虑是孩子胆怯害羞的表现。有些孩子会出现这样的情况：他们对在陌生人面前或可能被别人注视的一个或多个社交场合产生持续、显著的畏惧，并且严重地影响到自己的正常生活。比如，和老师说话时会脸红、紧张、说话结结巴巴；不敢在很多同学面前发言；不敢和陌生人说话，在陌生人面前会心跳加快、出汗、不敢直视别人的眼睛等。而且，这些紧张不安的情绪一直存在，离开那个社交场景后还会持续很长时间。

她和别人说话特别容易紧张

小齐是个小学二年级的女生，据老师们反映，她与别人说话时特别紧张，经常脸红，说话语无伦次，结结巴巴，也不知道她要说什么。平时有陌生人经过她身边，她也会紧张很久，手心冒汗，害怕得躲到爸爸妈妈身后。陌生人走后很久，她也不能平静下来，要回到家里，与父母聊聊刚才的经过，父母安慰之后，才能慢慢平复下来。如果是认识的老师和同学经过，她也会紧张，特别是和他们说话的时候，几乎不能说完整的句子，眼睛不敢看老师和同学，更不敢在全班面前公开发言。[①]

什么是社交焦虑

最早提出"社交焦虑"一词的是英国精神病学家马克斯和格尔德（Marks & Gelder，1966），他们根据发病年龄以及害怕对象的不同，从恐怖障碍中区分出社交焦虑。该类型的病人表现为害怕社交处境，如害怕在众人面前说话、吃东西，害怕参加聚会等。1970年，马克斯又修改了他的理论，提出了社交恐怖症（Social phobia）的概念。1980年，美国《精神障碍诊断与统计手册（第三版）》（DSM–III）将社交恐怖障碍纳入到诊断条目中，对其有了明确的定义和诊断标准，在此以后，有关社交恐怖障碍的研究有了长足的发展。在莱博维茨（Leibowitz，1980））提出社交焦虑障碍（Social Anxiety Disorder，SAD）的概念后，研究者们逐渐使用社交焦虑障碍一词来代替社交恐怖障碍。

最新的美国《精神障碍诊断与统计手册（第五版）》（DSM–V）中将"社交焦虑障碍"定义为个体由于面对可能被他人审视的一种或多种社交情况时而产生显著的害怕或焦虑。例如，社交互动（对话、会见陌生人），被观看（吃、喝的时候），以及在他人面前表演（演讲时），并列出了社交焦虑障碍的诊断标准。

---

① 本案例由沈闻佳老师撰写，选自：吴增强.怎样做好个别辅导［M］.上海：上海科技教育出版社，2016：67.

莱特伯格（Leitenberg，1990）认为社交焦虑涉及在具有社会评价的情境中的不安感受、自我意识以及情绪困扰。这种焦虑发生在那些个体想要给别人留一个好印象但怀疑他们自己不能够做到的情境中。他们相信在这种情境中他人会评价或审视自己，而且评价结果往往是不好的，这些不好的结果带来的拒绝和伤害是他们所害怕的。但事实上，这种担心往往是不合理的。莱特伯格同时也指出社交焦虑在许多不同的形式下被拿来研究，这些形式包括羞怯、演出焦虑、社交恐怖症、社会退缩、演讲焦虑、约会焦虑以及社会抑制。

国内也有学者对社交焦虑做了定义，如郭晓薇（2000）认为，社交焦虑是指对某一种或多种人际处境有强烈的忧虑、紧张不安或恐惧的情绪反应和回避行为。其基本表现是：害怕与别人对视，害怕被人注视；害怕在人前有丢面子的言谈举止；怕当着别人面吃饭、书写等。彭纯子（2001）认为，当个体面对（或可能面对）一种或多种社交情境时，担心自己被审视或评估，并自行假设他人的评估是消极的，从而产生过度焦虑情绪，并常伴有回避等行为。李波等（2003）认为，社交焦虑是指对人际处境的紧张与害怕。当社交焦虑的个体被暴露在陌生人面前或者可能受到他人的仔细观察时，会表现出显著的对社交情境或活动的焦虑，并且担心自己的言行会使自己丢脸。[1]

社交焦虑的具体症状及表现有以下几点：

1. 对思维的影响：担忧别人对自己的评价；难以集中精神，记不住别人说什么；过于以自我为中心，过于担心自己的言行；事前总是会考虑自己会做错什么；事后总是念念不忘自认为做错的事情；脑子中一片空白，不知该怎么说。

2. 对行为的影响：说话过于急促或缓慢，喃喃自语，语词混杂不清；不敢正视别人的眼睛；做一些事情，使自己不引人注意；待在"安全"的地方，与可靠的人交谈，讨论"安全"的话题；逃避困难的社交情境。

3. 对生理的影响：如脸红、出汗或发抖；感到紧张、身体僵硬，伴随疼

① 谢焜. 中学生社交焦虑保护性与危险性因素分析及其团体干预的研究［D］. 上海：上海师范大学，2017.

痛；恐慌体验、心跳加速、头昏眼花、恶心、呼吸困难。

4.对情感的影响：紧张、焦虑、恐惧、不安、过分警觉；对自己和他人感到沮丧、愤怒；妄自菲薄；悲伤、压抑、无望、情绪低落并无法改变。

儿童的社交焦虑还伴有不愿意与陌生人说话，哭闹、不语，或者不愿意上学等。

社交焦虑成因分析

社交焦虑的成因同恐惧类似，除了遗传、气质等个体因素，还与环境因素有关，如生活应激事件等。

（一）生活应激事件

特殊的生活事件常常被称为诱发儿童社交焦虑的"扳机"，父母的过度管教和批评、同伴的拒绝、被欺辱的经历、社交场合被伤害的经历等都可能潜移默化地影响个人的社会能力，使儿童缺乏社交技能，形成消极的反馈模式，如回避行为和焦虑。布吕切的一个儿童成长的回顾性研究报道显示，社交焦虑的父母更趋向于鼓励孩子逃避参加亲属、朋友的社交活动。缪里斯等发现家庭的社交性越低，认知的过分封闭都会使儿童更易产生社交焦虑。[1]

再如，在学校里与老师、同学交往中发生的不愉快事件，如，同学的嘲笑、老师的否定和批评等，也会诱发一些孩子的社交焦虑。本节案例中的小齐，就是在一次语文课中受到同学的嘲笑，引发了焦虑情绪：

有一次上语文课，老师问："谁来说说这个字的笔画？"小齐高兴地举起手，老师请她起来回答，小齐满怀信心地开始一边比画，一边数这个字的笔画，像个小老师一样，她也非常肯定她的回答一定正确，可是，就在她快数完的时候，旁边一个调皮的男生突然对着她"哇"地叫了一声，她被吓了一大跳，同学们看到她被吓了一大跳，都"哈哈哈"地大笑起来。小齐刚才笔

---

① 苏程，黄钢.儿童社交恐惧症的研究进展［J］.中国妇幼健康研究，2006（2）.

画数到哪儿都忘了，脸一下子涨得通红，她觉得自己的笔画没数完，在同学和老师面前丢了脸，同学们还笑话她，既害怕又羞愧，哭了起来。从那以后，她与人说话就开始紧张，说不了一句完整的话，如果是陌生人，她更是会远远地逃开，再也没有在班级公开发言过。有时候情况严重时，她甚至会紧张得晕过去，这样的次数多了，老师也不太敢让她发言，同学们与她交流得也少了，小齐成了班级里最孤独的人，她想结交新朋友，可是又不敢，她为此非常苦恼。

（二）其他因素

产生社交焦虑的因素比较复杂，除了上述因素外，成长过程中经常受挫折、自我意识强、缺少社会支持、自卑心理等都会引起社交焦虑的发生。

社交焦虑辅导策略

对于容易社交焦虑的孩子，有以下辅导建议供参考[①]：

（一）问题的原因部分来自家庭，需要父母介入，参与辅导过程

一部分有社交焦虑的孩子，父母要求他们一定要做到最好，这就使得他们在社交场合如果被质疑被嘲笑，就会受到很大影响，产生紧张情绪，影响到他们对类似情境的参与。如果在了解原因的过程中发现这部分原因的话，就需要与父母沟通，了解父母与孩子的互动模式，发现孩子内化父母高期待的模式，并给予父母一定的指导，告诉他们孩子出现这样的焦虑与他们对孩子的高要求有关，邀请父母参与辅导，降低对孩子的要求，从而帮助孩子缓解焦虑。本节案例中沈老师在与小齐父母的沟通中，就要求父母降低要求，让家成为缓解紧张情绪的地方。

在与孩子的交流过程中，我发现，孩子的紧张情绪会持续很久，一直要等到回到家后，与奶奶说了自己的经历，得到安抚后，紧张情绪才会平复下来。

---

① 吴增强 . 怎样做好个别辅导 ［M］. 上海：上海科技教育出版社，2016：70—71.

这里可以发现，家对她来说是一个缓解情绪的地方，能带给她很多安全感。但是她有时也不敢把发生的事情与妈妈说，由此可见，妈妈对孩子的要求是非常高的。我把情况与孩子的妈妈进行了沟通，希望她可以降低对孩子的要求。孩子已经内化了妈妈对自己的高期待，如果妈妈能够做出一些改变，孩子对自己的要求可能也会降低，紧张的情绪也可能得到缓解。

（二）分级暴露

分级暴露需要来访者和心理老师配合做一些放松练习，心理老师辅导的重点是陪同来访者适应和习惯暴露在逐步递增的焦虑环境中。分级暴露的具体操作可以分为以下几个步骤：

1. 设计分级暴露计划。

心理老师需要根据来访者的客观情况为来访者设计一套完整的分级暴露计划，在设计计划过程中，心理老师需要把握三个要点：一是明确暴露的现实对象，对象必须单一、具体、真实；二是给暴露对象的焦虑等级进行打分，细分焦虑等级；三是策划分级暴露的具体过程。

2. 确认和指导分级暴露。

心理老师设计的分级暴露计划需要得到来访者的确认，也要向来访者做详细的解释和指导。

3. 实施分级暴露。

从最低等级开始暴露，心理老师可以通过鼓励、表扬对来访者的坚持状态进行肯定和强化，在低级情境得到充分暴露，并且争得来访者的同意后，再进行高一等级的暴露。每个级别的暴露时间不一定一样，当暴露时遇到困难，可以将这一等级再进行细分，帮助来访者慢慢适应，逐渐缓解焦虑。

我和小齐讨论了她感到紧张的社交情境。我先请小齐列出了她可能感到紧张的所有情境，然后给每个情境打分，1表示最容易克服紧张的情境，10表示最不容易克服紧张的情境。小齐一共列出了5个情境，分数从低到高依次是：与同班同学下课交流、与老师私下交流、在班级公开发言、认识新朋友、加入新朋友的活动。之后，我们对每个情境进行了讨论和演练，并在实际生活中进行练习。小齐慢慢地克服了这个列表中所有的情境带来的紧张情绪，她的社交焦虑渐渐得到缓解。

（三）行为示范模拟演练，学习人际交往的方法

在学校特别是对低年级儿童进行社交焦虑辅导时，行为示范模拟演练的方法会经常运用。心理老师可以运用一些媒介，比如木偶、玩具等扮演社交情境中的不同人物，示范人际交往的一些技巧。或者根据分级暴露的情境模拟情境中让来访者感到焦虑的部分，与来访者讨论这些情境，想象最困难的问题，对问题进行讨论和演练。当来访者在咨询室里已经进行了最困难部分的讨论和练习，他们在实际情境中可能心中更有底，应对时害怕紧张的情绪就可能得到缓解。

小齐在表达自己的需求和想法上的确受到社交焦虑的影响。有个同学经常推她，她想请这个同学不要再推她，可是她不敢开口，一说话就开始结巴，说不清楚。聚焦在这个情境中，我们练习了一些人际交往的技巧。首先，我请小齐想一想，如果她想请那个同学不要推她，她可以怎么说。一开始小齐不太愿意说，于是我换了一种方式，用了两个木偶，一个是那个同学，一个是小齐。我请小齐拿着代表自己的木偶再尝试一次。这次小齐可以比较自如地练习了。她用代表自己的木偶对着另一个木偶直接问："你好，你推我让我感到很害怕、很烦躁，请你告诉我为什么要推我。"然后，我用代表那个同学的木偶，做了不同的回应，一个回应是"你走得太慢"，一个回应是"我就是想推你"，还有一个回应是不理睬小齐。在这三种情况下，我问小齐："是不是跟平时差不多？还有没有另外的可能？"小齐说："就是这样。"于是我请小齐分别对这三种情况进行思考，看看她会采取什么办法来应对这三种情况。

一开始，小齐说想不出来，我给时间让小齐尽量自己想办法，小齐说："如果说我走得太慢，我可以走快一点，但不能影响到前面的同学。如果就是想推我，我就请她不要推我了。如果她不理睬我，我就再坚持有礼貌地请她不要推我。"我问："如果那个同学还是不听你的建议，怎么办？"小齐想了很久说："我已经尽力了，我心里感觉好一点了，随她去吧。"

通过在心理辅导室里做这样的演练，而且也对可能出现的回应进行了讨

论，小齐在实际情境中就能很好地应对。

经过一段时间的辅导，小齐能够在班级里积极举手发言了。即使发言有错误，她也不再紧张害怕，愿意把自己的想法表达出来。小齐也交到了很多新朋友，班级里有很多同学都很喜欢和她成为朋友，和她一起玩。小齐不仅能结交到学校里的新朋友，还能与校外的陌生小朋友说话交流。小齐变得比以前开心多了。老师们也发现了小齐的变化，她和老师说话变得流利多了，不再像以前那样结结巴巴，也不再连一句完整的句子都说不了。老师们对她的肯定也比以前更多了。小齐不再孤单，融入了小学生活，与老师和同学们开始了愉快的相处。

以下是练习如何邀请陌生人参与活动的情境，这个活动的要求是来访者需要邀请 8 个陌生人参与"展示我自己"与来访者合影的活动，这是这位来访者焦虑程度最高的级别，因为她要跟陌生人说话。行为示范和演练的过程可以这样来做：

1. 心理老师与来访者先商量邀请陌生人参加"展示我自己"合影的可能性，要么同意，要么拒绝。

2. 心理老师告诉来访者，一会儿心理老师会扮演这两种路人，但是在扮演之前，心理老师要和来访者一起准备，遇到这两种情况，来访者可以如何应对。如果同意，来访者可以说"谢谢"，并邀请陌生人合影；如果陌生人不同意，来访者可以表示道歉。

3. 在讨论了如何应对两种情况后，心理老师和来访者练习了如何邀请，心理老师先做示范，来访者进行模仿："你好，我们正在进行一个'展示我自己'的合影活动，想邀请您和我一起合影，可以吗？"

4. 充分练习了邀请的过程后，心理老师开始模拟前面讨论的两种不同的情况。心理老师扮演同意的陌生人，来访者热情地做出拍照的动作，并说"谢谢"。心理老师又扮演不同意的陌生人，来访者说"抱歉，打扰您了"。

5. 心理老师对来访者有礼貌的行为以及对问题的思考给予肯定，这可以强化来访者在现实生活中产生这样的行为，并提升信心。

6.最后，心理老师和来访者需要讨论怎样提高成功邀请的可能性。来访者思考了一会儿说："如果在路上看到走路很急的人，就不要去邀请他们，他们一般有急事；那些看上去走路比较悠闲的人可以试着邀请。还有年轻的学生和老年人一般比较容易邀请。"

在这样的情境得到充分练习、各种结果得到充分分析和思考并进行模拟后，离开咨询室，来访者就可以从容应对了。

第5节
抑郁情绪辅导

一般来说，孩子到了青少年期，抑郁情绪开始增多。国内外研究结果显示，儿童中符合美国《精神障碍诊断与统计手册》（DSM）抑郁症标准的患病率较低，儿童抑郁症终生患病率为1.5%~2%（Wichstrøm et al.，2012），而青少年抑郁症的终生患病率为7%左右（张郭莺，杨彦春，黄颐，刘书君，孙学礼，2010；Kessler，Chiu，Demler，& Walters，2005）。[①] 尽管儿童抑郁症状的发生率较低，但对孩子的身心健康影响严重。因此，对于儿童抑郁情绪的早期发现、预防和干预应该引起我们的重视。

她为什么不愿上学

悠悠是一个四年级的小女孩，学习成绩在班级里名列前茅，性格内向、敏感，自尊心强，喜欢与同学比成绩。平时遇到不顺心的事情，总是情绪起伏很大，整个人忧心忡忡的。有一次数学期中考试，她发挥失常，成绩不佳，觉得没有脸面见同学见老师，不想来上学，情绪低落，并伴有躯体症状。她可以走出家门，但是无法走进校门。一上学就出现胸闷、气短、头晕等症状。后来家

---

① 上官芳芳，等.儿童抑郁认知易感性的发展特点［J］.心理科学进展，2013（6）.

长带她去看心理医生。医生诊断她患了儿童抑郁症，建议在适当药物治疗的同时配合心理辅导。[①]

儿童抑郁的症状表现

1. 情绪低落。显著而持久的情绪低落，不愉快、悲伤，经常哭泣，患者自述感到心里压抑，高兴不起来，心里难受，很不快乐。自我评价过低，自责，将所有的过错归咎于自己，常产生无助感。对日常娱乐活动和学习丧失兴趣，不愿上学。逐渐产生自杀观念，轻者感到生活没意思，不值得留恋，"想到自杀"。随抑郁加重，自杀观念日趋强烈，寻找或准备一些自杀方法，最后实施自杀。有的儿童表现为非常烦恼，容易激惹，好发脾气等。

2. 思维、言语迟缓。思维速度缓慢，反应迟钝，思路闭塞，语速明显减慢，主动言语减少。自觉"脑子好像是生了锈的机器""脑子像涂了一层糨糊一样开不动了"。感到脑子不能用了，学习能力下降。

3. 运动迟滞，有冲动攻击行为。行为迟缓，不愿和周围人接触交往，不愿外出，不愿参加平常喜欢的活动和业余爱好。少数患儿的行为表现为不听从管教、对抗父母、冲动行为、攻击行为或违纪行为。

4. 躯体症状：常有睡眠障碍、食欲减退、体重下降，或头昏、头痛、疲乏无力、胸闷、气促、胸痛等各种躯体不适。睡眠障碍可表现为早醒，一般比平时早醒 2~3 小时，醒后不能再入睡；有的入睡困难，睡眠不深，早上醒不来；少数睡眠过多。[②]

儿童抑郁情绪成因分析

儿童抑郁与个人生理因素、认知因素和环境因素密切相关。

---

① 本案例由陈瑾瑜老师撰写。
② 郭兰婷，等.儿童抑郁障碍的临床表现与治疗［J］.中国实用儿科杂志，2007（3）.

1. 生理因素。主要是神经递质，如儿茶酚胺（如去甲肾上腺素）、5-羟色胺的降低会引起抑郁状态；血清素不足、脂质代谢障碍等现象也会引起抑郁。

2. 认知因素。儿童对自己对他人对事物的认知偏差，是导致抑郁的认知因素，又称为认知易感性。具体表现在消极的归因方式和功能性失调想法等。所谓消极的归因方式，是指总是将挫折和过失归于自己的缺点和无能、自责，并且把这些挫折看成是永久的，不可改变的。有的孩子一次数学测验成绩不理想，他就认为自己数学永远考不好了，由此而自暴自弃。

所谓功能失调想法指个体自我评价时的认知歪曲，这种认知歪曲可以导致个体产生对于白我、世界和未来的过分消极的评价。抑郁的孩子总认为自己没有优点，觉得自己一无是处，自我贬低。

3. 环境因素。环境因素主要表现在生活应激事件对儿童的影响，所有的心理障碍产生的过程中，应激和创伤都是重要的心理学因素。通过对随机人群样本的调查发现，严重的生活事件与抑郁症发病有显著的关系。重大的生活应激总是在所有类型的抑郁症之前发生（Brown，1994）。如人际关系紧张、学习困难、工作压力大、家庭变故、意外事故、躯体疾病等不良生活事件都有可能引发抑郁。有研究表明，近一年的生活事件和儿童青少年抑郁情绪的发生成正比，依次为人际关系、学习压力、家庭事件等。本节案例中的悠悠就是因一次数学考试失利而诱发了抑郁症。

抑郁情绪辅导策略

（一）儿童抑郁情绪的预防

对于儿童抑郁情绪的预防，提出以下建议供参考：

1. 学会识别抑郁症状。

儿童青少年抑郁症状识别指标如下：

（1）注意力不集中，记忆力下降。

（2）学习成绩显著下降。

（3）自我评价低。

（4）持续情绪低落。

（5）人际关系紧张。

（6）对喜欢的活动丧失兴趣。

（7）生活、饮食、睡眠习惯改变。

（8）出现躯体症状。

（9）反复出现轻生念头。

如果日常观察孩子满足上述指标5条以上，并且持续时间比较长（两周以上），教师应建议孩子去医院就诊。

2. 建立良好的社会支持系统。

亲子关系、同伴关系和师生关系是儿童主要的人际关系。良好的人际关系可为儿童面临压力事件时提供不同的支持、安慰，有效地避免抑郁情绪的发生。

3. 客观地评价事实。

在相同的情境下，有的人情绪平静，有的人抑郁沮丧，这可能就是对情境的不同评价造成的。家长和教师要帮助孩子客观地评价自我、评价别人、评价生活中发生的事件，尤其要纠正非理性的想法。

4. 调整个体的期望。

过高的期望会引起较高的压力，由此容易使人产生抑郁情绪。这就不仅要求家长和教师对孩子抱有适当的、与之能力相适应的期望，而且也要求孩子对自己要有适当的期望。

5. 保持良好的心态。

经常保持愉悦、平和、乐观的心态，会使人变得积极开朗，挫折承受力得到增强，这将减少儿童抑郁产生的可能。

（二）儿童抑郁症状的干预

对于已经产生抑郁症状的儿童，心理干预就非常必要了。儿童抑郁症状的干预是一项专业性比较强的工作，需要运用专门的心理治疗技术和药物治疗，应该由心理医生处理，学校心理老师配合。所以，这是一个医教结合的课题。

对抑郁的心理治疗，一般认知行为治疗技术采用得比较多。

药物治疗只能由心理医生来负责。药物疗法目前已经发展到第三代新型抗郁药剂。第一代抗郁剂如丙咪嗪和单胺氧化酶等，由于副作用较大，现在临床已较少应用。第二代以阿米替林、多虑平为代表的三环类抗郁剂，是目前临床常用的抗郁药物，效果不错。第三代以麦普替林为代表的四环类抗郁剂，效果好、副作用少，但价格较高。

心理老师可以运用认知行为治疗技术进行辅导跟进（具体将在本书第10章详细讨论）。本节案例中医生对悠悠的治疗措施就是一个医教结合的实例。

经过一段时间的药物治疗，孩子的躯体症状明显改善，之后来区青少年心理辅导中心接受了12次的心理辅导。通过多次的沙盘游戏和沟通交流，孩子的精神状态逐步好转，言语流畅，表情丰富，后来通过饲养小动物、学习跆拳道等方式，逐渐回归到正常的学习生活，开始期待上学，愿意写作业，整体的状态比上学期有明显好转。通过家庭教育及母亲情绪的关照和指导，降低母亲的焦虑，建议每日记录，进行呼吸练习，考虑加入各种学校交流活动。学生目前已经正常上学，咨询告一段落，辅导中心继续随访中。

由此可见，对儿童抑郁的治疗和辅导需要多方力量的共同参与。

本章结语

情绪健康对于儿童身心健康的重要性是不言而喻的。儿童的情绪与行为一样，是外显的、可见的，容易被人察觉，是儿童心理健康的第一道防线。儿童情绪的辅导可以从两个方面进行：

一是积极情绪的培育。积极心理学家弗雷德里克森通过大量实证研究揭示了积极情绪对人的思维的拓展功能和建构功能。通过积极情绪的建构功能，人的内在资源包括潜能得以开发。因此，培养孩子快乐、愉悦等正性情绪不仅有利于其心理健康，而且有利于其认知能力的发展。

二是消极情绪的调节。消极情绪并不都是负面的，有时人在面对危险情境时产生的焦虑、恐惧心理恰恰激发了身体的应激反应，从而采取行动保护自己。但是消极情绪不能持续地停留在心里，否则会影响孩子的学习、生活和交往等社会功能。儿童的焦虑、恐惧、抑郁情绪往往是其成长中的烦恼，我们要及时发现，通过辅导来应对和解决，切不可对这些情绪问题视而不见，掉以轻心。来自精神卫生部门的报告显示，近年来儿童的焦虑、抑郁等情绪障碍开始增多，我们要做到"早发现、早预防、早干预"。

学习心理辅导

学习是儿童在学校的主要任务，小学阶段儿童开始正式的学习活动，开始有入学适应问题、学习习惯的培养问题，随着年级的升高，学习内容的加深，到了三四年级有学习分化的问题。孩子的心理和行为问题往往是在学习过程中产生的，诸如入学适应问题、学习焦虑、厌学、学习退避、拒学、课堂行为问题、学习困难等。与中学生家长相比，小学生家长对于孩子的学习期待更为迫切，家长的教育焦虑更为突出，更容易出现给孩子过度补课、拔苗助长的非理性教育行为。其效果适得其反，使孩子对学习的兴趣和热情日趋减退。

本章讨论以下内容：

儿童学习心理发展；

学习习惯养成；

入学适应辅导；

厌学心理辅导；

学习困难辅导。

第 *1* 节
儿童学习心理发展

儿童的学习需要智力因素和非智力因素的共同参与，本节也主要从这两方面讨论儿童学习活动的心理发展特点。

儿童认知过程发展

发展心理学认为，儿童青少年智力发展是指其认知能力整体结构随年龄的增长而发生变化。这种变化一般是呈负加速度前进，在婴幼儿期和童年期（指小学儿童）发展较快，以后逐渐减缓。林崇德教授认为，中小学生的智力发展可以从概括能力、思维品质、辩证逻辑思维三方面的变化进行阐述：思维是智力的核心成分。小学生思维具备初步逻辑的或言语的思维特点，具有明显的过渡性，即从具体形象思维过渡到抽象逻辑思维，但这种抽象思维仍然具有很大程度的具体形象性。[①]

（一）儿童的思维品质发展

林崇德教授长期研究儿童的智力和思维发展，有许多独到的见解。他认为，思维品质是个体在认知活动中智力特点在个体身上的表现，其实质是人的思维的个性特征，体现了每个个体的思维水平、智力和能力的差异。他主张要提高儿童的智力水平，就应该以提高儿童的思维品质为突破口。思维品质包括

---

① 林崇德. 教育与发展——兼述创新人才的心理学整合研究［M］. 北京：北京师范大学出版社，2004：305.

敏捷性、灵活性、创造性、批判性和深刻性。[①]

1. 思维品质的敏捷性。

思维敏捷性是指思维活动正确而迅速。对于儿童的学习来说，各个学科对学生都有正确而迅速的学习要求，因此，没有思维敏捷性，要完成学习任务就比较困难。儿童的思维敏捷性有四种表现：正确而迅速，正确但不迅速，迅速但不正确，既不正确又不迅速。

课堂教学中，培养儿童的思维正确是敏捷性的前提。比如，全面准确理解所阅读内容的要点，理解作者的意图，是形成敏捷的阅读能力的基础。再如，年龄越小越要加强作业正确率的训练。迅速是思维敏捷性的关键。迅速是思维活动的速度，存在个别差异。比如，在提高小学生运算能力敏捷性的练习方面，可以有两条措施：一是抓速度的练习，在低年级，数学老师可以把正确而迅速的运算要求作为学习常规，每天坚持 5 分钟的速算练习，可以在班级里开展口算、速算接力比赛等；二是到了中高年级，强调在数学运算中把正确而迅速与合理而灵活结合起来，平时数学作业要有速度要求，逐步熟能生巧。

2. 思维品质的灵活性。

思维灵活性的特点：一是思维起点灵活，即从不同角度、方向、方面，能用多种方法解决问题；二是思维过程灵活而不死钻牛角尖；三是概括—迁移能力强，运用规律的自觉性高；四是善于组合分析，伸缩性大；五是思维的结果往往是多种合理而灵活的结论。结合数学教学，老师可以对孩子进行一题多解、一题多变的训练。结合语文教学，老师可以强调字词练习的一字多词，写作练习的一材多题训练。

3. 思维品质的创造性。

思维创造性有以下特点：

一是新颖独特且有意义的思维活动。例如，在课堂教学中，老师鼓励孩子自编应用题，以此突破难点，不仅可以提高孩子解应用题的能力，而且也促进

① 林崇德. 教育与发展——兼述创新人才的心理学整合研究［M］.北京：北京师范大学出版社，2004：354-360.

其创造性的发展。

二是思维加想象。例如，在教学中老师要善于运用生动的、情感饱满的语言让孩子们展开想象，也可以指导孩子们阅读文艺作品和科幻作品。

三是激发灵感。一般来说，小学阶段，儿童鲜有灵感；青少年时开始有了灵感，但还不明显；18岁以后，灵感获得比较迅速的发展。

四是分析思维和直觉思维的统一。分析思维就是按部就班的逻辑思维，而直觉思维则是直觉领悟的思维。在课堂教学中，老师对孩子的直觉思维既要保护，又要引导。

五是辐合思维和发散思维的统一。辐合思维和发散思维是认知活动中求同和求异的两种形式。前者强调找问题的"正确答案"，后者强调问题的"一解"之外的答案，强调思维的灵活性和知识的迁移。

4.思维品质的批判性。

思维批判性是指善于评估和反思思维活动的过程。它具有以下特点：分析性，即在思维过程中不断地分析解决问题所依据的条件，反复验证业已拟定的假设、计划和方案；策略性，即根据自己原有的思维水平和知识经验构成的相应策略或解决问题的方法；全面性，即在思维活动中善于客观考虑正反两方面的论据；独立性，即在思维活动中，不人云亦云，盲从附和；正确性，即思维结果正确，结论实事求是。

5.思维品质的深刻性。

思维深刻性集中地表现在善于深入思考问题，抓住事物的规律和本质，预见事物的发展过程，即透过现象看本质。

（二）儿童问题解决的信息加工过程

现代认知心理学认为，认知活动过程是一个信息加工的过程，即对信息的接受、存储、处理和传递。人的信息加工有三种基本形式：串行加工、并行加工和混合加工。一般认为，认知过程从宏观上看是串行加工过程，如记忆和对熟悉问题的解决过程等。从微观的角度看，在认知过程的具体环节上存在着并行加工，如阅读理解、解决问题假设的提出和策略的选择等。综合使用这两种加工，就是混合加工。张奇（2002）的研究表明，小学二年级的孩子在数学等量关系运算中既有串行加工，又有并行加工，是一个混合加工的过程。例如，一位二年级小学生在解决 2（ ）5=10 时，可以完成的信息加工过程如下（图4-1）：

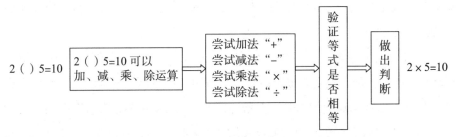

图4-1 小学生解决数学问题信息加工过程

　　张奇认为儿童等量关系运算能力的发展是随着年级的增长而逐步提高的。一般来说，一年级的孩子尚无"两步"等量运算的能力，二年级的孩子才开始具有这种能力，四年级的孩子才开始有"三步"等量运算的能力，五年级的孩子开始有"四步"等量运算能力。可见小学生等量运算的认知过程是逐步发展的，其表现为信息加工的过程由简单到复杂，由不完善到逐步完善。其思维过程也是如此，最初是简单的分析与综合，再发展表现为抽象与概括，最后，实现等量运算概念的系统化和具体化。①

（三）儿童的自我监控能力发展

　　自我监控学习能力是指学生对其所从事的学习活动进行自我调节与控制的能力。它包括学习过程中确定目标、制订计划、选择方法、管理时间、调节努力程度、执行计划、反馈与分析效果、采取补救措施等能力。有关研究表明，自我监控学习能力可能是影响儿童学业成绩的重要因素之一。②

　　关于自我监控学习能力的构成成分，学者有不同的分类，贝尔福（Belfiore）

① 林崇德.教育与发展——兼述创新人才的心理学整合研究［M］.北京：北京师范大学出版社，2004：309-311.
② 董奇，等.10—16岁儿童自我监控学习能力的成分、发展及作用的研究［J］.心理科学，1995（2）.

等认为它包括自我监察、自我指导和自我强化三个部分；科诺（Corno）等人认为它可划分为隐秘型（如对动机、情绪的调控）和外显型（如选择、创设好的学习环境）两种；齐姆曼（Zimmerman）等人则通过访谈分析提出了自我监控学习能力的一些具体内容。董奇等人（1995）从学习过程的角度提出儿童自我监控学习能力的理论框架，将其划分为计划性、方法性、执行性、反馈性等八个维度。

儿童自我监控能力的发展上也有不少研究。布朗和史密克（Brownh & Smiky）研究发现，随着年级的增长，儿童逐渐会对自己的学习进行反馈与思考，并进而影响到其学习的效果；普雷斯利（Pressley）等人研究指出，儿童对学习方法的运用与调节能力随年龄增长而不断发展；齐姆曼等人研究表明，儿童自我监控学习能力从小学五年级到初中二年级，从初中二年级到高中二年级都有明显的提高。

董奇等人以265名10—16岁儿童为被试，研究了中小学生自我监控学习能力的发展，结果发现，儿童自我监控学习能力各方面的水平随其年龄的增长而不断发展，在10—13岁发展较慢，在13—16岁发展较快，不同成分之间的发展具有不平衡性；随着年龄的增长，自我监控学习能力在儿童学习活动中的可能影响作用开始显著地表现出来。[①]

董奇认为，较小年龄儿童的自我监控学习能力总的来说水平都比较低，因此对其学习活动的影响作用较小，其学习更多地受外在因素（如教师、家长的督促、监督）的影响。此外，较小年龄儿童的学习活动通常较简单，往往不需要儿童对学习过程进行太多的自我监控便能顺利地完成，自我监控学习能力在这里所起的作用也是有限的，而较大年龄儿童的学习活动由于较复杂，常常需要儿童对学习过程进行较多的自我监控才能顺利地完成，自我监控学习能力在这便成为影响学习质量和效果的重要因素。[②]

---

① 董奇，等 .10—16岁儿童自我监控学习能力的成分、发展及作用的研究 [J]. 心理科学，1995（2）.
② 同上。

儿童的学习动机发展

动机是儿童学习最为重要的非智力因素，动机有许多理论流派。本章重点阐述与儿童学习密切相关的动机论。

（一）奥苏伯尔的成就动机论

奥苏伯尔是持认知心理学观点的教育心理学家，他的成就动机理论更加贴近学校教育实际。奥苏伯尔认为"学校情境中的成就动机，至少应包括三方面的内驱力成分，即认知内驱力（cognitive drive）、自我提高的内驱力（ego-enhancement drive），以及附属内驱力（affiliative drive）"。学生的学业成就行为都可以这三种内驱力来解释。

1. 认知内驱力。

这是一种获得知识、技能以及善于发现问题和解决问题的需要。它常常以好奇心、求知欲、探索等心理因素表现出来。心理学家发现儿童很早就开始探索他们周围的世界，他们对环境中的新奇事物特别敏感，总是不断地向成人发问"这是什么""那是什么"。这就是儿童的好奇心与求知倾向。

认知内驱力指向学习任务本身，满足这种动机的奖励是由学习本身提供的（获得知识），因而是一种内部动机。

2. 自我提高的内驱力。

这是一种因自己的能力或成就而赢得相应地位的需要。它往往以自尊感、荣誉感、胜任感等心理因素表现出来。自我提高的内驱力与认知内驱力不同，它并非直接指向学习任务本身。由于一定的成就总是能够赢得一定的地位，成就的大小决定着他所赢得的地位的高低；而一定的地位又决定着他所感觉到的自尊心，所以，自我提高的内驱力乃是把成就看作赢得地位与自尊心的根源，它是一种外部动机。当然，取得良好的学业成就，也应当是学生学习的一个重要目标，一份辛勤一份成果，学业成就往往与学生付出的勤奋与努力是分不开的，但不应该把学业目标视为唯一目标与最终目标，而应该把它看作是通往满足人的更高精神需求和自我实现的阶梯。

3. 附属内驱力。

这是一种为了获得长者（父母、教师）和同伴们的赞许和认可而努力学习的需要。它表现为一种依附感。在儿童时期，附属内驱力是成就动机中的主要成分。到了儿童后期和青年期，附属内驱力不仅在强度方面有所减弱，而且开始从父母转向同龄伙伴。这时，来自同伴的赞许就成为一个有力的动机因素。

成就动机的三种内驱力成分，对学习活动的作用不是固定不变的，通常随着年龄、性别、个性特征、社会经历和文化背景等因素而变化。对于小学低、中年级的孩子来说，常常是因为要赢得家长和老师的肯定和赞扬而努力学习，这便是附属内驱力，是一种外部动机，但这种外部动机可以转化为内部动机。比如，孩子因认真学习取得了好成绩，在获得别人好评的同时，也提高了自己的自信心和求知欲、学习兴趣，后者便是内部动机。因此，这三者又是相互联系、相互补充的，因此，激发学生的成就动机要三者兼顾，不要片面强调一面，又忽视另一面。①

（二）自我效能理论

自我效能（self-efficacy）是班杜拉社会学习理论（Bandura，1986）中的一个核心概念。它是指个体对自己能否在一定水平上完成某一活动所具有的能力判断、信念或主体自我把握与感受。自我效能是一种内在动机，与儿童学习成效密切相关。科林斯（Collins，1982）曾对儿童的自我效能与成就行为进行了研究，他按数学能力的高低将儿童分为三个水平，再将同一水平的孩子分为高自我效能和低自我效能两组，然后给他们解数学难题，结果发现，数学能力相近的儿童，高自我效能者比低自我效能者能够解决更多的难题，这表明学习表现优劣与自我效能高低密切相关。

人的自我效能从何而来？班杜拉认为，个体的自我效能可以从四方面获得：

---

① 吴增强.学习心理辅导［M］.上海：上海教育出版社，2012：70-71.

一是成功的经验。成功经验是获得自我效能的最重要、最基本的途径。而反复失败则会削弱自我效能。新的成败经验对自我效能的影响往往取决于先前已经形成的自我效能的性质和强度。如果个体通过多次成功已经建立了高自我效能，那么，偶尔的失败不会对其自我效能产生多大的影响。在这种情况下，个体更倾向于从努力程度、环境条件、应对策略等方面寻找失败的原因。这种思维方式又能激发个体的动机水平，并通过加倍的努力克服困难以取得成功。

二是替代性经验。这是指通过观察其他人的行为而产生的自我效能。替代性经验的特点是：第一，这种信息源的结果要比成功经验的结果弱，但当人们对自己的能力不确定或者先前的经验不多的时候，替代性经验还是很有效的。第二，对一个人的生活有显著影响的榜样示范，将会有效地培养他的自我效能感。与其他人的社会比较，也是个体的一种替代性经验。在这些社会比较中，同辈的榜样示范能够更加有力地发展个体的自我效能。第三，观察学习中的交互作用影响，使得个体对不同榜样的影响力的评价变得复杂。例如，一个榜样的失败，对与其能力相近的观察者的自我效能来说，无疑有很多负面影响。但是，如果观察者认为自己的能力是超过榜样时，榜样的失败对他的影响就不会很大（Brown & Inouye，1978）。但在榜样成功的情况下，相似性的榜样则具有积极意义。若榜样标准比学生实际高出许多，学生觉得"可望而不可即"，这就达不到激励的目的。而一个人看到与自己水平差不多的示范者取得成功，就会增强自我信念，认为自己也能完成同样的任务。例如，把原来基础较差进步较快的学生作为学习困难学生的示范者，要求他们观察、讨论这些同学是怎么取得进步的，使他们认识到学习难点并不是不可攻破的。

三是言语劝导。有效的言语劝导不是空洞的说教，而应该切合个体的实际，培养人对自己能力的信念，同时鼓励他们努力取得成功。而消极的言语劝导会削弱自我效能。事实上，消极的、不切实际的赞扬降低自我效能，比通过积极鼓励增强自我效能更为容易（Bandura，1986）。这就提示我们，赞扬并不总是能对学生起到积极的作用。要提高赞扬的含金量，赞扬要与学生实际付出的努力相一致，使他感到自己无愧于接受这种奖赏。如果因他们解决了一些过分容易的任务而对他们大加赞赏，并不会提高他们的自信，恰恰会引起他们的自卑，因为这样常会被同伴认为是无能的标志。恰如其分的赞扬，能够转化为学生的自我奖励和自我效能，从而能持久地激励其学习。

当然，负面的语言，诸如不断地批评、指责，甚至讽刺挖苦都会产生消极影响。例如，有些教师在教育过程中遇到一些难教的孩子，常常会说些很有"杀伤力"的话（如，"你真是个黄鱼脑袋，真笨""你不是一块读书的料，怎么学也学不好了"）。这些语言不会对学生有任何帮助，只能削弱他们的自我效能感，应该把它们作为教师的"教育禁语"。

四是生理状态。诸如像焦虑、压力、唤起、疲劳和情绪状态都能提供自我效能的信息。因为个体有能力改变自己的思想和自我信念，而且他们的生理状态也会有力地影响其自我效能。例如，当人们害怕和悲观消沉时，这些消极的情感反应会进一步降低他们的自我效能感。再如，在面临考试、应聘等生活事件时，人们往往根据自己的心跳、血压、呼吸等生理唤醒水平来判断自我效能。平静的反应使人镇定、自信，而焦虑不安的反应则使人对自己的能力产生怀疑。不同的身体反应状态会影响到活动的成就水平，从而又以行为的反应指标确证或实现活动前的自信或怀疑，由此决定个体的自我效能。[①]

（三）习得性无能理论

所谓习得性无能（Learned helplessness）是指，个人经历了失败与挫折后，面临问题时产生的无能为力的心理状态。"习得性无能"这一术语最初是由塞利格曼研究动物行为时提出的。他发现，当动物无法避免有害或不快的情境，而获得失败经验时，会对其日后应付特定事物的能力起破坏性效应。

学生的习得性无能主要表现在人际交往和学习两个方面。

一是社交习得性无能。格茨和德威克（Goetz，Dweck，1980）研究了社会拒绝情境下的习得性无能。研究者在问卷中提出一系列假设的社会情境，要求被试对每个假设中的不同拒绝做出反应。如，"假如你家旁边搬来一个新邻

---

① 吴增强.学习心理辅导［M］.上海：上海教育出版社，2012：92—95.

居，新来的女孩或男孩不喜欢你，这是什么原因"等。三周以后，观察每个被试在一定情境下面临同伴拒绝时的表现和反应。研究结果发现：

（1）习得性无能儿童比其他儿童在拒绝以后表现出更多消极行为，他们中的39% 有社交退缩。

（2）习得性无能儿童比其他儿童在面临困难时，更缺乏新的策略，更喜欢重复无效策略，或放弃有效策略。

从社会动机模式分析，习得性无能儿童认为社会归因或个人归因是固定不变的，他们常采用获得社会归因判断的操作目标，为了避免社会归因的否定判断，故采取退避行为。而自主性儿童认为社会归因是可以改变的，常采取增长社会能力的学习目标，表现出社交自主的行为。

二是学业习得性无能。学业习得性无能主要表现在：认知上怀疑自己的学习能力，觉得自己难以应付课堂学习任务；情感上心灰意冷、自暴自弃，害怕学业失败，并由此产生高焦虑或其他消极情感；行为上逃避学习，例如，选择容易的作业，回避困难的作业，抄袭别人的作业乃至逃课逃学等。

第 2 节
学习习惯养成

我国教育家陈鹤琴先生说过："习惯养得好，终生受其益；习惯养不好，终生受其累。"这句话极有道理。它富有哲理性地警示了小孩子具有良好习惯的重要性。

好习惯与坏习惯

10 岁的馨馨活泼开朗，学习优异，是家里的开心果，大家都特别喜欢她。开家长会的时候，老师邀请馨馨妈妈介绍馨馨的学习经验。馨馨妈妈说，馨馨做作业时很专注，完成作业速度快。她每天都有时间做自己喜欢的事情，如读她喜欢的科普读物。老师也反映，上课时，馨馨的注意力很集中。[①]

峰峰是小学二年级的学生，放学回家一做作业就出状况：不是口渴喝水，就是打开冰箱，看看有什么好吃的；一会儿打开电视，一会儿又站在窗前，看看谁在外面玩；写着写着，手又不自觉地玩起铅笔、橡皮，实在没什么可玩儿了，就开始咬手指甲，或者干脆坐在小书桌前发呆。一小时就能完成的作业，最后磨蹭两小时甚至更长时间才能完成，而且正确率不高。像峰峰这种做作业的磨蹭现象在小学生中比较常见，孩子的父母为此一筹莫展。[②]

学习习惯的涵义与特点

学习习惯是在学习过程中经过反复练习形成并发展成为一种个体需要的自动化学习的行为方式。学习习惯的形成是一个长期反复训练的结果。

学习习惯有以下特征：（1）后天性。学习习惯并不是学生天生就拥有的，而是在成长的道路上不断重复得来的，渐渐地趋向自动化，成为自身发展的一部分。（2）自动化。众所周知，养成一种习惯要求长期一直不停地重复才可以，而且这个过程是复杂曲折的，但是一旦形成自动化的习惯，在遇见类似的问题时就会条件反射般地处理类似问题。（3）内隐性。习惯的构成在一定程度上来说，也是一种心理过程，因此具有内隐性的特征，养成的这一系列学习习惯是通过学生的外在行为表现出来的。（4）稳固性。习惯养成后，就能按照之前的履历泛化到类似的情境中，当艰苦增加时会自发去克服，并且能够持久保持。（5）情境性。当学生养成某种学习习惯的时候，在遇到类似情境的时候，会自然而然地想到用固有的习惯去处理问题，若不如此，就会产生不良情绪。[③]

---

① 刘电芝，等. 儿童心理十万个为什么［M］. 北京：科学出版社，2018：253.
② 同上：223.
③ 燕鸣春. 小学生学习习惯养成研究［J］. 西部素质教育，2018（8）.

小学生学习习惯状况分析

田澜等（2004）对小学生的预习、复习习惯进行了调查，发现了以下问题：

1. 预习习惯问题。首先，小学生中具有自觉坚持课前预习习惯的学生的比例较低。小学生对课前预习的重要性认识不足。如，有的认为"我不预习照样能听懂老师讲课"；有的托词"课前预习了，上课时一听就明白，没意思，说不定还要分心"；有的认为"上课时把老师讲的听懂就行了"；还有的认为"预习费时费力，很不划算"。其次，许多学生表现出敷衍应付预习的倾向。比如，只满足把预习内容浏览一遍完事，不愿进行诸如查找相关资料、提问质疑和做预习笔记等深层预习。最后，对喜欢的学科会预习，不喜欢的学科不预习。许多学生只凭自己的好恶，有取舍地对某些学科进行预习，而对其他学科不做预习考虑。也有学生只在自己有时间或心情高兴时才预习。

2. 复习习惯问题。小学生对待复习的态度和实际表现存在诸多偏差。有些学生对复习的重要作用认识不足，认为学习根本就用不着复习；有的虽然认同复习的功能，但没有养成主动复习功课的习惯，一般要在家长或教师的监管和督促下，才勉强完成教师布置的复习任务。有些学生虽不用他人提醒就能够自觉复习功课，但复习方法不科学，复习效果不佳。实际上，只有为数不多的小学生能够做到自觉且正确有效地复习。[①]

学习习惯养成的辅导策略

根据孩子的学习活动过程，儿童学习习惯的养成可以从学习计划和时间管理、预习、复习、听课和作业等环节进行。笔者与同事（1993）曾对学习困难学生与学习优良生的学习习惯进行过比较研究，发现两者差异很大。[②]

---

① 田澜，等.小学生学习习惯的适应性训练策略［J］.现代教育科学，2004（2）.
② 胡兴宏，吴增强，等.学习困难学生的特点和成因探究［M］.上海：上海科技教育出版社，1993：5，87–99.

（一）学习计划与时间管理

制订学习计划是儿童学习的一项重要学习习惯。正如魏书生老师所说："凡事预则立，不预则废。后进生毛病都出在计划性不强，让人家推着走，而优秀的学生长处就在于明白自己想要干什么。所以，我们就要培养同学们定计划的习惯。"[①]

制订学习计划的意义在于：

1.明确学习目标。学习目标有长远目标与近期目标之分。长远目标指今后若干年要达成的目标。如，考高中、考大学等。近期目标指在短时间内学习上达到的目标。如，期末考试取得好成绩。目标是学生努力的方向与动力。

2.做到学而有序。有了学习计划可以保证学生有序地学习。学习是一种复杂的脑力活动，也是一种循序渐进的脑力活动。制订了学习计划，就可以科学地安排时间：什么时候学习，什么时候休息，什么时候处理课内作业，什么时候发展兴趣爱好。学而有序有助于学生科学用脑，提高学习效率。

3.磨炼意志。有了学习计划就要执行计划。在执行学习计划的过程中不会一帆风顺，会遇到各种问题，要使计划按原定目标进行，学生就需要有克服困难的决心和行动。因此，坚决执行计划的过程是磨炼自己意志的过程。[②]

学习计划大致包括以下几个方面：

1.学习目标。即陈述近期目标或远期目标。学习目标要适当、明确、具体。适当，是指合乎学生自身能力；明确，是指不要含糊其辞，笼而统之，如"今后要努力学习，争取更大进步"这一目标就不明确，若改为"本学期争取英语成绩达到班级中上水平"就明确了；具体，是指将目标细化便于操作。如，"怎样才能使自己的英语成绩达到班级中上水平"，可以细化为"每天熟记10个单词，朗读短文1篇"等。

2.学习内容。包括学习科目和学习手段，学习科目指语文、数学、外语等，学习手段是指预习、复习、书面作业、口头作业等。

---

① 魏书生.十二种良好学习习惯的培养［J］.成才之路，2008（20）.
② 吴增强.现代学校心理辅导［M］.上海：上海科学技术文献出版社，1998：83~84.

3.时间安排。时间安排是学生对自己学习活动的一种管理，又称为时间管理。尤其是课余时间的安排更为重要。因为课内时间主要是由教师安排，学生没有多少自主权，而课余时间大多可以由学生自己自由支配，这里的计划性与有序性就显得比较重要了。

时间安排要做到：全面、合理、高效。全面，安排时间时，既要考虑学习，也要考虑休息和娱乐；既要考虑课内学习，还要考虑课外学习，以及不同学科的学习时间搭配。合理，充分利用每天学习的最佳时间。如有的学生早晨头脑清醒，学习效果较佳；有的则在晚上学习效果更好。要在最佳时间里完成较难较重要的学习任务。高效，要根据事情的轻重缓急来安排时间，一般来说，把重要的或困难的学习任务放在前面来完成，因为这时候精力充沛，而把比较容易的放在稍后去做。[①]

（二）预习与复习

学生的预习、复习习惯也是一项重要的学习技能，并与其学业成绩密切相关。我们的调查发现，学习优等生主动预习的百分比明显高于中等生（前者为33%，后者为25.58%）；在自觉复习方面也是如此，学习优等生组为44.75%，中等生组为34.66%，学习困难学生组为26.36%。[②]

1.预习。

预习是一种按照学习计划预先自学教材的学习活动，是学习新知识的准备阶段。学习活动的重要环节，既是对学习新知识的初步感知，又是在新旧知识之间承上启下，建立联系。预习一方面可以提高自学能力，另一方面可以了解新知识的重点、难点，课堂学习时做到心中有数，提高学习效率。

预习的具体内容大致有：

（1）初步理解教材的基本内容和思路；

（2）回忆、巩固有关的原有知识、概念；

---

① 徐崇文，等.中小学生学习32法［M］.北京：语文出版社，1994：3-5.
② 胡兴宏，吴增强，等.学习困难学生的特点和成因探究［M］.上海：上海科技教育出版社，1993：94.

（3）找到新教材的重点和自己不懂的问题，并用各种符号在书上标明；

（4）尝试做预习笔记。

魏书生老师对于预习习惯养成提出的建议是："请老师们把讲的时间让出一部分，还给学生，学生自己去看一看，想一想，预习预习。在实验中学时我就要求老师讲课别超过 20 分钟。'只讲四分钟'，后进生明显进步，秘诀就是预习、自己学的习惯。反之，不让学生自己学，最简单的事都要等着老师告诉他，这样难以培养出好学生。我从 1979 年开始，开学第一天就期末考试，把新教材的期末试题发给大家。这样做就是要学生会预习。让学生自己学进去，感受学习的快乐、探索的快乐、增长能力的快乐。"[1]

2. 复习。

复习是学习新知识的巩固阶段，它可以使学生温故知新，加深对所学知识的理解和记忆，做到系统连贯、融会贯通地掌握知识。

从时间上可分为课后复习、阶段复习和总复习。课后复习是指学生将所学的知识在当天放学以后进行复习，复习量不多，但很重要。阶段复习是指学生将所学到的知识按一两个单元进行系统地复习，这种复习的复习量适中。总复习是指一个学期、一个学年或一个学习阶段（小学、初中、高中毕业）的复习，这种复习的复习量较大。

从方式上可分为阅读教材、整理笔记、做习题等。阅读教材是将学过的课文进行粗读和细读，将重要的内容（如英语词汇、词组，数理化公式等）背诵下来。整理笔记是将过去所做的笔记重新整理，将所学知识从"繁杂"到"简单"、从"厚"到"薄"地进行整理加工，形成自己的知识结构。做习题要有选择性和针对性：学习基础差的学生要多做基础性习题，适当增加难度；学习优秀的学生可多做一些难题。

辅导学生复习要注意以下几点：

（1）复习须及时。及时复习可以加强记忆，减少遗忘。根据艾宾浩斯遗忘曲线，人的遗忘规律是先快后慢。识记过的事物第一天后的遗忘率达 55.8%，

---

[1] 魏书生. 十二种良好学习习惯的培养 [J]. 成才之路，2008（20）.

保留率为44.2%；第二天以后的保留率为33.7%；一个月后的保留率为21.9%。自此以后就基本上不再遗忘了。因此，及时复习所学知识，可以起到事半功倍的效果。

（2）复习须思考。复习是一次再学习的过程，是对所学知识进行一次再加工的过程。复习时要思考知识掌握的程度，要多思考几个为什么，要做到透彻理解，熟练运用。

（3）复习须多样。复习方法多种多样，要根据学习要求灵活采用，除了上述介绍的方法，徐崇文等人（1993）还提出了几种具体方法：[①]

● 尝试回忆复习法。就是先不看书，把老师上课讲的知识的主要内容回忆一遍，有人称之为"过电影"。这样可以检查自己听课学习的效果，对于回忆不起来的内容，可以翻书看笔记，以达到增强记忆的目的。

● 倒回复习法。就是退回到与新知识有联系的、自己没有掌握的知识点上进行复习。运用倒回复习法时要注意：第一，要及时，不要等到问题成堆才倒回去复习；第二，不能丢下新知识的学习而单纯倒回去复习，以防造成新旧知识的脱节；第三，要迅速，复习时间不能过长，以免影响新知识的学习，赶不上教学进度，产生新的知识障碍。

● 协同记忆复习法。帮助学生记忆的感官有视觉、听觉、嗅觉、触觉、味觉等。要提高复习的效果，就要尽量使用多种感官，也就是说，要充分发挥眼、耳、手、鼻、脑等各种感官的作用，这有利于牢固地记住复习的内容。

（三）听课与记笔记

1. 听课。

听课是学生在课堂上学习知识的重要形式，也是学生获得系统知识的重要途径。提高听课效率须做到：

（1）做好听课前的准备工作。知识准备，即通过复习、预习了解新学习材料涉及的相关内容；物质准备，备好必要的学习用具；心理准备，要有充沛的

---

① 徐崇文，等. 中小学生学习32法 [M]. 北京：语文出版社，1994.

精力和学习心向。

（2）多思多问。在听课中，学生要调动多种感官积极参与学习过程，使思维处于高度活跃状态，力求从不同角度去分析和理解所学的问题。多问与多思密切联系，"有疑才有思，有思才有悟，有悟才能进"[①]，学生从不问到能问、多问是有个过程的。《晦翁学案》里写道："读书始读，未知有疑；其次，则渐渐有疑；中则节节是疑。过了这一类后，疑渐渐解，以至融会贯通，都无所疑，方始是学。"

（3）有张有弛。中小学生在 45 分钟一节课上，注意力集中的有效时间大致在 20~30 分钟，若要学生上课全程保持高度思想集中，会使他们的大脑容易疲劳。因此，教学活动安排在思维强度上要有紧有松，讲授新课要求学生注意力集中，练习和自习可使学生松弛一些，这样可以保证学生的听课效率。

（4）专心听讲。听课时，把注意力集中到要探讨的问题上，先独立想一想自己对这个问题的看法，再虚心倾听别人的意见，逐步学会记住他人发言的要点，并用语言信号和非语言信号做积极的信息交流。倾听时还要求学生目光注视对方，用点头、微笑、摇头等非语言信号表示自己在听；用"我明白了""请您把……再讲一遍好吗"等语言信号表明自己听的结果。[②]

2. 做笔记。

有不少研究发现，做不做笔记对学生加工学习材料的效果有很大影响，表现在以下三方面：

（1）对学习材料的选择性注意。做笔记能够引导学生去注意某些材料而忽略其他材料。埃肯等人（Aiken，Thomas & Shenuum，1975）发现，学习者对笔记里材料回忆的概率，为不在笔记里材料的两倍。豪威等人（Howe，1970；Carrier & Titus；1981 et al）也发现同样的效果。[③]

做笔记虽然具有集中注意的功能，但是也会在一定程度上限制学习内容

① 徐崇文，等 . 中小学生学习 32 法 ［M］. 北京：语文出版社，1994：28.
② 赵海鹏 . 浅议小学生学习习惯的培养 ［J］. 新课程（教育学术版），2009（6）.
③ 梅厄·迈耶 . 教育心理学——认知取向 ［M］. 林清山，译 . 台北：远流出版社，1990：220-221.

的总量。当学习材料呈现速度很快的时候，或者学生缺乏有效的编码技能时，这种局限更为明显（Aiken，Thomas & Shennum，1975；Faw & Waller，1976）。

（2）对学习材料的内在联结。塞姆来克等人（Shimmerlick & Nolan，1976）曾做过这样的研究：他们将一篇1220字的人类学课文呈现给两组被试，呈现时间为9分钟，一组被试被要求做序列性笔记（即按照文章所呈现的观念之次序）；另一组被试被要求做重新组织过的笔记。结果发现，按重组方式做笔记组比起按文章序列做笔记组，不论是在立即回忆测验，还是在而后的延迟测验中，前者的回忆成绩均明显高于后者（图4-2）。由图4-2还可以看到，这种差异对于语文能力一般的学生更为明显。因此，采用重组方式的笔记有助于一般语文能力的学生对学习材料建立内在联结。①

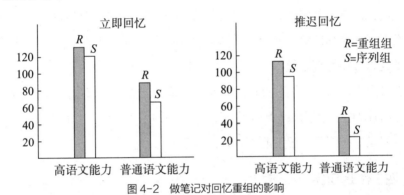

图4-2 做笔记对回忆重组的影响

（资料来源：Shimmerlicu & Nolan，1976）

（3）对学习材料的外在联结。外在联结是指使所呈现的信息与原有知识建立联系。研究表明做笔记可以帮助学生建立外在联结。梅厄（Mayer，1980）曾要求大学生去阅读每页上面都有描述一个程序设计命令的电脑程序设计手册。一组受试在阅读了一天之后被要求用自己的话来解释这一程序命令，而且使命令与具体熟悉的情况发生关系，故该组又被称为精制加工组。另一组受试

---

① 梅厄·迈耶. 教育心理学——认知取向［M］. 林清山，译. 台北：远流出版社，1990：221-223.

只阅读每一页内容而不予精制化。结果发现，精制加工组比非精制加工组能回忆起更多的概念性信息，而且在应用指令解决问题的测验中成绩也较好。然而，两组在回忆内容细节方面没有明显差异。可见，精制化做笔记方式有助于学生将呈现的新材料与他们已经知道的知识发生联结。[1]

如何指导学生在课堂上记笔记，笔者建议如下：

记录教师讲课要点（包括重点、难点、疑点）。上课讲解内容很多，若逐字逐句去记，这样既费时间，又影响听课质量。最好以提纲式将要点一一列出。

运用速记符号。课堂上教师讲课内容很多，有时语速较快，为了能将上课内容要点记下，可采用一些自己容易辨认或熟悉的速记符号。

尝试用自己的话记录重要概念。有时逐字逐句将教师原话记下自己不一定理解，尝试用自己的语言记下一些新知识、概念，是对学习材料的一种精制加工，有助于记忆与理解。当然，这需要学生有较强的学习能力，能力一般的学生需要经过训练方可去做。

以听为主，以记为辅，处理好听课与记笔记的关系。课堂内，学生应以专心致志听课为主，因为只有听明白了，记下来的东西对自己才有意义。若没有听懂，只是机械照记，记下的内容意义也不大。

（四）作业习惯

培养学生细心的写作业习惯，首先，要求要具体明确；其次，要树立作业榜样，还要及时反馈，认真纠错。培养学生良好的计算习惯，做法如下：（1）培养学生认真正确的看、听、读、说的学习习惯。（2）培养学生认真思考、全面分析的习惯。在指导审题上，要寻找题中特点，思考计算法则，运用运算定律，选择最佳的解题方法。（3）培养学生正确、规范的作业习惯。即作业书写规范化，作业订正自动化。（4）培养学生自觉检查作业的习惯。自查，用短程目标的管理，推动学生主动自查作业。互查，针对学生好胜争强的心

---

[1]　梅厄·迈耶.教育心理学——认知取向［M］.林清山，译.台北：远流出版社，1990：225.

理，开展学生作业互查活动。[1]

魏书生老师还提出了关于作业习惯的两点建议，颇有价值：

一是自己留作业的习惯。老师留的作业不一定同时适应所有的学生，老师要和学生商量，让学生做到脚踏实地、学有所得，市教委规定对学生实行量化作业，它的落实，一靠检查，二靠老师，老师要从学生实际出发，只有常规量的学生可以接受，学生才能适应教育。

二是整理错题集的习惯。每次考试之后，90 多分的、50 多分的、30 多分的学生，如何整理错题？扔掉的分数就不要了，这次 30 分，下次 40 分，这就是伟大的成绩。找到可以接受的类型题、同等程度的知识点研究一下提高的办法。整理错题集是很多学生公认的好习惯。[2]

第 3 节
入学适应辅导

对于低年级的孩子来说，从幼儿园到小学，学习有一个重要的"坎儿"，那就是入学适应问题，幼儿园的学习是以游戏活动为主，而进入小学则是正式开始学习。由于个性差异，每个孩子的入学适应情况有所不同。

我不要来上课

皓皓同学是高个子的一年级新生，唇红齿白，喜欢拼搭乐高，个性主动乐观。当班主任暑期第一次去家访时，说一口流利沪语的他，给老师留下了深刻的印象。因为在家访时，老师问及皓皓，平日里喜欢读什么书，皓皓却不停地爬上家中的茶几，从上往下跳，边跳边对班主任说："我不喜欢读书写字，我

---

① 赵海鹏.浅议小学生学习习惯的培养［J］.新课程（教育学术版），2009（6）.
② 魏书生.十二种良好学习习惯的培养［J］.成才之路，2008（20）.

就喜欢跳跳跳。"

在度过一年级新生入学准备期的一周之后，皓皓就在教室里坐不住了，上课时，总是要从座位上站起来，在教室里走动，甚至走到讲台上。"王老师，唔帮侬刚，唔勿要来上课，唔要转起帮妹妹白相……"这是皓皓每天都要同班主任老师说的话，在老师的安抚和鼓励下，好脾气的皓皓能回到座位上，但很少主动投入到学习中，只是静静地坐着发呆。在同老师交谈的过程中，皓皓表示非常想和学龄前的妹妹一样每天能在妈妈的身边。[①]

入学适应问题分析

像皓皓这样刚上学不适应的孩子，在一年级新生里有不少。孩子入学不适应的表现主要有：不愿去上学，总推说身体不舒服；不愿在父母面前说起在学校的表现和活动情况；性情发生改变，有的变得胆小、烦躁或攻击行为增多；喜欢独处，不愿和同学一起活动和交往；很难进入学习状态，总是游离于课堂之外，学习习惯差，不能完成学习任务；等等。据有关调查统计，有20%~42%的小学新生有轻度适应不良，7%~12%的小学新生有严重适应不良。[②]

德国学者哈克指出，处于幼儿园和小学衔接阶段的儿童主要面临六方面的断层问题。

一是关系人的断层。孩子离开悉心照料他们的幼儿园老师，去面对要求严格、带有一定权威性的小学老师，这种权威性会让小学新生产生一定的紧张。

二是学习方式的断层。孩子在幼儿园是在玩、学、做相结合的游戏教学方式中度过每一天的，而孩子在小学是以坐下来听老师讲课为主的集体授课方式，活动机会很少，玩的机会就更少了，这会导致孩子对学校生活产生一定的抵触情绪。

三是行为规范的断层。在幼儿园里，很多个人行为都会受到老师的鼓励或

---

① 本案例由王佳骊老师撰写。
② 刘电芝，等. 儿童心理十万个为什么［M］. 北京：科学出版社，2018：272.

表扬，而在小学里有太多的规则，孩子以往的感性将逐渐被理性和规则控制。

四是社会结构的断层。离开幼儿园的老师和伙伴，孩子进入小学后需要建立新的人际关系，结交新同学，寻找自己在团体中的位置并为班级所认同，一些孩子对此会不知所措，不知该怎么去跟新同学交往。

五是期望水平的断层。进入小学后，父母和老师都会对孩子寄予新的更高的期望。为了学业，父母会叮嘱孩子上课要认真听讲，好好学习，让孩子减少做游戏、看电视的时间等。幼儿园老师更加注重的是孩子的安全和健康，小学老师则更看重学生对知识的掌握。

六是学习环境的断层。在幼儿园，孩子所处的是自由、活泼、自发的学习环境，小学生所面对的则是有学科学习、有课堂作业、受老师支配的学习环境，需要较长时间的意志努力，孩子容易注意力分散或出现学习障碍。[①]

入学准备期与入学适应

入学准备期是儿童入学适应的第一步。"入学准备"是指学龄前儿童为了能够从即将开始的正规学校教育中受益所需要具备的各种关键特征或基础条件（Gredler，2000）。美国国家教育目标委员会（National Education Goal Panel，1997）认为儿童的入学准备应包括以下五个领域：（1）身体健康和运动技能领域，包括儿童身体发展状况和儿童身体能力；（2）情绪与社会性领域，包括情绪发展和社会性发展；（3）学习方式领域，包括对任务的开放性和好奇心，完成任务的坚持性、专注性以及想象力和创造性等；（4）言语发展领域，主要包括语言表达和读写能力两个方面；（5）认知发展与一般知识领域，包括儿童要掌握自然知识、逻辑—运算知识和社会—规则性知识。

卢富荣等（2012）对北京市 389 名儿童入学准备的类型进行研究，发现儿童的入学准备良好型占 54.50%，入学准备不足型占 45.50%。对入学准备不足型儿童再次进行两步聚类分析，结果发现入学准备不足型儿童可以分为三类：

---

① 刘电芝，等.儿童心理十万个为什么［M］.北京：科学出版社，2018：273–274.

（1）身体健康和动作技能准备不足型占总体的 14.65%，该类型儿童在言语发展领域准备略高于平均水平，但其他四个领域的准备状况都低于平均水平，尤其是在身体健康和动作技能领域更低；（2）身体健康和动作技能突出，其他领域准备不足型占总体的 21.08%，该类型儿童在身体健康和动作技能领域准备较好，其他四个领域的准备状况都低于平均水平；（3）入学准备综合不足型占总体的 9.77%，该类型儿童在入学准备五个领域均显著低于平均水平，并且显著低于其他类型入学准备良好型儿童。

儿童入学准备与其入学适应密切相关。一学期后，入学准备良好的孩子，其学校适应状况良好，而入学准备综合不足型儿童的学校适应则最差。这表明儿童在学前教育阶段形成的认知与知识、学习方式、情绪和社会性以及语言能力、身体健康和动作能力等会直接影响到其入学后的学校适应状况。[①]

入学适应辅导策略

根据以上讨论，对儿童入学适应辅导提供以下建议：

（一）人际适应辅导策略

如前所说，哈克指出的新入学孩子面临的六个断层问题，其中，关系人的断层、社会结构的断层和期望水平的断层直接指向儿童的人际适应问题。一年级新生刚脱离熟悉的幼儿园环境，需要认识和适应新的校园环境，如果他们不能快速融入新的人际交往圈子，那么就很容易产生退缩、厌学、孤僻、焦虑、羡妒甚至攻击性行为等偏差。黄淑梅等（2018）在小学入学人际适应方面实践上，提出了以下策略，颇有价值[②]：

1. 教师换位思考，让孩子有亲切感。学生在进入小学之前，习惯了父母和幼儿园教师无微不至的呵护，如果一年级教师表现得过于严厉、不近人情，那

---

① 卢富荣，等.小学儿童入学准备的类型及其与学校适应关系的研究［J］.心理发展与教育，2012（1）.
② 黄淑梅，等.小学一年级新生入学人际适应的策略研究［J］.教育观察，2018（14）.

么学生就可能产生畏惧感，难以适应新的校园生活。因此，一年级教师要学会换位思考，理解学生在小学之前所接受的教育方式，尊重和接纳他们的语言表达习惯，给予一年级新生更多关怀。

一年级教师在言语表达上，应注意以下沟通原则：首先，就事论事，不针对学生的个性和品格。比如，学生打翻了颜料，教师不该抨击学生的个性"你老是笨手笨脚，你为什么这么粗心"，而是应该就事论事地说："啊，颜料打翻了！快拿水和抹布来。"其次，正确地表达基于教师对学生的了解和接纳。教师要习惯使用非批评性的语言，尽量用"我"字开头。比如，面对闹哄哄的学生，教师一般会说："别吵了！坐下，你们全部坐下。这里不是菜市场！"但如果教师说"我要开始上课了"，效果就会更好。最后，言辞不涉及情绪，避开批评而说出自己的感受，这样才能减少冲突。比如，教师面对一个学习潜能生，与其抨击他的不上进，不如说出教师自己的感受："你的学习让我很担忧。"

2. 创设机会，促进新生同伴之间交往。同伴交往是学生小学生活中最主要的人际交往，有助于他们更好地适应小学生活，从而发挥出学习潜能。因此，教师应该采取多种方法，促进新生同伴之间的交往。比如，开展团体辅导活动，消除儿童交往的胆怯心理。比如，针对整个班级设计的"我能沟通，善交往"主题活动，辅导员可以先让同桌两两结对，相互分享暑假发生的趣事，从而形成伙伴对子，如此，直到每个学生都跟班级的其他学生分享自己的暑假趣事。在这样的活动中，新生不仅拉近了与同伴之间的距离，锻炼了自己的交往胆量，而且也能学习到人际交往中的技能。再如，利用主题班会，让学生掌握交友技能。比如，在一年级语文口语交际"我们做朋友"环节，教师可以引导学生进行自我介绍，与伙伴交流自己的兴趣爱好。

3. 营造班级互爱互助的氛围，让学生产生集体归属感和认同感。班主任应该倡导学生互帮互助，特别是要大力表扬主动对困境中的同伴伸出援手的学生。这样才能营造班级互爱互助的氛围，满足学生安全与尊重的需求，从而更好地消除新生的入学抵触情绪。一个团结向上的班集体是由许多积极向上的小团体组成的，学生在校的生活与学习往往通过小团体活动得以落实。因此，教师应该主动搭线，借助活动平台，提供机会，让志同道合的学生多接触，从而结为好友。如春游、秋游，教师可以让学生自主组合，两两一组，结伴而行。再如，教师可以根据社区划分活动小组，这样既能开展学校活动，又能促进学生结识朋友、巩固友谊。

（二）学习适应辅导策略

儿童入学对于学习活动的适应是入学适应的主要任务。北师大实验小学进行多年新生入学适应教学革新，取得的经验值得我们学习借鉴。[①]

1. 教学进度以适应学校生活为先。

我们为新生提供了一段过渡期，将熟悉老师和同学、熟悉校园、熟悉"学校一日生活常规"定为第一周的教育教学主题。班主任带着全班学生逛校园，了解班级教室、洗手间、饮水间的位置和课间活动地点，清楚图书馆、教务处和各年级教室的位置，熟悉任课教师的办公室，明确紧急情况下的疏散路线。学校会举行班级定向越野比赛，以游戏的方式考查学生熟悉校园的情况。同时，在让每位同学自我介绍的基础上，老师会帮助孩子们制订《交友计划表》，引导学生每天有计划地结交新朋友，在两周内认识本班的所有同学。

六七岁儿童的无意识性和具体形象思维仍占主导地位。因此开学初，我们从学生的生活经验入手，用他们熟悉的物品和场景引入新知识教学，同时以儿歌、游戏等形式激发学习兴趣，将书写任务和复杂学具操作任务延后。这种安排有助于学生树立自信，形成"我能胜任各学科学习"的自我认知。

2. 能力培养重于知识学习。

开学初，我们有意识地在课堂中进行能力培养。比如，在数学课上，老师会多次让学生观察图片，每次图片的内容不同，知识学习的目标不同，而且能力培养目标也不一样。前两次看图片，着重训练学生的专注能力；后续则强调"观察有序性"，即按照从左至右、从上至下的顺序观察，以避免遗漏；然后，引导学生使用一些小技巧，如点数、做记号等，防止重复数或遗漏。

又如"问一答"是课堂教学的常用形式，一开始，老师在问答中关注学生

---

① 李杜芳，等.从"小朋友"到"小学生"[J].人民教育，2014（16）.

倾听的专注性，关注思维的活跃性；然后强调回答问题语言表达的完整性、条理性、逻辑性；再往后注重培养问题意识，引导学生自己发现问题、讨论解决问题。

（三）家校协同策略

家校协同策略之一，是家校沟通，帮助家长建立合理的教育期待。哈克认为，从期望水平和学习环境的断层来看，上小学之后，家长和教师都会对儿童给予新的期望和压力，表现在学业上的要求增加了，游戏、玩耍的时间减少了等。如果家长一方面对儿童入学后的期望过高，另一方面又想完全掌控儿童，那么造成的结果是新生在学习上越来越焦虑，在行为上越来越依赖父母。家长必须逐渐放开对儿童的控制与照顾。如果家长继续沿用对待幼儿的行为方式对待一年级新生，继续事事包办，处处多维护，而不是以引导者的身份逐步培养儿童独立办事的能力，那么一年级新生将无法适应小学乃至更高年级的学习和生活。因此，一年级教师应该充分利用 QQ 群、微信、电话等渠道和家长沟通，向家长阐明家长角色转换的必要性，并教授家长对儿童一步步放权的技能。同时，教师也要在日常教学中，时刻提醒新生：对比幼儿园，你已经长大了，可以独立做更多的事情了！还要给予一年级新生锻炼的机会和缓冲的时间，让他们渐渐从"家长指导劳动"变成"自己独立劳动"。如果学生感受到了自己能力的变化，就会变得更加自信，从而逐渐消除对父母的依赖性。[①]

家校协同的第二个策略是对家长进行入学适应教育，即家长与孩子共同"入学"。这也是北师大附小的经验之一。孩子入学后，家庭结构和氛围也随之发生变化。面对未知的小学生活，家长们被各种担忧困扰，有时候比孩子更加焦虑。一年级的班主任经常接到很多家长的短信或电话，内容涉及孩子打架、不适应学校生活、不好好做作业、座位安排等各种问题。

在学校适应的过程中，学校和班主任要帮助不同性格、不同水平的孩子熟悉学校生活，同时还需要引导教育观念迥异的家长们正确理解、配合学校，开

---

① 黄淑梅，等.小学一年级新生入学人际适应的策略研究［J］.教育观察，2018（14）.

展家庭教育。一般情况下，父母看到的是孩子的个体表现，感受更多的是孩子成长过程中的进步与成熟，在遇到问题时会自动地优先考虑自己的孩子。相比之下，老师看到、感受到更多的是孩子在集体中的表现，是与同龄人相比展现的特点。老师的视角，能帮助家长多方位地了解孩子；从集体出发的建议，也能引导家庭教育，帮助孩子更好地适应群体生活。

学校非常注重一年级学生家长的培训与沟通，强调将学校教育带回家庭，邀请家长与孩子共同"入学"成长。《新生入学手册》和家长会是"家长学校"的传统项目。[①]

（四）个别辅导策略

对于入学适应不良的孩子，可以由心理老师和班主任对其进行个别心理辅导，以促进孩子尽快适应小学生活。针对本节案例中的皓皓，心理老师和班主任采取的个别辅导措施如下：

首先，了解情况，分析原因。皓皓同学有很明显的入学适应不良，为更好地帮助他，班主任和心理老师与皓皓的家长开展了多次开诚布公的交流。

皓皓从小体弱多病，心脏有先天性缺陷，在幼儿园期间，曾经两次被救护车送医急救，在 5 岁时做过外科手术，虽现已痊愈，但从小家长对他的身体健康关注较多，自理能力培养缺失，孩子生活和学习自理能力不强，主动性不高，遇到挫败也多由家长代劳。同时，名校毕业的家长，对孩子的教育有较高的要求和预期，平日作业要求也较高，与孩子实际学习能力相差甚远，经常陷入"达不到要求"—"擦掉重写"—"孩子情绪低落，阻抗学习"—"家长焦躁，重提要求"的状态。

皓皓所在班级的班主任和任课老师，对于学生的学习要求也较高，对于皓皓在教室内常走动，无法在座位上主动学习的情况，常感到焦虑和无措，进而也影响到了学生的情绪，导致皓皓觉得更难融入课堂。

---

① 李杜芳，等.从"小朋友"到"小学生"[J].人民教育，2014（16）.

根据上述原因分析，提出辅导措施：

1. 家长和任课老师，都需要根据皓皓目前的实际学习能力，调整预期和教育心态，减少皓皓对学习的焦虑。家长在辅导学生作业时，可以用"小步子渐进法"，将作业任务分成几部分让孩子完成，每完成一部分就给予鼓励，逐渐发展到能主动地一次性完成作业。

2. 鼓励家长坚持送孩子来上学，非生病不请假。

3. 运用正强化奖励的机制。家长需要主动在家培养皓皓的生活和学习自理能力。同时，班主任在班中，调整争章机制，让目标行为更小更具体，兑换的过程简短，如为班级图书角去图书馆选书，帮老师制作奖券，举班牌等。每一次皓皓做出符合预期的行为时，如坚持坐在座位上听课一上午，就给予1张奖券，3张奖券就可以换放路队时为班级举牌的任务，通过这种方式促进良好课堂学习行为的过程中，增强学生的集体归属感。

这些措施较好地帮助皓皓度过了一年级上学期的入学适应阶段，在随后的疫情期间，居家学习也表现良好，疫情后也能坚持主动上学。

第4节
厌学心理辅导

不少老师和家长抱怨现在的孩子厌学，其实学生有厌学情绪是学校教育存在的一个不争的事实。导致学生厌学的原因是多方面的，有社会的、学校的和学生个体的。老师所能做的就是改进教育教学方式，激发儿童学习动机，点燃儿童心中求知的火把。尤其在小学阶段，培养孩子对知识的好奇心、探究欲，激发其内部动机尤为重要。

五分钟热度的小男孩

开学第一天，小宇已给我留下了很深的印象。因为在第一堂语文课上，小宇就以他那精彩的发言、宽广的知识面，以及他的聪明机灵显示出了他的与众不同。但令我疑惑的是，每当小组讨论学习时，小宇却总不愿参加，课间休息时，又常见他独进独出，显得很孤独，这一切使我立刻关注起小宇。

随着学习进度和难度深入，此后的几个星期内所发生的事，又让我见识了一个更特别的小宇。几乎所有的任课老师遇见我都会向我反映，小宇上课时总显得心神不定，作业拖拉情况严重，而且，即使完成的作业也是敷衍了事，马虎不堪。[①]

厌学心理透视

厌学一般是指学生对学习没有兴趣，对学习任务有厌倦情绪，不能从事正常的学习活动，经常逃学或旷课，严重的导致辍学。厌学的直接后果是导致学生的学习效率下降，学业不良，进而拒学、逃学和弃学，严重影响小学生的健康成长。有学者认为，厌学心理是逐步形成的，一般要经过四个阶段，即焦虑阶段、怀疑阶段、恐惧阶段和自卑阶段。[②]

焦虑阶段是指学生由于没有实现预定的目标而产生冷淡和焦虑意识。这里预定目标不仅仅体现在学习的终极目标，比如考试成绩上，还体现在学生在校的学习生活中，比如希望自己在课堂上得到老师和同学的尊重；在回答老师提问时，希望得到老师的肯定；做作业时，希望自己能够顺利地完成等。当这些目标没能实现时，人在心理上就会产生焦虑的意识，产生不安的情绪。但这时学生对学习仍有信心，而且适度的焦虑会对人产生一定的压力，而适度的压力又会转化为努力学习的动力，对学习还是有好处的，能促使学生努力去改变这

---

① 本案例由周文勤老师撰写。
② 阮为文.学生厌学心理的产生过程及其预防转化对策 [J]. 太原大学教育学院学报，2007（4）.

种状态，从而获得学习上的不断进步。但焦虑程度过重，或不断地、频繁地产生焦虑，则会使学生的学习心理进入到第二个阶段，即怀疑阶段。学生对学习的怀疑阶段是指学生由于在学习上多次失败，对自己或老师设定的学习目标常常不能实现，进而对自己的学习能力产生怀疑，觉得自己似乎不是一块学习的"料子"，但对学习仍未完全丧失信心。

怀疑阶段的显著特征是学生在学习上遭遇多次失败和挫折，而每一次失败和挫折都会引起学生的情绪波动，一方面怀疑自己的学习能力有问题，失去学习的动力和兴趣；另一方面，也会产生一些如不满、冷淡和敌视等不良心理。这时，如果有学习成功的机会出现时，学生的学习信心、自信心又会增加。但如果经过学生自己的努力却仍然不断地失败，则学生的学习心理会进入第三个阶段，即恐惧阶段。

学生对学习的恐惧阶段，是指学生在学习上产生了明显的障碍，真的怀疑自己的学习能力有问题，从而对学习产生恐惧心理。表现为上课听不懂、对学习毫无兴趣、一听到学习就头痛等。在恐惧阶段，学生的内心会伴随着想逃避学习的心理发生。当学生内心产生恐惧，而又无法逃避学习时，学生的心理就会进入到第四个阶段，即自卑阶段。

自卑阶段，是指学生把学习上的失败，全部归结于自己学习能力低下，以至于彻底失去了学习信心。常言道，"哀莫大于心死"，学生彻底失去了学习信心，就等于是学习上"心死"了，学生一旦产生这种学习上的"心死"的自卑心理，则不但学习学不好，而且会影响到学生的整个学校生活，使其整个学校生活笼罩在自卑的心理阴影之中。

需要说明的是，并不是每个厌学的学生都会经历这四个阶段，因为每个学生的学习经历是不同的，引发厌学的原因也是不同的。但是至少说明厌学不是天生的，是在学生的学习生活中逐步形成的。

厌学类型分析

孩子厌学的原因很多，有环境因素和个人因素。从环境因素来说，教育的功利性使得应试教育仍然有相当大的市场，题海战术、过度补课使得孩子的学业负担越来越重，家长的教育焦虑、教师的教育焦虑，常常使孩子对学习的兴趣日益减少。这样的教育环境不是我们短时间内能改变的。从个人因素来说，学业受挫、学习无趣、学习能力发展不足、心理发展不成熟等，都是引起孩子厌学的因素。对孩子的心理辅导主要是解决由个人因素引起的厌学。

据此，我们可以将孩子厌学大致分为三种类型：倦怠型厌学、自卑型厌学和适应不良型厌学。

（一）倦怠型厌学

倦怠型厌学的孩子，常常因为过于看重学习成绩排名，将分数与自己的能力评价联系起来，心理压力大以致对学习产生倦怠。这些孩子中不乏老师心目中的好学生。为什么孩子过于看重学习结果，容易患得患失，背上思想包袱，产生学习倦怠呢？这可以用成就目标理论来解释。

成就目标理论（或简称目标理论）是近 20 年来形成的一种社会认知取向的动机理论。这个理论认为，成就目标、期望、归因、动机定向、自我能力知觉、社会比较和成就行为之间存在密切关系，成就动机到成就行为存在更深层的内在机制。70 年代末，迪纳（Diener，1978）和德威克（Dweck，1980）曾对儿童的成就行为做了一系列的研究。他们发现，具有同等能力的儿童在失败情境或挑战性任务面前有两种不同的反应倾向。一种是自弃性倾向（helpless），另一种是自主性倾向（mastery-oriented）。前者面对失败和困难，往往过低估计自己的能力，对任务反感、厌倦，并有退避倾向；后者表现得更加自信，相信通过自己的努力，运用自己的技能和策略可以解决难题。

德威克认为两类儿童截然不同的行为表现，并不是他们之间的能力有多大差异，主要是他们的动机模式不同。自主性儿童具有适应性动机模式（adaptive patterns），自弃性儿童则具有适应不良动机模式（maladapive patterns）。自主性儿童的动机模式，重在学习过程中自己能力的增长，因此，他们更喜欢挑战性任务，并表现出高坚持性；而自弃性儿童的动机模式，重在学习结果和评价，这些孩子很在意自己的成绩排名，一旦成绩不理想、学业受挫，就容易回避、放弃。①

（二）自卑型厌学

自卑型厌学的孩子，经常学业受挫，遭受老师、家长的批评、责备，由此而引起自卑心理，常常会有学习退避行为。自卑型厌学的孩子为什么会逃避学习？这可以用学业习得性无能动机理论来解释。

习得性无能理论是美国心理学家、积极心理学倡导者塞利格曼提出来的动机理论。自卑型厌学的学业习得性无能不是一朝一夕形成的，而是个体在经常性的学习失败情境中习得的行为方式。其动机过程大致由两条途径发展：一是失败的信息引起消极的情感体验。因为经常失败招致教师、家长更多的批评、抱怨，由此感到灰心、沮丧，并严重损害个人的自尊和自信，为了维持自尊便会产生消极的防御机制，其主要表现形式之一就是逃避学习。二是失败的信息通过归因的中介影响自我信念的确立，进而构成消极的自我概念。大量研究表明学业不良的学生在成就归因上存在归因障碍。

卡尔（Carr，1991）的报告指出，低成就学生在成败归因倾向上更多的是外部因素或者不可控因素。这些学生身上有种"被支配"的经历，相信自己的生活是被外部力量控制着，结果是由机会和运气决定的，自己是无能为力的。在能力倾向上，他们不认为自己的能力、知识和策略方法可以有效地支持学习。这些归因障碍深深影响着学业不良学生的自我概念，容易形成实体理论倾向的自我信念，他们自认为难以由个人意志控制自己的行动，缺乏执着精神，表现出消极应付学习的行为方式。相反，学业高成就学生从自身寻找力量和动力，内部的可控的归因促进积极的自尊、自我信念和动机水平。另外，个人的情感体验与信念、自尊是交互影响的，构成动机过程的内循环，不愉快、消沉、沮丧的负性情感会削弱自信和自尊，同样，消极的信念、低自尊又会促使个人在失败面前灰心丧气。②

---

① 吴增强.学习心理辅导［M］.上海：上海教育出版社，2012：77–78.
② 吴增强.当代青少年心理辅导［M］.上海：上海科学技术文献出版社，2003：222.

（三）适应不良型厌学

适应不良型厌学的孩子，是由于心智不成熟而引起学习适应困难、学习怠惰，如不交作业、不遵守课堂纪律，常常成为班级里的"麻烦制造者"等。适应不良型厌学可分为学习能力发展不足和行为自控力发展不足。前者往往表现为学习困难（将在本章第5节讨论），后者会在本节讨论。如本节案例中的小宇，头脑聪明，爱看书，知识面广，但是自控能力差、学习习惯差，是典型的适应不良型厌学。

厌学心理辅导策略

针对一般厌学的学生，可以根据其不同的厌学原因采取有针对性的辅导措施：

（一）倦怠型厌学的辅导策略

第一，要为他们进行心理减压的辅导，教会他们放松身心的方法；第二，要让他们辩证地看待压力，压力是进步的动力，压力具有双重性，要用积极的眼光看压力，把压力看作是自己的挑战与机遇；第三，专注自己的学习，不要总是与别人比较。不恰当的社会比较，会破坏自己的心态，分散自己的注意力。人的精力和时间有限，成功的人往往能够集中精力专注于自己的学习与工作。

（二）自卑型厌学的辅导策略

一是提高他们的自我效能感，二是帮助他们克服习得性无能。

根据班杜拉自我效能理论，提高自卑型厌学孩子的自我效能可以有以下途径：一是成功激励，为学习落后的孩子创设成功的情境（如，低起点、小步子），让其获得成功的体验，进而培养成功的信念。二是榜样示范，运用"同层榜样"，比优秀生榜样更具有激励作用。因为"同层榜样"是其可以通过努力达到的。三是积极鼓励。教师要传递给学生这样的信念：一要永远对自己抱有信心，永不放弃，尤其在遇到挫折与困难时，不要轻易放弃，丧失信心；二要相信每个人的能力都是可塑的、变化的、发展的。一个人对于自己的能力产生思维定势，把自己的能力凝固化是不可取的，这样容易自卑，遇到困难就会认为自己"江郎才尽"。

帮助学生克服习得性无能，可以参考以下辅导建议：

1. 重视过程，不要太看重结果。成就目标理论指出，过于看重结果的学生一般对外界的评价比较敏感，他们相信成功或者失败是判断人的能力的依据，所以极力避免显示自己能力的不足，容易患得患失。而重视过程的学生关心自己能力的提高甚于自身能力的评价，他们更相信成就状况是促进自身能力增长的机遇，失败和挫折可以帮助自己调整策略，并使自己获得新的学习技能。

2. 对于失败情境要合理归因。把失败归因于能力不足，容易使人产生自卑自弃心理。因此，对于失败情境能力归因倾向的学生要加以引导，转向努力的归因。

3. 强化自我评价，淡化他人评价。以自我参照的评价，可以发现自己的进步与问题，尤其对于学习落后的学生来说，自我评价比与他人比较可能更具有激励作用。[①]

（三）适应不良型厌学的辅导策略

老师要培养他们良好的生活习惯和学习习惯，增强独立性和责任心，逐渐学会对自己的事负责。要合理运用奖励惩罚，激励他们努力学习。本节案例中对小宇的辅导措施如下：

1. 发现小宇的优势，展现其优势。

班主任周老师发现小宇爱看兵器方面的书，就顺水推舟，把小宇的兴趣迁移到课堂学习中来：

课间休息时，我专门找来了一些小宇擅长的兵器方面的问题向他请教，让他觉得自己很能干，树立自信。在此基础上，我又引导他："小宇，你知道这些先进的武器装备是怎么造出来的？""那都是工人叔叔造的呀！"小宇不假

---

① 吴增强. 当代青少年心理辅导［M］. 上海：上海科学技术文献出版社，2003：82-84.

思索地说。"这次你可只说对了一半，这些武器的设计包含很多知识，科学家要懂得数学、化学和物理学等各方面的知识呢！"小宇很疑惑，于是我又联系他最感兴趣的一种武器，给他分析了里面众多的科技含量和知识含量，听得小宇目瞪口呆，因为他可从来没想过知识竟然可以有这么大的作用。我趁热打铁，又借给他一些介绍名人努力学习、获得知识、报效祖国、令世人尊敬的故事。在他看后，还及时与他交流想法，了解他思想上的细微变化。渐渐地，小宇对为何学习有了认识，学习的目的明确了，懂得了学习并不是为家长和老师，而是为了充实自己，只有有了丰富的知识，才能体现自己的价值，才能实现自己的理想。

2. 制定行为契约，帮助小宇培养自控力。

冰冻三尺，非一日之寒。对小宇厌学问题的治疗并非短期内就会起效，需循序渐进，将建设性的方案转化为可行性的目标。这样有利于小宇学习动力的递增。

这天，我郑重其事地与小宇讨论起来："小宇，想不想改变一下自己的形象，成为一个小将军？"小宇很有兴趣地看看我，点点头。"那么，我们一起制订一个计划，你努力做，我尽力帮你，争取尽快改变形象，让大家大吃一惊。"最后，我还把拿破仑的名言"不想当将军的士兵不是好士兵"改成了"不想当班干部的学生不是好学生"，并把这句话送给了他，使其成为小宇的奋斗目标。经与小宇商定，我们一致决定，运用分层递进式目标，具体的分层递进式达成目标是：

a. 按时上课，安心听课，尽力完成课内作业；

b. 认真上课，积极发言，按时完成课内作业；

c. 参与小组学习，努力完成家庭作业，尽量少欠作业，不撒谎；

d. 带领小组学习，按时完成家庭作业，培养预复习习惯；

e. 认真完成各项作业，自觉做好预复习工作，成绩稳定；

f. 勇敢面对困难，诚实守信，培养责任感；

g. 成为受同学尊敬的小干部。

3. 记录鼓励。

有了细致的计划，只是成功的第一步。为使小宇坚持完成整个计划，最终达成目标，我采取了内外结合、记录鼓励的方法。在校内，依靠任课老师和同学督促、提醒；在校外，我依靠电话和家长一起帮助小宇解决困难。为此，我特意准备了一本记录本，每天先由小宇如实记录下自己上课的情况、写作业的情况，并对照自己近期目标小结一句话，确定自己是否有进步，而且无论进步还是退步都要找出原因。而我则每天给他写下评语和建议。对他所取得的点滴进步，我都会给他奖励红旗，如连续三天得不到红旗，就必须划掉一面红旗，如本子上红旗满了五面，就可以在评选干部的红旗榜上插上一面红旗，参加一月一次的干部评选。本子上的红旗在一面面地增多，就意味着小宇的学习动力在一点点增强。

4. 展示特长，巩固进步成果。

我利用午会课时间，与小宇商量，搞一次专题，让他将自己的特长——掌握的军事知识、兵器知识和军事家的故事，在午会课上做一次展示，这下，他劲头特别足。经过他的充分准备，这次展示活动非常成功，同学们的掌声让小宇觉得自己犹如将军般自豪。事后我抓住机会提醒他："小宇，同学们可不喜欢逃兵，你可一定要成为受人尊敬的小将军啊！"此刻的小宇，信心十足，拍着胸脯说："老师，我可不愿当逃兵，你等着，我一定会成为一个真正的将军！"

周老师发现了孩子的闪光点，找到了辅导的切入点。具体措施上外部动机激励和内部动机相结合，运用行为契约提高其自控能力，运用特长展示提高其自我效能感，知识迁移培养其学习兴趣，使得小宇发生了很大的变化。

现在的小宇性格开朗，乐意交朋友，主动参与小队活动，并出谋划策，发挥自己的特长为同学服务。这不，当他得知第三小队的十分钟队会在准备中遇到困难，立即自告奋勇充当外援，并负责策划节目、节目的排演和道具的制作，真正将自己的潜能充分发挥出来了。小宇再也不是一个不受欢迎的"逃兵"了，而是一位充满自信的"小将军"。

第 5 节
学习困难辅导

辅导学习困难学生是教育中的难题，也是教育的永恒主题。因为学生的心理发展不平衡，所处的环境因素（家庭环境、学校课堂环境）各不相同，学习经历不同，这种种原因使得班级里总会有一小部分孩子学习困难、学业成绩落后。怎么让这些孩子摆脱学习困难，走出学习落后的困境？这是家长和老师急待期望的。

为什么他的学习成绩那么差

小明上五年级，成绩排在班内倒数几名。他记不住汉字，读书特别慢，阅读理解存在问题。因为认字有困难，数学也学不好，应用题的解答是个大问题。小明是个要强的孩子，学习特别认真，而每次考试让他失望透顶。他问妈妈："为什么我那么勤奋，依然学不好？"妈妈很心疼，也很无奈，她想：是不是小明太笨了？于是带小明检测了智商。意外的是，小明的智商高于正常孩子的平均水平，这说明小明一点都不笨。那么，为什么小明的学习成绩那么差？ [1]

什么是学习障碍

像小明这样学习落后的孩子，不是动机因素造成的，那么是什么原因造成的呢？这里我们引入一个学习障碍的概念。学习障碍是指这样一个异质群体，这些人在获取和利用聆听、说话、阅读、书写、推理和数学能力方面，表现出显著的困难，这些异常起因于个人内在因素，一般认为是中枢神经系统功能失调。虽然某种学习障碍也可能伴随其他障碍（如，知觉损伤、智能不足、社会和情绪困扰），但学习障碍并非由这些因素造成的。可见，小明学

---

[1] 刘电芝，等.儿童心理十万个为什么［M］.北京：科学出版社，2018：356.

习中认字困难、阅读困难等，就是学习障碍的表现。对学习障碍定义的几点说明：

1. 学习困难的表现症状，侧重于心理过程的异常。具体包括学业性障碍（如阅读、书写、拼字、计算等）和发展性障碍（如注意、记忆、推理和视动协调等）。上述学习障碍的定义比较具体，便于诊断分析。但对鉴别的要求较高，需要相应的鉴别各种障碍的工具。

2. 学习困难的原因，强调个体内部因素，特别是神经生理方面的（主要指中枢神经系统功能失调）。上述两个定义都侧重于从病因学的角度，寻求对学习困难现象在神经病学方面的解释。也就是说，是由于神经生理的问题影响脑的功能，造成学习障碍。但迄今为止，中枢神经系统功能障碍说，尚未得到有力的证据支持。针对这类不足，盖尔斯（Goles，1987）提出了"相互作用理论"，认为学习困难的原因是个体与其所处的社会环境相互作用的结果，包括建构知识、态度、价值和动机取向。在学校和家庭都有这种相互作用发展。有的学者认为，相互作用论用来解释一般的学习问题比特殊的学习困难更有效，它更适用于低成就学生，而不是儿童。

3. 在各种学习障碍的定义中，都竭力把学习障碍与学业不良加以区分。因为造成学业不良的，有可能是学习障碍引起的，也有可能是学生动机和态度的问题。我认为这两者是包含关系，学业不良概念中可以包含学习障碍概念。本节主要讨论由学习障碍引起的学习困难。

学习困难儿童心理特点与评估

（一）儿童学习困难的特点

学习困难按照不同的学科领域可以分为阅读困难、写作困难和数学困难等。从学习困难研究领域的发展来看，越来越关注学科领域学习困难研究和干预，这使研究和干预更加精细化、有针对性。以阅读和数学为例：

1. 阅读困难。

国外拼音文字阅读障碍的临床特点为：学生没有智力发展迟滞，但到了应学会阅读的年龄（学龄）不会阅读，主要是认读、拼读准确性差和／或理解困难，表现为字母、单词分辨、读音准确性差，再认困难、拼读、拼写错误、朗读不流畅，常常出现省略、停顿、歪曲、添加或替代，不能默读，读完后不能理解、回忆所读内容。短语、音节划分不准确，阅读速度慢、重读同一行或跳行等。

汉语儿童阅读技能障碍的临床表现形式大致相似，但因单音节象形文字特点而有所不同，主要为汉字形－音、形－义解码识别的准确性、速度障碍和／或词句阅读理解困难，此外，凡是需要阅读技能参与的日常生活和作业均明显受累。①

2. 数学学习困难。

（1）视觉—空间能力不足。其语文智商高于操作智商，有适当的数的观念和数学的基本知识。其数学上的错误是数目字书写不清楚，算术排列组合不正确，去除法计算时不会使用"零"错位，数目序列颠倒写（如 38 写成 83），省略小数点等符号（由于注意力不足），计算方式错误（该用乘法的用加法），无法自发地核对与审查自己的计算过程和答案，有些有视觉活动的困难，而难以在墙上挂图或挂时钟，写字方向有问题等。

（2）数学逻辑能力不足。这类儿童非语文概念和内在语言不足，虽然他们的计算结果往往正确，但其计算能力是机械式的，他们不知道要采用何种方法计算，要从哪里开始算起。他们对时间、金钱和测量的理解不足，由于他们难以理解算术的基本概念和运算方法，因此，计算机对他们并无多大帮助。他们的推理能力欠佳，必须依靠应用题中的提示字句来解题，没有提示字句就不会做应用题。

（3）数学概念不足。他们因语文理解问题而形成数学障碍，他们很难了解符号和数学术语（例如，百分比、小数、分数等），不会做算术应用题，特别是应用题的文句中没有提示及字句时。

（4）成绩不足。这类学生的语言智商和非语言智商之间并无显著差距，不

---

① 杨志伟. 儿童学习障碍的临床诊断与评估［J］. 中国临床心理学杂志，1999（3）.

过测验成绩偏低。其数学错误包括计算结果与过程的错误，九九乘法表学习困难，阅读障碍，并有实际生活上的数学问题，计算如找零钱、开支票、计算小费等。[①]

（二）学习困难儿童的鉴别

学习困难学生的鉴别，可以参照三条标准：

1. 智力标准。这个标准主要是为了排除弱智和低能儿童。美国学习障碍儿童的鉴别标准一般将智商的下限定在 90—95，智商低于这一范围的不属于学习障碍儿童，而要划入专门的弱智教育。这个标准似乎太高，我们确定的智商的下限大约在 70—75。

2. 学业不良标准。这是一个相当有弹性的标准，争论颇多。我们则采用绝对学业不良与相对学业不良相结合的方法确定学习困难学生，即以代表性较好的样本的学科统测平均分为参照标准。学科统测是根据教学大纲命题的绝对评价，而以低于平均分 25 个百分等级为划分学习困难学生的标准是相对评价。两者结合也是一种确定学业不良标准的方法。这里要注意学科测试的内容效度和样本的代表性，如果这两点或者其中的一点得不到保证，划分的结果就可能不可靠。

3. 学习过程表现异常。学习过程是学生知觉、接收信息、加工信息、利用信息解决问题的认知过程。学习困难学生在这一过程中往往会在某些方面明显地表现出偏离常态的行为。

学习困难儿童辅导策略

（一）学习策略训练

学习困难儿童学习策略方面的干预主要集中在自我管理训练、基于 PASS（Plan Attention Simultaneous Succesive）理论的学习策略训练和合作性问题－解决团队训练。

---

① 杨坤堂，等 . 学习障碍儿童［M］. 台北：五南出版公司，1995：358-363.

自我管理训练，是指主动的学习者在对影响学习的各种因素及其关系的认识基础上（亦即在元认知的基础上），对学习活动进行调节和控制，以便达到一定学习目标的过程。瑟洛认为，学习策略有两种基本成分：一种是基本策略，即学习者对学习内容的领会和记忆策略；另一种是辅助性策略，即学习者为了维持学习活动的正常进行，而采用的诸如学习计划与安排、学习过程的自我监控等策略。在一般情况下，大多数学习困难儿童具备基本学习策略，而缺乏辅助性学习策略，他们在学习过程中往往不会制订计划，自我管理能力欠缺。研究表明，学习困难儿童的潜能与实际表现之间的差距，主要是他们不会使用有效的学习策略，如果提高其学习策略使用水平，培养他们的自我管理能力、认知策略，其学习状况是能够改变的。

基于 PASS 理论的学习策略。PASS 理论认为，计划、注意、同时性加工和继时性加工是认知过程的 4 个环节。注意是同时性加工和继时性加工的定向与维持，同时性加工和继时性加工是信息编码的执行过程，计划对认知过程起着监控、评价与调节的作用。这 4 个环节既相互独立又相互联系，在人的智力活动中共同发挥作用。纳格里尔瑞等人的研究发现，PASS 的每一个过程与数学或其他学科的成绩密切相关。其他许多研究也表明，儿童的 PASS 构建过程与特定干预方法的有效性有关，如纳格里尔瑞等发现，学生都不同程度地受益于基于 PASS 理论的干预方法，如果干预方法符合学习困难儿童的认知特点，干预效果会更好。克罗斯伯格等还运用基于 PASS 理论的干预方法研究 PASS 过程同数学学习成绩之间的关系，结果发现，数学学习困难学生在计划方面有欠缺，如果对该类儿童进行特殊的干预，将会取得较好的效果。但是克罗斯伯格等的研究结果并没有证明以往研究的结论，他的解释是，该研究没有像以往研究那样更注重计划过程的干预。克罗斯伯格的这个解释如成立则表明，运用 PASS 理论对学习困难儿童的认知过程进行特殊干预会促进儿童的学习。但是，这种解释是否合理还需要实证研究的支持。

合作性问题－解决团队训练。约瑟夫指出，合作性问题－解决团队训练可以有效地解决儿童的学习困难，提高他们的学习成绩。合作性问题－解决团队训练主要是采用合作性的、集体讨论式的干预方法，讨论可能的解决方案，以帮助学习困难儿童解决学习方面的问题。合作性问题 – 解决团队训练至少包含两个学生，每个成员必须是自愿参加，在整个讨论过程中，每个成员要积极合作，参与讨论。他认为，合作性问题 – 解决团队训练实施过程包括9个步骤：设定目标、分析任务要求、集体讨论、选择策略、设计数据收集方法、实施策略、监控过程、评价结果、修改策略。

我的研究生程凤霞（2012）对小学四年级数学学习困难儿童进行学习策略训练，对于这些孩子应用题解题能力提高有促进作用。具体操作如下[①]：

1. 利用启发式自我提问单作为学生训练材料。

2. 通过教师示范，可以提高学生自我监控能力。教师示范是由教师采用"出声思维"的方式用语言描绘自己自我监控的思维过程，将内在的、难以被学生观察到的解题过程具体化、外显化、模式化的过程。

3. 学生拿到自我提问单后也采用"出声思维"的方法进行练习（见图4-3）。

> 这道题求的是什么？
> 题目上给出了哪些条件？
> 已知条件是什么？
> 未知条件是什么？
> 画一个线段图表示题意？
> 我第一步做什么，接下来怎么做？
> 结果正确吗？将结果代入应用题，检验。
> 如果结果错了，则要明确：哪里没有弄懂？错在哪儿？原因是什么？

图 4-3 自我监控训练 – 自我提问单

（二）课堂教学策略

这是教师运用多种多样的教学方法，满足学习困难学生独特的学习需要的一种课堂教学策略。兰姆等认为，策略教学法的运用要基于三个原则：

---

① 程凤霞. 小学数困生应用题问题解决策略及干预研究［D］. 上海：上海师范大学，2012.

1. 给予儿童练习具体策略的机会。

2. 在练习过程中，应给予明确的指导。

3. 教师要把练习结果反馈给儿童。

根据这三个原则，他们对学习困难学生进行 12 周的适应新情境的策略训练，结果表明学生的适应策略、阅读能力和智商有了明显的提高。佟月华也提出了相类似的原则，她认为，运用策略教学可以帮助学习困难学生学会如何学习，具体步骤为：

1. 由教师根据学生需要选择相应的学习策略。

2. 教师对学习困难学生进行简短集中的课程传授并向学生讲解有关的策略步骤。

3. 让学生练习使用。

4. 回到正常学习中学习并运用这些策略。

策略教学要进行如下的内容：知识的内在逻辑、日常测验、重复练习、有计划的复习、任务的分解和综合、指导性提问和回答问题、任务难度的控制、现代科技的使用、教师示范解决问题的过程和方法、小组教学、提醒学生使用策略等。

（三）认知 - 行为训练

认知 - 行为训练是人们在安全环境下表达想法和感情的重要技术。认知 - 行为训练对于改善学习困难儿童的不良行为起着重要的作用。王岚运用心理指导技术，借鉴认知 - 行为训练的干预模式，编制了《学生学习指导手册》，以计划、执行、检查、补救、总结和反馈为训练内容指导学生改进学习方法，也取得了一定的教育效果。

陈学锋等也提出了一种建立在现代认知理论基础上综合性学习困难儿童干预训练方法，训练内容包括认知能力训练、运动能力训练和个人与社会能力训练，训练步骤分为小集体训练、编教案、实施训练、评价与反馈 4 个方面。结果发现，干预效果是令人满意的，而且家长的教育观念也随着孩子的训练发生了积极的变化。

认知 – 行为训练要制定个别干预方案进行干预。具体制订时班主任应该与学生及家长共同协商，形成契约性计划。

干预方案的目标要有适切性和可操作性。例如，某阅读困难学生经评估发现其上课精神不振作，思维懒惰，依赖性强。于是班主任制定了以下目标：（1）上课思想集中，专心听课，每堂课都能发言。（2）阅读课文要认识生词，读通文章，朗读顺畅。（3）独立完成作业，不抄袭别人作业，作业整洁，书写端正，不写错别字等。

干预措施要有针对性。根据学生具体学科困难和心理问题制定相应的辅导措施。例如，某数学学习困难学生经评估发现其数学推理能力较差，知识障碍是因式分解和应用题，并且有害怕数学学习的情绪。针对这位学生的干预措施是：（1）班主任找他个别谈话，增强其信心。（2）复习初一下学期因式分解课程（四周）。（3）复习初一下学期应用题解法（六周）。（4）鼓励其上课发言。（5）将每次成绩书面通知家长。[①]

（四）综合干预

史慧静等对学习困难学生开展了一系列学校、家庭内的心理健康教育和心理辅导，经过两个月的干预后发现，干预组较对照组儿童的行为问题减少，学习成绩提高，家长的教育方式改变，逐渐向情感温暖理解型过渡。

苏萍等对 30 名 7—10 岁的学习困难儿童进行个体化教育，内容包括感觉统合、精细运动、生活技能、认知能力训练和行为、游戏、音乐疗法、父母教育等，为期 15 年，结果表明，学习困难儿童在感觉统合和学习成绩方面基本达到正常儿童水平。

陈美娣等运用教育干预、家庭干预、学校干预和心理辅导综合干预，综合干预 1 年后，干预组语文和数学学习成绩及智商均有明显提高，与对照组比较

---

① 吴增强. 班主任心理辅导实务（小学版）［M］. 上海：华东师范大学出版社，2010：117–118.

有显著差异。

林桂秀等运用认知训练、行为干预和感觉统合训练相结合的方法，对6—12岁的31例学习困难儿童连续干预1年。干预后，儿童的推理能力得分、视觉–动作统合能力得分显著高于干预前，视觉注意力数字划消测验错误率明显降低，听觉注意广度和记忆也显著提高；Conners量表多动症总分在干预后的3个月和6个月及1年均有不同程度的下降，与干预前比较差异显著；学习成绩明显提高达87%。由此认为，运用认知训练、行为干预和感觉统合训练来综合干预儿童的学习困难，其针对性可以改善学习困难儿童认知、心理、情绪等多方面的症状，使视功能、听功能和大脑功能均得到刺激和提高。[1]

（五）学习动机激发

学习障碍儿童因学业屡屡受挫，常常会产生自卑心理和习得性无助。他们的学习动机激发可以参照自卑型厌学的辅导策略，即以提高其自我效能感和克服习得性无助为重点（详见本章第4节）。

本章结语

学习是小学阶段儿童的主要任务。但是不少家长对孩子的学习求成心切，在"孩子不能输在起跑线上""分数第一"思想的影响下，忽视孩子认知发展的规律，忽视孩子学习能力的培养，一味地要求孩子刷题，一味地去报各种补习班，结果使得孩子对学习兴趣全无，学习动机低下，并引发了孩子的行为和心理问题。从表面上看都是孩子的问题，实际上是我们所处的教育生态环境出了问题。这个大的社会环境的改善需要大家来关心，大家来破解。我们可以从儿童心理辅导的视角，帮助教师和家长走出功利主义教育的泥潭：要认识儿童

---

① 冯彩玲，等.学习困难儿童的干预［J］.中国组织工程研究与临床康复，2007（11）.

认知发展的规律与特点，重视儿童学习动机的激发和学习兴趣的培养。我们要认识到孩子的学习是长跑，分数不等于能力，培养孩子可持续学习的能力是更为重要的目标。

因此，为了帮助孩子更好地学习，对于低年级孩子要加强小学入学适应辅导，学习习惯的培养应该贯穿于整个小学阶段。当然，厌学心理辅导、学习困难辅导也是儿童学习心理辅导的主要议题。

适应行为辅导

在班级里总有些孩子调皮捣蛋、课堂上注意力不集中、扰乱课堂纪律、攻击同伴，或者迷恋网络游戏无心学习等，令老师和家长费尽心思，苦恼不堪。这些孩子的问题行为不仅影响自己的健康成长，而且也成了家长和班主任的心病。以往老师往往会给这些孩子扣上"差生"或者"双差生"的帽子，除了批评教育，别无他法。其实，行为问题是儿童发展中的一种障碍，可以通过心理辅导加以解决。

本章讨论以下问题：

注意缺陷多动障碍辅导；

攻击性行为辅导；

强迫行为倾向辅导；

网络游戏沉迷辅导。

第 *1* 节
注意缺陷多动障碍辅导

注意缺陷多动障碍（Attention-deficit-hyperactivity-disorder，缩写为ADHD）是儿童常见的一种发展性障碍，也是困扰家长和教师的难题。国内外大量研究发现，一般儿童注意缺陷多动障碍的发生率在 3% 到 5% 左右。由于许多家长和老师缺乏有关方面的常识，常把儿童的"多动行为"与"多动症"混为一谈，以致许多在课堂上不安静的孩子被老师扣上了"多动症"的帽子。2007 年上海儿童医学中心对当年来该院就诊的儿童做了统计，发现只有 30% 的儿童被诊断为注意缺陷多动障碍。可见，对于许多家长和教师来说，这方面的确是盲区。

一刻不停的"小马达"

这是一堂精彩的语文公开课，老师讲课绘声绘色，课堂内，同学们都在聚精会神地思考、积极地发言，而我们的小马竟然在众目睽睽之下旁若无人地津津有味地做着他自己的事：一会儿翻翻铅笔盒，一会儿拿出橡皮在桌上滚来滚去，一会儿甚至有滋有味地啃起了桌角……着实让听课的老师惊讶不已。

的确，在大家的眼里，他实在是太调皮了，这不，做作业时，一边在本子上快速地书写，一边在不停地玩着橡皮，双脚也不闲着，晃来晃去；走廊里同学们正在排队，他东挤挤，西拽拽，有个同学摔倒了，他还坐在其身上嬉笑；在家里吃饭也不安分，用筷子敲敲碗、划划桌子，还在房间里逛来逛去。总之，他像个"小马达"似的，一刻不停地动。

面对"小马达"的异常表现，妈妈一度以为这是智力发展滞后造成的。于是，妈妈带着"小马达"到医院就诊。可是，经新华医院医生测试，他的智商属于中上水平，接受水平和理解水平都不错，基本上能做到"一点就通"。

说来也怪，"小马达"虽然上课时注意力总是不集中，也未好好地听一节课，但每次小测验都能得到50~60分，即便到了期终，他在老师、家长的点拨下，也能顺利过关，分数在70~85之间。[①]

什么叫注意缺陷多动障碍

注意缺陷多动障碍是指儿童智能正常，但主要表现为与年龄不相称的注意力分散、不分场合的过度活动、情绪冲动的一组症候群。注意缺陷多动障碍也有不少界定，比较公认的是巴克雷（Barkley，1990）的定义：注意缺陷多动障碍是一种发展性的异常，主要特征为发展性的、不恰当的不专注、多动和冲动。这通常出现于童年早期阶段，是慢性长期的，这个问题并不是由于神经生理、感官、语言、动作障碍、智能障碍或是严重情绪困扰直接造成的，而这些症状多会造成遵守规则行为或维持固定表现上的相关困难。

此外，巴克雷针对 ADHD 的症状提出了五项区分性特征：

1. 不专注。不能专心或存在多种注意力问题，例如警觉（alertness）、选择性注意（selectivity）、持续性注意（sustained attention）、分心（distractibity）、注意广度（span of apprehension）等。巴克雷的研究结果发现，ADHD 儿童的注意力问题多出现在对刺激的警觉性，以及注意力的维持；但在分心的程度上与一般儿童异常不显著。巴克雷认为 ADHD 儿童的不专注问题到底是因为容易分心，还是因为被高吸引力的刺激吸引之后难以规范自己的行为，尚有待探讨。注意力问题可能出现在课堂学习情境，也会出现在下课或自由活动的情境中。

2. 行为抑制困难或冲动。文献中对冲动也有多种提法，包括快速对情境做出不正确的反应，例如冲动做出错误的答案；无法延迟对需求的满足，例如想

---

① 本案例由陈德隽老师撰写。

要什么就马上去拿；无法遵守规范或指示，或者无法在社会要求的情境中控制自己的行为，例如不能轮流游戏。

3. 多动。ADHD 儿童最容易被发现的症状是多动，其活动过多的表现除了动作之外，也包括说话，无法安静，动个不停，而且他们的活动通常与当时情境无关，活动过多的表现除了白天如此，通常晚上睡眠也是如此。因此，有人形容 ADHD 儿童像一个小马达似的动个不停。

4. 适应行为习得缺陷。一般儿童可以通过习得的良好行为来规范自己的行为，而 ADHD 儿童则不然。他们常常表现出无视规则的存在，出现反抗或不守规则或不受先前惩罚经验的教训的症状，缺乏秩序感和责任感。巴克雷认为这可能与行为抑制困难有关。可是也有学者认为这不属于 ADHD 儿童的主要症状，而可能是不专心所致。

5. 成就表现不稳定。ADHD 儿童难以经由先前习得的经验来规范自己，以保持稳定的表现，或者是因为冲动或不专注。ADHD 儿童在成就表现上极不稳定，在功课、作业和考试上常常如此，因此容易被认为是偷懒。[①]

注意缺陷多动障碍诊断标准与分型

注意缺陷多动障碍是美国精神病学会编制的《精神障碍诊断和统计手册》第四版（DSM–Ⅳ）中的诊断名词，在世界卫生组织颁布的《国际疾病分类》第十版（ICD–10）中被称为"多动性障碍"，而在我国制定的《中国精神疾病分类方案与诊断标准》第三版（CCMD–3）中则被称为"儿童多动症"。虽然称谓不尽相同，但它们的诊断标准基本一致。

现介绍 DSM–Ⅳ 有关注意缺陷多动障碍的诊断标准：

A.（1）或（2）。

（1）下述注意缺陷症状中至少有 6 项，至少已持续 6 个月，达到适应不良的程度，并与发育水平不相称。

---

① 洪俪瑜.ADHD 学生的教育与辅导［M］.台北：心理出版社，1993：53–55.

注意缺陷：

（a）在功课、工作或其他活动中，常常不能密切注意细节或常常发生粗心大意所致的错误。

（b）在作业或游戏活动中，常常难以保持注意力。

（c）别人与他说话时，常常似乎不留心听。

（d）常常不能听从指导去完成功课、家务或工作任务（不是由于违抗行为和对指导不理解）。

（e）常常难以安排好作业或活动。

（f）常常回避、讨厌或勉强参加那些要求保持精神集中的作业（如家庭作业）。

（g）常常遗失作业或活动所需的物品（例如，玩具、作业本、铅笔、书本或工具）。

（h）常常因外界刺激而分散注意力。

（i）常常在日常活动中忘记事情。

（2）下述多动－冲动症状中至少有 6 项，至少已持续 6 个月，达到适应不良的程度，并与发育水平不相称。

多动：

（a）常常手或脚动个不停，或在座位上不停扭动。

（b）在教室内或在其他应该坐好的场合，常常离开座位。

（c）在不恰当的场合常常过多地走来走去或爬上爬下（少年或成人可能只有坐立不安的主观感受）。

（d）常常难以安静地游戏或参加业余活动。

（e）常常不停地活动，好像"受发动机驱动"。

（f）常常讲话过多。

冲动：

（g）他人的问话还未完结便急着回答。

（h）对需要轮换的事情常常不耐烦等待。

（i）常常打断或闯入他人的谈话或游戏。

B. 有些造成损害的多动—冲动或注意缺陷症状是在 7 岁前出现。

C. 有些由症状所致的损害至少在两种环境〔例如，学校（或工作处）和家里〕出现。

D. 在社交、学业或职业功能上具有临床意义损害的明显证据。

E. 症状不仅出现在全面发育障碍、精神分裂症或其他精神病性障碍的病程中，亦不能用其他精神障碍（例如，心境障碍、焦虑障碍、分离障碍或人格障碍）来解释。

根据 DSM–Ⅳ，注意缺陷多动障碍可分为三种亚型：

1.ADHD 组合型：在过去 6 个月符合 A（1）和 A（2）两项诊断标准。在临床上表现为注意力不集中，容易分心，丢三落四，做事不专心，小动作多，有时甚至像马达一样动个不停，常引起人们的抱怨与不愉快。

2.注意缺陷型：在过去 6 个月符合 A（1）项标准，但不符合 A（2）项标准。在临床上是以注意缺陷为主要症状。

3.多动—冲动型：在过去 6 个月符合 A（2）项标准，但不符合 A（1）项标准。在临床上主要表现为活动过多，或合并有冲动性。

注意缺陷多动障碍成因分析

儿童注意缺陷多动障碍形成原因有生物学因素、心理社会因素等。

（一）生物学因素

1. 遗传因素。注意缺陷多动障碍肯定的遗传方式到目前为止还不清楚，多数认为它是多基因多阈值的遗传方式。临床学家研究发现在多动症家族成员中，患多动症的比例较其他家族成员明显增多，多动症儿童父母、同胞中患多动症的可能性达 40% 左右，而且，男性成员中患酗酒、反社会人格的比较多，女性成员中癔症比较多，可见，注意缺陷多动障碍的发生多是家族性的。亲属精神病理问题多表现为多动症、品行障碍、物质滥用、抑郁症等问题。患儿同胞的同病率为 65%，正常儿童同胞的同病率仅为 9%。比德曼（Biedeman）

等在一项对 100 名男性患儿的 4 年追踪研究表明，病症持续到青春期的患儿的亲属患有注意缺陷多动障碍的比率要显著高于那些病症随着年龄增长而消退的孩子的亲属。法拉恩（Faraone）等人的研究显示，对注意缺陷多动障碍病症持续期长的患者来说，其父母是注意缺陷多动障碍的概率是对照组的 20 倍，兄弟姐妹为注意缺陷多动障碍的概率是对照组的 17 倍。

2. 神经递质系统。体内的去甲肾上腺素、多巴胺和 5– 羟色胺三种神经递质在注意缺陷多动障碍的发生中起了重要作用。格雷（Gray）认为，个体存在行为促进系统（BFS）和行为抑制系统（BIS）。BFS 是促进外向行为，性行为和攻击行为以主动适应环境，其生化基础位为中脑多巴胺系统。BIS 功能是"比较"现实环境和所期望的行为，"抑制"行为促进系统的不适当行为，由中隔海马系统中的去甲肾上腺素和 5– 羟色胺共同完成。一般来说，BFS / BIS 影响某一时点的行为。强 BIS 儿童表现为注意力持久和对环境的良好辨别能力；反之，BFS 相对较强时，则注意力难以保持，外化行为较多，临床上类似多动症的表现。可见，去甲肾上腺素和血清素的体内浓度或功能减少、多巴胺的浓度或功能增强是多动症的基本生化改变。

生物学因素还有大脑执行功能系统、遗传基因等，这些领域都是 ADHD 基础研究的前沿课题。

（二）心理社会因素

多种生理环境因素与社会心理环境因素会影响身体机能，使注意缺陷多动障碍病况深化发展。

1. 生理环境因素。怀孕、生产过程的损伤，惊厥、母亲的不良精神状态、胎儿的晚熟、妊娠年龄、药物使用、难产等都会影响 ADHD 的发生发展。

2. 社会心理因素。社会心理因素在多动症的发病中多数起到诱发作用。实际上，很多家庭和社会因素可能不是多动症的直接原因，单独存在不一定会造成多动症，但一经出现对多动症的患儿有重要意义。常见的社会心理因素包括以下两个。

（1）家庭因素：做父母的经验有限、家庭内暴力、对子女的性虐待、躯体虐待和心理虐待、家庭经济困难、住房拥挤、忽视孩子的物质和心理需求、缺乏父母照顾、家庭气氛紧张、家庭环境差、分居或离异家庭、父母死亡、居无定所、在一些关键问题上父母观点不一致或者存在严重冲突、对孩子的成功抱有较高的期望、给予较大的压力、教育方法不当。

（2）学校因素。学习压力过重、过分强调分数而忽视心理健康、老师教育方法不当。

（三）其他可能因素

一些环境、营养等因素被认为是注意缺陷多动障碍可能的病因，但目前因缺乏相应的对照研究而未能发现它们与注意缺陷多动障碍的因果关系。

1. 铅：铅来自汽车废气等环境污染以及含铅高的玩具等，铅对儿童脑细胞尤为敏感，对发育中的脑细胞膜结构和功能损伤明显，轻度中毒患儿表现为注意力不集中、不安宁、记忆力下降等症状，重度中毒可导致脑病，甚至死亡。但是并未发现铅与多动症的明显关系。

2. 食用糖：20世纪80年代中期，在美国食用糖被认为是多动症的罪魁祸首，国立精神卫生研究所、爱荷华大学和肯塔基大学的研究者通过严格的研究，并未发现食用糖与儿童行为、注意力和学习问题之间存在任何关系。

3. 微量元素：微量元素如锌、铁、锰、铜等是儿童生长发育必不可少的营养物质，就每一种微量元素而言，缺乏未必就会导致多动症，况且只要能正常进食，微量元素一般不会缺乏。

4. 母孕期吸烟、喝酒：有研究发现，多动症患儿的母亲在怀孕期间吸烟、喝酒比正常儿童的母亲要厉害，长大后出现的行为问题也比较多，但是母孕期吸烟和喝酒究竟在多大程度上会造成多动症，仍然是一个不解之谜。

5. 冷光：20世纪70年代，曾有人认为冷光如荧光可以造成多动症，因为它可能产生轻微的放射线和辐射。经过研究，这种说法也是站不住脚的。

6. 食品添加剂：曾一度认为食品添加剂如食用色素、香料、防腐剂甚至某些饮料如可口可乐、冰淇凌是导致多动症的原因，目前未能发现它们与多动症之间的因果关系。[①]

儿童注意缺陷多动障碍辅导策略

对儿童注意缺陷多动障碍的干预有许多方法，一般有药物干预和心理社会干预。医院主要采取药物干预，而学校和家庭主要采用心理社会干预。心理社会干预包括：认知行为干预、父母训练、感觉统合训练等。这里主要介绍认知行为干预和父母训练。

（一）认知行为干预

首先，确定认知行为干预的目标。

辅导老师在详细收集有注意缺陷多动障碍的儿童（以下称"案主"）的各种资料以后，把握其资料的真实性，以抽丝剥茧的方式找出问题的根源，明了案主身心发展的历程，排除偏见，真心诚意地协助案主改变注意缺陷多动行为，在此基础上制定的个案辅导方案才有实际操作的可能性。

老师与案主共同商定目标，目的是：（1）让其认识到自己行为转变的可能性，这样案主就增强了信心，行动就有了方向，就会不断地向目标接近，不断地改变自己，从而最终实现商定的辅导目标。（2）使辅导老师与案主形成紧密的辅导同盟，为实现目标一起努力。（3）作为评估辅导效果的主要尺度。

认知行为干预的目标包括三个层次，即长远目标、中间目标和直接目标。长远目标是消除孩子的不良行为，帮助其发展良好的行为；中间目标是掌握行为情绪控制的基本技能技巧；直接目标是减少其不良行为的发生次数。辅导老师与案主主要商定的是一个个直接目标，而直接目标的可操作性、变化的可观察性、结果的可测量性，又能起到一种激励作用，从而使案主感受到一种成就，或观察到自己的进步，从而增强信心和勇气，并推动自己付出更大的努力，保持很好的合作态度。

其次，制定认知行为干预的内容。

---

① 吴增强.多动症儿童心理辅导［M］.上海：上海教育出版社，2006：21-26.

注意缺陷多动障碍的个案辅导内容包括两方面：（1）针对案主比较突出的不适当行为的重点突破。首先，与案主探讨自己有哪些不适当行为，根据轻重缓急排列顺序，确定首要纠正的目标行为；其次，辅导老师通过观察获得不适当行为的基准线；再次，与案主讨论分阶段的行为目标及奖惩方法。（2）通过运用各种教育手段和方法，鼓励学生获得成功，重新找回自信，建立新的生活学习的状况。以本节案例中对小马的辅导方案为例：

1. 不适当行为的重点突破。

（1）不适当行为：

①上课做小动作；②做作业速度慢；③丢三落四；④未经允许离开座位。

（2）目标顺序：

①上课做小动作；②未经允许离开座位；③做作业速度慢；④丢三落四。

（3）行为目标（表5-1）：

表5-1 行为矫正计划

项　　目		第一阶段	第二阶段	第三阶段	第四阶段
目标行为		上课做小动作 （语文课）	未经允许离开座位 的次数	做作业速度慢	丢三落四
预期行为		一周 10—15次	一周 12—16次	每日 1—1.5小时	一周 2—3次
行为基准线		一周22次	一周30次	每日4小时	一周6次
分阶段目标	第一周	19次	26次	3小时	5次
	第二周	17次	22次	2.5小时	4次
	第三周	15次	18次	2小时	4次
	第四周	12次	16次	1.5小时	2次

（4）辅导方式：

谈话、游戏、画图、劳技、角色扮演、运动、情景体验。

（5）奖励处罚标准：

奖励：糖果、饼干、巧克力、贴纸、饮料、冰激凌、玩玩具、看动画片、外出活动。

处罚：按行为的严重性程度取消奖励。

2.培养习惯，重获自信。

（1）降低要求。根据小马的特点，辅导老师降低对他的要求，只要求他的行为能控制在一个不过分的范围内，并能够保护自己的安全，做到不伤害其他同学。

（2）释放精力。由于小马非常喜欢打篮球，学校邀请他参加校篮球队，每天训练一小时，使他成为校篮球队的主力队员，代表学校参加比赛，成为同学们的"偶像"。

（3）集中注意力。当小马积极举手发言、认真思考、安静地看书时，辅导老师表扬、鼓励他，并给予他双倍的代币，以逐渐延长其集中注意力的时间。同时将小马的座位调整至中间的第二排，以便在上课时能随时得到老师的关心和指导。

（4）培养习惯。将学校的作息时间告诉小马，督促其自我管理，培养其有规律的生活习惯，同时在家中也要按时饮食起居，有充足的睡眠时间，辅导老师帮助他制订完成作业的计划，将作业排排队，想好先做什么，后做什么，又教给他学习的方法，及时复习重点、难点，有问题立即看书，使他体验到成功的快乐。

（5）建立自尊。辅导老师引导同学们对小马宽容一些，和他做朋友，一起游戏、学习，提高他在学生群体中的地位，使他找回自尊，消除紧张心理，帮助他提高自控能力。[①]

制定认知行为干预的注意要点如下：

1.契约合理，切合实际。在老师、家长、学生共同签订行为契约的时候，要

---

① 吴增强.多动症儿童心理辅导［M］.上海：上海教育出版社，2006：67–68.

理智地分析其目前的基本状况，合理确立行为目标，切莫像对待正常学生那样严格要求。只要求他们的多动行为能控制在一个不太过分的范围内，就可以了。

2. 及时反馈，结果明确。"契约"是双方都要遵守的合约，老师须定时、定点、按计划向学生及家长反馈情况，对学生的行为做确切的评价，让学生清楚下阶段的目标，这有助于学生强化规范行为，更有助于学生理解生活中"规则"的意义。

3. 有奖有罚，按事评价。这些学生中的大多数由于过去的某些行为使得周围的人对其有一定的看法，一旦发生意外，周围的人就会将过错指向这些学生，自卑的他们往往会"将错就错"，这样，我们的行为干预就前功尽弃。因此，无论学生发生什么事，老师、家长要仔细耐心地调查清楚，奖惩分明。

4. 安排岗位，转变形象。对于精力过剩的儿童要进行正面的引导，比如，课间活动过度的学生，可安排他们担任"行为规范督察员"，让多余的精力用在指导他人规范行为上，从而有意识地控制自己的行为，同时也能转变自己的形象。另外，组织他们多参加多种体育比赛，如跑步、打球、爬山、跳远等，发挥他们的长处，增强他们的自信心。

5. 维护自尊，培养自信。要有正确的态度关心爱护他们，只要有轻微的进步，都要给予表扬与鼓励，进行阳性强化，在班中维护他们应有的自尊。对于他们不正当的行为，应予以理解，消除他们存在的紧张心理，想方设法帮助他们提高自控能力，树立转变自身行为的自信。

6. 允许反复，鼓励成功。注意缺陷多动障碍儿童的某些行为并不是其故意所为，而是学生的自控能力差造成的，老师、家长要理解，允许他们有反复，对其正向行为予以及时的强化，鼓励他们体验成功。

（二）父母训练

国内外相关研究表明，父母训练是注意缺陷多动障碍儿童辅导的有效策略。具体操作如下：

1. 对家长进行心理健康知识教育。

其一，要让家长了解有关注意缺陷多动障碍的科学知识，对药物治疗有正确的认知，打破"病耻感"和对药物治疗的顾虑。其二，让家长了解儿童的注意缺陷多动障碍的形成是有一定过程的，故干预矫治辅导同样需要一个较复杂的过程和一定的时间。家长应该将整个家庭视为一个功能系统，而不仅仅是将焦点集中在儿童身上，通过家庭成员之间关系的互动，来改变体现在儿童身上的不适当的交流方式，从而达到解决问题之目的。

2. 和谐家庭环境营造。

营造良好的家庭氛围，消除家庭中导致多动症的不良刺激或精神紧张因素，协调家庭关系，缓和家庭气氛，防止因家庭因素使儿童心神不宁、焦虑紧张和兴奋。家长应当为孩子创造一个自由宽松的学习、生活环境，让孩子在家能适度放松。此外，安排时间与孩子融洽相处，培养孩子良好的健康习惯，与其商量并一起找出以往生活学习中不合理之处，再共同商榷改变原有的生活安排，制定更为合理的大家都能认同的作息制度。家长应通过有效的沟通告诉孩子一些有效的问题解决技巧及形成一些正确或理性的想法。

3. 参与适应行为训练。

家长帮助孩子建立一些良好行为，消除不良行为，要先矫正容易矫正的个别行为，再逐步深入到较难矫正的行为，然后再根据疗效巩固的情况，逐步增加需要矫正的行为，但每次增加的内容不可太多太复杂，以免造成分心，并注意及时肯定成绩，表扬鼓励，并给予一定奖赏，以利于强化。例如先培养孩子能静坐，集中注意力的习惯，可从听故事、看图书或看电视培养起，逐步延长时间，达到一定时间后，就逐步培养其一心不可二用的好习惯，如吃饭时不看书，到休息时间就不能再看电视，按时作息。

4. 合理科学的饮食调控。

研究发现，儿童注意缺陷多动障碍的发症与饮食等均有密切关系。这就为对此类儿童进行饮食治疗提供了科学依据。家长在儿童饮食方面可采用下列办法：（1）不吃含水杨酸盐类多的食物。（2）限用某些调味品。（3）不吃含酪氨酸食品，以保护儿童消化道的正常功能。（4）不使用含铅的食器，不让儿童吃可能受铅污染的食物和含铅量高的食物。（5）多食富含铁的食物。

多年来，我们与上海精神卫生中心儿少科合作，开展对儿童注意缺陷多动障碍的综合干预，这是将心理社会干预与药物干预相结合的系统干预方法。三轮的实验效果表明，综合干预比单一的药物干预更有效。但是必须指出，药物干预对于儿童注意缺陷多动障碍仍然是主要的治疗方法。[①]

第 2 节
攻击性行为辅导

儿童的攻击性行为是其社会交往中的一种不适应行为，它不仅影响孩子的身心健康成长，而且在一定程度上会影响学校教育教学工作的正常开展。近年来，校园欺凌事件有所增加，情况令人担忧。如何帮助有攻击性行为的儿童，是学校心理辅导工作的重要任务。

男孩攻击性的背后

小瑞是一年级下学期转进现在这个班级的。小瑞虽然个子很矮，但学习成绩一点都不差，甚至还经常名列前茅。然而，他却跟班里的同学相处得不好。起先他总是被欺负，几次受伤的都是他。后来，不知道从什么时候起，他变得强势起来，成了班级一霸，谁都不敢招惹他，几乎天天都有受他欺负的学生来办公室告状。

有一天小瑞又打架了，被班主任带到了心理辅导室，我看着一脸紧张不安的小瑞，怎么打消他的心理防御，让他信任我？我就想到绘画游戏。绘画游戏具有较低的心理防御机制特性，使得儿童得以借助绘画艺术作品，更安全、更容易地把言语无法表达的情感和潜藏的忧虑投射出来，帮助儿童从一些环境、社会和家庭所造成的情绪冲突中解脱出来。以下是小瑞的画（图5-1）：

---

① 吴增强，马珍珍，等.基于学校的儿童注意缺陷多动障碍综合干预［J］.心理科学，2011（4）.

图 5-1 小瑞的画

画的左边是房屋。房屋有 4 扇窗，表示他希望与外界交流。而其中一扇窗有窗帘，传递出他追求美感或有保留地让人接近的信息。屋顶上有"十字"，可能表示他内心有矛盾和冲突。粗壮的树干表明充满活力，浓密的树叶同样代表了生命力的旺盛，能量大。而三角形的树冠则代表有较强的攻击性。最吸引我眼球的是树上的鸟巢和小鸟。我问小瑞："为什么想到在树上画鸟巢？""小鸟饿了，在等待鸟妈妈回来喂食。后来看到把人吸引来了，就想躲到树枝后面。""画中的两个人是谁呢？""这是长大以后的我，我戴着领带要做老板，女的随便谁，也许是我妹妹。"

我从小瑞的图画中读懂的是：小瑞表面上看上去是一个攻击性强的"小刺猬"，事实上从内心来讲他还是很有依赖性的。或许他正是通过这种攻击来达到防御的目的，人物五官强调鼻子，缺失耳朵，代表了他的攻击性和很少倾听别人的意见，而潜意识里他又渴望与人交流相处。所以他内心有矛盾、有冲突。①

儿童攻击性行为的类型

攻击性行为是指伤害他人的身体行为或语言行为，且不为社会规范所许

---

① 本案例由陈嫣老师撰写。

可。关于攻击性行为的类型，学者有不同的分类。道奇和考依根据行为的起因把攻击划分为主动性攻击和反应性攻击。主动性攻击是指行为者在未受激惹的情况下主动发起的攻击行为，主要表现为物品的获取、欺负和控制同伴等；反应性攻击是指行为者在受到他人攻击或激惹之后所做出的攻击反应，主要表现为愤怒、发脾气或失去控制等。[①] 其实，上述案例中的小瑞的行为就是一种反应性攻击。既然是反应性攻击行为，其辅导策略就应该与主动性攻击有所不同。

儿童攻击性行为的理论解释

有关攻击性行为形成有许多理论解释，其中影响较大的有本能说、习性学说、挫折—攻击说、社会学习理论和社会认知模式理论等学说。

（一）本能说

弗洛伊德的精神分析学说认为，攻击源自人的本能。人有两大本能：生的本能与死的本能。死亡的本能对内有自我破坏倾向，生的本能与死的本能是对立的，人只要活着，死的本能的表现就会受到生的欲望的妨碍，从而对内的破坏力量转向了外部，以攻击的形式表现出来。儿童的攻击表现就源于儿童的破坏性本能。

（二）习性学说

洛伦茨的习性学说观点认为，攻击和争斗是一种本能，但不是像弗洛伊德所言的是指向毁灭，而是具有生物保护意义的本能体现。他相信，攻击是动物也是人类生活不可避免的组成部分，人类要想避免战争、冲突等，就需要多开展冒险性的体育活动，以耗散攻击本能。儿童的攻击也是源于人的一种自我生物保护本能。习性说指出了人类攻击性的生物遗留性质，提出了减少攻击的代偿法，有其合理性；但它试图用生物本能的观点解释人类包括战争在内的所有

---

① 詹方方. 儿童攻击性行为研究 [J]. 中国健康心理学杂志，2010（7）.

攻击行为，而忽视人类社会自身的规律，显然是错误的。

（三）挫折—攻击说

挫折—攻击理论认为，攻击是人体遭受挫折后所产生的行为反应。多拉德等人指出："攻击永远是挫折的一种后果"，"攻击行为的产生，总是以挫折的存在为条件的"。勒温著名的玩具实验表明，挫折组儿童比控制组儿童表现出更多的如摔、砸等破坏性损坏玩具的行为，即挫折引发了更多的破坏行为。生活实践也证明，儿童的攻击性行为通常都是在受到各种挫折后产生并加剧的，可见，挫折是造成儿童攻击行为的一个重要原因。

（四）社会学习理论

社会学习理论认为，攻击是通过观察和强化习得的，也可以通过新的学习过程予以消除，学习是攻击的主要决定因素。班杜拉的实验研究发现，攻击可以通过观察学习来获得，不仅直接的观察学习可以使儿童学习到攻击行为，而且通过大众媒介实现的间接学习，也可以使儿童接受到同样的影响。另外，攻击行为既可以习得，也可以通过新的学习过程改变或消除。社会学习理论这种攻击的学习观，为我们控制儿童的攻击性行为提供了一定的心理实验依据，具有重要的实践指导意义。

（五）社会认知模式理论

社会认知模式理论认为，攻击是因为攻击者对于社会信息的错误理解而引起的，对于攻击行为来说，个体对所面临的社会情境的认知过程是攻击行为产生的基础。道奇（Dodge）等人的研究指出，攻击性儿童倾向于注意并较容易回忆具有威胁性的信息，他们明显地倾向于将情境中不明晰或暧昧不清的信息当成具挑衅性意义的信息，甚至根本就误解了信息本身的意义。赫斯曼（Husman）的研究也指出，某些攻击性儿童可能已具有攻击的潜在知识结构，并且这种知识结构可能影响社会信息加工过程的每一阶段，曲解情境线索，造成偏差误解。显然，不能正确地解释社会线索增加了儿童最终采取攻击反应的概率。

儿童攻击性行为的危险性因素

影响儿童攻击性行为的内外因素有很多，综合国内外有关研究，主要概括为以下几个方面：

（一）生物学因素

首先，与大脑的协同功能有关。行为是大脑认知的直接结果，而大脑的功能又是认知活动的物质基础。张倩等关于攻击行为儿童大脑两半球的认知活动特点的研究表明，具有攻击行为的儿童与正常儿童比较，大脑两半球均衡性发展较低，显示左半球抗干扰能力较差，右半球完形认知能力较弱，这可能是儿童攻击行为的某些神经心理学基础。

其次，与情绪唤起水平有关。心理学家齐尔曼、罗杰斯等人的研究都证明，一般化非特异性的唤起水平的提高，会直接导致人们攻击性的增加。20世纪70年代后的大量研究发现，不仅总的情绪唤起水平直接影响到人们的攻击行为，特异性的唤起水平，如性唤起，也会增加人们的攻击性。

最后，与性激素有关。如男女之间攻击性行为的明显差异在很大程度上就是受到性激素水平的影响。

（二）社会环境因素

社会环境因素主要包括家庭、学校、同伴群体与大众传媒的影响。

家庭在儿童行为社会化的过程中起关键作用。国外研究表明，缺乏温暖的家庭、不良的家庭管教方式，以及对儿童缺乏明确的行为指导和活动监督，都可能造成儿童以后的高攻击性。我国王益文等的研究也发现，对男孩而言，母亲的情感支持行为减轻了男孩的社交退缩、违纪和攻击性行为；对女孩而言，母亲过分严厉的惩罚、发脾气、打孩子等极端不支持行为会导致女孩好动、攻击性强、固执粗暴等行为问题和心理障碍。

学校在儿童行为社会化的过程中起主导性作用。研究表明，不同的学校准则和学校风气也不同程度地影响着儿童的攻击性，如校园欺侮行为。在欺侮情境中，教师对欺侮的态度和行为，影响着欺侮行为的发生。

同伴群体也是影响儿童攻击性行为的重要因素。研究表明，群体的相互作用，可以导致人们攻击性的增加。同伴群体的感染作用、去个性化作用等，会导致儿童相互模仿、降低攻击他人产生的负罪感，从而直接增加儿童的攻击性。

大众传媒中的暴力传播，会增加公众尤其是儿童的攻击性。当今的一些影视作品等含有暴力情节，少年儿童模仿影视情节犯罪的报道更是时有耳闻。可见，传媒中的暴力渲染也是导致儿童攻击性增强的一个重要因素。

（三）个体因素

个体因素对儿童攻击性行为的影响更是不可忽视。主要有以下因素：

儿童的道德发展水平和自我控制水平。研究表明，道德水平越高，儿童也就越容易从他人利益的立场感受和思考问题，行为也就越趋近于正好与攻击相反的亲社会方向。自我控制也是直接与攻击行为相联系的个人品质因素，研究发现，当用特定的实验条件使个人的自我意识和控制水平下降时，攻击性行为就会明显增加。

儿童的人格特点的影响。研究表明，儿童较强的攻击倾向与某种人格结构的稳定性紧密相连。欺负者有某种程度的认同感和自信，脾气多急躁，易被激怒，与社会相悖的价值观，进而促成了特定的情绪特点和攻击性行为模式；受欺负者通常也具有自尊较低、缺乏自信、内向退缩、过敏性、情绪性等人格特点，因而常沦于被攻击、欺负的地位，而这又反过来促进了其消极人格的发展。

儿童的社交技能水平。研究发现，与受欢迎的同学相比，攻击性男孩对冲突性社会情境的解决办法较少；并且，他们解决社会性争端的办法往往比攻击性较低的男孩所提出的办法效果更差。陈世平的研究也发现，经常采用问题解决策略来处理人际冲突的儿童较少卷入欺负行为问题。

个体固有经验因素。社会学习理论认为，儿童遭受身体虐待和以后的攻击性行为发展之间存在一种逻辑的理论关系，即身体遭虐待的经历教会了儿童攻击性行为，并且使儿童把攻击性行为作为亲密关系的一种规范。事实也证明，儿童时期的大量受害经历与以后大量的攻击性和暴力问题有关。

儿童攻击性行为辅导策略

儿童攻击性行为的辅导可以从两方面进行：一是运用心理辅导方法与技术对儿童进行干预；二是在教育情境中，教师采取理性教育行为，预防儿童攻击性行为的诱发。以下着重介绍几种辅导策略。

（一）改变儿童的错误认知

这是近年来帮助有攻击性行为的儿童进行自我调节和冲动控制训练的一种方法，目的是矫正认知缺陷和认知扭曲。具体过程包括：（1）在行为之前停下来，平静下来，并且想一想；（2）说出问题所在，并且指出自己是怎样感受的；（3）设置积极的目标；（4）在结果之前想一想；（5）开始做，并试着制订计划，参与者有自我问题的训练，自我提示地寻找可供选择的解决方案，进行观点采择，并选择亲社会的解决方案，在方案执行中自我监控，对解决方案或原目标评价。在训练时可采用多种方式，如录像、现场模拟、说教、小组讨论和游戏等。本节案例中的小瑞的认知偏差在于：常常把盲目大胆视为"英雄"行为，把打架看作是"勇敢"的表现，因为之前被别人欺负，故错误地认为使用暴力对自己有利。陈老师通过与小瑞细心交谈，使其认识到这些想法的错误性，并且帮助小瑞用涂鸦的方法缓解自己在与同学冲突中的愤怒情绪。

（二）行为矫正

对儿童的攻击性行为进行辅导，常常要用到行为矫正技术。行为矫正就是运用强化技术，帮助儿童改正不适应行为，增加适应行为。以下是对一名五年级男孩小 Z 的攻击行为制订的行为矫正计划：

心理老师和班主任会同家长一起讨论行为矫正计划，明确行为矫治的目标行为和寻找矫治行为的最佳时机和契合点（即时表扬，减少批评，充分尊重，鼓励上进）。我们抓住一条原则：从自尊和尊重出发，满足小Z的"尊重的需要"。

其一，针对当事人对自己的认识，设立小本子，记录每天的优劣情况。设立小红花制，优点得小红花，缺点得黑×。（满10朵小红花，换小红旗，满5面小红旗给予奖励——视情况而定——有物质有鼓励，但有5个黑×要扣除一面旗。）

其二，每周与当事人交换意见，指出不足的情况，鼓励优点，并对当事人提出的要求给予分析，后协助其解决，并及时与班主任联系。

其三，每个月与当事人一起针对观察记录进行分析。从行为规范的角度给予指导，指导当事人反思和认识自己的错误观念。

其四，每两个月与家长保持联系，给予家庭教育的指导。

其五，生日时，送上礼物和贺卡，提出一些新的要求和希望。当事人初次获得阶段性的愉悦感受——一种内在的强化。

经过老师和家长的通力合作、耐心辅导，小Z有了明显变化：

（1）能做到有错能改（如说谎、骂人、打人等，指导其当场纠正，并给予规范训练）。（2）初步学会尊敬师长，尊重同学。自己能认识到：尊重别人，就是尊重自己。（3）任课教师一致认为小Z各方面有很大进步。（4）成绩趋于稳定。（5）去年10月队干部改选，被选上小队长。（6）与同学关系改善，对集体开始关心。班主任老师对他的评价："本学期，你有了很大的进步，不仅学习成绩稳定，而且也能与大家比较友好地相处，因此同学们都选你做小队长，这是同学对你的信任，更是对你的一种鞭策。"[1]

（三）父母训练

此训练方法的理论假设是儿童的父母责任角色不当，不能注意和培养儿童的适当行为，或者采取不当的教育方式，从而不知不觉地强化了儿童的不良行为。因此，治疗上直接训练父母在管理儿童时采用亲社会行为方式，也包括改

---

① 吴增强.班主任心理辅导实务（小学版）[M].上海：华东师范大学出版社，2010：132-139.

变父母与儿童之间异常的相互作用方式。用外显的积极行为示范为儿童的攻击性行为提供社会学习依据。治疗内容包括训练父母以适当的方法与儿童进行交流；采用正强化的措施奖励儿童的亲社会行为，必要时采用一些轻微的惩罚措施消退不良行为。本节案例中，小瑞的攻击性行为的发生还与父亲粗暴的教养方式有关。陈老师在家庭教育辅导方面做了如下工作：

第一，帮助小瑞监控有效注意时间，培养涂鸦的兴趣。

爸爸妈妈每天在晚饭后可以抽出一段时间和孩子一起涂鸦，讲讲涂鸦中的故事。因为小瑞是小学生了，我们最终认为随意或有目的的涂鸦既能让孩子集中注意力，发展孩子的想象力和创造力，而我们也能从涂鸦作品中解读孩子的内心世界。

第二，增进与孩子的交流，了解孩子的所思所想。

爸爸妈妈有空的时候多和孩子谈谈心，问问孩子在校的情况，看看孩子心里有些什么想法，也把家长自己的想法讲给孩子听听，甚至于家长也可以利用自己的涂鸦与孩子交流。

第三，多鼓励孩子，关心孩子。

对于孩子有时做得还不够好的地方，家长不要动怒，对孩子进行慢慢地引导，多说"你一定行的""我们相信你能行的""慢慢来好了，你可棒了"等激励性的话语。

第四，注意培养孩子的自信心。

在家中为孩子制作一张"成功卡"，把孩子经过自己的努力取得成功的事情及时地记录下来，让孩子知道自己其实很能干，而且完全能够靠自己改掉一些坏脾气。

（四）内观训练

内观疗法是日本流行的一种心理治疗（Naikan therapy，近年美国文献译作 Mindfulness），是由日本吉本伊信于1937年创立的。其内容是：借用佛教的坐禅方法，在静坐状态下，有目的、有指向地就已往的人际关系进行系统的自我回顾与反省，在治疗师的引导下，矫正人格及行为模式中的弱点，获得心理净化，达到治疗效果。开展内观治疗的内容，是对与自己有密切关系的人和事做三方面的情况回顾：人家为我做的；我为人家做的；给别人增加麻烦的。然后按年代顺序进行回忆，对自己能回想起来的具体事物（某人或某事），站在对方的立场上进行分析和观察，并作自我谴责。进行回顾内省时，应该选择有关的特定人和事物。例如，若对发生家庭暴力行为的男孩进行内观治疗，他所造成主要矛盾的对象是父亲或者母亲时，就应该督促这个男孩从小学开始按年代顺序系统地反省自己对父母的态度，以及父母对自己的态度，作一深刻的情绪体验，以使他产生后悔感、内疚感和感恩心理。[1]

在过去的 20 年间，内观疗法在西方的临床心理干预中得到广泛的应用。"内观"逐渐为"正念"所替代。截止到 1997 年，美国就有 240 家医院将正念训练作为主要的辅助治疗方法，用以治疗抑郁症、强迫症或者边缘性人格障碍等。其中也有用内观疗法对儿童行为问题干预的报告。如，尼伯海和辛格（Nirbhay N. Singh et al.，2007）等人，运用正念技术对三名行为问题儿童进行干预，取得良好的效果。由表 5–2 可知，这三个个案在欺负、攻击、纵火等行为上有了明显减少。[2]

表 5-2　干预对象的行为变化

	里基		肯特		莉比	
	欺负	纵火	攻击	虐待	攻击	不服从
基线阶段	6.00	0.50	5.29	0.29	2.27	7.36
正念训练阶段	4.50	0.50	4.25	0.25	2.00	7.25
正念实践阶段	1.12	0.24	1.48	0.24	0.88	7.08

该干预计划分为四个阶段：基线阶段、正念训练阶段、正念实践阶段和随访阶段。训练阶段为 4 周，每周 3 次，每次 15 分钟。实践阶段为 25 周，随访

① 王祖承 . 内观疗法［J］. 国外医学（精神病学分册），1988（3）.
② 相关理念来自 Nirbhay N. Singh et al.（2007），Adolescents with Conduct Disorder Can be Mindful of Their Aggressive Behavior. Journal of Emotional and Behavioral Disorder N0.1.

阶段为 1 年。其中，正念训练包括：帮助案主在出现不良社会行为之前控制自己的情绪；通过有步骤的思考获得内观技能。这个程序如下：

（1）如果你站着，就站得自然些，而不是以侵犯的姿势。

（2）如果你坐着，就坐得舒服些。

（3）自然地呼吸，不做任何事。

（4）让你的心回到你很生气的事情，停在生气的情境。

（5）你感觉到生气，通过你的心体会生气的思想。让它们自然地流露，没有限制。停在愤怒。你的身体显示出生气的症状（如，急促地呼吸）。

（6）现在，转换你的注意到你脚底。

（7）慢慢的，运动你的脚尖，感到你的鞋盖在你的脚上，感到骑马或撞击的感觉，弯曲你的手臂，从脚后跟回到你的脚尖。

（8）保持自然呼吸，集中到你脚底，直到你感到平静。

（9）从脚底沉思 10—15 分钟。

（10）慢慢地从沉思中出来，安静地坐一会儿，然后恢复你日常的活动。

（五）班级辅导策略

儿童攻击性行为常常发生在班级里的同伴冲突之中。我给班主任以下具体建议：

（1）了解学生在哪一种情境最可能表现出攻击性行为，应尽可能避免此种情境出现。

（2）把可能打架的学生相对隔离，保持距离，以避免惹是生非。

（3）对于打架的学生要做冷处理，让他们各自写下打架的起因、经过及自己的认识。

（4）引导他们懂得爱与尊重别人，以爱的情感冲淡他们对同学紧张、敌对的情绪。

（5）尽可能强化他们的非攻击性行为，培养积极的行为以抵制非攻击性行为的发生。

（6）避免强烈的惩罚，如罚站、禁闭、当众辱骂。

（7）创设和谐友爱的集体氛围，使每个学生都能获得适当的关注、赞赏和认可。

（8）让学生做一些需要体力的服务性活动，如发簿子、打扫教室、拿教具等，以缓解其精力无处释放的紧张状态。

第3节
强迫行为倾向辅导

个别孩子可能会出现类似强迫症状或仪式样动作，如走路数格子，反复叠自己的手绢，睡觉前一定把鞋子放在某个地方，啃指甲等。这种带有一定规则或者儿童赋予特殊含义的动作，往往呈阶段性，持续一段时间后会自然消失。这种异常行为被称为强迫倾向，通常在2—3岁强迫倾向最明显，很少持续到8岁，一般不会给孩子带来强烈的情绪反应，不会影响孩子的生活。但是，也有些孩子上学后还有这样的习惯。

爱咬指甲的小女孩

"老师，Rose（罗丝）的手指又出血了……"班上一个小男孩大叫一声，打破了晚托班的寂静。顿时，全班的焦点落在了Rose的身上。只见她用另一只手紧紧地按着伤处，两眼直愣愣地看着自己的手。我疾步走到她面前，拉起她的手看，还好，流了一点血！我请别的小朋友去卫生室拿来了卫生球，帮她擦去了血迹，这时我才注意到她手上的伤口——在指甲缝里有铅笔划过的痕迹，黑黑的、红红的。

"别用铅笔去挖指甲，你看……"我边说边拿出创可贴，给Rose贴上。这时的她好像一只温顺的小羊，安安静静地注视着我为她包扎伤口。

"为什么要去挖指甲？难道不疼吗？"我追问道。

她没有回答我，只是抿着嘴唇，低着头，但我也能猜出几分：没有什么理由，她总是会情不自禁地咬指甲、用铅笔挖指甲。[①]

儿童强迫症的发生率与特点

大多数流行病学研究提示儿童强迫症（OCD）的患病率为 2%~4%，平均起病年龄为 7.5~12.5 岁。弗拉曼特（Flament，1988）等在儿童的流行病学研究中发现，OCD 终生患病率为 1.9%。据凯斯勒（Kessler，2005）等美国全国共病调查（NCS-R）显示，约 20% 的 OCD 患者在 10 岁或更早的年龄出现强迫症状。德洛姆（Delorme，2005）等认为儿童 OCD 具有双峰年龄分布，第一个峰值在 11 岁，第二个峰值在成年早期。在性别方面，盖勒（Geller，1998）的研究发现儿童 OCD 男性多于女性，男女比为 3:2。但从青春期开始，男性和女性的患病率是相同的，或女性稍高。[②]

从临床症状上来说，儿童强迫症和成人强迫症有惊人的相似，5 岁儿童的症状与 25 岁成人的症状没有什么区别，但儿童难治性强迫症远比成人少见。强迫症主要表现为强迫观念和强迫行为两类。

强迫观念包括：（1）强迫怀疑：怀疑已经做过的事情没有做好，怀疑被传染上了某种疾病，怀疑说了粗话，怀疑因为自己说坏话而被人误会等。（2）强迫回忆：反复回忆经历过的事件、听过的音乐、说过的话、看过的场面等，在回忆时如果被外界因素打断，就必须从头开始回忆，因怕人打扰自己的回忆而烦躁。（3）强迫性穷思竭虑：思维反复纠缠在一些缺乏实际意义的问题上不能摆脱，如沉溺于"为什么把人称人，而不把狗称人"的问题中。（4）强迫对立观念：反复思考两种对立的观念，如"好"与"坏"、"美"与"丑"。

强迫行为包括：（1）强迫洗涤：反复洗手、洗衣服、洗脸、洗袜子、刷

---

① 本案例由冯莹老师撰写。
② 周朝昀.儿童强迫症现象学的研究进展［J］.中华脑科疾病与康复杂志（电子版），2013（3）.

牙等。（2）强迫计数：反复数路边的树、楼房上的窗口、路过的车辆和行人。（3）强迫性仪式动作：做一系列的动作，这些动作往往与"好""坏"或"某些特殊意义的事物"联系在一起，在系列动作做完之前被打断则要重新来做，直到认为满意了才停止。（4）强迫检查：反复检查书包是否带好要学的书、口袋中钱是否还在、门窗是否上锁、自行车是否锁上等。①

儿童强迫症的成因分析

大量研究表明，儿童强迫倾向的形成是个体的遗传与环境相互作用的结果。

（一）生物学因素

遗传学有研究显示，儿童和儿童强迫症（OCD）的一级亲属 OCD 的患病率是普通人群的 3~12 倍。发病年龄越早，其一级亲属患 OCD 的人越多。盖勒研究估计一个存在 OCD 患者家庭中，成年人患 OCD 的风险是 11%~12%，但儿童患 OCD 存在 25% 的相对风险。因此起病年龄被认为是遗传外显率最重要的因素。双生子的研究显示，儿童 OCD 的同病率为 0.45%~0.65%，成人 OCD 的同病率为 0.27%~0.47%。范格罗泰斯（Van Grootheest）等研究了 12 岁、14 岁和 16 岁的双生子，只有 14 岁和 16 岁的女孩的患病率较高，遗传因素导致在所有年龄组的强迫症状，没有性别差异。在同一个家庭，环境因素只对 12 岁 OCD 症状有关联。赫兹艾克（Hudziack）等研究了 4246 对双生子，遗传因素作用占 55%，环境因素作用占 45%。到目前为止，对 OCD 患者基因连锁分析，已经证实了谷氨酸转运体基因已与早发 OCD 的联系，其他的基因包括 5-羟色胺能和多巴胺能系统正处于研究中。

（二）社会心理因素

精神分析理论最早对 OCD 病因做出解释。弗洛伊德提出，OCD 是心理

---

① 杜亚松.儿童强迫症的特点 [J].临床精神医学杂志，2007（6）.

冲突的一种妥协形式。他提示有一种过分固着于肛欲期的素质因素，而不能面对和整合俄狄浦斯情结所产生的焦虑。OCD 患者较少使用幽默等成熟的防御机制，而存在特定的防御机制。OCD 患者常常将自己不能接受的感受、欲望或想法投射到他人身上，以达到防御之目的，并不能真正为其解决问题，反而使其陷入强迫与反强迫的泥潭中不能自拔。

认知行为治疗专家对 OCD 认知模式进行探讨，认为 OCD 患者存在不合理想法。而患者以高度的危险和个人责任去看待这些想法，并且紧迫地想去结束这些令人不安的想法。患者尝试对侵入性想法进行压制以避免想法的再次出现，产生相反的效果，侵入性想法反而变得更加稳定，从而使患者持续专注。这种认知模式适合成人患者，对于儿童还缺乏深入的研究。

环境因素对儿童或儿童 OCD 患者存在重要的影响。儿童 OCD 患者父母经常参与到强迫行为，如反复回答儿童的质疑问题。一方面，患者父母这样做可以暂时避免患者攻击的反应；另一方面，他们尝试用管教的方式杜绝强迫行为的发生，但是他们无意中维护了恶性循环，使儿童的强迫症状更加严重。

父母亲因素。在一项对照研究中，阿郎索（Alonso，2004）等研究了父母教养方式及其与症状的关系，OCD 患者自觉从他们的父亲那获得更高水平的拒绝，但认为过度保护没有差异。囤积行为与低父母的情感温暖有关。利亚克普洛（Liakopoulou，2010）等报道 31 例年龄在 8—15 岁 OCD 患者的父母，其父母患焦虑症、抑郁症、OCD 高于普遍平均水平，父亲比母亲存在更严重的强迫症状。佩里斯（Peris，2008）等研究了 65 例 OCD 儿童及他们的家庭，结果发现 46% 的父母经常参加仪式。父母患 OCD、低家庭凝聚力与儿童强迫症状严重程度有关。卡尔沃（Calvo，2009）等研究 32 例 OCD 儿童的 63 例父母强迫性人格障碍（OCPD）的特征和人格维度，与匹配的对照组相比，发现在患者父母 OCPD 性状发生率较高，尤其是囤积、完美的、专注于细节方面。在有计算、排序和清洁行为儿童 OCD 患者父母存在更高水平的完美主义和固执。[1]

---

[1] 周朝昀. 儿童强迫症病因学研究进展 [J]. 临床精神医学杂志，2014（5）.

本节案例中的小 Rose 并非生来就爱咬指甲，而是在高度压力情境和焦虑的情况下发生的。Rose 的父亲酗酒、打骂母亲，有时对孩子也是拳脚相加，这种家庭暴力使 Rose 经常处于极度紧张和恐惧之中，同时也使得孩子对家庭的情感和安全需求严重缺失，于是孩子就用咬指甲来发泄自己的消极情绪。

儿童强迫倾向辅导策略

对儿童强迫行为的辅导可以分为两个层次：一是对强迫倾向的辅导，一是对强迫症的心理治疗。一般来说，强迫倾向的辅导可以由心理老师来做。若已经达到强迫症的诊断症状，就要及时转介，由心理医生来处理，心理老师、班主任和家长应积极配合。

（一）儿童强迫倾向的辅导

强迫倾向尚属正常行为范畴，一般人遇到一定的外部事件，都有可能发生强迫倾向，但程度上有差异。儿童强迫倾向的辅导，可以由受过专业培训的心理辅导老师来处理，班主任配合。对本节案例中 Rose 的辅导策略，心理老师主要运用了家庭支持、情绪疏导和行为矫正等多种方法，使孩子的强迫行为得以改变。具体如下：

1. 疏泄自己心中不良的情绪。

运用疏泄法让 Rose 讲出自己心里的烦恼和苦闷。

对她来说，心中的苦闷在于家庭中家长对待三个孩子的态度。她总觉得妈妈、外公、外婆喜欢弟弟和妹妹，时时处处多为他们着想，而对自己不关心。然后，由这种心理迁移到同伴的身上，觉得自己老受小朋友的欺负，是天下最委屈的人。

在和她交谈时，我对她所说的情况表示认同："有时我也会有这样的感觉。"使她感到"别人的感觉和我相同"，从而减轻心理压力，能较好地适应周围的环境。

2.和谐亲子关系，让她感受到家庭的温情。

多次与 Rose 的母亲交谈，说明孩子咬手指的原因是担心得不到亲人的关爱，为 Rose 创设良好的家庭氛围，消除其焦虑的源头。

3.运用厌恶条件法，帮助她纠正咬指甲的不良习惯。

咬指甲是一种不良的行为，为了纠正它，我想采用厌恶条件法。在她的手指甲上涂一些清凉油，每当她企图咬的时候，就会感到凉凉的。然后逐渐减少用量，直至她咬指甲的次数减少。

（二）儿童强迫症的心理治疗

对儿童强迫症的主要治疗方法是药物治疗和心理社会治疗。目前，心理治疗界更提倡把两者结合，进行综合干预。以下结合案例介绍干预方法。

小 G 是 11 岁的男孩，小学四年级，因行为特别，由母亲带来咨询。该男孩足月顺产，出生以后，父母先后去了 A 国，小学二年级时父母回国。长期与外婆生活在一起，外婆有迷信思想，日常生活中常表现出带迷信色彩的禁忌行为。每天刷牙时间特别长，刷牙前必先漱 6 次再动牙刷；外出若是走在人行道上，每一步都必然踩在铺路石板的中央；路遇头顶上有人家晾晒的裤子、袜子，必然绕道回避，从不在底下经过；每天晚上临睡前，一定要把两只鞋子放在与床沿一脚间距处，并与床沿垂直，才安然入睡。四年级新学期开学，老师发现他的每本书都被撕去两只角。为此，他的母亲非常担心。小 G 由母亲陪同着接受心理治疗师的辅导。①

具体干预方法如下：

药物治疗。三环抗抑郁剂中的氯丙咪嗪常是有效治疗强迫症的药物。药物治疗起效时间为 3 周左右，有些长达 1 个半月以上。使用一种药物治疗需要观察疗效 3 个月，无效时才能换其他药物。

---

① 丁芳盛.典型儿童强迫症个案的整合主义心理治疗分析［J］.浙江海洋学院学报（人文科学版），2008（3）.

心理治疗采取了整合主义方法：

心理分析治疗。强迫症患者一般不愿向他人透露自己的心理苦恼，常常深深地隐藏，还表现出过分认真、追求完美的强迫倾向。获得综合信息，深入了解小G的症结所在时，治疗师从其成长史及学校、家庭情况着手，寻找过去儿童期可能的创伤性事件，或以其心理年龄不成熟为依据对其现状进行分析解释，使之领悟。确诊其致病原因：（1）长期缺乏与父母的情感沟通和交流及同龄伙伴正常交往的封闭环境；（2）不良社会文化对其行为的熏陶、暗示，导致"错误习得"；（3）父母、教师的过高要求，不良家庭教育方式的催化作用；（4）心理防卫手段使用不当。在敏感、害羞、谨慎、办事刻板、力求完美等个性特征的孩子中，强迫症比较多见。

认知治疗。主要在第一阶段采用，帮助他消除导致强迫行为的不合理认知，治疗运用"Beck认知行为转换治疗法"。采用与不合理信念辩论的方法帮助小G，使之放弃对自己、别人的不合理的要求，如"走路的姿势没有任何其他的意义，与成功失败、吉祥灾祸等没有任何关联"。另外，进一步的治疗还可包括用新的合理的行为替代原来的强迫行为。

森田疗法。在第二阶段主要采用的方法。利用顺其自然的原理，辅以交互抑制放松训练，帮助小G接受自己，允许自己有某些不那么令人满意的想法，不与之对抗和斗争，让其自生自灭，"随心所欲"，形成一个新的拮抗。

行为训练。对该男孩进行自我控制训练。5次咨询及行为训练以后，小G掌握该训练方法，在生活中自我训练，遇到伴随强迫行为而产生的焦虑、恐慌等负性情感时不至于找不到解决的方法，不至于像从前一般自感无法控制和缓解。

催眠疗法和暗示疗法。咨询师使小G进入一种意识特殊状态，其受暗示性影响极大提高，甚至到达无抵抗状态，咨询师用积极的暗示语巩固意识中新建立的合理认知，"你的强迫行为已经去除了""你的病已经完全好了"，触及其内心深处的童年障碍。

第 4 节
网络游戏沉迷辅导

随着电子产品不断地推陈出新，孩子们通过 iPad、手机等电子产品走进网络游戏世界。丰富多彩、眼花缭乱的游戏不仅令孩子着迷，也让成人爱不释手。网络游戏丰富了人们的休闲生活，同时也占用了人们大量的时间、耗费了人的体力和心力。如何处理好玩和学习、玩和工作的关系，成了现代人健康生活的一个重要问题。儿童也不例外，过于沉迷网络游戏，就会影响学习、影响身心健康。

孩子"一网情深"怎么办？

小学五年级的小浩极其痴迷于网络世界，只要见了电脑就会极度精神亢奋、心情愉悦，他无时无刻不沉醉在虚拟空间里，以至于对学习等其他事情提不起一点儿兴趣。如果上网活动受到限制，他就会显得焦虑难耐、烦躁易怒、无聊啼嘘、坐立不安，还伴有撒谎、早退、逃学等不良行为。对于自己过度使用网络的现状，小浩认为持续上网很过瘾、很开心，而远离网络时很难过、如坐针毡，所以他每天都会不由自主地上网，怎么也控制不了这种强烈而持久的冲动。①

儿童网络游戏沉迷状况

网络游戏沉迷与网络成瘾是两个不同的概念。

网络成瘾的概念最早由戈登堡（Goldberg，1995）提出，将其命名为"网络成瘾"（internet addictio，IA）或网络成瘾症（internet addiction disorder，IAD），是指网络使用的适应不良模式，导致社会、生理、心理功能显著的损害或痛苦。但戈登堡（1996）又再次将 IAD 改称为病态网络使用

---

① 刘电芝，等.儿童心理十万个为什么［M］.北京：科学出版社，2018：552.

（pathological internet use，PIU），定义为使用计算机占据过多的时间以至于引起不适抑或降低职业学业、社会、工作相关、家庭相关、财政、心理上或生理上的功能。简言之，IAD就是在无成瘾物质作用下的上网行为冲动失控，过度沉溺在网络中浏览或热衷于通过网络建立人际关系，表现为由于过度使用互联网而导致个体明显的社会、心理功能损害。美国心理学会（APA）于1997年正式承认"网络成瘾"研究的学术价值，将之列为心理疾病，IAD是近年网络心理学研究的热点。但其是新出现的心理疾病，故目前国际上还没有公认的诊断标准。[①]

儿童网络成瘾表现为：对网络有心理依赖，长时间上网，从上网中获得愉快和满足，下网后感觉不快；在个人现实生活中，花很少的时间参与社会活动和与他人交往；以上网来逃避现实生活中的烦恼与情绪问题；倾向于否定过度上网给自己的学习、工作和生活造成的损害。判断学生是否网络成瘾，主要看其成瘾行为是否影响了个体正常的学习和生活，是否导致人际关系恶化、学习能力减弱、学习效率低下、生活质量下降。

关于儿童网络成瘾问题的状况，由于界定不一、标准不一，因而各个报告的检出率也有所不同。有调查表明，北京中学生网络成瘾者高达13.65万人，专家测评发现目前北京市未成年人患"网络成瘾症"的比例高达14.8%。国内近年来研究显示其发生率为6%~14%，网民呈现低龄化趋势，儿童网络成瘾的发生率在10%左右，其中大学生为4%~13%，中学生高达15%。[②]

再如，沈理笑等对上海3220名高中生调查发现，学生互联网使用率为94.89%，网络成瘾率为9.37%；男生比女生更倾向于网络成瘾；网络成瘾的发生率分别是职业高中为14.83%、普通高中为10.00%、重点高中为6.56%。

由于网络成瘾有程度差异，一般分为轻度网瘾和重度网瘾，轻度网瘾又称为网络成瘾倾向。沈理笑等人的调查结果发现：轻度网瘾的人为9.37%，中度的为0.99%，重度网瘾的为0。余一雯等人（2007）对2000多名中学生的调

---

① 郎艳，等.青少年网络成瘾的心理学研究进展［J］.国际精神病学杂志，2007（4）.
② 晋琳.青少年网络成瘾的研究现状［J］.中国心理卫生杂志，2008（6）.

查发现，真正网络成瘾的有 10 人，占总体被调查学生的 0.46%，网络成瘾倾向的有 177 人，占总数的 8.15%。可见儿童网络成瘾问题，绝大多数属于网络成瘾倾向。本节讨论的网络游戏沉迷是网络成瘾倾向的一个主要方面。

尽管与中学生相比，小学生网络游戏沉迷比例不高，但近年来网络游戏沉迷有低龄化趋势。陈晶晶等（2013）对 466 名三年级至六年级小学生的调查发现：网络游戏沉迷的比例为 20.6%；男孩（31.05%）明显高于女孩（8.72%）。[①]

儿童网络游戏沉迷成因分析

（一）游戏本身的吸引力

网络游戏作为一种大众文化产品，要想被中小学生"消费使用"就必须满足他们的心理需求。对受众的满足程度越高，其市场消费使用量也就越大。燕道成（2014）从这一角度分析了中小学生网络游戏成瘾的原因。[②]

1. 视听结合的唯美呈现激发中小学生的游戏欲望。

网络游戏逼真的视觉冲击力、精妙的动画设计给人以感官的绝佳刺激和美的享受。在游戏中，玩家赴的是一场神秘的感观盛宴，它由文字、图形、图像、视频影像、音频等组成，而这种自我参与较高的对抗活动带给人的感受远远超过了欣赏艺术品时的视听感受。网络游戏作为一种媒介艺术，同所有的再现艺术一样，为人们提供的不过是关于外部世界的幻象。但是由于它具有视、听、音、画即时传真的特质，所提供的画像让中小学生感到更亲切、更真实、更像游戏的原生形态，中小学生更易产生精神上的愉悦，这样就把他们的游戏欲望调动到极致。

2. 迎合与开掘中小学生受众的游戏心理意识。

与现实中的游戏相比，网络游戏厂商主要从以下几方面迎合与开掘中小学生受众的游戏心理意识。

---

① 陈晶晶，等 . 小学生网络游戏成瘾倾向与家庭环境的关系［J］. 湖南第一师范学院学报，2013（2）.
② 燕道成 . 中小学生网络游戏成瘾的心理成因与教育应对［J］. 中国教育学刊，2014（2）.

第一，虚拟的平等，有效地调动、影响了玩家的情绪。在现实游戏中，人们需要进行实质性的物理接触；而网络游戏则无须对玩家进行现实身份的鉴定，玩家撇开了年龄、性别、职业、地位等客观制约因素，在一个游戏中平等相处。身在其中的中小学生可以卸下现实中的种种面具，大家都显得那么平易近人。这种虚拟的平等正好迎合了中小学生受众的心理意识，让中小学生受众产生身份认同感，带给中小学生全新的体验。这一特征使得网络游戏风靡于中小学生群体之中。

第二，真实的互动，催发了玩家的心理期待。由于网络游戏撇开了时空的界限，人们在游戏中可以不分时间地连续"作战"，直至玩家受生理和心理等现实条件所限而"被迫"下线，个人游戏才到此结束，线上的游戏则继续它的进程。当体力和精力恢复后的玩家再次上线时，在网络上暂时"消失"的"自身"则会出现在"时过境迁"的环境中，颇有"回到未来"的感觉。在网络上，中小学生可以很方便地在同一时间与世界各地不同肤色、不同年龄、不同文化背景的人进行交流，共同切磋升级技巧，并通过高超的游戏技术展示其过人的智慧，成为人人羡慕的网络游戏中的英雄，尽情享受自我实现的高峰体验。

第三，无序的自由，促使玩家沉迷其中。在网络中，人们具有更大的自由度：现实中的尔虞我诈在网络中会被放大。公共道德和社会常识在网络游戏中基本处于空白，其无序性暴露无遗。玩家在游戏中扮演与自己相差悬殊的角色，在不同身份和性别角色中不断切换。这也是网络游戏吸引庞大的中小学生受众的重要原因。

3. 满足中小学生在虚拟世界的心理需求。

基于网络游戏互动性、冲突性、刺激性、易得性等特征，在一定程度上满足了中小学生的心理需求。

第一，交友猎奇的心理需求。网络游戏让参与游戏的个体摆脱他所局限的地方性场景，超越时间与空间的限制，把远距离的两个或多个人从不同地方性场景中抽离出来交织在一起。网络游戏的这一特点使它在现代社会中比传统游戏具有更大的优越性，对中小学生来说是一种更加方便易得的娱乐方式，而且也在不同程度上更加能够满足中小学生交友、猎奇等心理特征。

第二，崇尚自由的心理需求。网络游戏具有虚拟性、匿名性的特点。有了这种虚拟性，网络游戏主体之间完全可以做到互相毫不了解对方（也不需要了解对方），也就是匿名性的交往。这样，参与游戏的主体就没有很强的约束了。游戏者可以拖延游戏时间，可以中途强行退出游戏，可以通过一些软件使自己轻易地赢得游戏等。而在传统游戏中，一旦不遵守游戏规则，你就失去了一定的信誉，甚至在其他交往中可能都会受到影响。

第三，体验快感、释放压力的心理需求。从游戏者痴迷投入到忘我付出不难看出，网络游戏在满足中小学生交友、猎奇和崇尚自由需求之外，还隐藏着更深层的满足释放能量的需求。网络游戏的诞生使得人们终于有了一个真实、刺激又不伤害他人的释放方法。它特有的对抗性使游戏者注意力空前集中，消耗大量的精力和时间。在这种大规模的释放中，游戏者获得了巨大的生理和心理快感，起到了心理减压的作用。

第四，自我价值实现的心理需求。众所周知，人活着除了满足生存性需要、安全性需要等基本需要之外，还有更高一级的自我价值实现的需要，也就是成就感、自我确证感的需要。当心理长期处于失调状况下时，人就会主动寻找适应自身价值体系的团体和事物。将注意力从主流价值体系分离出来，投向网络游戏，在游戏进程中一步步实现自我价值和自我认同感，在虚拟社区中不断展示个人魅力，就成为一些网络游戏沉迷者的首选理由。

（二）个人因素

网络游戏的新鲜、刺激，不仅会激发儿童强烈的好奇心，也会引发他们的探究欲。有些孩子自控力比较弱，一旦沉迷网络游戏，就容易上瘾，无法自拔，影响学习与生活。另外，学习受挫的、同伴关系紧张的、在家庭和班级里处境不利的孩子，他们在现实生活世界里容易被边缘化，就会在网络游戏的虚拟世界里寻找存在感、成就感和归属感。

（三）家庭环境因素

儿童网络游戏沉迷与家庭环境因素密切相关。陈晶晶等人的调查报告还发现：家庭环境各因素中，家庭成员之间的关系，尤其是情感关系是影响小学生网络游戏成瘾倾向的首要因素。家庭成员之间的吵闹、相互攻击等破坏感情的消极言行，更容易使孩子倾向于网络游戏成瘾。同时，该研究结果表明，家庭成员之间积极的情感表达与互动，父母或其他核心人物有组织地安排家庭活动是预防小学生网络游戏成瘾倾向的积极因素。[①]

儿童网络游戏沉迷辅导策略

根据以上分析，我们可以看到网络游戏的传播特点、儿童的心理需求，以及家庭、学校环境对儿童的影响等，是引发儿童网络游戏沉迷的主要因素。因此，对于儿童网络游戏沉迷的辅导，可以从以下几方面进行。

（一）强化儿童网络素养教育

网络素养是指个人有效运用网络的能力及对网络讯息的视听和辨别能力，其中包括不受网络游戏的操纵及蒙蔽。一个拥有良好网络素养的人，能够清楚地分辨网络游戏讯息与现实的距离，并且能够洞悉网络游戏内容的制作意图及其商业上的考虑，从中恰当选择网络游戏的内容，成为一个精明的网络游戏消费者。要提高儿童的网络素养，除了在学校信息课程中要强化网络道德教育和网络安全教育的内容之外，还要从日常生活入手。如，家长要积极引导孩子，可与孩子一起玩网络游戏并讨论其危害，提高孩子辨别网络游戏谬误的能力。[②]

（二）加强网络游戏管理

首先，游戏开发商要改变网络游戏"升级无止境"的现状，降低游戏的难度，同时，要实行网络游戏分级制度，建立健全游戏软件的等级准入制，杜绝带有成人化内容的游戏与未成年人接触。一是建立网络游戏的暴力、色情评

---

① 陈晶晶，等.小学生网络游戏成瘾倾向与家庭环境的关系［J］.湖南第一师范学院学报，2013（2）.

② 燕道成.中小学生网络游戏成瘾的心理成因与教育应对［J］.中国教育学刊，2014（2）.

估和分级制度。这是目前我国网络游戏规制工作中重要的一个方面。二是网络游戏登陆采取实名制。在网络游戏分级的基础上，对暴力性较强的游戏实行实名游戏制，玩家需用本人身份证才能登陆游戏。三是对网吧经营时间进行规制。①

2021年8月，国家新闻出版署下发《关于进一步严格管理切实防止未成年人沉迷网络游戏的通知》。通知要求，严格限制向未成年人提供网络游戏服务的时间；严格落实网络游戏用户账号实名注册和登录要求，不得以任何形式向未实名注册和登录的用户提供游戏服务等，以加强网络游戏管理，切实保护未成年人身心健康。

（三）家长要学会换位思考

让孩子远离网络游戏成瘾，家长不能一味地"堵"，例如，不让孩子接触一切与电子网络相关的产品，这样做只会激发学生的逆反心理，家长不让干什么，孩子就偏要做什么。家长最好能抽出时间为孩子制定合理的游戏时间表，什么时候该玩游戏，玩多久。此外，家长应该学会换位思考，设身处地地了解孩子玩游戏的动机、心理及感受，只有这样才能有针对性地教会孩子如何区分虚拟世界和网络世界。此外，家长应该丰富孩子的课余生活，让孩子走进大自然，积极参加社会活动，培养孩子健康的兴趣爱好。家长要多关注孩子的心理状态，多和孩子交流、沟通，不要让"玩游戏"成为孩子做完作业后的奖励。这样只会适得其反，增加孩子对于网络游戏的渴望。②

（四）个别辅导

对于网络游戏沉迷的孩子进行个别辅导要注意三点：一是了解案主网络游戏沉迷的状况；二是分析案主网络游戏沉迷的动机；三是采取有针对性的辅导措施。下面是邓公明老师（2012）对一名中学生网络游戏沉迷辅导的案例，

---

① 燕道成.中小学生网络游戏成瘾的心理成因与教育应对［J］.中国教育学刊，2014（2）.
② 张聪聪.让中小学生对"网络游戏沉溺"说"不"［J］.中小学心理健康教育，2018（33）.

对于小学生这类问题的辅导也有启发[①]：

（1）案主状况。

小丁，男，16岁，某重点中学高一学生。从上高中迷上网络游戏后，他一回到家就玩游戏，甚至会以不吃饭、不上学，断绝母子关系等方式来威胁母亲，最后刘女士只得妥协。刘女士曾经把电脑锁起来，小丁就跑到外面的网吧上网。由于担心儿子的安全，刘女士只得再次妥协。一次，小丁因停电无法玩游戏，表现出激动、烦躁甚至破口大骂等行为。此种状况，已经持续了三个多月。现在的小丁，已经完全沉溺在网络游戏的世界中无法自拔，不愿意与人交往。据班主任反映，小丁上课经常睡觉，做作业经常抄参考资料上的答案，成绩下降。

（2）原因与动机分析。

小丁是和他母亲一起走进咨询室的，在其放松后，我和小丁之间的谈话开始进入主题。

谈话片段：

师：听妈妈说，你很喜欢玩网络游戏？

（小丁点了点头）

师：能告诉我，你玩游戏有多长时间了吗？

丁：快四个月了吧。

师：级别很高了吧？

丁：还行，可以带别人一起"战斗"了。

师：哎呀，真没想到，你还蛮厉害嘛。没玩多久，居然就当师父了哟！

（小丁脸上有一丝骄傲的表情）

师：一般你玩什么网络游戏呢？能不能给我介绍一下？我以前也很喜欢玩游戏！

---

① 邓公明. 走出沉溺网游的泥潭——中学生网络游戏成瘾的个案辅导［J］. 中小学德育，2012（12）.

（小丁一脸的惊讶）

师：大学一年级的时候，我很喜欢玩一款叫"暗黑破坏神"的网络游戏，那时候和网友昏天黑地地玩。

丁：真的吗？

师：不过，现在回想起来，觉得那时候实在是太疯狂了。至于玩游戏的原因，主要还是当时的我对大学的学习没有目标和计划，不知道自己该怎么努力学习。你能不能告诉我，你为什么这么喜欢玩游戏呢？

丁：我觉得只要一进入游戏的世界，就会忘记所有的烦恼。在游戏里，可以通过自己的努力，提升自己的等级，让自己拥有更多的权限，更好的装备，这样的话，就能在游戏里所向披靡，自由翱翔，感受到游戏带来的更多快乐。而且，在游戏里，没有人会瞧不起你，不问你的出身，只要大家志同道合，就可以一起玩，成为很好的朋友……

通过此次谈话，再结合丁妈妈的叙述，我初步判定小丁沉迷网络游戏的原因在于他的压力过大，加上缺乏合理的认知方式和归属感，因此选择沉迷游戏的方式应对。

（3）辅导措施。

一是时间管理技术法。这是一个通过改变个体玩网络游戏的时间，来减少个体对网络游戏沉溺的方法。我和小丁共同制定了每一天的学习和上网玩游戏的时间表。对于玩网络游戏的时间，采取的是每周逐渐减少次数、每次逐渐减少时间、每次确定玩游戏的具体时间的方式，以达到其逐渐减少玩网络游戏时间的目的。

二是社会支持系统法。个体的社会支持是指包括家庭成员、朋友、邻居及同学、老师在内的社会关系。它可以提供广泛而多样的支持潜力，有情感支持，任务协助，沟通交流，陪伴，娱乐及归属感等。我鼓励小丁，一定要多和父母交流，让母亲降低对自己的期望。我主动联系小丁的父亲，让其明白对孩子心理情感上的关注，是父亲应尽的责任，而不只是关注物质需要的满足。我联系小丁的班主任，助其开展主题为"相亲相爱的一家人"的班会课，让全班同学接纳小丁，让小丁感受到"家"的温暖。同时，我鼓励小丁的同学主动与小丁交往，并让小丁积极地参与到班级活动中，充分发挥小丁的特长，让其找到久违的自信和成就感，从而减少对网络游戏的依赖和迷恋。只要个体在现实生活中能够逐渐获得网络游戏所给予他的东西，个体自然就会慢慢地走出网络游戏的泥潭。

三是采用积极暗示法。暗示是一种简单而且典型的条件反射。在小丁产生玩网络游戏念头的时候，他就要用诸如"我要努力学习""我要远离游戏，等放假玩""我一定可以摆脱对网络游戏的依赖"等话语来暗示自己，打消玩游戏的念头。暗示成功后，还应该及时地肯定自己，比如告诉自己"我真棒，我可以摆脱对网络游戏的依赖"，通过积极的正面强化，抑制玩网络游戏的欲望。

（4）辅导效果。

通过持续三个多月的心理辅导，小丁基本恢复了正常的学习和生活，虽然他还会玩网络游戏，但网络游戏对他的不良影响已经大大降低，并处于一个可控的范围内。

上述案例之所以取得效果，我认为邓老师的辅导过程有三点值得学习：其一，辅导目标定位合理，即把案主玩网络游戏的时间进行恰当控制，不影响其学习和生活。其二，了解了小丁沉迷网络游戏的原因，即在于学习压力过大，在学校里找不到归属感、成就感，而采取沉迷网络游戏的应对方式。其三，辅导策略运用得当，运用时间管理法，控制小丁玩网络游戏的时间；运用社会支持法鼓励小丁与父母良性沟通，班主任鼓励班级同学对小丁多关心和接纳，使之增强对集体的归属感；运用积极暗示法的正面强化，提高小丁的自控能力。

本章结语

儿童成长中出现的行为问题，诸如多动、攻击、强迫和网络游戏沉迷等，影响孩子的学习、生活、交往和社会适应，常常使得家长和老师烦恼不已。这些行为问题的成因是多种多样的，有遗传生理因素、家庭环境因素和个人心理因素等。儿童心理辅导着眼于对孩子家庭环境因素和个人心理因素的干预和优化。关于儿童注意缺陷多动行为、攻击性行为、强迫行为倾向、网络游戏沉迷，本章提供了不少有效的辅导方法，除了心理老师和班主任要学习掌握这些辅导方法，家长训练也尤为重要，要让孩子在学校和家庭里，在情感上体验到安全感、归属感和成就感；在行为上习得良好的行为习惯，提高自我掌控能力。这是帮助孩子建立积极的适应行为的关键所在。当然，对于符合症状诊断标准的行为障碍，如注意缺陷多动障碍，由于其成因还有不少生物学因素，如神经递质、大脑执行功能问题等，需要心理医生的介入，开展"医教结合"的综合干预。

和谐人际交往

和谐的人际关系与交往是孩子走向社会化的必由之路。他们通过交往得到友谊和爱，获得他人的接纳或赞许，从中体验到自己的存在价值和生活乐趣。善于交往的孩子之所以受同伴欢迎、人缘好，其中一个重要的原因，就是善于理解别人，乐于帮助别人。对于儿童来说，在学校里最主要的社会交往是同伴交往和师生交往，在家庭中则主要是亲子关系与沟通。同伴交往让孩子学会合群与合作，师生交往给孩子知识与智慧，亲子关系让孩子体会到亲情的温暖和爱。

本章讨论以下问题：

儿童亲社会行为发展；

同伴交往辅导；

亲子关系辅导；

留守儿童辅导。

第 *1* 节
儿童亲社会行为发展

许多研究表明，同伴关系与儿童亲社会行为发展有着密切关系。同伴关系良好的儿童，其亲社会行为也较多；同时，亲社会行为水平高的儿童更容易被同伴群体接纳。[①]亲社会行为通常是指对他人有益或对社会有积极影响的行为，包括分享、合作和助人等。亲社会行为在现实生活中随处可见，诸如为受灾地区孩子捐献，搀扶过马路的老人，在公交车上给怀孕的妇女让座等。

亲社会行为发展的理论观点

（一）亲社会推理的发展阶段[②]

艾森伯格（1991）认为，亲社会行为强调对他人利益和福祉的关心，她设计了亲社会两难情境（例如，为了帮助一个受伤的孩子而无法出席一个社会活动），呈现给儿童典型的两难情境故事，以引发他们对这一冲突的推理，从而推出了儿童亲社会推理的阶段模式。下面是一个典型故事：

有一天，一个名叫玛莉的女孩要去参加朋友的生日舞会，在途中她看到一个女孩不小心跌倒，而且摔断了腿。这个女孩请求玛莉到她家去通知她的父母，这样她的父母才能带她去看医生。但是，如果玛莉真的跑去通知她的父母，就来不及参加朋友的生日舞会，而且会错过吃冰激凌、蛋糕，错过所有的

---

① 任玉萍.同伴关系对儿童亲社会行为发展的影响和启示［J］.中小学心理健康教育，2020（15）.
② 桑标.儿童发展［M］.上海：华东师范大学出版社，2014：315-316.

游戏，玛莉该怎么做呢？为什么？

亲社会推理的阶段模式如表6-1所示，从学前儿童到学龄儿童、青少年发展有五个层次。学前儿童的判断常常是享乐主义的，他们首先考虑自己的得失；只有当儿童逐渐长大时，他们才会更多地考虑到别人的需求和期望，并趋向从内化的价值标准角度去考虑对他人的帮助。

表6-1 亲社会推理的阶段模式

层 次	描 述	年龄阶段
享乐主义、自我关注取向	关心自己，对自己有利的情况下可能帮助他人。	学龄前儿童及小学低年级儿童
他人需求取向	助人的决定是以他人的需求为基础，不去助人时不会有很多同情或内疚。	小学阶段
赞许和人际关系取向	关心别人是否认为自己的亲社会行为是好的或值得称赞的，有好的表现是重要的。	小学生及一些中学生
自我投射的／移情的取向	对别人出于同情的关心，设身处地为他人着想。	中学生及一些小学高年级学生
内化的法律／规范和价值观取向	助人的判断是以内化的价值、规范和责任为基础，违反个人内化的原则将会损伤自尊。	只有少数中学生达到，小学生还没有达到这个阶段

艾森伯格等人的研究表明，对他人移情的能力可以促使儿童达到较高的亲社会推理水平。成熟的亲社会推理者可能对他人的忧伤有特别强的移情反应，这种移情反应会引发相应的亲社会水平。

（二）亲社会行为的发展阶段

巴－塔尔等人（1976）提出了亲社会行为的三方面认知因素：一是亲社会行为由不同的行为动机所引发，这些行为动机的认知特点是按阶段发展的；二是观点采择能力是亲社会行为发展的认知基础；三是延迟满足的认知能力，是随着年龄的增长而发展的。

从亲社会行为动机的因素出发，他们归纳出了亲社会助人行为的六个阶段[①]：

阶段一：顺从及具体的强化物。个体此时的帮助行为受痛苦或快乐的经验所驱使，并没有责任、义务或尊重权威的意思。儿童之所以愿意帮助妈妈收拾散落在地上的玩具是因为妈妈的要求，而且妈妈答应收好玩具后给他们吃糖果。

阶段二：顺从。该阶段个体提供帮助是为了顺从权威。此时的助人动机是为了获得肯定，避免惩罚，并不需要具体的强化物。儿童之所以帮助妈妈摆放碗筷，是应妈妈要求的结果。

阶段三：自发和具体回报。该阶段个体可以自愿、自发地表现帮助行为，但是这种自发性与接受具体回报相伴随。儿童可能把自己的玩具让给别人玩，但他会要求对方以冰激凌作为回报。

阶段四：规范的行为。该阶段个体的帮助行为是为了遵从社会规范。儿童明白与社会规范相一致的行为会得到赞许，帮助他人是为了获得赞许并使他人快乐。儿童会说"我提供帮助，妈妈会喜欢我"。

阶段五：普遍的互惠互利。该阶段个体的帮助行为是由普遍的交换原则所引发的。人们之所以帮助他人，是遵循"我为人人，人人为我"的原则，是建立在抽象契约基础上的互惠互利的社会共识。从长远看，个体帮助会比不帮助得到更多的益处，有更大的生存机会。

阶段六：利他行为。该阶段个体的助人行为满足了利他的三个条件，即自发、自愿，对他人有益且不期望外界回报。尽管个体不期望任何利益回报，但他已能自我奖励，能从对他人的帮助中获得自我满足感，获得自尊。

需要注意的是，并非每个人的助人行为都能达到最高阶段，其发展阶段也没有严格的年龄界线，有些人在儿童期就有自愿帮助他人的行为。这种亲社会助人行为可以通过对儿童的教育和辅导加以培养。

---

① 桑标. 儿童发展［M］. 上海：华东师范大学出版社，2014：316-317.

影响亲社会行为发展的因素

影响儿童亲社会行为发展的因素很多，可以从个体因素和社会环境因素两方面来讨论。[①]

（一）个体因素

1. 个性特征。

利他或他人取向的个性特质在某些情境中促进了亲社会行为。利他特质是以个体在特定情境中需要帮助的人做出同情性反应为中介的，艾森伯格（1989）的研究表明，具有利他个性特征的人似乎比其他人更可能产生他人取向的动机，以及与内疚相关联的帮助动机。

2. 观点采择能力。

观点采择能力是指个体所具有的区分其他人和自己观点的能力或倾向。它包括考虑别人的态度，察觉别人的思想和情感，以及设身处地为他人着想。根据皮亚杰的观点，幼儿在发展之初是十分自我为中心的，他们无法区别自己的需要和别人需要的差异。随着年龄、社会经验的增长，儿童开始以别人的观点来看周围的世界，站在别人的立场上来考虑问题。他们会考虑："如果我是妈妈，我会想要什么？"

3. 移情能力。

移情是指个体因为对另一个人情绪状态的理解而产生的与其相一致的感情状态。移情是儿童亲社会行为的重要动机因素。霍夫曼（Hoffman，2003）认为，幼小的孩子就已经能够对他人的情绪产生共鸣，一旦这些孩子能够区分自我和他人，他们就会通过帮助的方式应对自己的共鸣情绪。霍夫曼强调儿童的移情能力是一个循序渐进的发展过程。

巴特森（Batson）也认为，移情的强度越高，利他动机越强。此外，米勒（Miller）的研究发现：9—10岁女孩的移情与慷慨成正相关。昂特伍德和摩

---

① 桑标.儿童发展［M］.上海：华东师范大学出版社，2014：317–321.

尔通过研究发现，从青少年前期到成年期，移情和亲社会行为的相关较高。麦克马洪（McMahon）等人研究发现，具有更多移情的儿童报告了更多的亲社会行为。格林纳（Greener）等人对 332 名 8—12 岁儿童依照亲社会行为水平分成高、中、低三组。运用儿童自我评定法和教师评定法来测量三个组的平均移情水平。结果表明：高亲社会组的移情水平明显高于另外两个组。斯特雷耶（Strayer，1997）等人运用访谈法将 80 名 9 岁儿童分成高移情组和低移情组，并分别给他们播放旨在唤醒移情感受的电视小品，然后设定一个助人情境来实验观察和评价孩子的利他行为。情感移情结果显示，高移情组的利他反应得分显著高于低移情组。[1]

（二）社会环境因素

1. 父母的教养方式。

根据霍夫曼的观点，父母给予孩子的爱有助于培养儿童的关爱行为；而父母对孩子的引导方式，能够促使儿童关注他人境遇，从而促使他们的移情能力发展。他的研究发现，父母权威手段的使用与儿童的道德指标呈负相关，教导方式的使用与道德指标呈正相关。引导在儿童的助人行为发展中起重要作用，父母应该对儿童的人际互动行为给予口头指导，引导他们关注他人的需要，预测自己的行为可能产生的积极或消极的后果。

2. 同伴交往。

皮亚杰认为，儿童在同伴间建立起真正的社会交往和合作关系是他们从他律道德向自律道德过渡的一个重要原因。社会活动能力强、善于合作的儿童更容易建立并维持良好的同伴关系。亲社会行为可能在儿童的同伴关系中成为保护因素，那些攻击性强的儿童若能有中等水平的亲社会行为，就很少受到同伴的排斥（Chen et al.，2000）。郭伯良等人（2003）的元分析结果显示，儿童亲社会行为和同伴接受有正向关联作用，和同伴拒绝有负向关联作用，亲社会儿童有较好的同伴关系。此外，同伴接受性对儿童亲社会行为还具有良好的预

---

① 李锋盈，等.试析移情与儿童亲社会行为关系的影响因素［J］.浙江师范大学学报（社会科学版），2010（2）.

测作用。经常和慷慨大方的儿童在一起玩的孩子会变得更加大方，儿童通过观察成熟同伴或年长同伴的良好行为，可以习得相应的行为。

3. 大众传媒的影响。

不少研究表明，电视对儿童行为的影响，正面意义与负面意义并存。如，一项对 97 名参加暑期活动的 3—5 岁儿童的研究发现（Friedrich & Stein，1973），观看攻击性的电视片导致儿童攻击性增加，观看亲社会的电视片会导致儿童亲社会行为增加；攻击性电视片降低了儿童的自控行为，而亲社会电视片增加了儿童的自控行为。因此，我们可以通过传媒让孩子观看亲社会的榜样，促进其亲社会行为的发展。

鲍勃·霍奇和大卫·特里普在他们的著作《儿童与电视》中通过研究认为：儿童到了 9 岁时，使用与成年人基本相同的语法对电视节目进行解码。观看电视并不会给儿童造成太多不良影响，实际上反而给了他们发展转换技能的经验。这种转换能力伴随着年龄增长而提高，电视能够帮助儿童开发这些能力。电视所提供的各种关于世界和生活的知识，是非常形象和生动的，能够给儿童以启发和教育，电视所提供的社会角色一旦得到儿童的认同便能让儿童进行模仿和学习。因此，电视所塑造的各种勤奋好学、乐于助人、热爱祖国等形象能够从正面起到榜样模范作用；电视所渗透的思考问题、认识世界的方式，潜移默化地影响到儿童的价值判断和人生观形成。

电视模仿也存在着严重的负面问题，主要体现在电视暴力对儿童的影响上。儿童在收看暴力电视节目时，也许会觉得电视中的情境很令他们向往，因此去模仿电视中的不当行为，虽然有时暴力节目中声明他们强调"善有善报、恶有恶报"，但是心智发展尚未健全的儿童们，可能会因为电视中"英雄主义"的假象，而错误地模仿不良行为者的言行举止，以及处理事情的手法，等等。更有人会因为是自己所崇拜的偶像所演的电影，而为了想要和自己的偶像做相同的事，就在现实生活中做出偏差的行为。①

---

① 孟娟. 探索影响电视在儿童亲社会行为发展过程中作用的相关因素以及干预对策 [J]. 社会心理科学，2007（5–6）.

第 2 节
同伴交往辅导

良好的同伴关系是儿童健康成长的重要的社会支持。被同伴接纳的孩子常常能够体验到自尊、安全感和归属感，更愿意合作与助人，更能够与同伴和谐相处；而被同伴拒绝的孩子常常会感到失落、孤独，甚至会对同伴产生敌对情绪。

她为什么不受同学的喜欢

欣欣上二年级了，她平时学习成绩很好，一直名列前茅，却不受同学们的喜爱。因为她总爱斤斤计较，尤其是如果别人有让她不满意的地方，她就会发脾气。同学跟她开玩笑碰她一下，她总要想办法还回去。如果同学不小心打翻了她的文具盒，她总要嘟囔半天。渐渐地，同学们都开始冷落她了。因为同学们都觉得她小心眼，很多成绩不如她的同学都被评上了"三好学生"，但没有人投她的票。欣欣为此非常难过，学习成绩也开始下降。[1]

同伴接纳与同伴拒绝

以上案例中欣欣在班级里的状况就是同伴接纳性很低、同伴拒绝性很高。同伴接纳是一种群体指向的单向结构，反映的是群体对个体的态度：喜欢或不喜欢，接纳或排斥。它包括两个属性：一是学生受欢迎程度；二是其社会地位。学生被同伴接纳，就意味着他的个人声望已达到了受同伴欢迎的程度；其社会地位，如身份、社交能力和在同伴中的威信程度等都得到了同伴的认可。同伴关系的建立，主要受同伴接纳性的影响。在个体成长过程中，同伴接纳给儿童提供的是自身是否从属某个同伴群体的经验，个体可以从中获得归属感。

---

① 刘电芝，等.儿童心理十万个为什么［M］.北京：科学出版社，2018：393.

多数研究一致认为：能够被同伴群体完全接纳的儿童会表现出友好的态度、谦虚的品质、较强的合作性以及良好的学业适应。[①]

格林等人（Green et al. 1979）的研究发现，同伴的接受程度低，拒绝程度高的学生，他们既缺乏令人喜欢的特征，又具备一些令人讨厌的特征，如不干净、无吸引力、不健谈等。哈托普（Hartup，1970）发现，在所有年龄阶段低交际能力与低受欢迎程度有关，但与同伴拒绝没有高相关。也就是说，与被忽视学生不同，被拒绝学生的交往问题并不是较低的交际能力造成的，他们在同辈群体中不受欢迎并不是因为缺乏社交技能，很可能与他们的负性行为或在对人际关系的认知上存在着某些偏差有关。研究表明，同伴接纳与拒绝还与青少年对人际关系的归因倾向密切相关。潘佳雁（2002）研究了中学生同伴交往接受和拒绝的归因问题，结果显示，被拒绝学生对正性事件的归因与其他学生存在显著差异，对负性事件的归因不存在显著差异。即被拒绝学生存在着某些不适当的归因方式，这种方式将会影响他们的人际情感和行为。所以我们可以针对这种不适当的人际归因方式对他们进行人际归因训练，提高他们在同辈群体中的社会接受性，改善其同伴关系。[②]

同伴冲突

同伴冲突（peer conflicts）是同龄个体之间在交往过程中出现矛盾或抵触，以致发生的争斗或争执。当儿童相互反对对方的行为、想法或言语时，冲突就产生了。儿童人际交往表现的形式和变化是多种多样的，包括儿童与他人交往中出现的竞争、合作、冲突和友谊。同伴冲突是儿童同伴交往表现的一种形式。冲突与攻击性是有区别的。攻击性是指有意伤害他人的言语、行为和意向。尽管攻击性行为和语言常常发生在有社会冲突的背景中，但是大多数冲突不包含攻击性。一般说来，儿童间的冲突应是双向的，是表示明显的反对

---

① 高旭，王元.同伴关系：通向学校适应的关键路径［J］.东北师大学报（哲学社会科学版），2010（2）.
② 潘佳雁.中学生同伴交往接受和拒绝的归因研究［J］.心理科学，2002（1）.

性质的。①

皮亚杰认为，同伴间相等权利的冲突，对儿童自我中心意识的消减是有利的。社会性冲突可以导致个体内部产生认知冲突，为儿童社会性发展提供富于挑战性的人际情境，对儿童协调与别人的合作、竞争关系以及提高认知能力都有重大作用。因此，冲突对于儿童心理发展具有两面性。冲突的积极意义在于：

1.冲突可以促进儿童的"去自我中心化"。独生子女在家庭环境中很少有替别人考虑的机会，表现出的自我中心倾向越来越严重。冲突的发生和解决可以使小学生认识到自己与他人的区别，从自我中心的壳中解脱出来，积累必备的交往经验，逐步形成更好与人交往的策略，如：合作、谦让、同情、分享等。

2.冲突可以提高儿童的移情能力。移情是人们彼此间情感上的相通，即情感上的相互作用和相互影响。移情能力是建立良好人际关系的基础，也是儿童社会技能形成的一个重要组成部分。在面对冲突情境时，儿童必须考虑冲突双方的想法和感受，并且要求站在双方各自的角度重新思考问题，这样，就有了站在他人位置上思考的机会和体验，进而调整策略，解决冲突。

3.冲突可以促使儿童学习必要的人际交往策略。儿童冲突的产生很多源自社会交往技能的缺乏。在解决冲突的过程中，他们逐步学会按照社会规范协调彼此之间的关系，努力说服别人。同时，冲突的解决还涉及冲突双方的相互妥协、让步及分享与合作等，这既加深了他们对社会规范的认识，又提高了他们解决社会问题、协调人际关系的能力。解决冲突时形成的经验能极大地促进孩子社会交往技能的提高。如：男孩子冲突多表现在肢体语言的对抗上，解决冲突的最有效方式不是依靠强力的攻击行为，而是用言语协商。面临冲突情境时，他们如何能控制自己的情绪和行为，运用协商对话的方式尽可能说服对方，维护自己的合理要求，这对他们都是一个更高的要求。

因此，同伴冲突是儿童社会性发展过程中的正常现象。儿童在解决冲突时

---

① 曹亚杰.小学生同伴冲突与社会技能的培养［J］.成都大学学报（教育科学版），2008（3）.

获得的经验对儿童社会性发展起着相当重要的作用。处理人际冲突的能力也是检测儿童社会化发展水平和适应能力的一个重要指标。从这个角度看，儿童之间发生的冲突现象如果加以引导，合理解决，那么它就可能转化为促进儿童心理发展的推进器。

同伴交往辅导策略

（一）社交能力训练策略

同伴交往的基本策略是让孩子在同伴合作与冲突中学习解决问题的能力，从而提高自己的人际关系能力。具体有以下建议：

1. 社会交往训练。[①]

社会交往训练旨在通过预先设计好的方案的实施，帮助小学生掌握同伴交往所必需的知识和技能，从而改善其同伴关系。主要包括以下几个步骤：

（1）学习有关交往的原则和概念。教师要告诉学生正确地与人交往的原则，使用礼貌用语合理地表达自己的想法。例如，当儿童想和其他同伴一起玩一种游戏时，可以先用一则电影短片、故事或多媒体课件描述一段成功的经历以后，通过讨论帮助儿童确定故事中主人公的合理语言和行为："喂，你好！我的名字是某某，我想和你们一起玩可以吗？"

（2）行为训练。教师可以给学生设计一些行为场景，在演练过程中进行一些指导，提高学生对示范行为模仿的质量。当儿童通过练习达到对新行为的熟练掌握后，才可能把这些新行为用于实际的人际互动中。一旦儿童能够独立地操作所示范的行为技能，教师就可以指导他们在不同的交往情境中练习使用这一技能。例如，在儿童能够独立地操作所示范的问候（或称"打招呼"）技能后，指导者就要指导儿童在学校遇到同学、老师或陌生人时练习使用问候他人的技能。

（3）积极强化。积极强化是指用奖赏引发成功的愉快来激起儿童演练社

---

① 曹亚杰. 小学生同伴冲突与社会技能的培养［J］. 成都大学学报（教育科学版），2008（3）.

技能的内驱力。强化应当及时，儿童理想行为出现后要尽快及时给予强化，并且在理想行为出现的初期阶段一定要坚持强化，有助于行为的保持。当新的技能牢固建立之后，应当把强化转移到更新的技能掌握过程中去。

2. 团体辅导训练。

运用团体心理辅导的原理和技术，将社交技能设计成为结构性训练活动是一个有效的方法。

洪瑛瑛（2016）对14名被同伴拒绝的孩子进行为期八周的团体辅导活动，取得较好的效果。研究者通过对教师的访谈发现，被同伴拒绝的孩子由于在同伴中的地位越来越低，在班集体中没有认同感、归属感，他们的学业成绩越来越糟糕，有些孩子还出现厌学，或者到校外、虚拟的世界中去寻找归属感等情况。这都对孩子的身心发展带来极其不利的影响。[①]

洪瑛瑛的研究结果表明，通过八周的团体辅导活动训练，在处理同伴冲突时的应对方式上，干预组的问题解决得分有了显著的提高，同时，其攻击和退避维度得分显著下降。这些孩子具体发生了以下变化：

（1）情绪管理能力。

在团体活动刚刚开始时，团体中有一些成员总是闷闷不乐，情绪比较低落，8次干预过后，学生们的情绪状态普遍有了改善，纷纷表示"很高兴""觉得比以前快乐多了"等。除了情绪状态以外，学生们的情绪管理能力也得到了提高。

通过对情绪识别的训练，学生逐渐地开始学会如何去体察自己的感受，而他们对情绪的描述也越来越精确。除了体察自己的情绪以外，他们也开始会识别他人的情绪了。在第四次团体活动时，有一位同学的情绪不好（刚刚被老师批评过），就有其他同学提出"老师，×××今天好像挺难受的"；在进行"解方程式"游戏时，老师因为一些同学总是嚷嚷而很气愤，就有同学安慰说："老师，你别生气了。"还有的学生说："×××，你不要捣乱了，老师都

---

① 洪瑛瑛.被拒绝儿童同伴冲突解决策略的干预研究［J］.上海教育科研，2016（6）.

生气了。"

（2）问题解决能力。

在研究中，研究者发现了一个很有趣的现象：刚开始团队成员不能够很好地遵守团队契约的规定，经常管不住自己，但随着课程的进展，团队成员对自己行为的管理能力越来越强，主要表现在以下两方面。

首先，大部分成员在活动的过程中一直能够保持非常自觉的状态，准时来参加活动，活动时积极、投入，不捣乱，不影响其他人。

其次，团队的小领导开始负起责任，对于团队中一些违反规定的行为进行制止和管理。

（3）同伴关系。

A. 结识了新的朋友。

"我觉得最大的收获就是认识了很多的朋友。"

"（遇到困难/心情不好的时候）我会去找×××（团队成员）啊，跟她聊聊就好了。"

B. 感受到了团队的力量和支持。

"我最大的收获就是感受到了友谊，还有团结，同学之间相互信任……团结就是让我在困难的时候会想到这个团体，大家一起来克服这个困难。"

C. 发现了自己的社会支持系统。

在干预初期，研究者曾让团体成员写下自己在遇到困难时会找谁帮助，也就是他们的社会支持系统，之后在访谈时也提到了这一点。

"我以前遇到困难的时候只知道玩电脑、手机游戏，现在我知道了，我还可以去找朋友，找爸爸妈妈，还可以来找您。"

（二）提高儿童同伴冲突中的问题解决能力

引导儿童进行同伴调解。同伴调解是让学生自己试着解决同伴冲突问题。同伴调解比成人教育效果更好，因为同伴之间比成人更容易交流，协商的气氛比较融洽，大家可以积极主动地参与到问题的解决当中，寻找一种有效的解决办法。更重要的一点是，通过解决同伴冲突，学生自身了解了冲突产生的原因，掌握了解决冲突的办法，学会了如何更好地避免冲突发生、与人相处。但这种方法只适用于一般的冲突情景，而不能用于恶性事件，而且同伴调解的目的不在于区分谁对谁错、是否真正解决了问题，关键在于学生在调解的过程中掌握社会交往的技能。所以，同伴调解还需要教师适时地给予言语指导。

（三）提高儿童亲社会能力

1. 培养儿童的移情能力。

如前所说，移情能力是儿童的一种重要的社会交往技能，它可以使儿童摆脱自我为中心，从他人的角度看问题，有利于儿童了解和理解同伴。所以，我们可以用讲故事和做游戏的方法来锻炼儿童的亲社会行为。

教师可以利用讲故事的方法来培养儿童的移情能力。例如在平时的课外活动中，教师可以给儿童讲《白雪公主》的故事，让儿童在教师讲故事情节的过程中感受到集体的力量和帮助别人带来的愉悦感。教师也可以让儿童参与到一些基础的爱心活动中，从而在真实的环境中让儿童感受帮助别人带来的快乐。例如，教师可以给儿童播放一些受灾地区儿童受苦的视频，利用捐款的方式让儿童感受到帮助别人的快乐，也可以参加地方组织的一些公益活动，来锻炼儿童。

教师也可以通过游戏活动培养儿童的移情能力。在游戏的过程中，儿童为了让游戏顺利地进行下去，有可能会压抑自己某些主观的想法，这样可以培养儿童的谦让品质。游戏也是儿童最喜欢的活动，所以教师可以尽可能多地组织儿童开展游戏。教师可以组织儿童模仿一些生活中的细节，例如，可以让学生表演老爷爷和儿童过马路的情节，让其他学生在帮助老爷爷和儿童的过程中体验快乐，从而培养儿童的亲社会行为。[①]

2. 榜样示范。

班杜拉的社会学习理论指出，儿童的许多良好的行为可以通过观察榜样而获得。家长是儿童最直接的榜样。

---

① 苏丽.儿童亲社会行为的培养［J］.赤峰学院学报（自然科学版），2009（8）.

家长的言行举止对孩子的亲社会行为养成起到潜移默化的作用。首先，在日常生活中，家长要做好模范带头作用，主动提高自身的修养，规范自己的行为。其次，在生活、工作中要表现出很好的宜人性和亲社会性，愿意与人交往和合作。在生活中要自己设计一些小情节，让儿童体验做好事之后的幸福感，也可以给儿童讲一些小故事让他们懂得怎样去关心别人，切记不要说出"不要和哪个小朋友一起玩"之类的话。

3. 优化家庭教养方式。

父母的教养方式对孩子亲社会行为的培养至关重要。其中父母对孩子的忽视是一个高风险因素，不少研究报告探讨了母亲拒绝对儿童适应行为的影响。母亲拒绝主要是指母亲无视或忽视孩子，经常攻击或体罚孩子，严厉地否定孩子的行为等（李丹，徐刚敏，刘世宏，郁丹蓉，2017；Papadaki & Giovazolias，2015）。作为一种典型的消极教养方式，母亲拒绝对儿童情绪和行为适应有诸多不利影响，如马月、刘莉、王欣欣和王美芳（2016）发现母亲拒绝能够显著增加儿童焦虑等消极情绪，丁小利等（2013）发现母亲拒绝能够使儿童产生较多的攻击和违纪行为。

母亲拒绝还会影响到孩子与同伴的交往。王晓玲等人（2019）的研究表明，母亲拒绝对儿童的同伴拒绝有显著正向预测作用。生态系统理论指出，家庭微系统中亲子间的互动模式会影响儿童在同伴系统中的关系状态（马伟娜，洪灵敏，桑标，2009），这种影响可能是通过人际交往技能的学习及儿童对未来人际关系的预期而发生的（李丹，2008）。显然，母亲拒绝会减少儿童在亲子交往中习得适宜的社交技能，同时也可能破坏儿童对同伴关系的积极预期，最终增加儿童人际适应不良的风险。[1]

此外，老师和家长要教育和引导孩子：学会欣赏别人，容忍其他同学不同的观点；学会宽容、谅解，不要过分苛求；学会协商，懂得合作的道理；学会关心、帮助他人，愿意与人友好相处，对别人的困难给予同情。还要教会孩子感谢他人，对曾经给予自己关心、帮助的人要怀有一颗感恩的心。

---

[1] 王玲晓，等. 儿童母亲拒绝与同伴拒绝的关系［J］. 心理科学，2019（6）.

第3节
亲子关系辅导

亲子关系对于儿童的心智成长是最为重要的情感支持。孩子是通过父母的养育和关爱，学习社会规范、体验到归属感和自尊、自信等。家庭教育中，由于种种原因导致有些家长采用非理性的教育方式，形成了消极的亲子关系，从而影响孩子的学习、生活的顺利进行，也影响孩子健康心理的发展。

过高期望得不到满意的成绩

小满的爸爸带着小满参加一项亲子活动。在亲子活动过程中，时不时可以听到小满爸爸的大声呵斥："不能快一点呀！""这样不行啊！""别人比你快啦！"爸爸的大声喝斥严重地干扰了小满的思绪，导致孩子更无法完成作品。活动展示阶段，其他小朋友纷纷把自己的作品放在了展示台上，而小满却拿着自己未完成的作品不知所措。这时候，爸爸拉着小满离开了现场，同时还在不停地呵斥小满。老师把他们父子拦了下来，看见小满一副羞羞怯怯的样子，老师不由得一阵心疼。反倒是小满的爸爸，完全不顾及孩子的感受，当着老师的面，又大声地训斥了小满："就是不如别人呀！""我告诉他什么事都要争第一呀！""你不是第一别回来！整天这样窝窝囊囊的样子，真是气死人。"老师拍拍吓坏的小满，然后对他的爸爸说："您有没有思考过，孩子窝窝囊囊的样子，也许和您的教养方式有关呀！"①

亲子关系对儿童成长的影响

亲子关系（parent-child relationship）原是遗传学用语，指亲代和子代

---

① 蔡素文. 懂得自有力量：学校心理咨询师讲述的99个成长故事 [J]. 上海：上海社会科学院出版社，2020：20-21.

之间的生物血缘关系。这里指以血缘和共同生活为基础，家庭中父母与子女互动所构成的人际关系。亲子关系是通过父母教养方式影响儿童的心智成长。

父母的教养方式是关于父母的教养内容、教养态度、教养行为以及孩子的感受，它反映了亲子互动的性质，具有跨情境稳定性。父母的教养方式可大致分为三大类型：（1）单向度，如鲍姆林德（Baumrind，1971）就将父母教养方式区分为"专制权威""开明权威"和"容许型"三类。（2）双向度，如威廉斯（Williams，1958）根据权威和关怀两个维度将父母教养方式分为"高关怀—高权威""低关怀—高权威""低权威—高关怀""低权威—低关怀"四类；麦科比和马丁（Maccoby & Martin，1983）根据"要求性"及"反应性"将父母教养方式划分成权威、专制、溺爱和忽视四类。（3）三向度，贝克尔（Becker，1964）以"限制—溺爱""关怀—敌意""焦虑情绪的投入—冷静的分离"三个维度将父母教养方式分为宽松、民主、神经质的焦虑、忽视、严格控制、权威、有效的规划及过分保护等八种不同类型。

有研究表明，亲子关系因父母教养方式的不同而存在差异。不良的父母教养方式和孩子的反社会行为有关。在父母严格教养下的孩子容易产生越轨行为，增加了亲子冲突的机会（Rueter，Conger，1995）。斯梅特那（Smetana，1995）指出权威型教养方式下的亲子冲突较少，冲突强度也较弱，而专制型教养方式会导致较频繁与激烈的亲子冲突。布尔克罗夫特（Bulcroft，1990）通过对五到十年级儿童青少年的研究发现，对生理正处于变化中的青少年，如果父母拒绝赋予其更大的独立性，那么儿童青少年的自我认同与父母对他们的看法就会产生分歧，并进一步导致冲突的发生，亲子关系也因此而变得紧张。克罗特等人（Crouter，McHale & Bartko，1993）提到父母都采取低监控的儿童，亲子关系较差，其学校表现最差，并且其学业胜任感也较低。

谢克（Shek，2000）提到，中国儿童青少年认为自己与母亲的沟通多于父亲，因为在中国传统家庭中父母亲在扮演家长角色时通常是严父慈母，父亲较漠不关心也较无反应，且管教上较为严格，相对的，母亲对待子女比起父亲有较多的慈爱与关怀。还有研究（Jessica，Thomas，1997）指出，母亲与子女的关系与父亲相比更加亲近，沟通较多，相应的冲突也多，这可能因为母亲与子女的相处时间较多，而摩擦也多有关。克罗特等人（Crouter，McHale & Bartko，1993）也认为小学五六年级的儿童，其母亲涉入孩子生活的层面与父亲相比更多更深。厄普德罗拉夫等人（Updegraff，McHale & Crouter，2001）的研究发现，母亲教给孩子更多的同伴交际知识经验，母亲与女儿，父亲与儿子经常一起从事一些共同活动，亲子之间既存在矛盾又具有和谐的一面，父亲与孩子的互动与母亲相比要少得多。

石伟、张进辅和黄希庭（2004）的研究发现，女儿与父母的冲突多于儿子与父母的冲突，而且不论女儿还是儿子，与母亲的冲突都明显多于与父亲的冲突。同时指出这可能与传统观念、母亲更多涉入子女生活及父亲的权威性等因素有关。这也印证了前面几位外国亲子关系研究专家的结论。[①]

综合以上观点，联系到家庭教育实践，我们可以将亲子关系大致分为三类：控制型、民主型、放任型。控制型与放任型对孩子的负面影响会更多些。控制型家庭，往往容易使孩子对父母产生敌对和疏离感；迫于父母的压力，也容易使孩子形成"两面派"性格；过于严厉近乎虐待，会导致孩子严重的心理障碍，本节案例中小满的父亲就是对孩子过于严厉、过高要求，甚至在活动现场一味指责孩子，使小满无法集中精力完成作品，心情沮丧的小满得不到父亲一丁点的鼓励，这就造成了小满的窝窝囊囊。放任型家庭则是走向另一个极端，对孩子没有要求，父母放弃了亲职教育的责任，常常会使孩子产生不良品行。民主型家庭，亲子关系比之前两种类型更为和谐，既可以让孩子学到社会规范，也可以培育孩子良好的个性品质。

亲子三角关系

和谐的亲子关系离不开和谐的父母关系。由于种种原因，家庭生活中父母也会有冲突，有时父母冲突会使孩子卷入，使得亲子关系受到影响，这在家庭

---

① 王云峰，等.亲子关系研究的主要进展［J］.中国特殊教育，2006（7）.

系统治疗中称为亲子三角关系。亲子三角关系（parent–child triangulation）是指当父母发生冲突时，子女主动或被动卷入其中以降低或转移焦虑与紧张，从而形成"父亲－子女－母亲"的三人关系模式。它往往被视为一种不良的父母冲突解决方式，或者一种消极的亲子关系模式。国内学者总结前人对亲子三角关系结构的划分方式，将亲子三角关系归总为替罪羊（scapegoating）、跨代联盟（cross-generational coalition）和亲职化（parentification）三种类型。替罪羊是指冲突中的父母通过将注意力转移到子女身上，来回避面对彼此间的冲突与压力；跨代联盟是指当父母发生冲突时，子女与父母中的一方结盟来对抗另一方；亲职化是指亲子间角色倒转，子女忽视或压抑自己的情感和需求，转而承担原本应由父母承担的角色。田相娟等人（2017）针对前两种亲子三角关系类型进行研究发现[1]：

首先，随着年级的升高，小学儿童的替罪羊和跨代联盟得分均相应降低。这可能是随着年龄的增长，小学儿童的自主意识和认知能力逐步增强，越来越少地把父母冲突的原因归于自己。而已有研究表明，对父母冲突做自我归因的子女更易卷入亲子三角关系。其次，随着年级的升高，学业负担逐步加重，小学儿童将更多精力投入学业，与之相应的，对父母间冲突的感知减少。此外，随着儿童年龄的增长，他们不断发展壮大自己的朋友网络，相应地减少了对家庭的关注，进而降低了被父母当作替罪羊和拉为同盟的可能性。

值得注意的是，亲子三角关系常常对于儿童的成长消极意义大于积极意义。父母关系不和谐，不要把孩子牵涉进去，因为孩子的健康成长是父母双方的共同目标和任务。

亲子关系质量与父母心理控制

心理控制是父母教养方式的重要部分。所谓心理控制是指父母对儿

---

① 田相娟，等. 小学儿童亲子三角关系与儿童气质、母亲社会支持的关系［J］. 中国临床心理学杂志，2017（6）.

童情绪和心理方面的侵扰和操控。典型的心理控制包括爱的收回（love withdrawal）、内疚感的引发（guilt induction）和羞辱（shaming）等行为。研究发现，相较于西方父母，中国父母在日常生活中会更多地采用这种教养方式影响和控制自己的孩子。从父母心理控制与儿童适应结果的关系来看，这种教养方式与儿童一系列内化问题行为（如抑郁、焦虑等）和外化问题行为（如违纪、攻击等）相联系，并且上述结果具有跨文化的一致性。[①]

亲子关系质量与父母心理控制密切相关。亲子关系质量取决于家庭教育，而父母的教养方式则在家庭教育中起着极为重要的作用。由于父母的心理控制会唤起儿童不安、生气、厌烦等消极情绪，亲子关系的质量很有可能会被破坏。有研究发现，父母心理控制与亲子关系质量呈显著负相关。不仅如此，追踪研究的结果也表明，父母早期的心理控制能够预测后期亲子关系的质量。也就是说，父母心理控制很有可能是引发亲子关系不良的重要危险因素。

张莉等人（2015）对广州某小学 30 名小学生的质性调查研究发现，儿童对父母的权威和心理控制会有显性和隐性的抵抗策略[②]：

显性抵抗策略指儿童公开地表达对父母权威的抵抗，毫不隐瞒自己对父母期望的不认同。儿童常用的显性抵抗策略包括三种：竞争、协商以及直接反对。

（1）竞争。竞争是指儿童明确地向父母表达自己的诉求和主张，并试图让父母接受自己的意见或者对期望作出调整。为有效地实现目的，针对父母的"动之以情，晓之以理"，儿童常用的竞争策略有辩论和情感攻势两种。

当儿童与父母出现意见分歧，特别是当其认为自己的意见合理时，儿童会与父母进行辩论以争取自主权。"如果我觉得他们的意见不好，那我就会坚持（自己的意见），并讲出我的理由"。（男，12 岁）通过辩论的方式，儿童能明确表达自己的意见和想法，但辩论的结果是否能够实现自己的期望主要还受制

---

① 杨盼盼，等.父母心理控制与亲子关系质量的关系：儿童获益解释的调节作用［J］.中国临床心理学杂志，2016（6）.
② 张莉，等.亲子关系中儿童对父母权威的抵抗策略［J］.内蒙古社会科学（汉文版），2015（6）.

于父母的态度。例如，陈同学（女，11 岁）表示："有时候他们觉得我说的还有道理就会听我的。我觉得我爸妈还可以啦，比较民主。"相比之下，杨同学（女，11 岁）的辩论策略效果并不理想："跟妈妈出现意见冲突的时候，我肯定会争取啊，但是一般都没用的。打个比方就是，妈妈就像将军，我就是一个下士，必须听她的。"

此外，儿童还会经常使用情感攻势策略。为了赢得父母的妥协和让步，儿童会利用与父母之间的亲密感情，对父母采取情感攻势，如讨好父母、献殷勤、博同情等。刘同学（男，11 岁）告诉研究者："在家里，只有星期六、星期天才可以上网，平时要是作业写得好或者考试得了好成绩，再跟妈妈说一些让她开心的话，她也会让我玩一小会儿。"同样，杨同学（女，11 岁）也会对父母打出"情感牌"："我就装可怜求他们，或者用苦肉计，把自己弄得很惨，他们心软了就依我啦。"儿童对父母的情感攻势策略受到亲子关系的影响，通常在亲子关系融洽、亲和度高的家庭中，孩子更倾向于采取此策略。

（2）协商。协商是指儿童通过谈判的方式让父母改变意愿。协商不是完全坚持自己的意见或者达到自己的目标，而是采取折中的方式，在争取自己意愿的同时也做出一定的让步，部分迎合父母的意见，部分满足自己的需求。在协商的过程中，儿童最常用的策略是讨价还价。访谈中，不少儿童表示，他们遵从父母期望的同时会提出自己的条件。一位六年级的同学（女，12 岁）告诉研究者："不想做家务的时候会被逼啊，不过我会收小费的，一个星期 10 块钱，不然我会很吃亏的。"

（3）直接反对。直接反对是指儿童以一种不合作的方式公开表示对父母的抵抗。在亲子互动中，儿童表达直接反对的方式主要有直接拒绝和冲突两种。有些儿童表示会通过拒绝父母要求的方式表达对父母的直接反对。"我妈妈总是要我参加各种比赛，我觉得（比赛）太多了。上次有个书法比赛，妈妈又要我报名，我就拒绝了。"（女，12 岁）通常，当父母的期望涉及孩子的个人事务，如穿着打扮、休闲娱乐等方面，儿童更倾向于采取直接拒绝的方式，例如："我妈说我总是待在家里，就逼着我陪她逛超市，可是又不给我买东西，好无聊的，后来我就坚决不去了。"（女，11 岁）对于个人事务，儿童认为自己有自主权，不需要遵从父母的意愿或者与之协商。

隐性的抵抗策略是指子女不直接质疑或者挑战父母权威，不试图让父母改变期望，而是以表面的服从为掩饰，隐蔽地实现自己的意愿。儿童常用的隐蔽抵抗策略主要包括拖延、敷衍、隐蔽地违反和阳奉阴违。

（1）拖延。拖延策略是指儿童在允诺遵从父母期望的同时却不付诸实际行动。在访谈中，许多儿童都提到拖延策略。杨同学（女，11岁）说："我不喜欢收拾房间，有时爸爸妈妈会要求我做，我就说等会儿再收拾，拖一会儿，要是他们心情好的话，就可以拖过去了。"拖延策略能够使儿童在执行遵从行为之前争取有限的权益，至于能争取到多大权益则需"看父母的心情如何"。通常儿童会根据父母容忍的程度调整拖延行为，在父母可以容忍的范围内进行。

（2）敷衍。当儿童不愿意服从父母的意愿却又迫于父母的权威压力时，还会采取敷衍的方式，对父母的要求随便应付一下。通常，儿童会将敷衍策略和拖延策略一起使用，即"能拖则拖，拖不过就敷衍了事"。例如，一名五年级的女生告诉研究者，她经常使用这样的方法应对父母提出的做家务的要求。"他们有时要求我做（收拾房间），我才不想干呢，我一般都是拖很久才去做，有时候就拖过去了，有时候拖不过去会被他们骂几句。那我就去随便弄一下就收工走人，要是我完全不做的话，会被骂死的。"敷衍是一种表面遵从、实质抵抗的行为，敷衍策略还可以使孩子能够在面对他们所认为的不合理的期望和父母压力时保持自主性。谭同学（男，13岁）就使用敷衍的策略成功地让母亲调整了期望："妈妈总是催着我帮他们煮饭，有时候我很不想做，那我就故意煮得很难吃，所以现在就不用我煮饭了。"

（3）隐蔽地违反。当认为父母的要求不合理，而且没有协商的余地时，儿童会以隐蔽的方式违反规则，在父母未能察觉时争取自主权。在访谈中，不少儿童承认如果父母不允许做某件事的时候，自己会偷偷地进行。为了争取更多的权益，孩子在隐蔽违反规则时摸索出不少"实战经验"，使违反策略颇具有技巧性。一位六年级的同学（女，12岁）向研究者介绍了她的"作战技术"："我家的邻居都认识我，也知道我妈不允许我带同学到家里玩，所以每次我偷偷带同学回家的时候都要先看一看周围有没有邻居。如果有邻居在，我和同学就装作相互不认识，保持一定的距离分开走。"对于隐蔽地违反策略，不少孩子表示乐于其中的快感和对自己"高超"技术的自豪感。这些隐蔽的违反行为不仅让孩子得以实现自己的意愿，而且还让孩子觉得自己有"操控"父母的自主权和能力。

（4）阳奉阴违。由于隐蔽地违反父母权威具有被暴露的风险，孩子们必须小心谨慎以免"事情败露"。为了实现自主权，孩子们想到了更为安全的应对策略，即找一个父母认可的理由，为违反行为穿上合理的外衣，将违反行为合理化，这种"说一套，做一套"的抵抗策略被称为阳奉阴违。对于孩子来说，学习是最好的理由，当他们不想遵从父母的意愿时，常常以学习为理由推脱，对此父母通常不会过于干涉和坚持。一位五年级的同学（女，11岁）这样描述她如何让母亲允许自己上网："在家里不可以上网的，但是如果我跟老妈说做作业需要上网查资料，她就会允许。所以我想上网的时候就跟老妈说要查资料，然后就顺便挂着QQ，等朋友来找我聊天。"

张莉等认为，儿童对父母权威产生质疑时所采取的抵抗策略除具有对抗性质的直接反对外，大多数抵抗策略未对亲子关系产生消极影响。显性的抵抗策略如竞争、协商有助于亲子之间的沟通和互动，隐性的抵抗策略以表面的顺从为掩饰有效地避免了亲子冲突。

如何缓解父母心理控制对亲子关系的负面影响。杨盼盼等人（2016）的研究发现，儿童对父母心理控制的获益解释可以在一定程度上缓冲父母心理控制对亲子关系质量的消极影响。所谓获益解释是指儿童在多大程度上认可父母的教养行为，认为父母这样做是为自己好。如果儿童认为父母采用某种教养行为的出发点是为了他们好，那么这种教养行为对关系以及适应结果的破坏能够得到某种程度的缓解。[①]

以上研究给我们的启示是，要改进亲子关系：其一，父母要弱化对孩子的高控制，要给孩子一定的自由；其二，让孩子理解父母，即提高获益解释，亲

---

① 杨盼盼，等.父母心理控制与亲子关系质量的关系：儿童获益解释的调节作用［J］.中国临床心理学杂志，2016（6）.

子双方相互理解、相互支持，是和谐亲子关系的重要基础；其三，父母有矛盾冲突时，不要逼孩子选边站队，让孩子卷入亲子三角关系，否则会引起孩子的焦虑与困惑。

亲子关系辅导策略

由上可知，亲子关系辅导的关键是帮助家长建立有利于孩子健康成长的亲子关系。积极的亲子关系应该是和谐的、平等的和互动的。

（一）和谐的亲子关系

戴维斯等人认为，在和谐的家庭气氛里，父母之间会出现情绪安全，而这种情绪安全会有三个作用：首先，情绪安全会影响孩子调节或控制自己情感的能力；其次，情绪安全会影响到孩子与父母交流的动机和行为方式；再次，情绪安全会影响孩子对家庭关系的认知和内在表征。反之，父母之间如果存在着许多的不和谐或矛盾，这些不和谐或矛盾就会引起孩子内心的冲突，尤其是和孩子教育有关的不和谐或矛盾更会使孩子产生惭愧、自责、恐惧等不良情绪，从而影响到孩子的健康成长。所以，在家庭教育中应注意：

其一，扭转父亲淡出家庭亲子关系的状况。由于受"男主外，女主内"的传统家庭角色观念及现实社会的激烈竞争的影响，父亲常常会"淡出"家庭的亲子关系。而和谐的亲子关系缺不了父亲在养育孩子的过程中所起到的独特作用。父亲是力量的象征，这种力量不应仅仅狭义地体现在为家庭提供物质保障上，更应体现在家庭的精神支柱上。父亲可以通过对母亲的爱与关心来间接地影响孩子，也可以从与孩子的直接交往中发展与孩子的密切关系，指导孩子的成长。

其二，提高父母的心理健康水平和道德素质。对孩子情感上的忽视多半是由于父母的情绪不稳定或心理不健全。在家庭中，亲子间的情绪往往最难以自控。现代社会竞争激烈，生活节奏紧张、充满成功的企盼和严重压力的父母往往把家庭当作避风的港湾，在外面遇到不公平、挫折、失败，往往把委屈和不满向家人或孩子宣泄。在家庭中，父母情绪的调节、控制是调适亲子关系，促进孩子心理健康发展的重点。而父母调控消极情绪的方法，一要更新自己陈旧的亲子观、儿童观和教育观，二要学习妥善管理自己情绪的一系列方法，提升自己的心理健康水平。父母的言传身教对子女起着潜移默化的教育作用。父母要以身作则，言行一致，应当在生活的各个方面为子女做出榜样，使子女学有目标，行有示范。父母一定要以身作则，提高自己的道德修养和素质，让自己好的品质影响到子女。

其三，营造家庭的乐观氛围。在影响儿童成长的诸多社会因素中，家庭显然是最重要的。家庭亲子之间的相互作用和情感关系将会影响到儿童对以后社会关系的期望和反应。和谐温馨的家庭氛围、父母自身的乐观态度随时都可以带动孩子。首先，父母之间要保持亲密和谐的关系，家庭成员之间要相互关爱，让孩子从小感受到爱与被爱的温暖和幸福。其次，要创设快乐的生活氛围，比如家庭成员在相互交流时多一些幽默诙谐，可以用轻松商量的口吻对孩子所犯的小错误进行批评教育，带领孩子一起玩一些简单的家庭游戏，让他们乐在其中。最后，切忌把工作中的不开心带回家，不要整日在孩子面前愁眉不展、唉声叹气。父母对待生活积极乐观的态度会在无形中给孩子的性格注入快乐的因素。

（二）平等的亲子关系

能够使孩子养成较高的自主性和独立性，善于表达自己的意见、情绪，尊重他人的意见。为此，家长必须在以下方面加以注意：

其一，察言观色，抓住孩子的心理。父母要善于把平时对孩子的了解与他在谈话过程中的外部表现联系起来，细心地观察孩子的神情、言语、注意力和习惯动作，从而正确地把握住孩子的心理状态，同时也要关注孩子的个性特征。

其二，营造聆听气氛。父母要设法让孩子觉得那样做是很自然的，一个重要的诀窍就是在谈话的双方之间形成一种聆听的气氛，关注孩子的精神世界，并给予适时的指导。聆听的气氛是教育的情感背景，它能有效地调动孩子的积极性和自觉性，鼓舞孩子前进。

其三，尊重孩子，平等沟通。教育孩子、调适亲子关系的前提是尊重孩子。只有尊重孩子，孩子才能有自尊心，而自尊心是孩子自我发展的强大动力。孩子逐渐长大，有自己的生活方式和人生追求，有自己的内心世界、独立的意向与做人的尊严，父母要设身处地从孩子的立场观察问题、思考问题，这样才能进入孩子的内心世界，从而和孩子进行平等沟通。

（三）互动的亲子关系

亲子双方的各种态度和行为有着相互的影响。孩子是个能动的信息加工者，能在不同的发展水平上，根据自身不同的需要，选择性地接受或排斥父母施加的影响。即使在同类父母教育方式影响下，由于孩子自身特点不同，也会形成不同的性格和行为。在父母行为影响少年儿童发展的同时，少年儿童也以自身的特点影响着父母的教育态度与行为。孩子是自身心理发展的主体，建设和谐良好的亲子关系的主要目的也在于促进少年儿童心理素质与个性的健康发展。因而，在互动的亲子关系中要坚持发挥孩子的主体作用。①

第 *4* 节
留守儿童辅导

当前在我国现代化进程中，城乡人口流动变得空前壮大。大量农民工涌入城市寻找工作机会，一方面给城市社会经济建设带来了勃勃生机，另一方面也带来很多社会问题，其中之一，就是他们的孩子相当一部分成了留守儿童。全国妇联 2013 年 5 月 9 日发布的《中国留守儿童、城乡流动儿童状况研究报告》指出，中国留守儿童数量超过 6000 万，全国流动儿童规模达 3581 万。如此庞

---

① 董娟.积极心理学与构建和谐亲子关系［J］.太原师范学院学报（社会科学版），2008（6）.

大的未成年人群体是在一个缺失的家庭里成长，体验不到父母在身边的关爱，不能不引起我们高度的关心。

真实地去爱

有一天，校长告诉我要给我们班新加一名学生，她是和姑姑一起来报名的。通过和姑姑的交谈，我得知了她叫吴梦，原本有一个幸福的家庭，妈妈在家带着她和妹妹，爸爸在外地打工。可是妈妈不知什么原因离开了家，带走了年仅3岁的妹妹，扔下了她。无奈之下，爸爸只好带着她一起到外地打工。可是微薄的收入根本无法维持两个人在外的生活，只好又把她送回了新洲。不知为什么，我看到吴梦后的第一感觉是可怜，当时我就下定决心"一定要让她重新快乐起来"！虽然她个子比同龄人高，可是她的头却一直那样深深地垂着，一副无精打采的样子。虽然对她一个人独自在家生活有很多的顾虑，我还是决定收下这名学生，并且告诉她如果有什么困难一定要告诉老师。她有些不信任地看着我点了点头。

吴梦刚来到我们班的时候，不爱和别人一起玩，上课也不爱发言，总是默默地坐在那里，我看在眼里，急在心里。后来我在周会课上把她一个人独自在家的情况告诉了其他的学生，并号召同学们给她一些力所能及的帮助，比如给她带点蔬菜什么的。第二天下午就有热情的同学带了一些菜，可是她怎么也不肯收下，还在日记中写道："我不能随便要别人的东西，我要靠自己生活！"我看了以后批示道："同学们不是外人，我们都是你的朋友，朋友的帮助为什么不能够接受呢？"

过了几天，我决定自己带点菜给她。（我）心里很是忐忑不安，生怕她也会拒绝，还好她迟疑了一下后还是在同桌的催促下收下了。当天她还就这件事写了一篇日记。

在我的带动下，她和同学们的关系越来越近了，渐渐地也肯和大家一起玩了，脸上也有了越来越多的笑容。等到五月节（端午节）我再送一盒绿豆糕给她的时候，她很开心地说了声"谢谢"就收下了。我想在她的心里我们应该都是她的亲人了吧？

可是我发现她在学习上还是不够自信，不敢发言，上课总是低着头。每次提问后我总是耐心地等等她，并用鼓励的眼神看着她，终于她偶尔也会举手了。我知道她缺少的是自信。我不断地在她的日记中肯定她的进步。我告诉同学们，和大家相比，她更为辛苦，当同班同学们过着饭来张口、衣来伸手的生活时，她却过早地承担了生活的艰辛。每天天不亮就得起床，做家务，学习，没有大人的催促和关照，可她却把自己的生活料理得井井有条，从不迟到，每天穿得干干净净地来到学校，作业总是比别人写得整洁，学习成绩丝毫也不比别人差……生病了没有人安慰，遇到困难没有人帮忙，可是她通过锻炼拥有了一颗独立自主的心，她比我们班上的任何一位同学都坚强！将来生活中不管遇到什么困难，她都能够独自承受！同学们用敬佩的眼光看着她，她低下了头，又抬起了头，那一刻我看到了她心里的高兴和自豪！在我们的共同努力下，现在的吴梦，每节课都抢着举手发言，生怕老师不找她。

上学期结束时，我在班级开展一次"我最喜欢的同学"民意调查活动，结果班上喜欢她的同学超过了半数，这说明她已经和同学们融为了一体，而且是一个很受欢迎的学生。大家都用羡慕的眼光看着她，她的脸上也有了笑容。[①]

留守儿童心理健康问题

许多研究表明留守儿童与一般儿童相比，在心理健康方面存在诸多问题。周宗奎等人（2005）对湖北三个县市的学生和教师的调查表明：农村留守儿童在人身安全、学习、品行、心理发展等方面都存在不同程度的问题。教师认为农村留守儿童在一般表现、学习、品行和情绪感受上比父母在家儿童的问题严重。学生的自我报告表明，留守儿童的心理问题主要是在人际关系和自信心方面显著地不如父母都在家的儿童，而在孤独感、社交焦虑和学习适应方面与其他儿童没有显著的差异。[②]

[①] 本案例由方小燕老师撰写。
[②] 周宗奎，等. 农村留守儿童心理发展与教育问题［J］. 北京师范大学学报（社会科学版），2005（1）.

（一）个性发展问题

范方、桑标等（2005）的研究认为，与完整家庭的非留守儿童相比，有如下人格特点：一是乐群性低，比较冷淡孤独；二是情绪不稳定，易心烦意乱，自控能力不强；三是自卑拘谨，冷漠寡言；四是比较圆滑世故，少年老成；五是抑郁压抑，忧虑不安；六是冲动任性，自制力差；七是紧张焦虑，心神不安。黄爱玲对留守儿童心理健康水平分析表明，一些留守儿童主要表现为两种类型的问题：一类为攻击性的性格特征，动辄就吵闹打架，情绪自控力差，好冲动，不达目的誓不罢休；另一类为畏缩型，表现为冷漠、畏惧、自卑、优柔寡断、害怕与人交往等个性障碍。

（二）情绪问题

留守儿童的情绪问题主要表现在情绪不稳定，易激怒、抑郁、焦虑、压抑、敌对等。李宝峰（2005）采用 SCL-90 调查我国中部地区的儿童青少年发现，农村留守子女的心理健康问题检出率较高，具有轻度及其以上心理问题的占 31.8%。主要表现在躯体化、抑郁、焦虑、敌对和恐怖等方面。

（三）行为问题

范先佐（2005）的研究显示，父母长期不在身边，缺乏良好的家庭管教氛围，留守儿童在行为习惯上易发生消极变化，主要表现在放任自流，不服管教，违反校纪，小偷小摸，看不良录像，同学之间拉帮结派，与社会上的混混搅在一起，抽烟、酗酒、赌博、抢劫等。留守儿童正处于认识人生的关键时期，如果不能得到父母在思想认识及价值观念上的帮助，他们极易产生认识、价值观念上的偏离，有的甚至做出与国家法律法规不相符的事情。[①]

留守儿童的人际关系与亲社会行为

（一）人际关系

留守儿童的人际关系问题主要表现在对人冷漠、人际信任度低、不善于处

---

① 王丽权.留守儿童心理健康状况研究综述［J］.黑龙江教育学院学报，2009（11）.

理人际关系、不愿意主动与人交往等。父母的外出，稳定的家庭环境和亲情的缺失往往造成了部分留守学生不能正常处理同周围人之间的关系，与人交往退缩畏惧、自卑孤独或目中无人，游离于集体之外，导致人际关系不良，影响了他们的社会性发展。张鹤龙（2004）对留守儿童问题进行研究，认为小学阶段的留守儿童与非留守儿童在"学习行为""交往行为""积极参与""坚持独立"四个维度上呈现出显著的差异。

（二）亲社会行为

留守儿童的亲子关系在一个时期内被人为地剥夺了，完全失去了父母对他们的约束和关爱。留守儿童长期与父母分离，缺少可以模仿的清晰的榜样形象，加之没有父母及时地对亲社会行为的评价奖励和强化，留守儿童的亲社会行为难以转变为稳定的道德行为。当他们在复杂的道德情境下产生认识上的困惑和强烈的内心冲突时，当他们在日常生活和社会交往中面对复杂的道德判断难以取舍时，他们迫切需要得到一个道德知识的给予者、道德问题的咨询者、道德行为的示范者；而事实是，他们所面对的是与自己有着严重代沟、观念陈旧、知识缺乏的祖辈代养者，道德榜样的人为剥夺致使正常的道德学习过程受阻，使他们在社会道德学习中无法形成正确的价值观念和道德判断。国内关于留守儿童的研究发现，许多留守儿童因亲子关系的失调，只知道单向地接受爱，不去施爱，更想不到如何感恩回报，整天得过且过，不思进取，对他人缺少诚信，片面强调个人利益。对家庭、朋友、邻居、社会冷漠少情，缺乏社会责任感。也有的留守儿童表现为冷漠、自负等情感障碍和退缩性行为，以及冷酷、缺少同情心，甚至导致严重的攻击行为和反社会行为。[①]

何朝峰等（2010）对广西 342 名农村留守儿童的调查发现：留守儿童的情绪调节能力能够显著预测其社会行为，即儿童的情绪调节能力越强，其亲社会行为越多，反社会行为和非社会行为越少。情绪调节能力强的儿童，对人、对事的理解较客观、理性，体验的积极情绪较多，从而在社会交往中，看到的积

---

① 李静 . 农村留守儿童亲社会行为的培养策略［J］. 合肥学院学报，2008（3）.

极因素较多，如他人对自己的友好、肯定、帮助等，进而也就会有较多的亲社会行为、较少的反社会和非社会行为。相比之下，情绪调节能力差的儿童，对人、对事的理解较肤浅、感性，体验的积极情绪较少，从而在社会交往中，可能看到的消极因素较多，如他人对自己的敌对、否定、冷漠等，进而也就会有较少的亲社会行为、较多的反社会和非社会行为。①

杨静等（2015）对流动儿童和留守儿童的亲社会行为和人际关系进行了调查，研究表明：小学流动儿童利他亲社会行为表现显著多于留守儿童，负性生活事件得分显著低于留守儿童，师生关系、亲子关系得分显著高于留守儿童。这个结果从儿童社会行为表现、物理环境、社会支持三个方面进一步证实了留守对儿童而言更为不利，而流动给儿童带来的则是相对比留在农村更为积极的效果。

城市环境虽然对流动儿童而言不熟悉，需要儿童去适应，可能还需要面对歧视、被排斥等，但是城市的教育、文化环境等为流动儿童的发展也提供了难得的机遇，开阔了流动儿童的视野，使儿童享受到了丰富多彩的城市生活，使得生活满意度明显提高。流动儿童的亲子关系、师生关系显著好于留守儿童，说明流动儿童的人际支持系统要显著优于留守儿童。留守儿童在物理生活环境没有改变的基础上，还要与父母分离，除了容易产生分离焦虑外，留守儿童还缺失了重要人际支持源——父母支持。虽然现在的通信手段很发达，但从研究结果来看，这替代不了陪伴在儿童身边提供支持和帮助。在师生关系上，留守儿童也低于流动儿童，这可能与留守儿童自身的心理状况有关。研究发现留守使得儿童自尊下降、孤独感加强、抑郁增加，师生关系水平可能受到这种心理状况的影响。

该研究还发现，是负性生活事件和重要人际关系对小学流动儿童、留守儿童利他亲社会行为的预测机制上是有差异的，主要体现在亲子关系、师生关系上。亲子关系对流动儿童利他亲社会行为的促进作用高于留守儿童。师生关系

---

① 何朝峰，等.河池市农村留守儿童的情绪调节能力与社会行为［J］.河池学院学报，2010（1）.

对留守儿童的促进作用更大一些。可见，对留守儿童而言，不能与父母一起生活导致了亲子关系对其作用的减弱，他们很容易将依恋转向教师。这点与流动儿童相反，流动儿童拥有稳定的父母支持，但是由于语言、文化、环境差异、生活习惯等原因，师生关系对其的影响则可能需要比留守儿童更长的时间，作用也会更小。[1]

日常生活事件对留守儿童的影响

父母外出打工，使农村留守儿童经历了一次家庭结构的大变动，这成了他们生活中的一个主要压力事件。同时，农村留守儿童还经历着与一般农村儿童相似的日常烦恼。主要压力事件与日常烦恼属于压力性生活事件的不同范畴（DeLongis，Folkman & Lazarus，1988）。其中，主要压力事件是压力的远端测量，日常烦恼则是压力的近端测量。研究发现，与主要压力事件相比，日常烦恼与个体适应结果之间的关联更强（DuBois et al.，1994）；在家庭结构发生转变后，那些经历较多消极事件的儿童会产生更多的适应问题（Sandler，Wolchik，Braver & Fogas et al.，1991；Doyle，Wolchik & Dawson-McClure，2002，2003）。更为重要的是，这类研究表明，日常烦恼能够独立于主要压力性事件而制约着个体的适应性结果，如抑郁和反社会行为。由此可以看出，与父母外出打工这一主要压力事件相比，留守儿童所经历的日常烦恼可能是其出现心理社会问题的更为重要的危险因素。因此，关注农村留守儿童的近端压力（如日常烦恼）要比关注其远端压力（父母外出打工）似乎更有意义。[2]

根据费尔纳等人（Felner，Farber & Primavera，1983）提出的过渡事件理论（transitional events），在家庭结构发生转变后，儿童的适应结果与他们所经历事件的数量和种类，以及他们所拥有的适应这些经历的资源或保护因素

---

① 杨静，等.流动和留守儿童生活事件和人际关系与利他亲社会行为的关系［J］.中国心理卫生杂志，2015（11）.
② 赵景欣，等.农村留守儿童的抑郁和反社会行为：日常积极事件的保护作用［J］.心理发展与教育，2016（6）.

存在相关。在日常生活中，个体与周围环境之间的互动不仅包括上述的日常烦恼，也包括日常积极事件。所谓日常积极事件是指个体在日常生活中所经历的高兴、幸福或舒心的事情（Compas et al.，1987）。拉扎勒斯等人（Lazarus，Kanner & Folkman，1980）认为，日常积极事件可能会通过产生积极的感受来缓冲压力性生活事件的消极影响，这些积极的感受能够促进个体对压力的适应。因此，如果说日常烦恼是儿童发展的危险因素，日常积极事件则可能是儿童发展的保护因素。

赵景欣等人（2016）的研究发现，日常烦恼仍然是儿童心理发展的一个危险因素：日常烦恼的增多能够预测儿童较高的反社会行为和抑郁水平。但是，日常烦恼对儿童抑郁和反社会行为的预测作用在不同留守类别群体中出现了不同：与单亲外出儿童和非留守儿童相比，日常烦恼对于双亲外出儿童的抑郁和反社会行为的预测力最低。基于对农村留守儿童的质性研究发现，父母外出打工使得儿童的生活过早独立，"他们能自理生活，自己照顾，自己遇到什么难事就自己解决，自己洗衣服"（申继亮，2009）；同时，由于父母外出打工，双亲外出儿童家里面的经济条件在当地来说比较不错，他们的零花钱比较多，花钱比较自由、大方，能够积极为别人提供物质帮助；很多留守儿童在班上与同学们的关系较好；另外，由于父母不在身边，农村留守儿童在学校表现不好或者做了什么错事，也不会过于担心回到家里受到父母的责骂，相对比较"自由"。这样，双亲外出儿童在不利处境中锻炼出来的上述能力和特定生活条件就可能在一定程度上降低了日常烦恼的不利影响。①

该研究还发现，日常积极事件对于留守儿童的心理健康是一个重要的保护性因素。日常积极事件的增多能够直接负向预测儿童的抑郁水平和反社会行为，表现出了保护效应中的改善效应。但是，这一改善效应因留守儿童类别的不同而不同。与单亲外出儿童和非留守儿童相比，日常积极事件对于双亲外出儿童反社会行为的改善效应最大，但是对于其抑郁的改善效应仅达到了边

---

① 赵景欣，等．农村留守儿童的抑郁和反社会行为：日常积极事件的保护作用［J］．心理发展与教育，2016（6）．

缘显著水平。这可能是因为：第一，作为父母亲情缺失最为严重的双亲外出儿童，经历日常积极事件可能会让他们感觉到周围人（包括同伴、教师和家人等）对他们的关注，这样，他们就会通过表现出较好的行为来期待日常积极事件的再次发生。日常积极事件所引发的积极情绪体验会通过建立持久的个人资源来扩大个体即时的认知－行为范围（Fredrickson，2001），从而促使他们去探索超越个体典型行为之外的更广范围的认知和行为倾向。这样，双亲外出儿童在面临危险情境时，可能会选择其他的认知－行为取向来做出反应，从而最大程度上避免了他们的反社会行为的产生。第二，抑郁是指无效应对生活压力的后果（陶沙，2006）。对于双亲外出儿童来说，日常积极事件通过引发积极情绪所建立的资源或对个体自我系统的积极作用，虽然能够改善双亲外出儿童的反社会行为，并在一定程度上能够改善其抑郁症状，但是这些资源或对自我系统的积极作用可能并不足以使双亲外出儿童有效地应对父母都不在身边这一主要压力事件以及相关联的留守日常烦恼，因此表现出了对其抑郁改善效应的弱化。

父母行为监控对留守儿童的影响

养育者行为监控（behavior monitoring），是指养育者（主要是父母）对儿童行为的了解、组织或调节。养育者的行为监控与儿童良好的心理机能相联系。如果养育者不能对儿童的行为进行充分的监控和调节，那么儿童就容易出现反社会行为与情绪失调等心理社会问题。高水平的行为监控能够在一定程度上中断儿童青少年行为问题加剧的发展轨迹，但是却不能阻止儿童情绪失调加剧的轨迹。父母对儿童的高质量行为监控，还能够显著抵抗压力对儿童青少年反社会行为的不良影响：在高质量的养育者行为监控条件下，压力的增加不会带来儿童反社会行为的增加或对反社会行为的消极效应降低，但是在低质量的行为监控条件下，压力与儿童反社会行为呈显著正相关。这表明，父母的行为监控是降低儿童反社会行为的比较稳健的保护因素，不仅能够直接改善儿童的反社会行为，而且还具有一定的压力抵抗效应，但是对于降低儿童情绪失调的稳健性则相对较弱。

赵景欣（2013）的调查研究证实了上述论述，即在外打工父母与留守养育者的高质量行为监控是降低儿童孤独感的重要保护因素，留守监护人的行为监控水平则是在压力条件下降低单亲外出儿童反社会行为的重要保护因素。[①]

留守儿童辅导策略

留守儿童的生存状况与身心健康是需要全社会关心的系统工程。以下从家长、学校、社区等方面提出具体建议。

（一）给家长的建议

农村父母应强化自身监护和教育子女的意识。很多留守儿童的家长自身监护和教育子女的意识淡薄，甚至有些家长外出打工多年都不回家看看孩子，对孩子不闻不问。一项新的研究报告表明，父母对孩子的活动投入更多的时间，能够有效地缓解由于社会经济地位处境不利对儿童青少年的学习造成的障碍。因此，要提高家长监护和教育子女的意识，促进家长对孩子行为的关注，这对于预防留守儿童的心理及行为问题具有重要的意义。

带上孩子去打工或避免双亲外出打工，加强与孩子的沟通。由于双亲外出打工的孩子比起单亲外出打工的孩子表现出了更多的心理和行为问题，建议父母双方留下一人照顾孩子，或者双亲外出打工者把孩子带在自己身边。这样，至少有父母在身边，孩子能有一种安全感、归属感，对孩子的成长具有重要的促进作用。如果无法避免双亲外出打工，并且也不能带上孩子去打工，那么父母就应考虑如何有效增强亲子间的沟通和交流。例如，父母应尽可能多地与孩子进行沟通，且沟通的内容不应只局限于学习成绩，更应关心孩子其他方面的发展，利用寒暑假的机会，父母可以将孩子接到自己身边，这样，可以促进亲

[①] 赵景欣.养育者行为监控与农村留守儿童的孤独、反社会行为［J］.中国临床心理学杂志，2013（3）.

子关系的发展。^①

（二）给学校的建议

学校要建立留守儿童教育的预警机制和长效机制。全方位了解留守儿童的身心发展和学习动态，及时化解他们面临的生活、学习、人际关系、社会适应等方面的心理问题。可以采用寄宿制、分片管理制、跟踪辅导制等措施加强对留守儿童的管理和督导，为留守儿童编制联系卡，与他们保持经常性的联系，加强与留守儿童父母或其他监护人、托管人的联系，共同协商教育对策。教师或其他社会成员可以采取结对方式，积极履行家长代理人的角色，对留守儿童进行一帮一的、人性化的、家庭式的关爱。本节案例里的吴梦得到班主任无微不至的关爱，班主任老师的几点做法值得学习：

其一，让孩子快乐起来。在刚看到身世特殊的留守儿童吴梦时，班主任第一感觉是可怜，班主任的敏感和怜悯之心是关爱留守儿童很好的基础，怜悯之心激发了班主任内在的母性和善良的心，但光有怜悯之心是不够的，如果没有合适目标的确立和方法的落实，有时还会伤害孩子的自尊心。在这里，班主任很快把可怜转化为真正的关爱——确立在"一定要让她重新快乐起来"的目标和行为落实上。

其二，让孩子感受到班级的温暖。班主任没有把自己的工作变成一个人的工作，而是充分动员了班集体的力量，通过号召同学们给吴梦一些力所能及的帮助，比如给她带点蔬菜，班主任自己送绿豆糕等让吴梦真正感受到来自老师和同学的关心、呵护和帮助，感受到班集体的温暖。所以，吴梦从对班主任的话有点不信任到最终在日记中真诚地写道："我没有妈妈，所以我就把方老师当作我的妈妈！因为她像妈妈一样关心着我！"

其三，努力为孩子创造一个安全、宽松的生存环境，班主任从一开始就注意到独立生活的吴梦的安全问题，不仅一再强调和叮嘱，还让吴梦的小姑也参与照看。吴梦上课时在学习上不够自信，不敢发言，上课总是低着头。每次

---

① 周宗奎，等. 农村留守儿童心理发展问题与对策 [J]. 华南师范大学学报（社会科学版），2007（6）.

提问后班主任总是耐心地等等她，并用鼓励的眼神看着她，这样的鼓励使得吴梦从能偶尔举手发言，到每节课都抢着举手发言，生怕老师不找她。从班级开展的"我最喜欢的同学"民意调查活动中，喜欢吴梦的同学超过了半数，说明吴梦已经和同学们融为了一体，班集体很好地给吴梦提供了一个安全、宽松的环境。

有针对性地开设心理健康教育课或专题讲座，为留守儿童提供心理健康教育，预防和调适留守儿童的心理问题，并为留守儿童建立心理档案；可以在学校设立心理咨询机构、咨询信箱或咨询电话，为留守儿童提供及时的心理咨询与辅导，让留守儿童倾诉心中的烦恼、痛苦和忧愁，缓解他们的心理压力。[1]

（三）给社区的建议

关注和改善农村留守儿童生活的社会环境。加强农村乡镇文化建设，为农村留守儿童的道德发展提供良好的氛围。通过法规和宣传教育等手段，对农村地区出现的不良社会现象（如赌博）进行治理；对游戏室、网吧的营业活动进行规范，防止其给留守儿童的身心健康发展造成不良的影响；组织针对留守儿童的各种活动；等等。同时，社区可以通过举办留守儿童代养人学习培训班，提高代养人的素质，使其真正担负起监护人的职责，更好地完成对留守儿童的监护工作。

本章结语

良好的人际关系是一个人安身立命之本，是孩子人格发展的重要部分。和谐的人际交往，对于儿童来说，尤为重要。

亲社会行为是促进儿童同伴交往的重要的社会技能，亲社会行为水平高的孩子更容易被同伴群体接纳。因此，在同伴交往中，教师和家长要注重对孩

---

[1]　程良道.农村"留守儿童"的心理健康问题与应对策略［J］.美中教育评论，2006（1）.

子合作、分享和助人能力、移情能力的培养，学会关心、与同伴友好相处。而在同伴之间发生冲突时，要让孩子学会宽容、谅解和协商，培养孩子对冲突的问题解决能力。其中家长处世的言传身教对于孩子的为人之道起着潜移默化的影响。

家庭是孩子情感的港湾，对孩子人格的健康成长具有不可替代的作用。和谐亲子关系的建设：一是要有温馨和谐的家庭情感氛围，父母有矛盾冲突时，不要逼孩子选边站队，让孩子卷入亲子三角关系，否则会引起孩子的焦虑与困惑。温暖的亲情给孩子安全感和归属感。二是良好的亲子沟通，家长要能够细心聆听孩子的心声，不要以成人的意志代替孩子的需要。三是宽严相济的教养方式，父母要弱化对孩子的高控制，要给孩子一定的自由。

比之一般儿童，留守儿童最大的问题是亲情的缺失。一方面，要提高家长监护和教育子女的意识，促进家长对孩子行为的关注，通过手机微信、视频等方式增进亲子联结，让孩子感受到身在异地父母的关爱。另一方面，父母外出，孩子留守家中，这样的生活事件对孩子来说可能也是一个独立生活历练的机会，但需要学校和社区相关人员对其积极地呵护和关心，化不利环境因素为有利环境因素，以促进孩子健康成长。

积极心理培育

积极心理学的兴起，使心理学开始转向对于人的积极心理的关注。正如塞利格曼（Seligman，2000）所说："目前的心理学对如何让生命更有意义却知之甚少。从二战以后，心理学依靠治疗模式发展壮大，一直高度关注如何帮助人们从苦痛中康复，而忽视了如何促进个人和社会获得最好的发展。积极心理学的目标就是改变心理学狭窄的关注点，不仅关注帮助人们应对当前遇到的生命中最糟糕的事情，而且帮助他们建立积极的心理品质。"他又说："当代心理学正处在一个新的历史转折时期，心理学家扮演着极为重要的角色，承担了新的使命，那就是如何促进个人与社会的发展，帮助人们走向幸福，使儿童健康成长，使家庭幸福美满，使员工心情舒畅，使公众称心如意。"可见，积极心理的培育对于儿童的健康成长意义重大。

本章讨论以下内容：

幸福让生命充盈蓬勃；

乐观的培育；

希望的燃起；

心理韧性的开发。

第 *1* 节
幸福让生命充盈蓬勃

积极心理学倡导者塞利格曼说:"我以前一直认为积极心理学的主题是幸福,它的测量标准是生活满意度,而今幸福的含义变得更加丰富,它的目标是让生命变得更加丰盈、蓬勃。"他提出幸福心理学的若干要素,对于儿童心理辅导富有启示。其中乐观、希望、自我效能、心理韧性和积极关系等对于儿童身心成长更为重要。

从幸福 1.0 到幸福 2.0

关于什么是幸福?众说纷纭,各人有各人的理解。塞利格曼从积极心理学的视角提出幸福的观点,对于人们如何幸福生活是富有启示的。塞利格曼不是从日常生活的概念理解幸福,而是希望把"幸福"定义为一个学术的概念。他说:"其实我讨厌'幸福'这个词,因为它已经被滥用到几乎毫无意义。它无法作为一个科学术语付诸研究,也不能用作教育、医疗、公共政策,或是你个人生活等的实际目标。积极心理学的第一步就是,把'幸福'这个一元论概念分解成为若干可以研究的术语。这远非文字游戏,幸福需要一个理论来解释。"

幸福的 1.0 版是塞利格曼在《真实的幸福》中提出的,将幸福分为三个不同的元素——积极情绪、投入和意义。这三个元素都比幸福更容易定义和测量。

第一个元素是积极情绪,也就是我们的感受:愉悦、狂喜、入迷、温暖、舒适等。在此元素上成功的人生称为"愉悦的人生"。

第二个元素是投入，它和心流（flow）有关，指的是完全沉浸在一项吸引人的活动中，时间好像停止，自我意识消失。以此为目标的人生称为"投入的人生"。

第三个元素是意义，即追寻人生的意义和目的，这是"有意义的人生"，它意味着要超越个人的东西，如为他人为社会谋福祉，并为之而奋斗。

经过多年对积极心理学的研究，塞利格曼发现幸福 1.0 理论有三个不足：第一，把幸福的含义完全与快乐的情绪联系在一起，过于强调情绪的作用，而忽视了投入和意义的元素；第二，幸福的测量太偏重于生活满意度；第三，积极情绪、投入和人生意义不能包括人们所有的终极追求。

针对以上三点不足，塞利格曼提出了幸福 2.0 理论。

古希腊哲学家亚里士多德曾经说过，"所有的人类活动都是为了获得幸福"。塞利格曼原来对幸福的理解接近这个观点，但又批判这是一元论的解释。塞利格曼认为，在幸福 1.0 中，幸福由生活满意度来操作和定义，这就容易陷入亚里士多德的一元论轨道。幸福 2.0 为了避免重蹈覆辙，提出了五个元素，即在原有三个元素的基础上，增加了成就和积极关系。

成就往往是一项终极追求。成就的定义不仅是行动，还必须是朝固定、特殊的目标前进。成就 = 技能 × 努力，巨大的努力可以弥补技能的不足，正如强大的技能可以弥补努力的不足一样，除非有一个是零。而且对于高技能的人来说，额外的努力带来更大的回报。

积极人际关系是幸福的基础，帮助别人是提升幸福感最可靠的方法。有人曾经要求积极心理学的创始人之一克里斯托弗·彼得森，用两个字来描述积极心理学时，他回答说："他人。"社会神经科学家约翰·卡乔波则认为，孤独对生活产生的消极作用极大，这让我们不能不相信，对人际关系的追求是人类幸福的基石。①

---

① 马丁·塞利格曼. 持续的幸福［M］. 赵昱鲲，译. 杭州：浙江人民出版社，2012：18-20.

从满意的生活到蓬勃的生活

塞利格曼说:"我曾经认为,积极心理学的主题是幸福1.0理论,衡量它的黄金标准是生活满意度,而积极心理学的目标是提高生活满意度。现在我认为,积极心理学的主题是幸福2.0理论,衡量的黄金标准是人生的蓬勃程度,积极心理学的目标是使人生更加蓬勃。"幸福1.0理论与幸福2.0的比较如表7-1所示。[①]

表7-1　幸福1.0与幸福2.0的比较

真实的幸福	重新思考的幸福
主题:幸福1.0	主题:幸福2.0
量度:生活满意度	量度:积极情绪、投入、意义、积极的人际关系、成就
目标:提升生活满意度	目标:提升积极情绪、投入、意义、积极的人际关系、成就,使人生丰盈蓬勃

什么是蓬勃?剑桥大学的苏德中和费利西亚·于佩尔定义并测量了23个欧盟国家的幸福度,即蓬勃程度。他们对蓬勃的定义与幸福2.0理论一致:一个人必须有以下所有的"核心特征"和6项"附加特征"中的3项,才能称得上"人生蓬勃"(见表7-2、表7-3)。

表7-2　蓬勃人生的特征

核心特征	附加特征
积极情绪	自尊
投入、兴趣	乐观
意义、目的	心理弹性
	活力
	自主
	积极关系

---

① 马丁·塞利格曼.持续的幸福[M].赵昱鲲,译.杭州:浙江人民出版社,2012:12.

表7-3　关于蓬勃人生的各项特征的解释

积极情绪	总体而言，就是你觉得自己有多幸福
投入、兴趣	喜欢学习新事物
意义、目的	通常觉得自己的行为是有价值的
自　尊	通常为自我感觉良好
乐　观	总是对自己的未来持乐观态度
心理弹性	身处逆境时，通常需要很长时间才能恢复
积极关系	在生活中，有人真正关心你

他们在每个国家都统计了 2000 名成年人的以上各项指标，欧洲得分最高的是丹麦，有 33% 的人拥有蓬勃人生，英国有约 18% 的人拥有蓬勃人生，而最低的是俄罗斯，只有 6% 的人有蓬勃人生。

幸福来自优势与美德

幸福和蓬勃人生是人们追求的终极目标，也是积极心理学的目标，而人们要实现这个目标，就需要个人具备积极心理品质。如何从科学的角度提出积极心理品质？塞利格曼领衔的团队做了大量深入细致的学术研究。其基本思路是先找到人类普遍存在的六种美德，然后将每一种美德分解为心理学可以测量研究的优势，优势就是积极心理品质。

什么是美德？也是众说纷纭。正如塞利格曼所说："在这后现代和道德相对论盛行的新世纪，美德已被视为是一种社会的约定俗成，不同时期、不同地区的人对道德的看法有所不同。"塞利格曼的团队阅读了各国的文化经典，总结出六种普适性的美德：智慧和知识、勇气、仁爱、正义、节制、精神卓越。

要成为一个高尚的人，你必须拥有上述六种美德。塞利格曼把实现这些美德的途径称为优势。他认为，优势是可以测量的，是可以学会的。优势具备下列条件：第一，优势是种心理特质，应该在不同的情境中长期存在。第二，这个优势本身具有价值，常能带来好的结果。我们可以从父母对孩子的期望中看到什么是优势（如希望孩子充满爱心、很勇敢、不鲁莽等）。塞利格曼和彼得森（来自密歇根大学的临床心理学教授，研究希望和乐观的国际知名学者）等人通过辛勤的研究提出了六项美德之下的 24 个优势（见表 7-4）[1]。

表 7-4　积极心理学的美德和优势

智慧与知识	好奇心、爱学习、判断力、创造性、情商、洞察力
勇　气	勇敢、毅力、正直
仁　爱	仁慈与慷慨、爱和被爱
正　义	公民精神与责任、公平与公正、领导力
节　制	自我控制、谨慎、谦虚
精神卓越	对美和卓越的欣赏、感恩、希望和乐观、信仰、宽恕与慈悲、幽默、热情

对于儿童来说，塞利格曼强调乐观、希望、心理弹性和自我效能是孩子心理成长的基石。以下分节详细讨论。

第 2 节
乐观的培育

乐观不仅是一种人生态度，也是一种积极心理品质，塞利格曼说："乐观在你的某些生命领域中占有很重要的地位，它虽不是万灵药，但它可以保护你不受抑郁的侵害，它可以提升你的成就水平，它可以使你的身体更强健，它是一个令人愉悦的精神状态。"[2]

---

[1]　马丁·塞利格曼. 真实的幸福 [M]. 洪兰，译. 北京：万卷出版公司，2010：137-147.
[2]　马丁·塞利格曼. 活出最乐观的自己 [M]. 洪兰，译. 北京：万卷出版公司，2010：17.

我担心，所以不想说

小雅是一个小学三年级的女生，从一年级到三年级，大家对她的评价是内向、不爱说话、成绩平平，在班里也没有什么朋友。到了三年级了，眼看课业压力变得更大，小雅变得越发内向，不爱表达了。小雅的父母忧心忡忡，他们都比较好强，在自己的工作领域也是小有成就，没想到孩子却如此"拿不出手"，同时他们也担心这样发展下去孩子会越来越没自信，于是他们带着小雅找到了心理老师。心理老师通过好半天的"热身"，才和小雅建立了较为融洽的关系，心理老师问小雅为何不喜欢说话和回答问题，小雅的答案是："怕说错。怕别人说我不聪明，怕老师不喜欢我，怕爸爸妈妈不喜欢我……"没有想到一个简单的问题，引出了小雅如此多的"怕"，而且这一系列的担心孩子却能如此流畅地表达，可见这一份"担心"已深深地盘踞在她的心里，挥散不去，进而影响了她的言行。①

如此多的"怕"体现了小雅对事情的悲观心态，要破解她的这些"怕"，关键在于如何让孩子从悲观走向乐观。

乐观者与身心健康

许多研究证实了乐观者比悲观者的身心更健康。

（一）乐观者比悲观者活得更长

1991 年，有研究者对 999 名 65—85 岁的荷兰老人进行九年的跟踪调查，期间有 397 人死亡。研究人员评估了这些老人的健康、教育、吸烟、饮酒、心血管疾病史、婚姻等各方面情况，其中通过四个问题测评了他们的乐观态度。

---

① 蔡素文.懂得自有力量：学校心理咨询师讲述的 99 个成长故事［M］.上海：上海社会科学院出版社，2020：181.

我仍然对生活抱有很大的希望；

我对未来生活没有什么期待；

我仍然有很多机会；

我常常觉得生活是充满希望的。

结果发现，悲观与死亡率密切相关，特别是当其他风险因素保持不变时，乐观者的心血管疾病死亡率只有悲观者的 23%。[①]

（二）乐观者比悲观者免疫功能更好

为了验证这个假设，塞利格曼与耶鲁大学的罗丁合作，罗丁已经追踪康涅狄格州纽黑文市一群老人的健康很久了。他们平均年龄 71 岁，研究者每年多次去调查他们的营养、健康状况，以及儿孙的情况。每年给这些老人抽一次血，以检查他们的免疫功能。结果发现，乐观者比悲观者有更强的免疫功能。[②]

（三）乐观者对癌症患者有一定的缓解作用

一项对 83 个乐观与生理健康研究的元分析（其中 13 项是关于癌症的，共涉及 2858 名患者）表明，乐观者有更好的治疗效果。塞利格曼分析了大量研究资料，得出的结论是，悲观很可能是导致癌症的一个风险因素，但其影响比对心血管疾病以及其他原因导致的死亡要弱。当病情不是极其严重时，希望、乐观以及幸福感对于癌症病人可能会起到非常有益的作用；当病情极其严重时，也不能完全忽略积极心态。[③]

（四）悲观者更容易抑郁

认知治疗的创始人，宾州大学的贝克教授在长期对抑郁症患者的治疗实践中发现，导致抑郁的一个关键因素，就是这些患者存在许多歪曲的、消极悲观的认知模式。

---

① 马丁·塞利格曼.持续的幸福［M］.赵昱鲲，译.杭州：浙江人民出版社，2012：180-181.
② 马丁·塞利格曼.活出最乐观的自己［M］.洪兰，译.北京：万卷出版公司，2010：163-164.
③ 同①：190-191.

乐观与悲观的解释风格

悲观者为什么容易抑郁？而乐观者为什么心理更健康？塞利格曼认为，这是因为乐观者与悲观者对于世界的解释风格是不同的。

塞利格曼用解释风格的概念来区分乐观和悲观，将乐观风格归纳为三个简单的要素：持久性（permanence）、普遍性（pervasiveness）、人格化（personalization）。持久性是从时间的维度解释困境是永久的，还是暂时的。悲观者相信发生在他身上的倒霉会永远影响他的生活，如"节食没有用"；而乐观者相信困难是暂时的，如"如果出去吃饭，节食成功不了"。普遍性是从空间维度解释困境，悲观者认为坏事是普遍的，如"所有的老师都不公平"；而乐观者认为坏事是特定的、具体的，如"某老师很不公平"。人格化控制着你如何看待自己，以及对自己的感觉。当不好的事情发生时，悲观者常常怪罪自己，而乐观者怪罪别人和环境。当好事情发生时，悲观者归功于别人和环境，而乐观者归功于自己。①

塞利格曼认为乐观者对好事件做持久的、普遍的和个人的归因，而对坏事情做暂时的、具体的和外在的归因。这种对事件的解释方式是后天习得的，人们可以通过学习，将悲观的归因方式转向乐观的归因方式，这就是习得性乐观。学会乐观能保护儿童在未来免受抑郁和焦虑的侵袭，而且乐观与成年的幸福高度相关。塞利格曼认为一个人选择乐观还是悲观，取决于其解释问题与挫折的方式是采取乐观的归因方式，还是悲观的归因方式。乐观产生健康、康复、精神，而悲观却导致相反的结果。我们对不同的情境已经形成了自动化的反应，我们需要有意识地培养自动化反应的意识，从而形成新的、更有效的方法去解释生活的事件。②

---

① 马丁·塞利格曼. 活出最乐观的自己［M］. 洪兰，译. 北京：万卷出版公司，2010：42–52.
② 曹新美，等. 从习得无助、习得乐观到积极心理学——Seligman 对心理学发展的贡献［J］. 心理科学进展，2008（4）.

悲观的来源

塞利格曼认为，悲观有四个来源：基因、父母的悲观、从父母或老师那儿得来的悲观性批评、掌控感和无助感经历。基因是无法改变的，后三项是可以改变的。

（一）父母的悲观

当父母情绪激动时，孩子的警觉性也会相应提高。孩子常常以你轻微或剧烈的情绪表现为信号来判断父母的反应。父母的解释风格会影响孩子的解释风格。塞利格曼在《教出乐观的孩子》一书中讲了这样一个故事：

我有位好朋友有种不常见的恐惧症，她是位电话恐惧症患者。每当别人打电话给她时，这位常好交际的朋友就会一身冷汗，几乎不能讲话。她知道自身的问题并且觉得很不好意思，但是找不到任何起因。一方面，在她生活中并没有与电话有关的大灾难发生；另一方面，幼年时也没有不准打电话或其他相关的经历，因此她的这种情况特别令人困惑。有一年的感恩节晚餐，我在她家厨房里帮忙，有人打电话来找她父亲。我很惊讶地发现，平日口才很好的父亲，变得口齿不清，并且汗流不止。我于是将两件事联结在一起，儿时她曾经看到父亲对电话极度焦虑的反应，并从父亲那里学到了这种不常见恐惧症。①

（二）父母和老师的批评方式

由于父母和老师每日都会遇到与孩子学习、生活成功和失败的事情，他们会将自己的解释风格不经意地强加于孩子。当他们批评孩子时，他们的批评方式会影响到孩子对世界的看法，孩子很快开始运用从父母和老师那里学到的某种解释风格，并用它来批评自己。

老师以不同的方式批评不同的儿童。有时批评反映事实，有时批评带有偏见。卡罗尔·德威克研究了课堂里老师的批评对孩子的影响。她观察三年级的课堂里孩子失败时，老师是如何批评他们的。她发现老师对男孩的批评与对女孩的批评有很大的不同。当女孩成绩不好时，老师批评其没有能力。被批评的

---

① 马丁·塞利格曼. 教出乐观的孩子［M］. 洪莉，译. 北京：北京联合出版公司，2017：81–82.

孩子内化了老师的评价，就会变得自卑和悲观。塞利格曼提醒道："要注意：将失败归罪于能力差是十分悲观的，因为能力是永久的。"相反，当男孩成绩不好时，老师批评他们不用功、吵闹、不专心，这类评语普遍较无害，因为努力、注意力和行为都是暂时的、可以改变的。

（三）掌控感和无助感的经历

塞利格曼认为人对自己生活的掌控感是乐观的主要动力，而无助和失败的经历，例如，母亲去世、遭受虐待、父母激烈的争吵，或是青春期被同伴的严厉拒绝等，都可能使乐观崩溃。"我永远不可能完成一件事情""世界不公平""我没有值得别人爱我的地方"。一旦悲观出现，就会得到强化，悲观就会成为他的生活方式。①

乐观与悲观的辩证关系

世界上没有纯粹的乐观，乐观往往与悲观并行存在。盲目乐观论可能瞬间转变为悲观论，脱离实际的乐观会成为一种泡沫，而过度乐观有可能是悲剧的开始。有关乐观主义的价值问题凸显出了两种对立取向的解释——悲观的乐观主义和积极的乐观主义。

悲观的乐观主义观点认为："好运不可能永远与你相伴，当事物的发展和你的预期相悖时，你原有的乐观主义信念就变得脆弱甚至不堪一击。"按照这一观点的解释，当乐观主义者对未来的美好预期没有转化为现实时，不但不能增进健康，而且他所面临的悲伤和失望的负性情绪很有可能影响身体健康。而积极的乐观主义学者宣扬"乐观会普遍地消解负性情绪而增加健康"，认为沉浸于负性的思维只会增强负面的力量。目前积极的乐观主义研究趋势从聚焦如何理解并减轻事件的负面影响转向了如何增强事件的积极因素和主观幸福感，也从考究悲观抑郁的原因转向了探明乐观的前因上。

针对上述两种观点的分歧，西格斯特罗姆（Segerstrom，2001）建立了

---

① 马丁·塞利格曼.教出乐观的孩子［M］.洪莉，译.北京：北京联合出版公司，2017：87-88.

乐观与悲观的整合模型。其基本观点是，乐观和悲观是一种矛盾事物的统一体，在面对容易的和困难的任务这两种情景下，乐观与悲观具有各自不同的价值。乐观主义能否促进健康，关键取决于对危机源刺激的过程性判断。在艰难的任务情景下，悲观状态也可能具有积极的意义。特别是当遇到复杂的、持续的、不可控的任务时，悲观主义者往往会逃避、放弃，甚至丧失信心。然而从某种意义上讲，在失望中放弃或许比在失望中固执地坚持更有价值。因为选择放弃能让自己的心理紧张源所产生的压力，在短时期内降低，有可能对身体健康起到保护作用。而在相对容易的任务中，乐观主义者坚定的信念和对未来美好的预期能有效地保证问题的快速解决和目标的实现，从而消解了紧张刺激源，有益于身心状态的调整。①

儿童乐观的辅导策略

要让孩子变得乐观，塞利格曼指出，"你可以改变自身（父母）的悲观，改变批评孩子的方式，并在适当的时候给予孩子具有掌控感的经历，你也可以直接教导孩子乐观的技巧"。

塞利格曼于1990年制订了宾州乐观计划（POP）来预防和治疗抑郁儿童。计划通过训练参与者挑战悲观的解释风格和教授其他的应对策略，以增加面对消极事件时的适应力。对五、六年级有抑郁危险的小儿童的干预结果表明，宾州乐观计划能显著地改善参与儿童的解释风格和减少抑郁症状，之后两年的追踪研究依然保持效果。通过这个项目，塞利格曼总结了儿童乐观的培育策略如下。

（一）教给孩子乐观的认知技能 ②
1. 教孩子内心对话。

向孩子介绍 ABC 模式，所谓 ABC 模式就是美国心理治疗家艾利斯创立

① 段海军.追寻生命的意义：积极心理学视野下的乐观主义价值［J］.心理学探新，2011（1）.
② 马丁·塞利格曼.教出乐观的孩子［M］.洪莉，译.北京：北京联合出版公司，2017：126–130.

的理性情绪疗法。这个理论告诉我们，决定人的情绪反应的不是事件本身，而是对事件的态度和想法。我们可以通过改变人的非理性想法，进而改变其情绪和行为反应。其中事件为 A（activating event），想法为 B（belief），反应为 C（emotional and behavioral consequence），故简称为 ABC 模式。具体给孩子讲授的重点是，他的感受并非无中生有，也不是由发生在他身上的事 A 所决定的，而是事后对自己说的话使他有了某种心情。他如果突然觉得生气、悲哀或是害怕，是因为某种想法 B 触发了感受 C，一旦他能够找出那个想法 B，他就可以改变自己的感受 C。

2. 连接想法和感受。

让孩子将相关的想法与感受用线连起来，老师可以这样跟孩子说："如果你与好朋友吵架，你可能有几种不同的想法，每一种想法都会使你产生不同的感受，可以将每一种想法与之对应的感受用线连起来。"

你和好朋友吵架

想法	感受
我现在没有任何朋友	生气
我的朋友故意对我很凶	没事
我们很快就会和好，又再做好朋友了	悲哀

3. ABC 口头训练。

接下来给孩子做口头训练，做完每一个例子之后，让孩子用自己的话向你解释。看他是否描述了想法与感受之间的关联。他解释完后，再问他每个例子后面的问题。例如：

不好的事情：今天是我的生日，我请了班上很多小朋友来玩。吃完蛋糕后，有一些小朋友就开始窃窃私语，并且不肯告诉我他们在讲些什么。

想法：这是我的生日，他们还在小声说我坏话，我真希望没有请他们来。

后果：我对他们十分生气，并且问妈妈我可不可以叫他们回家。

老师或家长可以问你的孩子为什么这个男孩子觉得生气。他为什么要叫小朋友回家？如果他认为小朋友说悄悄话是因为他们有件惊喜的礼物要送给他，你觉得男孩会如何反应？他会让他的妈妈把这些小朋友赶回家吗？

4. 实际生活中的 ABC。

让孩子举一些自己实际生活中的例子，它可以发生在任何时候，只要他觉得悲哀、生气、羞愧、害怕或做出自己不喜欢的行为时，即使这些感受或行为持续时间很短也可以。然后帮助孩子指出他的想法以及后果。

（二）让孩子学会解释 [①]

一旦孩子理解了他的想法与感受之间的关联，我们就可以将注意力集中在他的思维中最重要的部分——他的解释风格。

1. 向孩子介绍乐观与悲观的概念。

让孩子以自己的方式对这些名词下定义，并且要孩子详细地形容乐观者和悲观者的特征。乐观者与悲观者的外貌、想法和行为是什么样的？一个七年级的儿童是这样形容悲观者的："抑郁，他们看起来抑郁，他们的想法抑郁，他们的行为抑郁，和他们在一起没有什么乐趣。"

然后与孩子一同读两段故事（一个是悲观者，一个是乐观者）。在和孩子讨论故事的时候，要强调悲观者总是看到事情的消极面，而乐观者则看到事情的积极面，并问孩子愿意和哪个孩子做朋友。让孩子说出一件他感到悲观的事情，比较悲观的结果和乐观的结果。

2. 信念的正确性。

正确性包括两方面：第一，个人的责任。要让孩子知道每个问题都有它自身的原因，对由自己导致的问题应该自己负责，对于自己无法控制的事情，则不要责怪自己。第二，"空洞的乐观"。仅仅让孩子对自己重复积极的说法，不会提高情绪或是成就感，我们应该教孩子正确地思考实际问题。许多孩子将事情灾难化，并且看到最坏的可能，也就是说他们从所有可能的起因中选择了最

---

① 马丁·塞利格曼.教出乐观的孩子［M］.洪莉，译.北京：北京联合出版公司，2017：137–156.

可怕的一种。让孩子寻找出能够证明灾难被歪曲解释的证据，就是反驳的最佳技能，之后他们才可以看到事实。

本节案例中的小雅就是对事情灾难化了，怕说错，怕别人说她不聪明、怕老师不喜欢她、怕爸爸妈妈不喜欢她……因此，心理老师可以教会她反驳，可以这样问小雅："你的这些想法有证据支持吗？""你说错话了，同学真的都说你笨吗？""别的同学有说错话的时候吗？有人说他笨吗？"一旦小雅能够意识到自己原来的过于担心的想法是不符合事实的，她就能走出悲观的心境。习得性乐观不是从对世界持有未经证实的积极想法中而来，而是从"非消极"思维的力量中来。

3. 是永久性还是暂时性。

解释风格的持久性特点是应对失败心态的一个最为重要的维度。告诉孩子当坏事情发生时，我们一定会向自己解释发生的原因，以及预测影响的程度。有时我们可能认为这个问题会持久下去，而且我们无法改变它，这种想法会使人难过，并且未经尝试就会被放弃。相反，如果我们相信这一状况只是暂时的、可以改变的，我们就会有信心，并且会尽力去寻找改变的方法。

持久性是解释风格最重要的层面，可以通过阅读短文、利用漫画和利用真实生活中的例子，帮助孩子练习。以阅读短文为例：

大声朗读《忧愁的格雷格》一文，然后让孩子告诉你，格雷格的想法中有哪些是永久性的，哪些是暂时性的。然后读《充满希望的霍莉》一文，请孩子比较格雷格与霍莉的想法，将想法和后果联系起来，使孩子了解悲观与乐观会如何改变他们的感受及行为。

忧愁的格雷格

格雷格：嗨！辛蒂，要不要跳舞？

辛蒂：不要，谢谢你！我累了。

格雷格：（心里想）我真是个失败者，我为什么要去请她跳舞呢？在这种舞会上，我从来没有开心过。我应该知道她会拒绝我的。她很受欢迎，而我只是个书呆子，永远没有人会和我跳舞的。我总是被排挤，我永远都不会变酷的。真不知道我为什么还要来参加舞会，这种舞会总是很无聊（格雷格坐在板凳上，看起来十分难过）。

当格雷格想"我真是个失败者""永远没有人会和我跳舞"，以及"舞会总是很无聊"时，他是以永久性的想法来解释被辛蒂拒绝的事情的。这使得格雷格难过并且使他决定放弃，坐在板凳上觉得无聊。

充满希望的霍莉

霍莉：你要不要跳舞？

乔伊：谢谢你，我不想跳。

霍莉：（心里想）啊！这真让我难为情，我最不喜欢这种情景，我想乔伊大概今晚不想跳舞。我再试试问其他人吧。

霍莉：山姆，跳支舞如何？

山姆：谢谢你！我不想跳。

霍莉：（心里想）哎呀，又一个不想跳的，真是出师不利，也许我不够友善。好吧！我再试试，这次我要十分友善并且给予微笑。

霍莉：（微笑着对佛利德）嗨！玩得好不好？

佛利德：不错啊，真不相信这就是平常又旧又差的体育馆，布置得真酷。

霍莉：是呀！我听说罗金拉先生花了整个星期才布置成这个样子的，我很喜欢你的衬衫，是新的吗？

佛利德：这件啊！谢谢你夸奖，我这个周末才买的，我去购物中心那家新开的店买的。

霍莉：我听说过那家，但是还没有去过，我很喜欢这首歌，你要不要跳支舞？

佛利德：啊，好哇。

霍莉对她难找舞伴的看法与格雷格不同。她认为"乔伊大概今晚不想跳舞"，或者"我不够友善"。这些是对情境的短暂且可以改变的想法。与格雷格不同，霍莉不停地尝试，终于找到了舞伴。

4. 是个人原因还是非个人原因。

每当遇到失败的事情，有些抑郁的孩子总是责怪自己，虽然多半问题都是由复杂的原因造成的，但是这些孩子常常只想到黑白两面，非此即彼，并觉得都是自己的错，他们被内疚笼罩着，觉得自己没有价值。因此，当事情不顺利的时候，要告诉孩子，有些可能是自己引起的，有的是由别人或者其他原因引起的。具体可以通过阅读短文、漫画训练和真实生活情境讨论等形式来训练孩子的解释风格。

（三）让孩子学会反驳悲观[①]

教孩子反驳的最主要原则是"正确"，反驳必须根据事实，必须是可以证实的。如果孩子的反驳是不清楚的或仅是空洞的积极思维，那么反驳就不会消除他的悲观。如果有这种现象发生，老师和家长需要帮助孩子建立更坚定更正确的反驳。

在 ABC 模式中增加两个因素，就是 D 和 E。D（disputaion）代表反驳，指反对自己想法（B）的辩论；E（energization）代表激发，就是反驳所带来的精神和行为的结果。以下通过与孩子讨论一个例子，引导孩子如何应用证据来改变自己的悲观，并且提供更实际和更乐观的选择方法。

不好的事：我去我朋友梅雷迪思的家里参加派对。她的父母带我们去看电影，说好 10 点来接我们。天黑以后，劳伦从她的背包中拿出了一个塑料瓶，里面装满了从她爸妈酒柜里倒出的酒。贝丝、史蒂芬及塔米好兴奋，都开始轮流喝酒。她们开始咔咔地笑，好像有什么事很好笑似的。坐在附近的人一直在让我们安静。劳伦叫我喝，可是我不要，她们说我是胆小鬼、扫兴，一直不停地说我。

想法：我真胆小，她们都喝，我也该喝，我总是像个小婴儿一样。我认识的每一个人都喝酒，又不是什么大不了的事。每一次我们做什么有趣或疯狂的事，我总是害怕又退缩。我真是乳臭未干。

后果：我觉得自己好笨，真的好笨。我假装不在乎，只是盯着屏幕，其实我好想哭。就像是受窘、害怕、悲伤都一股脑涌来似的。我好恨。

① 马丁·塞利格曼. 教出乐观的孩子［M］. 洪莉，译. 北京：北京联合出版公司，2017：171–174.

反驳：我只是不想喝酒，这不会让我变成胆小鬼。做别人在做的事也不算勇敢，那也可能是胆小。有时不做你朋友都做的事反而更困难，就好像莱利先生说的"一个人有可能是多数"，我想那就是我。而且我也做过很多疯狂的事，比如我与哈莫尼小姐开的玩笑，或将格雷琴的房子用卫生纸围起来，这些都是我的主意，好有趣的。

激发：我开始觉得好些了，但仍等不及电影结束，因为我怕她们被逮到。不过我不再觉得伤心或不好意思。

我们可以问孩子，这个女孩用什么证据来挑战悲观思维呢？她举出曾做过的疯狂的事，像开玩笑，将别人的房子围上卫生纸等，来反驳自己是胆小鬼的想法。她找到什么不同的选择？她拒绝喝酒成为勇敢而非胆怯的象征，与她们一起反而是胆怯的行为。

联系到本节案例中的小雅，也可以引导她对自己的"怕"的心态进行反驳：如，"当我说错话的时候，老师有没有不喜欢我""当我说错话的时候，爸爸妈妈有没有不喜欢我""别的同学有没有说错话的时候"等，让她意识到自己的"怕"是一种主观臆测的悲观想法，与现实情况不符。

第 3 节
希望的燃起

希望是一种未来导向的积极心理品质。在希望理论研究方面作出重要贡献的心理学家斯奈德（Snyder）说，"希望心理学告诉你能从这里到那里，希望是心中的彩虹"。孩子有了希望，就有了成长道路上的目标与方向。

兴趣点燃孩子的希望

班上有个女孩儿，叫萌萌，好动，沉浸在自己的世界里，不能很好地理解他人，上课打瞌睡，考试分数非常低。如何让萌萌这样的孩子看到希望呢？一个偶然的机会，我发现她爱画画，美术老师和陶艺老师也说她有艺术特质。于是，从二年级开始，我就引导萌萌画自己想画的画，也可以随意地画，如果心情不好想乱动就画画，还奖励她一个心灵涂鸦本，她很快就画满了。现在，她已经画了六本漫画，取名为《我的世界》，她给自己取的网名叫山丘，她说因为山丘有很多宝藏。我和班级的老师给她模拟了一个山丘漫画集拍卖会。在"拍卖会"上，我和另外一位老师拿着她的漫画集，满怀激情地说："这本漫画集，山丘的漫画集价值百万！我出 100 万！100 万第一次！100 万第二次！100 万……"在这个虚拟的漫画集拍卖活动中，萌萌的自恋得到了极大满足。她兴奋地抓起自己的漫画集说："我还要画，每天画一集，每天写一集！"我看到了她满脸的红光，以及满眼的希望之光。[①]

希望的概念界定

20 世纪 80 年代以来，伴随着积极心理学的兴起，希望开始进入心理学研究的视野。斯奈德等人（1991）从认知和动机的角度提出了希望理论，把希望定义为"一种基于内在的成功感的积极的动机状态，一种目标习惯指向的能量和路径，即用来达到目标的动力和路径"。斯奈德认为个体的生活都是以目标为基础的，有关目标的思维就是希望。希望由两部分组成，即以目标为导向的动力思维和实现目标的路径思维。动力思维和路径思维在孕育希望时会同时出现，两种成分叠加，产生涟漪效应。[②]

希望理论有三个要素：目标、路径思维和动力思维。[③]

（一）目标

目标是希望理论的核心概念。人们的行为都具有目标指向，行动的具体表

---

① 温中珍.斜木桶理论在小学生希望感培养中的运用［J］.中小学心理健康教育，2020（28）.
② 朱仲敏.青少年心理资本：可持续开发的心理资源［M］.上海：学林出版社，2016：59.
③ 同上：60-63.

现决定于设立的目标。相应地，目标就被定义为心理活动的结果，一个目标反映了个体期望达到的终点。希望的目标分为四大类：接近的目标，即朝渴望的结果行动；防止负面结果的目标，即阻止或延缓非意愿的情况；保持的目标，即维持现状；加强的目标，即增强已有的积极结果。

在设定目标时，要有效地达成目标，需要做到四点：具体性、可达到性、可测量和意义性。具体性能够使人的行动聚焦于目标达成；可达成性，即目标是现实可行的，能够让人在目标达成过程中有控制感和条理性；可测量能使人追踪过程，对失败做出及时的策略调整；在意义性方面，若目标由他人制定，会挫伤当事人的积极性。

（二）路径思维

路径思维是指人们对实现目标所发展出来方法、策略和路线的认知能力。斯奈特的研究表明（1998），低希望水平的个体，常常缺乏达成目标的具体方法。尤其是实现目标受到阻碍时，高希望个体思维灵活，他们会及时调整路径以应对新的环境。即使是在阻碍面前，高希望水平者更可能找到新的解决问题的方法，如，学习新的技能、寻求他人帮助或者是适当调整目标等。

（三）动力思维

动力思维是希望理论模型中的动机成分，它是一种类似心理能量的内在驱力，它能够启动个体行动，并推动个体朝着他们的目标，沿着他们所设想的路径持续前进的自我信念系统。动力思维对于希望过程来说非常关键，不管个体设定的达成目标路径是多么美好，如果没有动力思维来启动和维持达到目标必要的努力，任何目标都是不可能实现的。动力思维会影响个体的知觉，会让个体对于自己所渴望达成的目标展开行动。当个体觉得目标对于自身越重要，动力就越足。

希望理论模型

斯奈特的希望理论模型见图 7-1。路径思维和动力思维的循环往复关系显示在左侧。在发展中的动力－路径思维中，从左向右移动，可以看到带入具体目标追求活动中的情绪集合。图中接下来的部分是与特定目标寻求相关联的价值。在个体继续希望过程之前，目标必须有足够的价值。就此而言，路径思维和动力思维应用于合意目标。这里，反馈回路带来积极的情绪，正面强化目标寻求过程，或带来消极情绪，缩减这一过程。

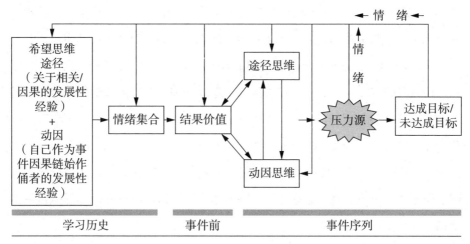

图 7-1　斯奈德的希望模型

　　在前往目标的路途中，个体可能会遇到压力源，它们可能会阻碍实际的目标寻求。希望模型指出，成功达成合意目标，特别是当克服了障碍时，会带来积极情绪和持续的积极强化。此外，如果个体的目标追求失败，那么会产生消极情绪，目标追求过程会被破坏。

　　此外，个体的希望水平不同，对压力源的解释也有所不同。高希望水平者把这样的阻碍看成挑战，将会探索其他路径并应用动力于这些路径。高希望水平者由积极情绪驱使前行，通常绕过这些障碍体验到成功。而低希望者往往因无法找到其他路径而不能继续；反过来，他们的消极情绪会阻扰他们追求目标。①

①　斯奈德，等．积极心理学：探索人类优势的科学与实践［M］．王彦，等，译．北京：人民邮电出版社，2013：174–176.

希望与心理健康

有研究发现，那些有更高希望水平的人报告的与潜在创伤事件相关的抑郁症状更少。也就是说，负性生活事件与更高水平的抑郁症状显著相关，而更高水平的希望削弱了这种关系（Visser P L，Loess P，Jeglic E L，et al.，2013）。研究人员也发现了希望与焦虑的关系。无论是初中还是高中，希望都消极地预测了儿童的焦虑感，希望水平低的中小学生面对逆境会产生更多的焦虑感（Bryce C I，Aiexander B L，Fraser A M，et al.，2019）。在一项为期六年的纵向研究中，儿童从七年级到十二年级被追踪，并要求他们报告对希望和焦虑／恐惧的感受（即紧张、神经质、颤抖），结果发现，更高的希望水平预示着参与者高中生涯中的低焦虑（Ciarrochi J，Parker P，Kashdan T B，et al.，2015）。朱虹、杨向东和吴冉的研究发现，希望在大学生自杀行为中起调节作用，当个体心理状态恶化时，高希望水平可以起缓冲作用，降低自杀意愿和行为产生的可能。[①]

希望是幸福感的良好预测指标，因为它面向未来，关注个人目标，并且是行为的重要决定因素。研究证实，个体更高的希望感预示着更高的主观幸福感（Demirli A，Turkmen M，Arik R S.，2015）。而主观幸福感对于个体心理健康的重要性早已得到证实。生活满意度反映了一个人对其生活满意程度的认知判断，亦是中小学生心理健康水平的判断指标。有研究发现，希望在父母依恋与生活满意度中起中介作用，中小学生较高的希望水平预示着较高的生活满意度（Jiang X，Huebner E S，Hills K J.，2013）。在中国成年人样本中，希望对生活满意度的预测作用也得到了证实（Yang Y，Zhang M Y，Kou Y.，2016）。除此之外，一些反映心理健康与否的指标：积极和消极影响、创伤后恢复情况（Michael S T，Snyder C.，2005），流动儿童的压力知觉（倪士光

---

① 李星凯，等. 积极心理学视角下中小学生希望感的提升［J］. 中小学心理健康教育，2020（13）.

等，2016），社会适应（董佳等，2019）等与希望的关系也得到了证实。[①]

希望与学业成就

大量研究表明，希望与儿童的学业成就密切相关。斯奈德等（2002）强调了在教育领域中将希望理论作为驱动模型的重要性。该理论指出，充满希望的儿童可以轻松地提出许多解决方案，以实现自己的学业目标。在这方面，具有高度希望的儿童可以被认为是有决心，善于解决问题和制订替代计划，并有动机执行其计划以成功完成学业任务的个人。

一项研究报告了中小学生的希望可以显著预测其学业成绩，并且研究的结果在为期两年的研究结果中显示出了中等以上的稳定性（Marques S C，Pais-Ribeiro J L，Lopez S J.，2011）。斯奈德等人（2002）的一项为期六年的追踪研究结果表明，在希望量表上获得的分数显著预测了更好的学业成绩、更高的毕业率以及更低的辍学率。这项研究还表明，即使控制了智力、上课水平、自尊心和入学考试分数等变量，希望的预测能力仍然很重要。有研究人员进一步调查了学校的各种教育和心理健康指标及其与中小学生希望水平的关系，结果发现，希望中的路径思维和动力思维维度与儿童的生活满意度、学业成绩、课外活动参与度显著正相关，但与儿童的学校适应不良、心理压力呈负相关（Gilman R，Huebner E S.，2006）。一项最近进行的研究也得出了类似的结论，希望可以显著预测中小学生的学业成绩和学校参与度（Bryce C I，Aiexander B L，Fraser A M，et al，2019）。[②]

---

① 李星凯，等.积极心理学视角下中小学生希望感的提升［J］.中小学心理健康教育，2020（13）.
② 同上。

儿童希望感辅导策略

（一）明确个人目标

教师应让儿童确定自己的目标。教师应该让儿童明白所确定的目标对自己的意义，以保证儿童可以对目标进行深入而持续的思考。例如，在设置目标的时候，我们都会设置长远目标和近期目标。但如果儿童只设置长远目标，我们会发现这样的目标很难使其产生行动，或是产生的行动不能持久。因此，教师可以教会儿童设置目标清单，并教其如何设置目标的优先次序，这样就可以将一个大的长远目标分解成较容易执行的多个小目标。通过一个个小目标的完成，激励其最终实现长远目标。此外，教师还应该注意，儿童的目标要有非常详细的含义，而不是模糊的。只有这样，儿童的目标才更具有执行性。为此，教师可以通过举一些详细的事例来帮助儿童认识怎样的目标有助于其产生希望。

（二）提升路径思维能力

帮助儿童制定不同的策略以实现其目标，即提升其路径思维的能力。儿童在执行计划实现目标的过程中，总会遇到各种各样的困难。当遇到障碍的时候，希望感较低的儿童可能会选择放弃，而高希望的儿童更有可能寻找另外一种办法去解决问题。因此，教师应该通过一些活动让儿童认识到，如果遇到障碍，可以试着寻找替代的解决方案，而不是就此放弃。

（三）提升动力思维能力

帮助儿童发展和保持足够动力以使他们达到目标，即增强儿童的动力思维能力。在这一阶段，教师可以通过让他人分享自己成功实现目标的经验，来增强儿童的信心。有研究指出，希望与归因风格存在相关。没有希望的人往往会将失败归因于自身能力不足等无法控制的因素，而充满希望的人会将成功归因于努力等可控的因素。因此，教师应引导儿童进行科学归因，提升内部动力。最后，老师也可以利用一些活动，让儿童参与其中，通过巧妙的设计让儿童在活动中体验成功的快乐。①

---

① 李星凯，等. 积极心理学视角下中小学生希望感的提升［J］. 中小学心理健康教育，2020（13）.

（四）以优势视角发现孩子的闪光点

优势视角是后现代心理治疗的一种积极的咨询策略。本节案例中的班主任温中珍老师，用兴趣点燃萌萌的希望，就是着眼于孩子的兴趣和特长，激发孩子的学习动力，其实就是一种优势视角的辅导策略。温老师把她的经验总结为斜木桶理论，培养孩子的希望感。劳伦斯·彼得（Laurence J.Peter）提出的木桶理论（短板理论），其最初含义是指：一个桶能装多少水，取决于最短的一块板子。斜木桶理论（长板理论）则将之进一步衍生，是指把木桶放置在一个斜面上的时候，把所有的木板（长板、短板）合理排列起来，木桶装水的多少就取决于最长的一块板子的长度。斜木桶理论启发我们不要总是盯着孩子的短处，而要多看孩子的长处，这就是优势视角。除了兴趣激发，温老师还有一个策略是运用强化技术进行多元评价，具体操作如下：

第一，依托所在学校的小思徽章评价体系。"小思徽章"是一种行为评价信息化工具，着力点在于学生行为，通过综合素质评价的全新方式，让每一个学生都有一面荣誉墙。家长通过"小思成长日记"服务号（扫描一卡通背面的二维码进行关注），按照指定的操作步骤，绑定孩子的一卡通号，孩子的每日表现、成长情况都可以即时查看；还可以回复老师发的徽章，让老师知道家长的态度。

小思徽章建立的是一个家校互动平台，小思徽章里设立了很多种类的徽章，将学生在校行为分为行为习惯、课堂表现、思想品德和荣誉获奖四大维度，设计相对应的行为徽章，对学生行为进行记录。比如说：行为习惯徽章设立了"爱惜粮食""遵守秩序""文明有礼"等表扬徽章，同时也设立了对应的批评徽章；课堂表现徽章设立了"全神贯注""积极举手"等表扬徽章和对应的批评徽章；思想品德徽章设立了"爱国爱党""团结友爱"等表扬徽章和对应的批评徽章；荣誉获奖徽章设立了"三好学生""优秀班干部""创新"等表扬徽章。还有通用章、德育章、个性章等各种根据学生实际情况制定的小思徽章。当学生的行为被表扬或提醒时，老师发出的小思徽章，家长的手机第一时间就能收到。

第二，把平时的表现与小思徽章挂钩，并努力看到、认可学生的闪光点，强化学生优秀行为，转化不良行为。我的班上每天都有值日班长，有一个班级日常行为评价体系。（以时间为序）

（1）朝读：按时到教室，认真朝读者，获1枚"朝读明星"小思徽章；未按时到者，不得表扬徽章；整个朝读未参与者（特殊情况除外），或朝读极不认真者，提醒，多次提醒，发1枚批评章。

（2）课堂表现：按照课堂表现总分计算，前四名（小组）每人再加1枚"精彩表现"小思徽章。

（3）排队做操：排队快静齐，获1枚"快静齐小明星"章；做操如果没有被体育部长点名提醒，则每人加1枚"运动健将"小思徽章；被提醒过的，没有小思徽章。

（4）清洁：环保小卫士和老师抽查，保洁好，加1枚表扬的小思徽章——"环保小卫士"章；发现位置上有垃圾，一次作提醒，一天内查到第二次，发1枚批评章。

（5）午餐：光盘行动，发1枚"爱惜粮食"章，保洁好，加1枚表扬的小思徽章——"环保小卫士"章；发现位置上有垃圾，一次作提醒，一天内查到第二次，发1枚批评章。

（6）午休：表现好，安静入睡，发1枚"遵守秩序"章；被午休值周老师提醒1次，取消表扬资格，同一天内提醒第二次，发"违反纪律"批评章。

（7）午会：主动准备PPT，提前练习，展示充分，一次发1枚"精彩三分钟"小思徽章。

（8）班干部：尽职尽责，积极发挥作用，每天每人发1枚"责任小模范"章；未充分发挥作用，不得章；班干部带头违纪，发"违反纪律"的批评章。

（9）其他表现优秀的情况，可获表扬章。

以上制定了表扬章和批评章的发放规则，实际操作过程中，我更多是积极关注学生值得肯定的行为，向学生的优势素养倾斜。只有学生触及安全底线的问题，或不良行为被多次提醒，才会颁发批评章。对于不良行为，一般会表达信任，相信并期待学生能够向着积极的方向努力。以上评比内容每日一表格，学期初有一本成长手册与全班同学见面，值日班长在成长手册上对应的页码随时记录，及时小结。

婷婷同学测试数学能力时，试卷有一面没有做，伤心地哭了。文文去安慰她。过了一阵，婷婷破涕为笑了。我把这一幕看在眼里，马上当着全班同学表扬文文："我刚才看到文文同学耐心细致地去帮助了婷婷同学，我看到婷婷同学脸上还挂着泪水呢，可是笑了。从这里，我感受到了文文同学有一颗友善的心，所以这一枚'友善之星'的小思徽章，我一定会颁发给她。"这时候，孩子们再一次响起了热烈的掌声。我也看到有几个平时不怎么团结同学的孩子，也用羡慕的眼神看着文文。我相信这样场景化的描述，一定可以深深地打动这几个孩子。所以在课间时，我找这几个孩子进行了交流，让他们向我描述文文是怎么帮助婷婷的，同时也让文文来跟这几个同学进行沟通。

对孩子实施多元评价，就是让每个孩子最闪亮的点被及时地看到，并给予肯定，给予强化，让这个优点固化下来，让孩子的人格系统更加饱满。[①]

温老师培育孩子希望感的这些经验值得我们学习。教师和家长要相信每个孩子都有各自的才能和禀赋，每个孩子内心都蕴藏着积极向上的力量，教育的宗旨就是发现和展示孩子身上的这些优势，促进其健康成长。

第4节
心理韧性的开发

人的一生不可能是一帆风顺的，总会遇到困难和挫折。俗话说，"天有不测风云，人有旦夕祸福"。人类历史发展滚滚向前，就是战胜无数艰难险阻、不断前行的历史。顽强的生命意志和百折不挠的拼搏精神，使人类走向光明。

---

① 温中珍.斜木桶理论在小学生希望感培养中的运用［J］.中小学心理健康教育，2020（28）.

心理韧性就是人类长期进化积淀的优秀心理品质。积极心理学把它作为人类的一项重要优势。

一个受虐男孩的成长

据周围人所言，杰克逊从出生起就对人有吸引力。他的许多傻事常常引起别人大笑。人们很自然地受其吸引。上学之后，他的社交和成绩都很好。他似乎可以健康地茁壮成长。但遗憾的是，当他 8 岁的时候，杰克逊遭受了某个家人的性虐待。他很快知道了如何保护自己以避免那个加害者的伤害，虐待只发生过一次。然而，虐待的影响很明显，杰克逊对人的信任变得不稳定了。虐待后的几周，他变得退缩而且严重焦虑，持续的胃疼和头疼。他的心理和身体问题导致他缺课，学业成绩变差。他曾经用自信的眼光看待未来，现在似乎充满惊恐，他的眼中的神色表明他迷失在过去。

一些关心杰克逊的成人及时地意识到了他在挣扎。学校的老师意识到他不再是过去的那个孩子。其中有两位老师伸出援手，一个说："我们不知道什么事情困扰着你，但是不管是什么，我们都会帮助你。"尽管直到 20 年后他才说起那件受虐事件，但杰克逊能够从老师那里得到他需要的支持。他开始每天更早上学，并且在老师的课上安静地坐着。虽然他说话不多，但是他们分享交流知识时他会安静地笑。

两名小学老师给杰克逊提供了一个安全的、可以让他歇息和疼愈的地方。他们默默的支持帮助他摆脱恐惧。久而久之，他和成人的互动开始变得更自在了。一年之内，他的焦虑平息了，并且他的成绩有所提升。他恢复了以前的迷人样子，并且他在整个儿童期间建立了很大的良师益友圈子。今天，他的婚姻很幸福，有一份自己喜爱的工作。就像其他有韧性的儿童的案例一样，杰克逊是个幸运者。[1]

---

① 斯奈德，等.积极心理学：探索人类优势的科学与实践［M］.王彦，等，译.北京：人民邮电出版社，2013：91.

什么是心理韧性

　　心理韧性（resilience）引起心理学界的关注，是源于对处境不利儿童的追踪研究。其中最为著名的是埃米·沃纳（Emmy Werner，1982）报告了一项长达近 30 年的纵向研究，她的研究开始于 1955 年，她发现，在 700 个多民族样本中有将近 200 个处于危险状态，其主要的环境因素有四个：母亲预产期压力、贫穷、日常生活不稳定、父母亲的心理健康问题。沃纳发现 200 个高危儿童中有 72 个尽管处境危险但做得非常好。她发现这些孩子在面临压力和逆境时没有被击垮，而是能够很好地应对这些危险处境，她认为这些孩子身上体现了某种心理韧性。

　　关于心理韧性的概念，学术界至今还没有统一的认识。从现有文献看，主要有三种定义：结果性定义、过程性定义和品质性定义。结果性定义重点从发展结果上定义心理韧性。如，心理韧性是一类现象，这些现象的特点是面对严重威胁，个体的适应与发展仍然良好。过程性定义将心理韧性看成是一种动态的发展变化过程。如，心理韧性是个体在危险环境中良好适应的动态过程；心理韧性表示一系列能力和特征通过动态交互作用而使个体在遭受重大压力和危险时能迅速恢复和成功应对的过程。品质性定义将心理韧性看作是个人的一种能力或品质，是个体所具有的特征。如，心理韧性是个体能够承受高水平的破坏性变化并同时表现出尽可能少的不良行为的能力；心理韧性是个体从消极经历中恢复过来，并且灵活地适应外界多变环境的能力。[①]

　　简言之，心理韧性是指个人面临逆境和重大挫折事件时，能够积极应对以减少对自己造成负面影响的一种较稳定的能力。这对于维持自己正常心理状态具有一定的促进作用。

---

① 李海垒，张文新.心理韧性研究综述［J］.山东师范大学学报（人文社会科学版），2006（3）.

儿童心理韧性发展状况

　　不少研究表明，儿童的心理韧性总体发展比较好。沈之菲（2009）对上海3600多名中小学生的心理韧性与生活事件、应对方式进行调查发现：被调查的学生中大多数具有中等以上的心理韧性水平，具有高心理韧性水平的为54.9%，中等程度的为39.2%，处于心理韧性低水平的为1.5%。[①] 韩丽丽（2014）对北京1175名中小学生进行心理韧性的问卷调查发现，儿童青少年心理韧性总体水平相对较高，高心理韧性水平占78.4%，中等心理韧性水平占21.1%，低心理韧性类型占0.5%。[②] 可见这两个关于城市中小学生心理韧性的调查报告尽管运用的问卷调查工具不同，但是调查结论是比较一致的。

　　农村的留守儿童心理韧性状况如何？葛秀杰等人（2013）对延边农村160名汉族留守儿童的心理韧性的调查表明，这些孩子的心理韧性总体水平比较高。社会支持、生活事件和监护力度对儿童心理韧性有显著影响。当父母长期不在身边时，留守儿童期望从老师那里得到关爱与帮助。如果老师给予了关爱，就在一定程度上弥补了爱的缺失，儿童的心理发展和适应所受到的影响程度就会降低；否则，留守儿童就处于双困境地（家长和老师的爱的缺失），适应性随之降低。[③]

心理韧性的若干模型

　　心理学家根据对于心理韧性不同的理解，提出了不同的心理韧性模型：

（一）系统模型

曼得尔科等人（Mandelco & Peery，2000）在总结前人研究的基础上，

---

① 沈之菲.上海市中小学生的应激性生活事件、应对方式及抗逆力的实证研究［J］.思想理论教育，2009（5）.
② 韩丽丽.青少年抗逆力与学校服务的相关性研究［J］.中国青年研究，2014（5）.
③ 葛秀杰，等.延边地区汉族留守儿童心理韧性状况及其影响因素调查研究［J］.延边大学医学学报，2013（2）.

提出了一个关于儿童的心理韧性模型，如图7-2所示。内部因素即生物因素和心理因素，具体来说，生物因素包括身体健康、基因素质、气质和性别等；心理因素包括智力、认知方式、问题解决技能、人格特点等。外部因素指家庭内因素和家庭外因素，家庭内因素包括家庭环境、教养方式、父母、祖父母、兄弟姐妹等；家庭外因素包括成人、同伴、学校、教堂、幼儿园、儿童组织、保健社会公益机构等。各种因素之间是相互影响的，不仅内部因素和外部因素之间相互影响，而且各内部因素之间、各外部因素之间也发生着相互作用。虽然图中内部因素和外部因素大小相等，但在内部因素缺失或变少时，如果外部因素能及时补偿的话，也能够达到良好的心理适应，从而表现出心理韧性。例如，虽然一个儿童的智力和问题解决技能不算优秀，但他的父母、祖父母如果能给他提供支持和关爱，他也可能会具有较高的心理韧性。

图7-2 儿童心理韧性模型

（二）心理韧性动态模型

为了更好地进行心理韧性的实证研究和应用研究，从1998年开始，美国加利福尼亚州的一些科研机构联合一批心理学家致力于心理韧性模型的提出和测量工具的开发，他们于2003年提出了心理韧性动态模型，见图7-3。

该模型认为，心理韧性是儿童的一种天生潜能。儿童在发展过程中具有安全、爱、归属、尊敬、掌控、挑战、才能、价值等的心理需要，而这些需要的满足依赖于来自学校、家庭、社会和同伴群体的保护性因素或外部资源，这包括亲密关系、高期望值、积极参与等。如果外部资源为儿童的心理需要提供了满足，儿童就会很自然地发展起一些个体特征，这包括合作、移情、问题解决、自我效能、自我意识、自我觉察、目标与志向等，这些个体特征构成了内部资源。这些内部资源会保护儿童免受危险因素的影响，并促进他们的健康发展。[1]

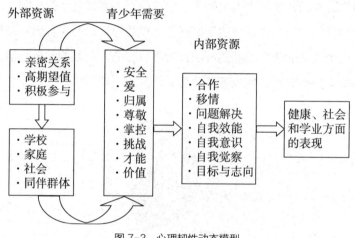

图 7-3　心理韧性动态模型

（三）过程模型

理查森（Richardson，2002）等更进一步对心理韧性模型的概念进行了补充和完善，提出了过程模型：把重心放在如何维护平衡状态，认为身心平衡状态是保护因素和负性事件相互作用的结果，一旦危险因素更多时，个人心理、生理和精神的平衡被打破，导致认知领域重组，最终造成三种不同的结果。第一，发展结果：重新整合促进心理韧性的提升；第二，停滞结果：个人的心理韧性水平恢复到初始的平衡状态；第三，退化结果，过去意识和信念

① 葛秀杰，等 . 延边地区汉族留守儿童心理韧性状况及其影响因素调查研究 [J] . 延边大学医学学报，2013（2）.

功能的丧失或者彻底陷入紊乱状态，如用药物、自残等方式消极应对，见图
7-4。①

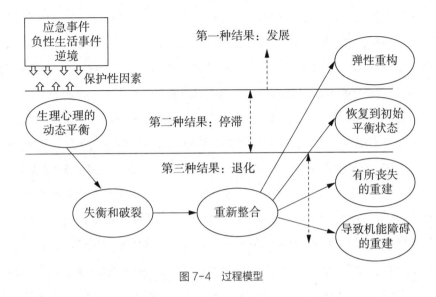

图 7-4　过程模型

理查森的心理韧性过程模型，对于我们如何激活儿童的心理韧性有如下
启示：

第一，心理韧性是激发的结果。心理韧性是个体与生俱来的一种潜力，人
在平安顺利的时候心理韧性得不到激发，以一种潜伏的状态存在。当危机和困
难袭来的时候，心理韧性被激活，迸发出巨大的力量，帮助个体面对危难，聚
集力量，渡过难关。每个人都有心理韧性，也许被唤醒，也许被埋没，逆境与
压力是帮助个体唤醒心理韧性、展示潜能的外在条件。

第二，保护因素对生命历程具有决定作用。当外在压力和危机袭来时，个
体自身和环境中拥有的保护因素会做出自动化反应，与外在压力构成交互作
用。如果个体自身或其环境中具有适配的、得力的、恰当的保护因素，直接就
可以产生两种能力。一种是自我平衡能力，保证个体在压力和逆境面前维持舒
适。另一种是心理韧性的启动，调整自我，应对压力，重构生命，获得良性发

---

① 崔月，尚亚飞.心理韧性的研究综述［J］.卫生职业教育，2020（16）.

展。如果个体自身缺乏积极的保护因素，其生活环境也不具备有效、良性的保护因素，个体就会遭遇混乱，充满焦虑、纠缠、扭曲。

第三，功能失调不是逆境的唯一结果。心理扭曲、生命瓦解意味着个体保护因素作用不利，没有抵御和应对压力与逆境的能力，但并不意味着生命的终结。混乱之后的生命仍然需要重构，会出现四种可能。一是功能失调，比如酗酒、吸毒、犯罪或自杀企图。二是丧失性重构，如自我价值感丧失、低自尊、自卑、自我否定、能力缺失等，这些都是非适应状态的重构，不利于个体走向良性发展。三是平衡重构，个体保持稳定状态，继续拥有安宁舒适的生活。四是心理韧性的重构，激活生命潜能，积极应对，体现胜任力，战胜逆境，健康成长。

第四，心理韧性是个体与环境的交互作用。环境因素对个体心理韧性的形成至关重要，协助个体形成心理韧性的内在保护因素也是环境作用的产物。心理韧性犹如生命中的一粒种子，正向的、和谐的、健康的生活环境，有利于这粒种子生根、发芽、开花、结果，当个体面对危机与挑战时就会表现出心理韧性，主动调整，积极应对，渡过难关；负面的、混乱的、恶劣的生活环境，会导致这粒种子过早地夭折、枯死，当个体面对逆境和压力时，就会束手无策，无计可施，以致产生严重后果。个体面对危机时，是出现功能失调还是非适应反应，是表现为自我平衡状态还是心理韧性状态，取决于个体与环境的交互作用。平稳反应，积极应对，就是具有心理韧性的表现。[①]

心理韧性的保护性因素

从心理韧性的系统模型和动态模型可以看到，影响儿童心理韧性的保护性因素有环境因素，也有个人因素。

（一）单一保护性因素

1. 儿童个体因素。

个体因素包括：良好的认知能力，包括问题解决和注意力管理技能；婴儿

---

① 田国秀. 抗逆力研究及对我国学校心理健康教育的启示［J］. 课程·教材·教法，2007（3）.

期是易养型气质，后来发展成适应性人格；积极的自我知觉，自我效能感；有信念的生活中的意义感；有良好的情绪调节能力；有被自己和社会重视的才干；良好的幽默感；对他人普遍的吸引力或魅力。

2. 家庭环境因素。

家庭因素包括：与父母的亲密关系；权威型的家庭教养，高温暖、高结构性，监控性、高期望；父母关系和谐，父母接受过高等教育，父母参与儿童教育，父母社会经济有优势。

不少研究归纳出与心理韧性有关的外部环境资源。例如，在家庭方面有温暖的家庭氛围、良好的亲子关系和夫妻关系、一致的行为规范、对孩子提供关爱和支持等。在社会关系方面，包括亲密的同伴友谊、成人导师式的指导、良好的角色榜样、安全的学校氛围、和谐的社会环境以及宗教信仰等（Garmezy N，Masten A S，Tellegen A，1984）。这些保护性因素对于维持韧性至关重要，心理韧性发挥作用的过程就是个体的保护性因素与高危情境（如战争、灾难、疾病、生活挫折等）相互作用的结果。[1]

刘庆等人（2016）对 400 名中学生心理韧性与父母教养方式的关系进行调查，发现父母亲教养方式中的情感温暖、理解因子对韧性均有正向预测作用，父亲的拒绝否认和母亲的惩罚严厉对韧性有负向预测作用。这表明父母的情感温暖、理解的教养方式是儿童心理韧性发展的保护性因素，而父母的拒绝、否认和过于严厉是危险性因素。[2]

3. 社会环境因素。

社会环境因素包括：高效能学校，家庭与学校、社区的联系；邻居关系和睦，高水平的社区公共安全；良好的紧急社会服务（如，火警、救护等）；良好的公共健康和卫生保健服务等。[3]

---

① 于肖楠，张建新. 韧性（resilience）——在压力下复原和成长的心理机制［J］. 心理科学进展，2005（5）.
② 刘庆，等. 儿童心理韧性与父母教养方式的关系［J］. 中国健康心理学杂志，2016（7）.
③ 斯奈德，等. 积极心理学：探索人类优势的科学与实践［M］. 王彦，等，译. 北京：人民邮电出版社，2013：95.

（二）多因素交互作用

曾守锤等认为，单个保护性因素对儿童弹性的影响，这与生活现实是严重不符的，因为在现实生活中，一个儿童往往要同时受到多个保护性或破坏性因素的影响，显然，这多个因素对个体的影响并非只是多个因素的简单相加。据加梅齐（Garmezy，1994）报告，危险因素的效应是呈几何级增长的，当没有或只有一个危险因素时，虽然危险的水平不一定很高，但若危险因素增加到2个时，危险水平要增高4倍，若增加到4个，则危险水平要增加10倍。据此推测，保护性因素的效应也可能是呈几何级增长的。

考虑各因素间的交互作用以及说明其内在机制，建构理论模型是非常必要的。为了对多个保护性因素和破坏性因素及其结合的内在作用机制有一个较概括的了解，下面简要介绍一个儿童心理韧性的发展模型（见图7-5）。

可以看到，该模型同时考虑到了保护性因素和危险因素，个体以外的情境变量和个体变量对行为结果的影响。该模型还暗示，在考察个体的行为结果时，应以生态学的观点综合审视各因素的交互作用，并分析其内部作用机制（直接的还是间接的，中介因素是什么），而不是简单地把弹性归结为一系列单个的分离的保护性因素。①

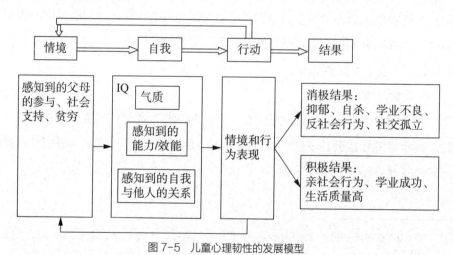

图7-5　儿童心理韧性的发展模型

---

① 曾守锤，李其维.儿童心理弹性发展研究综述［J］.心理科学，2003（6）.

儿童心理韧性发展的机制

所谓韧性发展的机制，就是阐明在儿童的心理韧性发展中，保护性因素是通过哪些途径对儿童的发展产生积极影响的。拉特（Rutter，1990）在对许多经验性研究文献进行归纳总结后提出了韧性发展的四种作用机制。

1. 降低危险因素的影响，包括改变个体对危险因素的认知和避免或减少与危险因素的接触。先让儿童在危险性较低的环境下学习如何成功地应付这些危险因素，这样，当他（她）碰到更大的危险时就可以减少其不利影响了。实际上，这是一种补偿或抵消作用。

2. 减少由于（长期的）危险因素而产生的消极连锁反应。例如，由于得到健在父亲或母亲的良好照顾或得到他人的良好照顾，儿童得以幸免于由于父亲或母亲一方的去世带来的消极连锁影响。

3. 保护性因素对儿童弹性发展的影响可以通过自尊和自我效能的提高来实现。研究发现，有两类经验可以提高儿童的自尊和自我效能感，它们是与他人建立安全与爱的和谐关系，和获得成功的解决问题的经验，这样，儿童就有信心摆脱不利的处境。

4. 为个体获取资源或为个体完成生命中的重要转折期而创造机会。①

儿童心理韧性开发的辅导策略

儿童心理韧性的开发关键在于增强其个人内在保护性因素和外在环境保护性因素。

（一）激活儿童的心理韧性

由以上拉特的心理韧性发展作用机制可知，保护性因素对儿童弹性发展的影响可以通过自尊和自我效能的提高来实现。因此，儿童内在的心理特质，如自我效能、自尊、积极情绪、问题解决、自我调节能力和人际互动能力都是有

---

① 曾守锤，李其维. 儿童心理弹性发展的研究综述［J］. 心理科学，2003（6）.

助于应对挫折情境、使之适应良好的内在保护性因素。

由 Fetzer 机构提出的社会与情感学习项目，旨在通过针对性专题课程和学科融合两种训练形式传授个体一系列知识、态度和技能，增强其自我意识、自我管理、社会意识、人际关系技能和负责决策这五种心理韧性内在保护性因素。实证研究表明，无论学生的身心状况、种族和信仰差异与否，基于学校的预防和干预项目都有效地改善了学生的抑郁症状，纠正了学生的反社会和物质滥用等问题行为，促进其心理健康和学术成就等积极发展。[①]

1. 以优势视角开发心理韧性。

"优势视角"是相对于"问题视角"而言的。对于儿童问题，家长或教师有时会从问题视角来看，诸如厌学、逃学、脑子笨、成绩不好、失败、消极、无价值、生活颓废等优势视角是转换角度看待问题，挖掘这些"不良表现"背后的功能，看问题的视角可能就转化为挣扎反抗、继续存在、寻求地位，坚持、独立、成长、学习和敢于挑战等。从心理韧性的优势视角来看，个体是自己问题解决的专家，任何解决问题的资源都存在于个体身上，所以发现和利用个体现有的力量和资源，是个体心理韧性提升的关键。

实现儿童的心理韧性途径有两种：常规途径与非常规途径。常规途径简称为"4C"，包括胜任力（competent）、爱心（caring）、贡献（contributions）和乐群（community）。非常规途径简称"4D"，包括危险的（dangerous）、违规的（delinquent）、失常的（deviant）和混乱的（disordered）行为。常规途径与非常规途径都是儿童生命能量的体现，相对于无聊、冷漠和焦虑而言，非常规途径也是有意义的，它标志着儿童没有被危机打垮，不向危机低头，而是积极寻求改变，通过各种途径使生命挣脱逆境。从行为本身看，可能是危险的、违规的、失常的或是混乱的，但它毕竟还在显示生命的力量，还在为意义而斗争。

常规途径与非常规途径背后的动机是一致的，都是生命力的体现，两者的区别在于手段和方式的不同。前者使用常规手段，行为方式为亲社会取向，表

---

① 金琳，等.儿童青少年心理韧性的干预策略及启示［J］.教育科学论坛，2018（14）.

现出对社会的认同、顺从和一致，往往得到社会的接纳和支持。后者使用非常规手段，具有反传统、挑战常规、对抗成人等特征，表现出对社会的反思、批判和对抗，常常受到成人的指责、围攻和排斥，结果导致儿童与社会背道而驰、南辕北辙，既使社会遭受损失，也对儿童自身成长构成阻碍。所以，要提高儿童的心理韧性，必须引导儿童深刻思考自身行为，认清行为的真正动因，以常规行为替代非常规行为，以建设性方式参与社会和学校生活。

2. 心理韧性课程。

研究证明，对心理韧性知识的了解、培养自信和希望对儿童的心理韧性起到了积极作用。如，国际心理韧性研究计划就是通过教授学生"我有""我是"和"我能"的策略来提高学生的心理韧性。其中，"我有"是帮助学生发现个体所拥有的外在支持与资源，发展安全感和受保护的感觉；"我是"是帮助学生发现个人的内在力量，包含个人的感觉、态度及信念；"我能"是帮助学生发现和培养个体的人际技巧与解决问题的能力，如创造力、恒心、幽默、沟通能力等。这样的课程无疑对提高学生心理韧性能起到教育和训练的作用。

心理韧性课程的建构，是以心理韧性理论为指导，以发展性、循序渐进的方式，逐步使学生掌握有关心理韧性的知识、技巧，培养学生抗逆的态度和能力。课程通过课堂教育、班级辅导、小组辅导等形式，教授学生生活技能、合作方式、沟通技巧、冲突解决能力、拒绝和肯定的技术、决策能力、解决问题的能力、情绪管理、自我减压能力等方面的知识和技能，通过学生的体验、感悟，对知识和经验进行统整，进而转化为学生内在心理韧性因素，应用于学生的日常生活之中。[①]

（二）优化家庭保护性因素

家庭是儿童心理韧性建构中重要的外在保护性因素，由韦伯斯特等人（Webster & Stratton，2010）提出的父母关键期训练项目，旨在通过父母教养技能提升以促进孩子心理韧性的发展，以社会学习理论和以往的成功干预研

---

① 沈之菲.青少年抗逆力的解读和培养［J］.思想理论教育，2008（1）.

究为借鉴，将父母教养技能作为促进儿童社交能力、情感调节、学术成就和积极归因等心理韧性保护性因素的增加机制。实证研究结果表明，不管是干预还是预防实验中，该项目都能有效提高个体的心理韧性水平，达到问题行为的消除和心理症状的缓解。①

优化家庭保护性因素的策略包括：营造温馨、安全的家庭氛围，温暖、支持的教养方式，亲密的沟通与互动。

1. 温馨、安全的家庭氛围。

在儿童成长过程中，温馨、安全的家庭氛围，能给孩子安全感和归属感，满足孩子情感的需求和爱的能力增长，这些都是孩子积极应对挫折和逆境的情感资源。

2. 温暖、支持的教养方式。

父母要鼓励孩子尝试对事物的探究，并给予相应的支持，培养孩子的独立自主能力和勇敢精神。父母的倾听与理解会让孩子身处困境时增添力量，会使孩子坚强地克服困境，提升其心理韧性。

3. 亲密的沟通与互动。

要鼓励儿童主动进行亲子交流，与亲人有更密切的交往和互动，具体包括：第一，平衡的人际互动，指家庭成员具有良好的沟通，能容忍相互之间的人格差异，能共同面对危机，能相互协助解决问题。第二，对家庭仪式的重视，比如重视生日、结婚周年及其他家庭之中的重要日子和特殊事件，重视家庭聚会、共进晚餐等仪式行为。第三，良好的社会支持网络，包括与亲朋好友之间的互动经验等。第四，休闲活动与身心健康的维持，既强调家庭的共同休闲，也尊重个人的个别差异，通过休闲活动促进家庭能量的再生，维持家庭成员的身心健康。

（三）优化学校保护性因素

优化学校保护性因素的策略有：合理看待学业成绩，融洽的同伴关系和师

---

① 金琳，等.儿童青少年心理韧性的干预策略及启示［J］.教育科学论坛，2018（14）.

生关系，参加有意义的活动。

1.合理看待学业成绩。

学业韧性是孩子成功应对学业挫折和挑战的能力。老师在评价学生时应因人而异、多元评价。一方面，要引导孩子重视学业，测验、考试是对自己学习表现和效果的评价，查缺补漏，使自己学业顺利；另一方面，也要倡导"不以分数论英雄"的班级文化，认识到每个同学都有自己独特的潜能。没有获得好成绩的孩子不要自卑，成绩优秀的孩子也不要骄傲自大。

2.融洽的同伴关系和师生关系。

有研究表明（Brown，Larson，2009），同伴关系是孩子幸福感的主要来源。当个体遭受困难和挑战时，良好的同伴关系可以作为情绪支持的来源，提供问题解决策略的通道。所以，老师要注重助人为乐、同舟共济的班风建设，和谐同伴关系。同时，良好的师生关系也是儿童重要的保护性资源。许多事实表明，老师对孩子面临困境时的关心和陪伴，是孩子成功地从困境中走出来的重要的支持力量。本节案例中的杰克逊从童年受虐的阴影中走出来，重新露出阳光般的笑容，就是两位老师无微不至的关怀，给了他勇气和韧性。

3.鼓励参加有意义的活动。

为孩子提供展示自己兴趣爱好的平台，引导学生参与形式多样的校园活动，从而让孩子发现自己的潜能和优势，提高自我效能感，建立积极乐观的心态，提升心理韧性。学校可以利用节日活动、校园艺术节、体育节、科技节等，发挥孩子的聪明才智，也可以通过国旗下的发言来进行榜样激励，表达对事物的见解，体验到自尊自信。[①]

---

① 朱仲敏.青少年心理资本：可持续开发的心理资源［M］.上海：学林出版社，2016：148–150.

本章结语

积极心理学让我们从另一个全新的视角探讨儿童心理辅导，它不是问题导向，而是从孩子的优势与潜能的开发，培育孩子的积极心理品质，增加积极应对能力，减少行为和情绪问题。幸福是人人都向往和追求的，幸福是人的生活目标，而对于幸福的理解众说纷纭。塞利格曼对幸福有独到的理解，他说："其实我讨厌'幸福'这个词，因为它已经被滥用到几乎毫无意义。它无法作为一个科学术语付诸研究，也不能用作教育、医疗、公共政策，或是你个人生活等的实际目标。积极心理学的第一步就是，把'幸福'这个一元论概念分解成为若干可以研究的术语。这远非文字游戏，幸福需要一个理论来解释。"积极心理学关于幸福 1.0 版是强调满意的生活，而到幸福 2.0 版是追求蓬勃的生活，即幸福让生命蓬勃充盈。对于儿童来说，塞利格曼强调乐观、希望、心理弹性和自我效能是孩子心理成长的基石。

乐观不仅是一种人生态度，也是一种积极心理品质，塞利格曼说："乐观在你的某些生命领域中占有很重要的地位，它虽不是万灵药，但它可以保护你不受抑郁的侵害，它可以提升你的成就水平，它可以使你的身体更强健，它是一个令人愉悦的精神状态。"培养儿童乐观的要诀是帮助孩子学会乐观的解释风格，即从积极的视角看问题。

希望是一种未来导向的积极心理品质。积极心理学家斯奈德说："希望心理学告诉你能从这里到那里，希望是心中的彩虹。"孩子有了希望，就有了成长道路上的目标与方向。教师和家长要从优势的视角点燃孩子心中的希望，要相信每个孩子都有各自的才能和禀赋，每个孩子内心都蕴藏着积极向上的力量，儿童心理辅导的宗旨就是发现和展示孩子身上的这些优势，促进其健康成长。

儿童在成长过程中总会遇到挑战与挫折，需要孩子有韧性来应对。儿童心理韧性的培养同希望燃起一样，要积极开发孩子内在保护性因素，包括自我效能、自尊、自我价值感和自我调节能力等，同时优化家庭和学校环境的保护性因素，包括温暖的亲子关系、和谐的师生关系和同伴关系等。

生命关怀

变化纷繁的社会环境、自媒体时代的多元化信息，使得有的孩子变得迷茫，认识不到自己存在的意义，有的甚至轻待生命。近年来儿童青少年危机事件逐渐上升，生命教育日益受到人们的关注。生命教育的宗旨就是帮助儿童青少年思考人为什么活着，人的存在的价值和意义是什么，帮助儿童青少年认识生命、珍惜生命、敬畏生命、热爱生命。

本章讨论以下问题：

生命教育简述；

丧失与哀伤辅导；

儿童虐待辅导。

第 *1* 节
生命教育简述

　　每当听到中小学生危机事件的报道时，我们的心情都很沉重。人们常常会问：为什么这些孩子会轻待生命？为什么这些孩子在风华正茂的少年时代会舍弃生命？因此，如何进行儿童青少年生命教育，是每一个教育工作者必须关注的一个时代命题。

生命教育是儿童心理辅导的重要内容

　　生命教育和心理健康教育在学理上有不同的范畴，而从学生的健康发展的视角，两者之间是密切联系、相互交融的。因为人是一个完整的生命体，如前所说，人的全面发展是身体、心理、精神的和谐发展，也是学生健康心理的发展目标。在学生的心理与精神层面的融合之处，有更多生命教育的议题。如，青少年自我同一性，在探索"我是谁"，实质上也是对自己生命意义与人生价值的探讨；又如，面临生命的丧失，对学生开展的哀伤辅导，其意义在于引导学生从对人的死亡的讨论中感悟生命的可贵；再如，在对抑郁有自杀倾向的学生的辅导中，如何让其从自我贬低、生命无意义感中走出来；等等。因此，在心理健康教育内容框架里，生命教育是其中的一个重要议题，可以说生命教育是心理健康教育的一个重要组成部分。

生命教育实践的基本路径

　　从近年来国内中小学生命教育推进的实践来看，将生命教育融入到心理健康教育之中是一条切实可行的路径。笔者有如下思考：

（一）建立科学的生命认知

应该让每个学生认识到生命的唯一性，人的生命只有一次，生命有时是很脆弱的，要珍惜生命。事实上，现在不少学生生命意识模糊，2005 年我们曾经对中小学生的生命意识和生命观做过调查，发现居然有半数以上的中学生认为人能够"死而复生"，实在应该引起教育者的深思。

究其原因，网络虚拟世界中对生命的展现，往往脱离了真实的现实世界，在有的网络游戏里人有多条命，是可以死而复生的。而有些青少年往往分不清虚拟和现实之间的界限，这就颠覆了青少年对生命唯一性的科学认知。正如有的学者所说："在游戏中，角色动作的模仿、击杀对手的感觉也会在一定程度上使青少年对于生命产生麻木或其他感受；在动画片上，不死的主角身体也会对青少年的生命认知产生错误的引导。"[1] 网上一度出现死亡游戏的网站，诱导极少数学习、生活遇到挫折的孩子迷恋死亡游戏，深陷其中不能自拔，直致自杀的悲剧发生。只有帮助青少年建立积极向上的生命意义感，拒绝生命的虚无，才能让他们远离这些死亡游戏。

生命意义感（Meaning in life），是指个体领会、理解或看到他们生活意义的程度，并伴随他们觉察到自己生命或人生目的、使命、首要目标的程度。已有研究发现，生命意义感对个体幸福和健康具有重要预测作用，对生活满意度、积极情感和身体健康的预测作用显著，缺乏生命意义感则是焦虑、抑郁、空虚、无聊等心理问题产生及自杀意念（或行为）出现的重要原因。孟四清、刘金明（2020）对全国 5246 名中学生进行调查，结果表明，31.7% 的中学生生命意义感缺失。[2] 可见，积极的生命意义感的培养是青少年生命教育的重要内容。同时，帮助学生健康上网，培养学生网络安全和网络道德意识是更为积极的教育策略。

---

① 朱李文.网络环境中青少年生命价值观的分析与建议［J］.南方论刊，2017（7）.
② 孟四清，刘金明.中学生生命意义感及相关问题的调查［J］.天津市教科院学报，2020（4）.

（二）直面死亡教育

帮助儿童建立科学的生命认知的一项重要内容是生死教育。长期以来，死亡教育是一个禁区，一般来说，人们谈及死亡的话题是不吉利的，何况与孩子讨论死亡的议题。

儿童青少年对死亡的无知和愚昧会将其带入死亡的深渊。曾有一则报道：在甘肃武威发生了 6 名少年连续服毒事件，2 人死亡，4 人获救。中央电视台新闻节目对此事作了深入调查，其中有些细节令人深思：服毒事件中的主要人物——苗苗，在她的遗书中写着"我要到另一个世界快乐生活"，并在喝药后笑出了声；为了陪伴好友而自杀未遂的小蔡，谈到对死亡的认识时说："死就是人睡着了不会醒来，并不可怕。死可以让痛苦中的人得到解脱。"[①]

科学的生死观教育就是让儿童正确认识生命本质、历程、老化及循环过程的科学知识，避免对于死亡的无知。死亡是有机体生命活动和新陈代谢的终止。儿童青少年自幼年开始即对死亡产生好奇与疑问，如果得不到父母、老师的教导，他们容易被笼罩在死亡的神秘面纱之下，只有通过电视、电影、童话故事等，略窥死亡面貌。由于无法获知真相，青少年容易受到夸大、不实、扭曲等信息的影响，产生错误或片面的死亡认知，其对于死亡的态度，往往是恐惧、害怕、神秘等，容易产生负面且复杂的心理体验，不利于心理健康。

儿童的死亡教育形式是多种多样的，其中绘本故事是深受孩子喜爱的一种形式。如《獾的礼物》，大意是：獾是一个让人信赖的朋友，他总是乐于助人。但因为太老了，他去世了。即使他去世了，大家都记得他活着的时候给予的帮助：他教鼹鼠怎样剪纸，教青蛙怎样溜冰，教狐狸怎样系领带……这些都是留给他们的礼物，这些礼物让他们互相帮助。本书叙述动物们的好友獾过世后，缅怀他在过去对大家的真挚付出。绘本中这样写道：

獾的年纪好老、好老，老到什么事情都知道，而且也老到知道自己就要死

---

① 肖瑞兰.论生死教育［J］.福建论坛（社科教育版），2009（1）.

了，獾并不怕死。因为他晓得，"死亡"只是让他离开他的身体……獾常常告诉他们，在不久的将来，他会走向长隧道的另外一头，他希望到时候大家不要为他难过……

他把摇椅搬到炉火前，他静静地摇、静静地摇，最后，便沉沉地睡着了。没想到，他做了一个他从来没有做过的美梦。獾梦见，他竟然在跑。而在他面前的是一个没有尽头的长隧道。他的脚力十足，根本不需要拐杖，他把拐杖丢到地上，向前跑了起来，他越跑越快，最后他觉得自己的脚腾空了，他的身体在空中旋转，滚来滚去，撞来撞去，却丝毫没有受到损伤，獾觉得他变自由了，他不再需要他的身体了。

这个故事虽然是写獾的离世，但没有对死亡的恐惧和悲哀，充满了獾生前给大家带来的欢乐。这使笔者联想到印度大诗人泰戈尔的诗句："生如夏花之绚烂，死如秋叶之静美。"

（三）在生活实践中体悟生命的可贵

生命与生活密不可分。生活是人的一种生存状态，是生命存在状态的体验。陶行知说："什么叫生活？一个有生命的东西在一个环境里生生不已的就叫生活。人生就是要'活'——要'生活'。"生活的根本内涵是生生不息的生命，生命是生活的体现。

要让学生敬畏生命，不仅要进行认知学习，还要能学会体验学习。体验是对亲身经历的反思，是全身心融入对象后对意义的揭示，是对生命意义的感悟。通过体验就能丰富自身的情感，提升人生境界。生命不仅需要学生去认识，更需要学生在生活实践中去体验，体验生命的过程是对生命意义逐步把握的过程。在青少年的生活世界里，生命体验的方式是多种多样的。

如，在丧失与哀伤辅导中对生命的珍爱。面对亲人、同学的生命丧失，会有悲伤，在悲伤之中我们常常怀念与逝者生前一起相处的难忘时光，从而更加珍爱生命。

又如，在人类重大灾难事件之中对生命的感悟。2020年年初新冠肺炎疫情的爆发是一场席卷全球的公共卫生危机事件，我国在这场人类与病毒斗争的过程中，展现在人们面前许多动人的画卷，广大医护人员日益奋战在抗疫第一线抢救病人，医学科研人员夜以继日地研制疫苗，建筑工人争分夺秒地建方仓医院，志愿者深入社区防控，解放军指战员为抗疫工作提供各种支持保障，所有这些都是一场场活生生的生命教育。它可以让青少年感受到在大灾大难面前的人间真情，体会到对他人生命的关怀是一种敬畏生命、尊重生命的大爱情怀。正如弗洛姆所说："爱主要是一种对世界和对自己的情感，这种情感是一个人的生命态度的基础，它决定了一个人与世界的联系方式。爱包括关怀、责任、尊重，即包括对自己生命的关怀、责任和尊重，也包括对他人生命以及自然界一切生命的关怀、责任和尊重。"

此外，在课堂教学和课外活动（包括班团队活动、节日纪念日教育、仪式教育、学生社团活动、社会实践活动）中有丰富的生命教育议题，可以让学生参与、体验和感悟到生命的意义。

（四）走进幸福心理学让生命充盈蓬勃

积极心理学倡导者塞利格曼说："我以前一直认为积极心理学的主题是幸福，它的测量标准是生活满意度，而今幸福的含义变得更加丰富，它的目标是让生命变得更加丰盈、蓬勃。"他提出幸福心理学的若干要素，对于生命教育富有启示。其中乐观、心理韧性和积极关系等对于青少年生命成长更为重要。

（五）重视高危学生的预防性辅导

生命教育既有关注每一个学生健康成长的发展性目标，也有防止禁止毒品、防止性传播疾病、防止自杀和各类事故等的预防性目标，同时，对于已经发生的青少年学生危机问题进行专业转介和干预。这三者之间是紧密相连的，疏忽任何一项，都会影响学生的健康成长。预防是为了发展，发展是最好的预防，而干预最终也是为了发展。

预防性目标应该着重对于可能发生成长问题的高危学生群体予以关心，例如，家庭处境不利学生、学习困难学生、行为问题学生、人际关系不良学生、青春期困扰学生、情绪抑郁学生、体弱多病学生、伤残学生等。做好高危学生预防性辅导，关键在于学校危机预防和干预系统的建设，不是等到出了问题去亡羊补牢，而是要切实做好预防和预警工作。每一个生命都是独一无二的，每一个生命都需要关怀和呵护。

简言之，生命教育就是帮助儿童青少年思考人为什么活着，人的存在的价值和意义是什么。生命教育是从生理、心理和伦理三个层面关怀学生的生命历程。因此，要将生命教育融入到心理健康教育之中。儿童青少年作为未成年人，生命教育应该落实在以科学的生命认知为基础，以情感为纽带，即珍惜、热爱、敬畏生命；以积极的生命意义与价值为导向。将生命教育融入到学生日常学习、交往和生活之中，潜移默化、滴水穿石，让孩子认识到生命的意义，感悟到生命的可贵，走好人生的每一步，让每一个孩子的生命充盈、蓬勃。

第 2 节
丧失与哀伤辅导

生活中充满了各种丧失，如失去亲近的人、失去未来各种可能性以及身体的损害等，可以说丧失与成长共存，它们会带来生活的改变。儿童遇到的创伤性事件主要是亲人与同伴的亡故，这些丧失与哀伤事件会引起孩子巨大的心理悲痛和创伤，不仅影响他们当下的生活与学习，甚至会留下终身的阴影。在过去，一般老师不会去关注这些问题，班主任和家长既缺乏处理儿童丧失与哀伤的意识，也没有适当的方法和技能。而自汶川地震以后，无数儿童丧失亲人和同伴，人们对丧失与哀伤辅导、灾后心理干预予以了前所未有的重视，把它作为儿童心理辅导的重要主题。

父亲去世之后

邹晓祎（化名）12 岁，初一男生，和父母、弟弟一起生活。做外贸生意的父亲于 2015 年的一个冬夜突发脑溢血送医院抢救，一个月后去世。母亲为全职太太，抚养两周岁的弟弟。晓祎曾经被带到医院去看望昏迷中的父亲，但他一直否认父亲重病和离世的事实，他拒绝参加父亲的葬礼，木然面对悲痛的家人，并激动地冲母亲喊叫，说父亲还在外面忙生意，不久就会带他去美国念书。小邹在父亲去世后一直沉迷于电脑游戏，学习上萎靡不振，成绩大幅下滑，人际交往趋于闭锁，同学、老师基本无法和他交流，班主任家访时也闭门不见，整日郁郁寡欢。①

什么是儿童丧失与哀伤

（一）创伤性丧失

丧失一般可以分为三类：（1）成长性丧失，源于生命规律和人在生活中作出的选择取舍，如搬迁、转学、离婚等；（2）创伤性丧失，源于生命中一些不可预测性和突发性的事件，如亲人去世、失恋、身体伤残、社会联接破坏、财产损失等；（3）预期性丧失，源于人的预期并没有真正发生，也不一定真正出现。如失去未来各种可能性——升学、恋爱、不能生育、信任、安全、控制、稳定和支持的丧失等。这里讨论儿童的创伤性丧失。②

儿童的创伤性丧失一般具有阶段性。例如，汶川地震灾后儿童心理创伤表现为以下几个阶段的特征：

1. 地震后的一个月之内。儿童受创伤的情绪反应强烈，包括害怕、麻木、惊吓、困惑；行为反应则包括木然、没有反应、特别听话、爱哭、爱闹、很黏人、做噩梦、失眠、很容易受到惊吓等。

2. 地震后一个星期到数个月不等。儿童受创伤的情绪反应可能包括生气、怀疑、急躁、淡漠、忧郁、孤僻，以及明显的焦虑等；行为反应则包括胃口改变、消化问题、头痛、做噩梦、故意惹人生气，以及重复诉说创伤经验等。儿童也可能会自问："为什么是我？""是不是因为我太坏了？"

3. 地震后一年以上。在相关机构辅导工作的基础上，社区生活慢慢恢复，

---

① 李晶.再见，爸爸……——沙盘游戏用于初中生哀伤辅导的个案研究［J］.中小学心理健康教育，2017（8）.
② 刘洋，等.浅析丧失与哀伤辅导［J］.社会心理科学，2009（6）.

受创伤儿童可能慢慢恢复以前社区生活的感受，淡忘创伤经验。但部分儿童还会持续做噩梦、突然受到惊吓，以及看到与地震相关的事物都会引起创伤经验，儿童的心理与行为特征会不断重复，回到前一个阶段。

4.康复与重建阶段。儿童已经自觉意识并接纳受创伤经验，并通过自我复原力以及外在帮助慢慢处理消极情绪，心理康复与重建正在进行。不过，在汶川地震灾后，许多儿童青少年被大人要求表现出英勇行为，与家人共同救灾，在其中体现的英雄般的气概和氛围可以起到积极的化解作用，但也可能会将消极情绪刻意深埋在内心而不能得到很好的释放。

（二）哀伤

哀伤（grief）则是指一个人在面对丧失事件时出现的内在生理反应和包括情感、认知等方面的内在心理反应，分为简单哀伤和延长哀伤障碍（prolong grief disorder，PGD）两类。简单哀伤又称为正常哀伤，是亲近的人或朋友逝世后的正常情感反应，包括急性哀伤和持久性哀伤，急性哀伤出现在死者逝世早期，丧亲者表现出极度难过及与日常生活不同的行为和情绪的特征。PGD，目前命名尚未统一，也被称为复杂性哀伤（complicated grief）、创伤性哀伤（trumatic grief）、病理性哀伤（psthological grief），《精神障碍诊断和统计手册（第五版）》中则采用"持续性复杂哀伤障碍"（persistent complex bereavement disorder）这一名称。世界卫生组织（WHO）在《国际疾病分类（第11版）》中将PGD描述为在配偶、父母、孩子或其他亲近的人去世后，个体对死者的想念持续弥漫到生活各个方面，并伴随着强烈的情感痛苦，表现为难以接受死亡、愤怒、内疚、情感麻木等特点，这些反应将持续很长一段时间，至少6个月，且这些反应对个体、家庭、社会等多个领域造成了损害。①

由上可知，哀伤不仅仅是一种悲伤情绪，而是涉及思想、情绪、行为和躯体感觉的整体过程。它对于重建心理平衡、恢复自我功能是非常重要的。一般

---

① 徐克珮，等.丧亲儿童和青少年哀伤研究现状［J］.医学与哲学，2020（22）.

来说，哀伤是对丧失的正常的、自然的反应，而不是心理疾病，认识到这一点十分必要。因为大多数人会将哀伤视作不好的反应，对儿童不利，所以出于善意，竭力劝阻。比如，当儿童哀伤时，经常会听到这样的劝慰："别哭了""别难过了"。这些都反映了对哀伤功能的忽视，不利于儿童的心理健康。成年人总认为儿童什么也不懂，或者担心儿童太小，承受不了丧失带来的痛苦，所以常常回避儿童的哀伤反应，无意之中剥夺或阻断了儿童的哀伤过程。这种善意的但又是想当然的干涉恰恰不利于儿童的健康成长。当然，如果儿童的情绪或行为反应过度，持续6个月以上，严重影响了儿童的生活与学习，就可能是延长哀伤障碍，就需要转介到心理医疗机构。[①]

丧失对儿童心理健康的影响

亲人的离世是儿童和青少年可能经历的最常见的丧失事件，也是不良心理健康后果的危险因素。在英国对1746名11—16岁的青少年的调查显示，77.6%的青少年报告至少经历过一次亲近的亲属或朋友死亡。目前国内暂无儿童和青少年丧亲的直接统计数据，但根据北京心理危机干预中心提供的死亡资料的研究结果表明，每年有16万18岁以下的儿童和青少年因其父或母自杀死亡而成为丧亲者。此外，考虑到由其他更普遍的死亡原因（如疾病、车祸、灾害等）而发生的死亡，可预估丧亲儿童和青少年在我国是一个不小的群体。哀伤是丧亲事件中的正常情感反应，但在父母过世后3年，仍有10.4%的儿童和青少年表现出强而持续的哀伤反应。这种延长哀伤反应可导致功能障碍和抑郁症发生风险的增高，严重时可产生自杀意念。

失去父母或兄弟姐妹是儿童青少年经常会经历的不良事件之一。尽管大多数的丧亲者最终都会适应，但有些人却可能有遭受严重后果的危险。美国一项对182名父母丧亲的孩子的调查表明，30%的人哀伤症状会逐渐减轻，而约10%的人在父母去世后近3年表现出持续高水平的哀伤。瑞典一项全国研究

---

① 林涛.如何帮助儿童面对丧失［J］.心理与健康，2007（11）.

调查显示，在父母因癌症去世的 6~9 年后，仍有 49% 的人报告延长哀伤反应。多项研究表明，PGD 会使儿童青少年表现出睡眠困难、愤怒、焦虑、自尊心降低等问题，且可能导致其出现严重的心理健康问题风险增加，如抑郁症、创伤后应激障碍等，甚至出现自杀念头。[①]

儿童丧失与哀伤辅导策略

丧失与哀伤对于儿童来说固然是不幸，但同时也孕育着成长的动力和机遇。帮助儿童正确面对丧失和哀伤，也是帮助其人格成长与成熟，生活的创伤和磨难可以历练儿童的品性和意志，关键在于我们怎么引导。

（一）一般儿童哀伤辅导策略

1. 要引导儿童表达自己对丧失的感受，释放悲伤情绪。

有一个 6 岁的男孩小强，父亲出了车祸，不治身亡。面对传来的噩耗，小男孩妈妈痛不欲生，整日以泪洗面。为了不让孩子太难过，亲属们在他面前强颜欢笑，装作没发生什么似的，他们回避自己的情感，甚至表现得似乎状态很好，也从来不跟小强谈及此事。小强看上去并不轻松，尤其是看到母亲有时放声痛哭的样子，他表现得非常恐惧。小强亲人的表现是在否认或者不支持他的哀伤。这可能会使正在体验哀伤的孩子认为是自身出了问题，因此干扰了正常的哀伤过程。小强的亲属应当给孩子提供一个安全的环境，允许他表达对父亲去世的哀伤。否则，把这些负面情绪长久地压抑在心里，会给孩子造成心理隐患。[②]

2. 要与儿童坦诚地沟通。

老师、父母与孩子沟通，不能以成人的眼光审视儿童的心理世界，而要设身处地站在儿童的立场，倾听他们的心声，理解他们内心的疼痛。要注意以下几点。

[①] 徐克珮，等.丧亲儿童和青少年哀伤研究现状［J］.医学与哲学，2020（22）.
[②] 林涛.如何帮助儿童面对丧失［J］.心理与健康，2007（11）.

（1）向儿童提供正确的信息。地震后的儿童常常会问起与死亡有关的话题，此时助人者可以利用这个机会向他们传输正确的关于死亡的具体信息，这有利于他们获得确定感和安全感。避免用抽象的语言回答儿童的问题，避免让儿童泛化死亡的原因而陷入自己的想象和误解中，对死亡更加恐惧和害怕。

（2）要以儿童能了解的话语来谈论死亡，不要用婉转的说法或虚构的故事来向儿童解释死亡。诸如"妈妈去旅行了""祖父要睡很久很久"之类的解释会让儿童想的更多，也可能对旅行和睡觉产生害怕的情绪。

（3）以开放诚实的态度与儿童沟通，回答他们的问题，对于自己不知道的事情，或答不出来的问题，也要诚实相告。

（4）接纳儿童所问的问题，并积极理解问题中的真正含义。许多儿童由于自身的知识限制，不能清楚地表达他们的意思，此时需要助人者能够保持耐心，并适当运用反问、澄清、求证等技巧，帮助儿童梳理他们的情绪，表达他们的意思，解答他们的困惑。

（5）细心观察儿童的情绪和行为变化，积极注意那些经常出现的反应，特别要注意其中的闪光点和哀伤反应，必要时给予协助。以接纳、有同理心的、耐心的态度倾听他们的感受，接纳他们的情绪，而不是灌输或压制。

（6）为儿童提供确切的心理支持，保持儿童的安全感。特别对于那些经常被教育要勇敢、坚强的孩子而言，哀伤被他们自认为是不合适的情绪而被压抑，这种压抑造成心理的害怕、恐惧、担心。因此，要积极鼓励儿童表达自我的情绪，给他们以肯定的语言支持，让他们明白没有人会因为他表现得太悲伤或一点都不悲伤而责怪他。①

3. 开展灵活多样的辅导活动。

根据儿童的需要，开展适合儿童特点的辅导活动。

（1）写作活动：可以通过写故事、作文、诗歌、信件、留言以及祝福语等方式，让儿童纪念逝世的亲人，表达哀思情绪以及个人的看法。

---

① 刘斌志，等.汶川地震灾后儿童心理创伤的表现、评估及重建［J］.西华大学学报（哲学社会科学版），2009（2）.

（2）美术与劳动：通过美术劳动（比如捏黏土、折纸鹤、剪纸）、画画、看图说话、制作有文字和图片的纪念册等方式，来纪念已逝者以及表达个人的感受和愿望。

（3）为已逝者举办纪念仪式：通过教师以及专业人员的陪伴，让儿童参与追悼会来表达他们的思念和哀悼，理解去世的含义并处理消极情绪。

（4）为小孩的宠物举办丧礼：针对儿童与他们的宠物的强烈依附的情感，不能随意将宠物的尸体遗弃，可以通过为宠物举办丧礼来教育儿童认识死亡、体念生命的珍贵，也帮助他们处理与宠物的情感关系，重新面对新的生活。

（5）种植花草树木：通过这种方式让他们寄托对已逝者的哀思。

（6）放气球：让儿童将想说的话或悲伤情绪写在小纸条或者气球上，让它们和气球一起飞上天空，帮助儿童抒发情绪。

（7）捐款：可以组织儿童小规模的捐款，购买一些纪念品或者为学校添置一些书籍、物品（写上纪念某些人的），通过帮助他人来获得积极力量。

（8）游戏以及角色扮演：通过游戏中的角色扮演活动，可以让儿童将自己的想法、情绪投射在角色上，以一种安全的方式抒发他们的感受，同时适时地有辅导人员加以引导和处理。

（9）阅读关于死亡与哀伤的书，小组讨论关于死亡的话题。死亡是儿童面对地震灾难后的一个重要主题，老师可以通过阅读与讨论死亡以及失落的方式，让儿童将个人的忧虑表达出来，并产生积极的相互支持和认同，共同渡过灾难。①

4. 突发事件的应急处置。

"天有不测风云，人有旦夕祸福"，对于突发丧失事件，我们如何做到沉着应对、果断处置呢？以上海浦北路儿童被害事件为例。下面是上海徐汇区青少年心理辅导中心主任陈瑾瑜老师的叙述：

2018 年 6 月 28 日，浦北路近桂林西街人行道附近 1 名男子持菜刀行凶，

---

① 刘斌志，等. 汶川地震灾后儿童心理创伤的表现、评估及重建［J］. 西华大学学报（哲学社会科学版），2009（2）.

造成 2 名学生因伤势过重抢救无效死亡，1 名学生和 1 名家长受伤……随着各种消息陆续传来，学期末本该充盈的欢欣期待气氛就这样被残忍地打碎了。确定事件的真实性后，意识到事件的严重，我在震惊之余甚至来不及哀痛，第一时间启动区域突发事件心理危机干预工作。在中心原有的医教结合联动机制的基础上，在由上海学生心理健康教育发展中心、上海市精神卫生中心、上海市疾控精卫分中心危机干预办公室、华东政法大学、上海知音心理咨询中心等相关专业机构的心理专家共同组成的专家团队的专业指导和帮助下，与中心志愿小组共同做好相应心理辅导工作和专业支持。当天下午恰逢吴增强名师工作室集中学习，吴老师带领工作室的同人形成了有力的专业支持，迅速拟定了《不幸事件发生后，请为孩子这样做》，及时在微信公众号向公众发布，在危急时刻给予家长如何帮助孩子的专业建议。

现在想来，我心中依然充满了敬佩和感恩，专家和志愿者们主动关心，积极响应，不辞辛劳，贡献智慧和各种资源，随时按需做好相应心理辅导工作，给予了宝贵的专业支持。

上海浦北路小学生被害事件发生当天下午，恰逢我们工作室开展研修活动。事发后，陈瑾瑜老师随即被区教育局召唤，赶到事发现场。当时她努力克制自己悲伤的情绪，在区教育局工作组指挥下，有条不紊地开展危机后干预和辅导工作。这个案例的特殊性是发生在校外，尽管警方定性为偶发的街头暴力事件，但是事件对于人们的心理冲击是巨大的。能够让广大市民心理很快平复，社会秩序稳定，以及及时对受害孩子家长进行心理抚慰，取决于市区领导的有力支持，区教育局积极协调医疗、教育各方专业力量。陈瑾瑜老师说得好："作为区级未成年人心理健康辅导中心，更重要的是扎实做好常态工作，所有平时的努力在关键时刻都会显现成效，这样才能做到平时起作用，急时能应对，战时拉得出。"工作室当天下午也收到市教委德育处领导的指示，为了引导广大家长理性面对突发危机事件，需要写一个简明的提示在上海学生心理发展中心的公众微信号发布。工作室的伙伴们花了短短 1 个多小时，写好了以下文字：

不幸事件发生后，请为孩子这样做

不幸事件的发生，对任何人来讲都是难以接受的。这个时候，我们希望，大家不要主观臆测，以讹传讹。我们成年人可以为孩子们这样做：

1. 首先觉察和处理好自己对不幸事件产生的情绪和压力反应。你的一举一动，孩子们都能感受到。

2. 尽量让孩子继续正常的生活学习，这种按部就班的生活会让他们有安全感。

3. 不要让孩子过多接触这方面的媒体信息和现场画面。

4. 用孩子理解的方式和语言，向孩子客观叙说发生了什么。但是不必向孩子详细描述事件的情景。

5. 陪伴孩子，倾听和接纳孩子的恐惧、担心、哀伤等任何情绪。

6. 帮助孩子增强安全防范意识，掌握一定的安全防范知识和自救、互救技能。

7. 让孩子知道家庭是温暖的、学校是安全的、生活是美好的。

8. 如果你和你的孩子有需要，可向专业心理机构寻求帮助和支持。

这8条建议在微信公众号发布不到两小时就达到10万＋的阅读量。

（二）心理咨询技术在儿童哀伤辅导中的运用

许多咨询技术可以运用于儿童哀伤辅导之中，这里介绍几个常用的方法技术。

1. 认知行为治疗技术（CBT）。

CBT是通过改变思维信念和行为的方法来改变不良认知，达到消除不良情绪及行为的心理治疗方法。斯普杰（Spuij，2013）等在认知行为理论的基础上，开发了认知行为哀伤帮助疗法，治疗内容主要包括谈论丧亲的现实和痛苦，收集其有关不良适应性思维和行为方式的信息、介绍哀伤任务模型、认知结构调整、适应不良行为、丧亲后继续前进等。治疗措施包括口头作业、创造性作业、苏格拉底式提问、认知日记。治疗共9次，每次持续45分钟，每隔1—2周进行1次。斯普杰等人还对荷兰10名8—18岁的丧亲儿童和青少年进行干预。研究结果发现，青少年在 PGD 症状、创伤后应激障碍、抑郁等方面均有明显改善。

2. 空椅子技术。

空椅子技术是格式塔流派的一种常用方法。该技术需运用两张或多张椅子，要求来访者坐在其中一张椅子上，扮演内心冲突情景的一方，再换坐到另一张或几张椅子上，扮演内心冲突情境的另一方，让来访者所扮演的双方持续进行对话，以逐步达到自我的整合或者自我与环境的整合。该技术共包括三种形式：一是倾诉宣泄式，二是自我对话式，三是他人对话式。陈焱对一名丧亲高中生的心理辅导中采用空椅子疗法中的倾诉宣泄式帮助来访者表述出自己对亡者想说却没来得及表达的情感。通过六次咨询，帮助来访者内心恢复平和，恢复到正常的生活和学习中。[①]

3. 沙盘游戏疗法。

沙盘游戏疗法是一种在咨询师的陪伴下，来访者从玩具架上自由挑选玩具，在盛有细沙的特制箱子里进行自我表现的一种心理疗法。针对本节案例中晓祎的丧父之痛，李晶老师（2017）运用沙盘游戏对其进行哀伤辅导，取得了良好的效果。[②]

干预共分为四个阶段：阶段一为和其母亲进行交谈，期间采取陪伴、倾听、共情的方式，听取其母亲的倾诉。阶段二为初识沙盘游戏，沙盘游戏作为一种非语言的心理治疗技术，为被辅导者创造了一个"自由与受保护的空间"。其可在沙盘中运用沙具来表达自己的无意识世界，可以使其自我治愈力得以发挥。

以下是李老师第二次沙盘游戏的叙述：

我把晓祎带到沙盘室，让他感受了沙子，并给予充足的时间让他在沙盘上自由摆放。一刻钟后，晓祎的作品完成了。晓祎的初始沙盘看似放了很多物

---

① 徐克珮，等.丧亲儿童和青少年哀伤研究现状［J］.医学与哲学，2020（22）.
② 李晶.再见，爸爸……——沙盘游戏用于初中生哀伤辅导的个案研究［J］.中小学心理健康教育，2017（8）.

品，但总体无章可循，呈现出混乱的场面，区域间界限不清。混乱是一种受伤主题，表现出晓祎内在受伤的自我状态。但初始沙盘也呈现出晓祎问题治愈的可能性与方向。在象征理论中，沙盘的右方是未来的象征，晓祎初始沙盘的右上方以几只动物为主，动物往往是与人类理性和判断相对应的本能、直觉、冲动和阴影等的象征，这在一定程度上预示着他无意识中压抑内容的表达。右下有象征着动力的四辆小车，但车头朝向左边，有退行和回归的暗示，可能象征着无意识自我的准备状态。这次的沙盘内容和晓祎的现实生活并无联系，应该是丧亲后心理的一种创伤状态。

图 8-1　沙盘游戏 1

　　在随后的交谈中，晓祎虽然还是低垂着头，但断断续续地愿意表达内心的想法：爸爸是整个家庭的顶梁柱，而自己在学业上的挫败感让他把无限希望寄托在去美国念书上。他像鸵鸟一样把头埋进沙堆里，唯有拒绝承认爸爸的离世，那么家里的顶梁柱就还在，出国就还有希望。然而随着时间流逝，他从妈妈的泪眼和弟弟的哭闹里读出了悲伤和无望，学业垫底让他在班里抬不起头，只有沉浸在网络游戏的世界里披荆斩棘，一路通关，他才觉得自己是能力超群、受人崇拜的，是充满希望和信心的。

　　阶段三为宣泄与告别，该阶段已经与被辅导者建立了良好的咨询关系，回忆了小时候与父亲的美好回忆后，再次进行沙盘游戏。在此次咨询中，被辅导者痛苦、压抑已久的情绪得到宣泄。

将晓祎从悲伤延迟和悲伤抑制中拉出来，是当下急需解决的事情，我思忖着。"你一定很想念爸爸，也有很久没和爸爸聊天了吧。"边说着，我边搬了把椅子放到沙盘前，"坐下来，看着爸爸，跟他说说话吧。"

晓祎在沙盘前坐定，望着沙盘中代表父亲的人偶一会儿，忽然眼眶发红，瞬间蓄满了泪水。见此情景，我悄悄退出了沙盘游戏室，在外间陪伴和关注。里面的哭声从压抑慢慢变成放声痛哭，像是淤积太久的堰塞湖终于崩裂了口子，宣泄而出。哭了足足有七八分钟，晓祎这才慢慢平静下来。

我过去给他递了些纸巾，陪他注视着沙盘中的父亲人偶，就这样默默坐了一会儿。我对他说："爸爸的去世让你非常痛苦，也难以接受，但这已经是无法改变的事实了，对吗？"他缓缓点了点头，"那么，你愿意跟爸爸告个别，让爸爸安心地离开吗？""嗯。"晓祎坐直了身子，哽咽道，"爸……我会懂事起来，把学习搞上去……我会照顾好弟弟和妈妈，不让你担心……爸爸，再见！"泪水划过晓祎的脸庞，但当他站起来的时候，整个人的精神状态都变得轻松和明朗起来。

图 8-2　沙盘游戏 2

阶段四为重建与导航，为其获得周围同伴的支持，恢复正常的生活轨迹。

在随后的心理辅导中，我采用了代币疗法来消退晓祎对网络游戏的沉迷，并结合精美的学习用品、励志书本等礼物来鼓励他请教老师问题、和同学打篮球、运动等积极行为。这期间，晓祎也会来"心灵氧吧"摆摆他喜欢的沙盘。我注意到他的沙盘中慢慢出现了植物、小船等沙具，而这些物品正象征着晓祎内心自我能量的恢复。

图8-3　沙盘游戏3

　　11月的期中考试结束后，晓祎又一次预约来到了心理咨询中心。他的眼中闪烁着兴奋的光芒："李老师，我的期末考试成绩不垫底了！老师说我年级总排名进步了28名！"从晓祎的叙述中我了解到，在过去的这两个月里，他忽然意识到了自己应该迅速成长起来，好好学习，照顾好自己，照顾好妈妈和弟弟，这样才能让爸爸安心，更是对爸爸的爱的最好报答。

　　沙盘游戏是咨询师帮助来访者了解自己的内心世界，与自我对话的媒介。对于丧失父亲情绪压抑的晓祎，沙盘游戏帮助其进行了情绪的疏导和宣泄，完成了对去世亲人的哀伤表达，并重新联结了晓祎的过去（父亲在世时）、现在和未来，实现了他的自我统一。另外，晓祎母亲的参与咨询与合作，班主任、科任教师以及同学们的接纳、关心和帮助，给予了晓祎很大的社会支持，减少了他的孤独感和挫败感，从而帮助晓祎最终走出了哀伤。

　　4.灾后儿童丧失的心理干预。

　　汶川地震后，有不少孩子不仅亲眼目睹亲人、同学的生命消逝，而且还要面对自己的身体损伤和丧失。双重丧失使得孩子处于延长哀伤障碍，这就需要心理专业人员的心理干预。请看下面的案例：

　　有一位小学五年级男孩（小川），他的班级原来有60个同学，地震后仅有10个幸存者。5·12汶川大地震发生时他正在上课，在往外逃生时被断裂的水泥板压住左下肢，身体其他部分尚可活动，在被掩埋了 2 小时后被救援人员发现。案主能与救援人员交流，并接受了救援人员给他的一瓶矿泉水。这时，案主听到离他不远的地方有个同学跟他说"给我点水喝，给我点水喝"，但是他始终无法看到那个同学在哪里，也无法把水递给那个同学，最终那个同学跟他要水喝的声音永远地消失了。案主一直认为是自己没有把水交到那个同学手里才导致了该同学的死亡，他一直很伤心、很内疚。案主被救出后因左下肢无法保留被截肢。案主非常喜欢体育运动，如踢足球、打篮球，一时无法接受被截肢的现实。患者在住院期间表现为紧张，不与他人交流，易激惹，夜间易惊醒，多梦，内容多为与死去的同学在一起，一起踢足球，一起在医院接受医护人员的救治，白天的时候床稍微摇晃患者则显紧张，害怕，高声喊"地震了，赶快跑"。①

根据案主的症状，心理医生采取的干预步骤如下：

第一步，医生与案主进行第一次简短的会谈，时间大约半个小时，主要是与小川建立关系，取得他的信任。在进行危机干预前，医生先对小川从情绪反应、认知功能、行为表现、躯体症状四个方面进行了危机评定。

通过交谈与观察，心理医生认为案主正处一种否定或不相信的情感状态中。

案主说："这绝不是真的，我不相信我的同学和老师都走了，我的左腿呢？这对我来说太突然了，我的整个世界都塌了，我不知道以后的日子该如何过。"（闭上眼睛，抽泣）

医生：（将当事人揽在怀里，帮他边擦眼泪边轻轻抚摸他的头）"同学的去世让你确实感到害怕。你不停地告诉自己，你不能忍受，并且认为那太可怕了，太糟糕了，这样只会把事情扩大化。当你把事情扩大后，你越想越糟。你注意到的只是自己的困难，夸大事态以致扭曲你的思维，你应该客观评估所发

---

① 本案引自：梁雪梅，等.汶川大地震伤残住院儿童的个别心理危机干预［J］.华西医学，2008（4）.略作删减。

生的一切。"

第二步，制定心理干预方案。在对案主的心理危机状况评定之后，就要制定危机干预的方案。不过，在制定方案之前，要对危机破坏案主生活的程度进行判断。该判断包括两个方面：第一，个体能否正常生活、上学，这些活动是否受到影响；第二，案主的不平衡状态是否影响了他人的生活，案主的家人、朋友对这个问题的观念或意见。

医生："你目前的生活状况如何？"

案主："不是很好，晚上睡觉不踏实，老是梦见我的同学，不愿与别的小朋友交流，也不愿与父母交流，我总是在责备自己，为什么没有把水给那个同学。"（闭上眼睛，叹气，流泪）"我将来如何再去踢我喜欢的足球？"

从案主的叙述中能够看出他原有的正常生活已被打破，无法正常生活，觉得自己的将来渺茫。鉴于此种情况，医生认为首先要给当事人以精神上的支持帮助他进行情感上的宣泄，并通知其父母参与到整个心理干预中。这些方案的制定是心理干预者与患者共同协商完成的。

案主："我不想活了，我的同学都死了，我活着还有什么意思，都怪我。"（哭泣）

医生："你已经尽力了，很多当兵的叔叔都在积极救你的同学，最终也没有救活，所以这不是你的错。其实，你父母一直都很关心你，如果让你把心中的痛苦告诉爸爸妈妈，你愿不愿意？"

案主："我可以试着去做。"

此时要让案主认识到地震是天灾，全社会的人都在救助受灾者，他一个人的力量拯救不了所有的老师和同学，他们的死亡不是他造成的。针对案主不能接受自己左腿截肢的现实，医生通过讲小动物的类似故事对其进行启发，让他逐步接受自己左腿已经失去的现实，并让他明白人残志不残的道理，让他由丧失的苦—否定丧失—接受丧失—重构生活，一步步发展。

第三步，干预实施阶段。心理干预的方法与策略大致有：电话危机干预、面谈危机干预及社会性危机干预等多种形式。本案例主要通过面谈干预，医生采用倾听、理解、共情等策略进行。案主在宣泄自己的情感时，医生一直在认真、感同身受地去倾听，通过这个过程，让案主宣泄、叙述、接受自己的情感、往事和痛苦的思绪。每一次倾诉是对痛苦的一次重新体验，让案主在倾诉、叙述中重构自己的生活。①

第 3 节
儿童虐待辅导

儿童虐待是当前全球性严重的公共卫生问题，也是近年来重要的儿童心理辅导议题。世界卫生组织（1999 年）将儿童虐待描述为：对儿童有义务抚养，监管及有操纵权的人做出的足以对儿童的健康生存、生长发育及尊严造成实际的或潜在的伤害行为，包括各种形式的躯体和（或）情感虐待、性虐待、忽视及对其进行经济性剥削。儿童虐待问题普遍存在于人类社会，虐待和忽视儿童权利已成为造成儿童意外伤亡的第一杀手。早在 2004 年联合国儿童基金会（UNICEF）宣布：艾滋病、战争、虐待、生存条件欠佳以及失学已成为 2004 年世界儿童所面临的五大威胁。UNICEF 执行总干事安·维尼曼说："全世界有千百万儿童因人口走私、地区战乱以及疾病和贫困而得不到最基本的安全和健康保障。他们是全世界青少年中最弱势的一个群体，所处的恶劣环境把他们推向社会的边缘和阴影中。他们是弱势群体中的'弱势'。"②

下面来看看琳琳的遭遇。

---

① 梁雪梅，等.汶川大地震伤残住院儿童的个别心理危机干预［J］.华西医学，2008（4）.
② 杨玉凤.儿童虐待与忽视及其干预对策［J］.中国儿童保健杂志，2006（4）.

父亲的毒打

琳琳是一个单亲家庭的孩子。在他4岁时，父母闹离婚，母亲顾及到儿子，不肯离婚。父亲为达到目的，不惜虐待儿子，经常无缘无故毒打儿子。每次琳琳都哗哗大叫，极度恐慌。琳琳也曾经尝试把伤痕给奶奶看，但未得到同情，还受到冷嘲热讽。从此，他开始害怕与父亲接触，发展到后来一听到开门声便以为是父亲来了，立刻跑入房间或扑入母亲怀里回避，情绪激动。这样持续了几年时间，琳琳经常在噩梦中惊醒。母亲实在受不了，在琳琳读二年级的时候与丈夫离婚。受过伤害的琳琳一度感到愉快，但很快又感觉到自己与别人的不同，有小朋友笑他是没爸爸的孩子。每次听到这样的话语，他都异常激动，好几次与同学发生争执，之后变得很敏感，很冲动。这样过了大概1年的时间，父亲因与女朋友闹翻了，想与前妻复合。无奈前妻心已死，不答应他的要求。他只好从儿子身上下手，对儿子一反常态地百般呵护、宠爱有加。琳琳年幼无知，加入到劝说母亲的行列中。母亲当然没有答应。自此，琳琳变得很沉默，经常一个人若有所思，嘴里不由自主地说一些只有他自己明白的话。或者忽然对母亲说："妈妈，回去跟爸爸一起住吧！"琳琳在教师布置写的日记中，无一例外都是写自己怎样与父母一起活动的事情。教师从他母亲处证实，并无此事。[①]

琳琳的自诉

琳琳对老师说："我上课无法集中精神，很容易受外界的干扰，只要有一丁点的响声，就会不由自主地转移注意力。或忽然把注意力转到爸妈的事情上，老想他们为什么不能重新在一起。在安静地做作业时，特别是写日记时，我会忽然出神，眼前仿佛看到一家人在幸福快乐地生活的情景，于是便把这些都写进日记中。我脑子不灵，从一年级开始，学习成绩就很差。我试过很认真地去学，但总是无法记住。妈妈开始发脾气了，让我再读了一年一年级，但我还是老样子。由于学习成绩差，我只与班上几个同样成绩差的同学做朋友。那

---

① 本案例由冯少芳老师撰写，略作删减。

几个人都很调皮，经常搞一些恶作剧。开始，我不敢做，但他们一直帮我壮胆，并说我这样不够义气。我如果不从，他们就不和我玩。我害怕失去朋友，只得就范。每次我们做完坏事，就会得到老师和同学的关注。哪怕是严厉的批评，我也有一种受重视的感觉，那感觉是很舒服的。我经常哭，做不懂的题我会哭；想想因为自己连累妈妈也被老师批评，我会哭；想想自己一家人不能像别人家一样，开开心心地生活在一起，我也哭；想想班里有好的同学，但自己没资格和他们成为朋友，我也哭。我感觉自己真是很可怜，但又好像没有人可怜我。"

同学的话

琳琳很敏感，我们一起玩时，有时望向他的方向讲话，他便以为我们在讲他的坏话，总是很冲动地跑过来与我们理论。对于我们的解释，他是听不进去的。有时，争辩得急了，他还会动手打人。本来，我们大家把他当作好朋友，但这样的事经常发生，弄得我们只好对他敬而远之。另外，他也是看不得别的好朋友在一起，总是在双方面前讲另一个的坏话，以别人闹翻了为自己的乐趣。

主要问题

在学习上，琳琳主要表现为学习困难，作业拖拉，学习成绩很差，自控能力差，影响课堂纪律。有时会独自发呆，并小声地自言自语。情绪和情感不稳定，常大起大落，过度敏感，多愁善感，固执，好走极端，有时过分冲动，不考虑后果。人际交往上不合群，总是怀疑别人讲他的坏话。经常自卑自责，消极地看待自己，害怕困难，不作任何努力就轻而易举地放弃自己的目标。

儿童虐待现状调查

陈晶琦对某小学185名家长对子女躯体虐待的行为进行了不记名调查。结果发现，在最近一年里，有52.4%的父母曾对子女实施过下列躯体虐待行为：用力徒手打（51.9%）、用物品打（10.8%）、罚跪（5.4%）、罚不让吃饭

（3.2%）、曾使孩子窒息或烧烫或用利器刺伤（1.1%）。有童年期被家长躯体虐待经历的父母对子女实施躯体虐待行为的相对危险性，是无此经历父母的5.32倍。与女童比较，男童更容易受到家长的躯体虐待。父母对子女的躯体虐待行为与其受教育程度无明显关联，与家长的性别及年龄无明显关联。

刘文等人对中国124例和日本170例儿童虐待案例进行调查。结果发现，身体虐待和期待过高是儿童虐待的主要类型；日本生母虐待儿童率明显高于中国生母的儿童虐待情况。家庭经济状况不好，虐待发生率高；中国女孩受虐率高于男孩，日本则相反；0—2岁虐待发生率最高，随年龄增长，性虐待率增大。

儿童虐待分类

许多家长对于儿童虐待没有概念。通过儿童虐待分类引发讨论，班主任可以让更多的家长了解什么是儿童虐待，同时也可以使更多的孩子避免受虐。儿童虐待可分为四类：躯体虐待、情感虐待、性虐待、忽视。

躯体虐待是最容易观察到的一种。身体的损伤是躯体虐待的最好见证，轻则皮肤瘙痕或局部软组织肿胀，重则有内脏出血（颅内、胸腔、腹腔），多处骨折，并伴有严重的后遗症等。体罚也是儿童虐待的一种形式，虽无外伤，但对儿童来说也是一种躯体虐待，且它是一种十分危险的行为。有调查结果显示，全世界每年因体罚致死的儿童达数千人，体罚还使许多儿童受伤和致残。体罚是导致发生极端行为的重要因素之一，而且会对受害儿童的生活造成短期或长期的不良影响和后果。调查发现，少年时有过父母体罚经历与他们日后有酗酒、自杀意念、沮丧的概率成正比（1992，美国）。1994年根据两次全美家庭暴力调查的数据，专家发现，少年时受体罚与成人后对妻子、子女施虐的概率成正比。儿童受体罚时，所受的不仅是皮肉之苦，更重要的是自尊心受打击。这会导致其成年后做出反社会行为和暴力倾向，从被虐者成为施虐者。

情感虐待是指对儿童长期、持续、反复和不适当的情感反应。任何对儿童隐蔽或明显的忽视或不重视所产生的后果导致其行为异常者均为情感虐待，如限制儿童的行动、自由，诋毁、嘲讽、威胁和恐吓、歧视、排斥以及其他类型的非躯体的敌视等。情感虐待是虐待和忽视儿童的一个重要部分，不仅可以来自父母、家庭其他成员，而且可以来自亲戚、邻居、保育员、阿姨、老师、医务人员等。由儿童自己的父母所致的情感虐待可能更为严重，它可以通过言语、威胁等方式表现。情感虐待是一个较为隐蔽的问题，但对被虐待儿童来讲危害十分严重。教育上的"冷暴力"更隐蔽、更常见，"冷暴力"是一种精神虐待。"冷暴力"的常见形式包括：（1）父母不愿意搭理子女，漠视子女的存在。有的家庭，父母根本不关心子女；（2）父母对子女期望值太高，希望他们尽量完美，达不到要求就过度批评，甚至是全盘否定；（3）对子女进行威胁或恐吓，使用"考不到满分就不准出去玩""再这样就滚出家门"等威胁性语言。这种教育上的"冷暴力"不仅容易影响儿童的性格成长，而且会导致儿童有退缩性人格或性格暴躁，富有攻击性。

儿童性虐待是对未成熟儿童或青春期少年进行的性行为，是一种违犯社会及家庭法规的强暴行为。儿童与成人发生性关系常是由于受到恐吓和威胁，是在儿童无任何选择、被迫的情况下的一种行为，是成人为满足性要求而进行的性剥夺和性利用。遭受性虐待的女童成人后多有行为及心理障碍，甚至会一生受此影响。

忽视是指父母或监护人在具备完全能力的情况下，未能提供应有的帮助。忽视是儿童虐待的一个重要部分。目前国际上普遍认为忽视包括6个方面，即身体忽视、情感忽视、医疗忽视、教育忽视、安全忽视和社会忽视。（1）身体忽视：指忽略了对儿童身体的照护（如衣着、食物、住所、环境卫生等），它也可以发生在儿童出生前（例如孕妇酗酒、吸烟、吸毒等）。（2）情感忽视：指没有给予儿童应有的爱，忽略对儿童心理、精神、感情的关心和交流，缺少对儿童情感需求的满足。（3）医疗忽视：指忽略或拖延儿童对医疗和卫生保健需求的满足。（4）教育忽视：指没有尽可能为儿童提供各种接受教育的机会，从而忽略了儿童智力开发和知识、技能的学习。（5）安全忽视：指由于疏忽孩子生长和生活环境存在的安全隐患，从而使儿童有可能发生健康和生命危险。（6）社会忽视：社会生活环境中的一些不良现象，可能对儿童健康造成损害。

在我国 14 个省 25 个城市，1163 个 3—6 岁儿童中进行调查，结果显示，对儿童的平均忽视率为 28%。家长经常不与子女交流、游戏而造成的情感忽视是发生率最高的一种忽视形式。[①]

儿童虐待成因分析

儿童虐待产生的原因有儿童个人因素、家庭因素和环境因素等，事实上是上述因素交互作用的结果。

（一）儿童个人因素

关于影响儿童虐待的因素，国内外研究者取得比较一致的结论是：学校表现差、语言发育迟缓的儿童更容易受到虐待或者忽视；社交能力、外向行为（攻击、分裂行为、不良行为等）、内向行为（抑郁、退缩、悲伤情绪等）等均与受虐待相关明显。而不太一致的方面则体现在：儿童的年龄、性别、残疾等因素是否与受虐待有关。国外的研究者认为它们之间没有直接相关。而国内的研究者发现有关联。在年龄方面，学龄前儿童和小学年龄儿童受父母体罚的发生率较高，之后随年龄的增长，其发生率呈下降趋势。但是随年龄增长，儿童遭受性虐待的危险有增高的趋势：青春期早期危险性开始增高，中期则达到最高。在性别方面，我国的多数研究显示，男童受躯体虐待的比例明显高于女童；但是在性虐待方面，女童的发生率则高于男童。此外，智能低下或患有先天性疾病也是儿童受歧视、被抛弃致死的一个原因。总体而言，儿童虐待基于自身的原因目前还并没有一个一致的结论。更多学者认为儿童的表现并不重要，重要的是父母或监护人对儿童的表现是如何感知的。

（二）家长因素

首先是家长的性别因素。有研究显示，女性施虐者常使用体罚的方式，但致命性的头部损伤、骨折和其他伤害的施暴者往往是男性。而且，对儿童实施

---

① 杨玉凤.儿童的虐待与忽视及其干预对策［J］.中国儿童保健杂志，2006（4）.

性虐待的也多为男性。

其次是家长的人格和行为特征。经常体罚子女的父母在人格和行为方面常有一些特征，如受教育程度低、自尊心不强、容易冲动、健康状况不良，尤其是患有精神疾病、存在物质滥用、有反社会行为等。父母对子女的成长抱有不切实的期望，也会增加儿童虐待的危险。这些父母缺少生活经验和养育技巧，孩子的哭闹和"不听话"便会引起挫折感，缺少对子女应有的帮助、爱心，更多地表现出控制和敌对的态度。

再次是家长的既往受虐史。在儿童时期受到过虐待的父母，他们虐待自己子女的危险性很高。孟庆跃等研究发现，父母小时候是否挨过其父母的打，是其对自己孩子进行躯体伤害的危险诱因。有学者以社会学习理论为基础来解释这种现象，并将之称为"暴力循环"。

最后，父母的养育理念也与儿童虐待存在较高的相关。在中国，传统的教育观念为"子不教，父之过""棍棒之下出孝子"。那些持有严厉管教子女是为其前途着想，用体罚来管教子女等教育理念的父母更容易虐待自己的孩子。不过，过度保护型和偏爱型父母对子女过分溺爱、迁就和偏袒，容易造成儿童行为问题的增多，例如缺乏良好的社会适应能力，以及成人后可能出现人格障碍等。因此，过分溺爱也是父母对儿童无意识的虐待。

（三）父母与儿童的交互作用因素

如前所述，儿童自身的因素固然有影响，但不是最重要的，重要的是父母或照料者如何感知孩子的行为。这便是父母与儿童交互作用的体现，也就是说，这类交互作用因素可能是导致儿童虐待的更重要的因素。多项研究发现，儿童虐待来自父母与子女的交往问题，而不单单是父母或者儿童自身的因素。父母如何认知子女的行为，对子女的行为如何反应，父母在教养子女的过程中出现的种种冲突等因素成为儿童虐待的主要影响因素。具体来说，这些因素主要包括父母与子女的关系、父母对子女不合理的（过高或者过低）期待、父母把子女当成令人头疼的问题，以及教养方式等。

此外，儿童出生后的生理与智力情况是否让父母满意，也会影响到他们以后是否遭受虐待。同时虐待行为对儿童身心易造成伤害，会导致儿童出现社交退缩、学习成绩差等现象，进而导致父母负面感知加强，虐待行为继续发生。

（四）环境因素

环境因素主要包括两个方面：一是儿童所在的家庭环境，即微环境；二是儿童所在的社会和文化环境，即宏观环境。

家庭环境中有多种因素与儿童虐待有关。

首先是婚姻状况。有研究表明，单亲家庭中儿童受到虐待的危险性显著高于双亲家庭，单身母亲采用严厉体罚的概率是双亲家庭的 3 倍多。单身家庭常缺乏社会支持，独自承受各种生活压力，当出现健康状况欠佳、孩子健康问题增加开支、失业等状况时，原本心理储备和能力有限的母亲会面对更大的挑战，她们常常谴责孩子带来的麻烦，严重者便会棍棒相加，从而引发虐待。

其次是家庭暴力。儿童通常是家庭暴力的受害者。在已知的儿童虐待事件中，40% 以上同时伴有家庭暴力。

再次是居住环境。过于拥挤的家庭居住环境会增加儿童虐待发生的危险性。

最后是家庭环境稳定性。例如家庭成员的增减使得家庭结构经常发生变化会造成对儿童的长期忽视；又如父母经受较多的压力、社会孤立也与儿童虐待的发生有关。

此外，家庭成员对困境的应对能力或得到援助的能力，都可能与儿童是否受到虐待有关。如果能够得到更多的社会援助，即使存在其他已知的危险因素，也可使儿童虐待情况减少。

社会环境中影响儿童虐待的因素可能不如家庭因素那么明显和具体，但是根据布朗芬布伦纳的生态系统理论，社会因素对儿童发展的影响是弥漫性的、持久性的，也是更难变更的。不同国家、民族和文化对其社会个体有不同的期望和判断，这些期望和判断势必渗透到对儿童的教养态度上。

除了思想观念上的差异，社会的经济发展程度与稳定程度也是影响儿童虐待的社会因素。1989 年有学者研究尼日利亚的儿童虐待后指出：经济状况和经济结构是儿童虐待产生的一个不可忽视的原因。大量的研究显示，贫困程度与儿童虐待的发生率呈正相关。在贫穷人口集中、高失业率、流动人口多和过度拥挤的地区，儿童虐待现象更为常见。贫困家庭为满足基本生活需求辛苦奔波时常承受更多的生活和精神负担，很多家庭与社会隔离，缺乏社会支持体系；贫困也经常与其他危险因素相关，包括较低的受教育水平，社会功能不良和保护儿童的社会资源有限等。这些因素均会增加儿童虐待的风险。但是也有研究发现，尽管存在上述因素，大多数的贫困家庭并没有出现儿童虐待现象。[①]

儿童虐待辅导策略

（一）儿童虐待干预策略

由于儿童虐待常是几种形式同时出现，因此干预时常常采用综合干预策略，以便将其对儿童的危害降到最低程度。虐待忽视对儿童的危害是长期的，甚至会影响人的一生，因此，对这类儿童的干预也是长期的。常用方法有以下几种：

情感上的关爱。无论是遭受哪种虐待还是忽视，均应在生活上对受害者倍加照顾，在情感上给予其更多的关爱，使受害者尽量摆脱原来所处的环境和阴影。

心理行为干预。对于出现心理行为障碍者，应及时就诊于心理医生。心理医生会根据其具体情况进行心理辅导和行为干预。

躯体虐待的处理。有外科指征者按外科处理。对施虐者同时应进行教育，触犯法律者应依法处理。

情感虐待的处理方法。情感虐待的处理方法包括单个家庭疗法和单个儿童疗法。（1）儿童组疗法通过游戏疗法与受害儿童直接地接触、交流，并给予直接的指导，使儿童从中得到锻炼和学习。社会能力的提高有助于儿童的全面

---

① 王大华，等.儿童虐待的界定和风险因素［J］.中国特殊教育，2009（10）.

发展，增进自尊心、自信心等。（2）父母组疗法通过父母亲之间的交流及帮助减轻父母的压力，使其积极面对家庭及子女的情况，帮助其理解子女的成长行为，以日渐宽容子女的好奇心和探索行为。

性虐待的处理。对被虐待儿童的治疗是一个复杂的问题，不仅涉及患者，而且也包括其他家庭成员。父母的虐待行为可能与其童年时期长期的被虐待经历有关，此时医生应仔细了解其病史及有关线索。虐待者也应得到治疗和处理，以停止他们虐待儿童的可能性。但是，这需要很长时间的治疗。

忽视的处理。处理方法包括：（1）建立良好的亲子依恋关系和生活环境，加强对儿童的正确管理。（2）提供足够的食物和充足的睡眠时间和休息。（3）加强对儿童的关照及语言和心灵上的交流。（4）儿科医护人员应定期随访，检查儿童的营养状况，及时纠正他们心理、营养方面存在的问题。[1]

本节案例中，冯老师对琳琳的辅导主要采取了以下辅导措施。

1. 加强沟通，成为朋友。

开学之初，我与琳琳进行了一次长谈。避开学习与家庭的事，主要是与他谈一些他认为快乐的事。为了取得他的信任，我首先回忆了自己童年时的一些乐事，诸如爬树、抓小鸟、放风筝、做游戏等。当讲到游戏的时候，还马上教会他玩其中一个。通过这样的过渡，他对我开始产生信任感，一坐下便打开话匣子。他回忆了一些在幼儿园与小朋友玩得好的事情，讲到精彩之处，还手舞足蹈起来。也谈到其中一次帮助了同学之后感到快乐的事。通过这次谈话，我发现他愿意与我沟通，更难得的是他有助人为乐之心。我决定以此作为突破口，我大力地肯定他的这种精神，并且是其他同学身上很少具备的，让他认识到自己也有过人之处，从而增强他的自信心。在谈话结束时，我要求他一周做一至两件帮助别人的事，他愉快地答应了。

第二次谈话，我把地点选择在他与妈妈的家里，但要妈妈先回避。琳琳很热情地招呼我，给我让座倒茶。我让他从上次谈话之后谈起，他很高兴地告诉

---

[1]　杨玉凤.儿童的虐待与忽视及其干预对策［J］.中国儿童保健杂志，2006（4）.

我，他能完成任务，在一周之内做了一件对别人好的事，还主动讲出自己做好事过程中的感受，表示非常愉快。至此，我适时向他提出更高的要求：一周做一件好事的同时，一周减少做一件坏事，他答应了。接着，琳琳还拿出小时候的照片给我看，每看到精彩之处，便眉飞色舞地讲解起来。这时，我感觉到琳琳已经完全信任我了，我便不失时机地开始与他谈到父母离异的事来。我是用了教育疏导和劝慰的方法帮助琳琳正确看待单亲事实，重新认识父母之爱的。我让他回忆父母在一起时的情景，他的表情马上变得很沉重，告诉我那是些可怕的回忆，家里无休止的吵，大打出手，父亲对自己的折磨，自己的心情极度低落，毫无快乐可言。我又引导琳琳讲讲父母分开之后的情况，他的表情明显变得轻松，讲的都是与妈妈之间平常但自己感觉很舒心的事。我让琳琳自己比较，更喜欢哪一种生活。当然，琳琳喜欢的是后者。至此，我委婉地向琳琳解释，父母离异是大人们的事，这也是现代生活中很正常的现象，不必过于耿耿于怀。我又有意地突出父母爱他的一面，打消他对父母的怨气。父母之间的关系可以改变，但孩子与父母是亲子之情——是由血缘纽带连接的，是不可改变的。琳琳若有所悟地点点头。孩子的工作做到家了，我认为该是做家长工作的时候了。于是我请妈妈出来，也向她明确亲子之情不变这个事实和道理，希望双方不但要用真诚慈爱的语言向孩子表明对孩子的爱永远不变，而且还要用实际行动来体现对孩子的爱并没有减少。如果可以的话，双方继续做朋友，条件允许的时候，父母每隔一段时间一起和孩子做一些有益的活动，如逛公园、参观展览。双方都要关心孩子的进步，要抽出时间轮流为孩子开家长会等。总之，只有让孩子懂得亲子之爱是不变的，才能扭转他的认识，恢复父母在他心中的慈爱形象。妈妈也表示赞同。通过这些教育启发，相信琳琳能感受到来自父母、老师给予的心理支持，有了爱与归属的感觉。

　　2.善用心理激励，激发潜能。

　　在辅导琳琳的过程中，我充分利用心理激励机制，一方面提高琳琳的自信心和积极性；另一方面使班集体更具凝聚力，改善着学生之间的人际关系。我抓住琳琳乐于助人这个闪光点，利用班会课当众给予大力的肯定与表扬，并让琳琳讲讲自己做好事时的感受。看到同学们向自己投来敬佩的目光，琳琳笑了，他的双眼是亮晶晶的。平时，我让班干部配合留意，只要发现琳琳有细微的进步，就马上记录下来。我也会第一时间在全班面前进行表扬和鼓励。从此，同学们重新认识了琳琳，大家都愿意和他一起玩。琳琳的头抬起来了，人也自信起来了，经常可以听到他与同学互相嬉戏的笑声了。由于人际关系的改变，琳琳更愿意做好事了，后来还成了同学们的榜样，大家还一致推选他当了劳动委员。心理激励的恰当运用有效地促进了琳琳的个性发展，让他重新融入到班集体中，满足了他爱与归属的需要。

3. 利用心理暗示，逐步设立目标。

琳琳学习基础差，反复的失败令他完全失去了信心。当务之急是重新树立他对学习的信心，我与他再一次进行长谈。我从他与同学相处困难讲起，讲他经过努力，现在成了劳动委员，成了同学都尊敬的对象，让琳琳自己体会到：这一切都是努力得来的，只要努力，目标就是可以达到的。同样的道理，学习只要肯努力，成绩也一定能提高的。在得到他的认同后，我又根据他的实际情况帮他制定了非常具体的短期目标及中期目标。接下来是目标的实现，从中汲取力量，继续前进。为了达到这种效果，我联合了三科主科老师共同设计了5份试题，先易后难，分5天完成。结果他最低分都能考到85，这对于琳琳来讲可是从来未有过的。他表现出异常的兴奋。这时，我再一次暗示他：只要你再努力，可以做得更好。为了加大帮助的力度，我又在班级中组织成绩好的同学与他结成对子，随时帮助他解决学习上的困难。课堂上，专门设计几道题让他回答，答对了马上表扬，即使是答错了，也从中发掘可以鼓励的地方。这样一来，琳琳主动思考问题的积极性大大提高。之后的几次长谈中，他都表现出浓厚的学习兴趣，对目标的实现也表现出很大的信心。这时的琳琳已经由他人暗示转变成自我暗示了，这是一个向更高目标进发的好机会。于是我再一次与琳琳长谈，帮助他建立一个长期目标，并鼓励他更有勇气、更大胆地朝着目标前进。

经过为期1年的辅导，琳琳变了。他在学习成绩上消灭了不合格，赶上了原来比他好的几名同学，重要的是学会了自觉学习，学习的劲头儿很足。他还是同学公认的小雷锋，从原来不受欢迎的"小透明"变成了人人尊敬的班干部。而原来种种不好的表现，如敏感、妒忌、做坏事等全部消失，现在琳琳自我感觉非常良好。笔者认为，琳琳"爱和归属感"得到了满足，更高层次的"尊重的需要"出现了，他正在努力满足这种需要。

本案中琳琳面临的困境是许多受虐儿童的真实写照：幼年时父亲的毒打和父母离异，的确使他深深地受到伤害，也严重影响了他的生活和学习。冯老师富有爱心和恒心，用了1年的时间对案主进行心理辅导，在辅导过程中能够遵循儿童心理发展的特点，开发案主自身积极的资源，辅导方法运用比较到位；并且能够及时与案主的母亲沟通，希望能够改善亲子关系。不过对家长的辅导工作还可以进一步做得细一点，在父母离异的情况下，怎么给琳琳以父母的亲情，对于他的健康成长是最为重要的心理支持。

（二）儿童虐待预防的建议

联合国1989年11月2日通过了《儿童权利公约》，这是一部各国保护儿童的标准的国际法律文书。《儿童权利公约》阐述了应赋予儿童所有的基本人权，我国1995年首次签署了《儿童权利公约》。联合国《儿童权利公约》要求，在父母或他人照料儿童时，各国要保护儿童免受任何形式的躯体或精神伤害。儿童虐待的预防应采取综合的预防措施。《儿童权利公约》中明确指出：儿童有生存的权利（基本的生活权利）；受保护的权利（免受歧视、虐待及忽视，对贫困儿童给予更多的保护）；参与的权利（参与家庭、文化和社会活动的权利）。同时，也赋予儿童四大原则：儿童最大利益、无歧视、尊重儿童和尊重儿童观点的原则。

加强对成人关于预防虐待的公共教育。预防情感和躯体虐待，尤其是家庭的主要成员（如父母）平素应注意自己的言行，禁止在家庭中使用暴力，严禁侮辱儿童人格。要提高父母对儿童教育的关注和提高家庭抚养子女的技能，提高父母和儿童的自尊意识。

加强对高危人群的保护。要教育儿童警惕、识别、躲避可能发生的性侵犯，教会儿童依据法律保护自己的行为；建立儿童保护中心、预防儿童虐待监测网，公布举报电话，及时发现，迅速干预，使受害者尽快脱离危险环境。预防的重点对象应放在高危人群，要高度警惕，及时关照，必要时予以干预。

对已经发生过虐待儿童的预防。对遭受虐待的儿童应给予针对性治疗，对躯体创伤及时予以诊治，特别要重视精神心理伤害的治疗，以便使远期不良影响减小到最低限度。对于已形成人格障碍的患者应予以关怀，改变认知，争取重塑人格结构。良好的健康情感的基础通常建立于婴儿期的依恋关系，以及建立持久而又温暖、亲密的家庭关系，使儿童有一种充满爱的感觉，产生安全感，真正感到是在自己家中，并能获得其他需求的满足。如有充足的营养供给；有交流和玩耍的机会；能避免遭受危险；享有以教学和榜样作用为主的基础教育等。作为父母亲，儿童缺乏任何一方均可能导致情感剥夺或忽视。关注儿童健康，防止虐待与忽视，这是儿童保健工作者的责任和义务。[①]

本章结语

儿童青少年在探索自我的心路历程中，常常会探寻"为什么活着""怎样活着"等问题的答案。面对变化纷繁的社会环境、自媒体时代的多元化信息，有的孩子变得迷茫，认识不到自己存在的意义，有的甚至轻待生命。将生命教育融入到学生日常学习、交往和生活之中，潜移默化、滴水穿石，要让孩子在自己的生命历程中，在解决自己成长的困惑与烦恼中，认识到生命的意义，体验和感悟生命的精彩。

生命的丧失对于孩子来说的确是一个负性生活应激事件，但也是孩子成长历练的机会。哀伤辅导是给予孩子力量和支持，从丧失与哀伤中走出来，帮助孩子在对逝去生命的悼念中，体会到生活的美好、生命的可贵。

儿童虐待是对孩子生命的极度不尊重和轻待，要引起家长和教师的重视。比之儿童虐待的极端事件，父母对孩子粗暴的管教行为（体罚、心罚等）是经

---

① 杨玉凤.儿童的虐待与忽视及其干预对策［J］.中国儿童保健杂志，2006（4）.

常发生的。我相信绝大多数家长都是爱自己孩子的，往往是在管教孩子的过程中，有意无意地伤害了孩子。这就需要家长提高家庭教育的能力、亲子沟通的能力，要了解孩子心理成长的特点，要读懂孩子的内心需求，为孩子的健康成长营造一个温馨、有力量的家庭教育环境。同样对于教师来说，要提高儿童心理辅导的能力，聆听孩子的心声，为孩子的发展营造良好的学校和班级氛围。

精彩童年生活

孩子的童年不光有学习，还有生活，特别是孩子的休闲生活常常为成人所忽略。玩是儿童的天性，每个孩子的特长和兴趣是不同的：有的喜欢运动，有的喜欢唱歌舞蹈，有的喜欢画画，有的喜欢看书等。课余闲暇时间应该是孩子玩耍的时间，而不是为没完没了的补习功课所占据。于光远先生说："玩是人类的基本需要之一，要玩得有文化，要有玩的文化，要研究玩的学术，要掌握玩的技术，要发展玩的艺术。"如何帮助孩子度过精彩的、愉快的童年生活，也应该是儿童心理辅导的重要内容之一。

本章讨论以下问题：

休闲生活辅导；

财商与消费教育；

动漫阅读辅导。

第 *1* 节
休闲生活辅导

休闲对人的发展的价值主要表现在休闲活动的性质和内容上。对中小学生而言，在闲暇时间里，如果以积极进取的方式取代消极打发日子的方式，就能让休闲活动变得充实有益、丰富多彩，起到消除学习疲劳、缓解因学习紧张而带来的心理压力。听音乐、赏戏剧、逛公园、练书法、游览名胜、参观展览以及阅读文学作品等，既可得到娱乐和休息，又可提高文化素养和审美鉴赏能力，升华道德境界。杜威说过："富于娱乐性的休闲不仅在当时有益于身体健康，更重要的是它对性情的陶冶可能有长期的作用。为此，教育的任务就是帮助人们为享受娱乐性的休闲而作好充分的准备。"而目前的现实情况是学生学习压力大，课业负担重，学习时间长，他们很少有休闲的机会和时间。

儿童休闲的价值与意义

休闲与营养健康、居住环境、生活方式等因素一样，是儿童生命存在的方式，对其道德、智力和个性发展起着重要作用，是儿童成长发展不可或缺的因素，也是儿童身心健康发展的重要手段。侯玉珠、杨淑萍（2016）认为休闲对于儿童发展有两点价值。

（一）休闲是儿童自我认识的天然资源

休闲的根本价值就在于个人的自由自主的活动。它以一种相对自由开放的方式促使儿童走出课堂，让儿童自由自主地选择活动内容和方式，按照自己的兴趣、爱好、愿望选择休闲活动，不仅极大地激发了儿童的自觉能动性，有利于他们自身能力和智慧的最大程度的提升，还给儿童提供了反思自身闲暇活动的时空，因为"休闲'包含了人的内省行为'"。在休闲活动中儿童可以认识自我，进行深刻的自我反思和塑造，在活动中学会如何与他人相处，学会合作沟通。

（二）休闲是儿童创新思维发展的助推器

休闲的生命是开放的、自由的，不受外在约束，同时与外界的"对流"也可以让儿童进行充分自由的探索，不拘泥于狭隘的空间中，充分展示生命的各种可能性。通过休闲，我们可以"将周围的异己力量推到一边"，为儿童提供更多独立充足的思考时间和空间，让其去发现和接受新奇的事物，从而激起儿童探索未知世界的欲望，更多地实现自我，从而使其具有更加强大的创造力和决断力。[1]

儿童休闲状况分析

（一）儿童休闲状况调查

王小波（2004）对 2400 名儿童休闲状况展开调查，发现以下结果：

1. 儿童休闲活动丰富多样。

小学三年级至初中二年级的学生，平时喜欢的休闲内容依次为做游戏（39.6%）、体育运动（38%）、娱乐活动（35%）、电子游戏（32.7%）、棋牌类（24.8%）、手工制作（18%）、拼装游戏（14.1%），还有 17.1% 的同学选择了其他，说明孩子的休闲活动还是比较丰富多样的（表 9-1）。

分类比较发现在男、女同学之间，以及小学生与初中生之间，其休闲喜好存在着较大的差异。

性别差异。男生喜欢的休闲项目依次为：运动类、电子游戏、做游戏、棋牌类、娱乐活动、拼装游戏与手工制作；女生喜欢的项目依次为：做游戏、娱

---

[1] 侯玉珠，杨淑萍. 儿童休闲的危机与回归——基于学校教育的视角 [J]. 江苏教育研究，2016（34）.

乐活动、运动、手工制作、棋牌、电子游戏、拼装游戏等。其中喜欢玩电子游戏的男生比例是女生的 2.6 倍；有超过一半的男生喜欢运动，而女生只有 1/4 喜欢，男生高于女生 1 倍多（52.7%：25.6%）。而女生更喜欢游戏类（高于男生 17.4 个百分点）和娱乐节目（高出 13 个百分点）。同时女生的休闲范围比男生更广泛一些（在"其他"类中，有 23.4% 的女生作出选择，比例比男生多了 1 倍多）。

年龄差异。通过对小学生与初中生的对比，我们可以看到，随着年龄的增长，对休闲活动的选择也会发生改变。小学生更喜欢做游戏、拼装游戏和手工制作，而中学生则更喜欢电子游戏、娱乐活动与运动，并且游戏范围更广泛（在"其他"类选择上高于小学生）。这种差异比较容易理解，年龄小的孩子，其游戏项目比较简单，活动空间与范围也较小；随着年龄增长，游戏的复杂性加大，活动类型增加，活动空间扩大。

表 9-1　儿童休闲活动内容　　　　　　　（%）

	做游戏	电子游戏	拼装游戏	棋牌	娱乐活动	手工制作	运动类	其　他
总数	39.6	32.7	14.1	24.8	35	18	38	17.1
男生	30.1	49	17.4	28.8	28.1	14.45	52.7	11.5
女生	47.5	18.5	11.0	21.0	41.2	21.3	25.6	23.4
小学	49.6	29.4	16.3	25.1	29.9	21.5	34.7	16.7
中学	17.6	39.9	9.3	24.2	46.1	10.2	45.2	20.0

2. 儿童的玩伴多为同学与朋友，成年人也经常是其游戏伙伴。

由于孩子的交际范围有限，游戏伙伴也主要集中于同学和朋友（84%），3% 的孩子与家长玩，11% 的孩子自己玩。尤其是当今大多数城市儿童多为独生子女，没有兄弟姐妹做伴，应该说是比较孤单的。无论是小学生还是初中生大多数喜欢和同学玩，或者和附近的邻居小朋友玩。选择游戏伙伴最重要的是年龄相仿、相识、熟悉、爱好相近，而有些时候父母因为不放心，也会阻止孩子与其他同龄朋友的交往。尤其是现在单元式居住环境较为封闭，大大减少了儿童在退余时间与邻居伙伴的交往。这无疑大大减弱了游戏中人际关系培养的功能，经常独处不利于孩子的成长，但许多时候，孩子又不得不独自在家，与电视、电子游戏做伴。

3. 家是儿童经常的游戏场所。

孩子最经常的游戏场所，50%以上的孩子选择的是自己的家，环境好的居住小区与公园也可以成为户外活动的场所。另外，学校、同学家与其他游乐场所也是孩子主要玩的地方。目前城市里专门为孩子准备的休闲场所并不是很多，某些地方甚至为了盖楼、修路而占用户外活动场地，使得孩子们的户外活动空间越来越小。

4. 儿童休闲时间严重不足——孩子倒比大人忙。

孩子们一周平均休闲时间仅为成年人的60%，在校时间却超过成人工作时间的48%。如果说，当前成年人拥有大量的闲暇时间与高质量的休闲生活已成为一种新的社会财富的形式与标志的话，那么，孩子的休闲依然被人们忽视与遗忘。[①]

（二）儿童休闲问题分析

休闲教育的缺失，使得儿童休闲出现了不少问题，主要表现为以下三个方面。

一是大量闲暇时间被浪费。据一项调查显示，学生面对"你在闲暇时间主要选择干什么"的问题时，选择自习的占16.9%、选择休息的占64.1%、选择逛街的占12%、选择参与其他感兴趣活动的仅占7%。除去参加与自己兴趣相关活动的学生和选择自习的学生，有76.1%的学生在闲暇时间中没有考虑自己个性化发展的目标需求。

二是在闲暇时间里学生无所事事。很多中小学生在使用闲暇时间时表现出盲目性和随意性，在完成了教师所布置的作业后，就不知道要干什么了。学生闲暇时间越多，就越觉得无聊，只能选择看电影和电视、听歌、玩游戏来消遣

---

① 王小波. 儿童休闲：被遗忘的角落——我国城市儿童休闲状况调查 [J]. 青年研究，2004（10）.

和打发时间。闲暇时间成为滋生各种问题行为的温床，网络成瘾、手机成瘾、打架、斗殴和酗酒层出不穷，"低头族"随处可见，这些学生每天沉浸在网络游戏或动漫中，根本不与身边的人交流。

儿童休闲辅导策略

休闲辅导是指教育者教会孩子合理安排课余时间，了解自己的爱好、兴趣，认识到自己有权利、有能力和有时间去安排、实施自己的休闲活动，使孩子从休闲生活中获得身心休整和愉悦，开阔视野，激发创造力，精彩童年生活。

（一）把休闲还给孩子

1. 尊重儿童休闲权利，还儿童本真世界。

联合国《儿童权利公约》规定，儿童应有休息和闲暇的时间，从事与其年龄相符的休闲活动。我国颁布的《中国儿童发展纲要（2001—2010年）》也规定要为儿童提供所需的休闲娱乐时间，保障儿童休闲的权利。"人们渴望休闲其实更多想要的是轻松自在的自由时间。"有了充裕的休闲时间，就等于享有了充分实现自己一切爱好、兴趣、本能的广阔空间，有了让思想自由驰骋的天地。游戏是儿童的主要存在方式，也是儿童休闲的主要方式，儿童是在游戏中成长的，游戏符合儿童的天性。学校教育应为儿童提供游戏的机会，只要有时间和空间，儿童就会创造出无数有趣的自发性的活动和游戏，并沉浸其中，乐此不疲。

2. 引导儿童休闲，让儿童体会休闲之真味。

苏霍姆林斯基曾说过，只有让儿童每天按自己的想法随意使用5—7个小时的空余时间，才有可能培养出聪明的、全面发展的人。学校教育者应当破除"闲则生非""玩物丧志"等陈旧观念，彻底抛弃以大量课外作业"填补"儿童空闲时间的做法，让儿童有更多时间参加休闲活动。教育者还应从生活的世界出发，利用儿童自身的经验和体验、儿童现实的生活和一切可以直接感知、体验、领会的"在场"的因素，引导儿童树立正确的休闲观，把握休闲的意义，逐步了解休闲活动对个人成长和发展的价值，最终学会如何选择自己所喜好的并有价值有意义的休闲活动。教育者还要将休闲行为选择的权利交还于儿童，培养儿童作选择的能力和主动性，成人若是一味地替儿童作选择，儿童将永远无法学会正确地选择休闲生活，也就永远无法体会到休闲带来的真正快乐和幸福。[①]

（二）开发儿童休闲课程

针对当前儿童休闲教育的匮乏，万伟（2018）对于学校休闲课程开发提出了如下设想[②]：

1. 儿童休闲活动课程的目标。

中小学的儿童休闲活动课程应该直面当前学生不知道如何合理安排自己闲暇时间的真实问题，通过丰富、多样、有趣、具有选择性的休闲活动课程内容的开发，引导学生参与到丰富多彩的休闲活动中。在此过程中获得最佳的闲暇体验，深化学生对闲暇时间的认识，帮助学生学会寻找各种闲暇资源，掌握各种丰富的休闲活动技能，指导学生学会对自己的休闲时间进行有效、科学、合理、有趣的规划和安排，提升学生的生活幸福感。在各种休闲活动中，引导学生学会与人交往、沟通合作，学会遵守规则和秩序，形成积极乐观的生活态度和健康的休闲生活方式。

2. 儿童休闲活动课程的内容设计。

在课程内容的设计和开发上，可以将课内、课外、校内和校外活动有机整合。一般来说，可以从游学类、生活类、文艺类、运动类、科技信息类、游戏类等几个方面开发课程。表 9–2 是江苏省部分学校的休闲活动课程，内容丰富多彩，因地制宜，便于实施。

---

① 侯玉珠，杨淑萍.儿童休闲的危机与回归——基于学校教育的视角［J］.江苏教育研究，2016（34）.
② 万伟.儿童休闲活动课程的开发与实施［J］.中小学教材教学，2018（1）.

表 9-2 儿童休闲活动课程菜单

类　别	项　目
游学类	自然景区游览、参观博物馆、参观科技馆、考察历史遗迹、世界风景博览、学做旅游攻略与指南、野外生存技能训练
文艺类	电影课程、音乐欣赏、读书沙龙、画画、插花、下棋、弹奏乐器、学习芭蕾舞、学习民族舞、集邮、练书法、戏曲欣赏、学习陶艺、排练儿童戏剧、排练课本剧、折纸、做布贴画
运动类	踢足球、跑步、打篮球、打羽毛球、打乒乓球、骑自行车、爬山、游泳、花样跳绳、啦啦操、转呼啦圈、练习瑜伽、溜冰、练习轮滑、抖空竹、放风筝、练习健脑操、练习太极拳、练习八段锦、击剑、马术、踢毽、练习武术
生活类	摘草莓、钓鱼、针织、编织、烹饪、缝纫、摄影、动植物养殖、种菜、家装设计、服装设计与搭配、包粽子、包饺子、采茶品茶、中药养生、蛋糕烘焙、寿司制作、微型家具设计
科技信息类	定格动画、微电影制作、DIY 工厂、趣味实验、机器人制作、3D 打印课程、FLASH 制作
游戏类	丢手绢、"盲人摸象"、绑腿跑、学科游戏、拼图游戏、你说我猜、"木头人"、"火眼金睛"、玩转多米诺骨牌、玩魔方、解九连环、变魔术

3. 儿童休闲活动课程的场馆建设。

儿童休闲活动课程的开展需要各种各样的场馆支持。江苏省的很多学校，根据课程开发与实施的需要，建设了各种各样的主题休闲活动场馆。

（1）种植养殖类场馆。

绿色养殖园。在校园内设立专门的种植空间，有一些学校专门开辟了"百草园""百花园""嘟嘟多肉坊"，南通市海门经济技术开发区小学还专门开辟了"太空种子培育园"等，让学生认识、欣赏并动手培育各种来自太空的植物。

开心农场。扬州市育才小学将校园里闲置的空地开辟成让学生种菜的"开心农场"，学生在农场中可以经历翻地、播种、施肥、割草、丰收的全过程，采摘下来的蔬菜可以让学生通过各种途径去售卖，学生在此过程中收获满满的成就感，还培养了多方面的能力。

宠物联盟坊。学生可以在这个场馆中饲养自己喜欢的小金鱼、小乌龟、小仓鼠等宠物，在教师指导下学会观察，了解各种小动物的生活习性，学会与动物和谐相处。南京市凤游寺小学专门打造了"六足园"，饲养各种各样的蝴蝶，并开发了"蝶舞凤凰台"系列课程，学生既可以在"六足园"里嬉戏玩耍，与蝴蝶亲密接触，还可以开展各种有趣的科学观察和实验。

（2）生活休闲类场馆。

缤纷美食坊。在美食坊可以摆放各种厨具，教师和学生可以在这里制作并品尝各种美食。扬州的跃进桥小学、常州的春江中心小学，都建设了设备齐全的"快乐厨房"，开展丰富多彩的美食制作课程，受到师生的一致欢迎。

休闲音乐吧。可以为学生选择各种类型的音乐，供学生在闲暇的时候欣赏；也可以让学生自己通过网上搜索，找寻自己喜欢的音乐作品进行欣赏。休闲音乐吧主要让学生放松心情，提升学生的审美鉴赏力。

阅读悦美吧。在学生平时容易触及的地方设置精美的读物，并提供小型书桌、舒适的沙发、座椅、榻榻米、地毯等，为学生打造自由、温馨的阅读场所，让学生获得完美的阅读体验。江苏省的锡山高级中学，每个教室都有"班级小书房"，沉甸甸的三四百本书，都是根据师生推荐，由图书馆统一配置，一般每学期更新一次。学校还打造了多个"浅阅读区"，让学生在空余时间可以随时翻阅各类书，新增了"咖吧"休闲阅读室，国学馆、西学馆、典藏馆，甚至把新华书店也引入了校园，为学生的休闲阅读提供了多样化的选择。

影视播放厅。为学生提供观看各种优秀影视作品的场馆，为学校电影类课程的开设提供各种硬件和资源的支持。南京市五老村小学建立了校园电影播放系统，拥有储存一万多部中外优秀影片的电子影像库，学生在小学六年能观看至少上百部优秀电影。

欢乐点唱台。提供各种点唱设备，让学生在校本课程实施过程中或在空余时间，在这里自由点唱，享受欢乐。

（3）体育运动类场馆。

冥想舒缓坊。针对学生学习压力比较大的情况，在坊中存储大量的可供冥想的优美音乐，学生可以在教师的引导下放空大脑，释放压力，也可以在舒缓的音乐中闭目静思，享受宁静。

瑜伽休闲馆。为学生提供温暖舒适的场地，适合学生、教师一起练习瑜伽。

绿茵运动场。提供安全、舒适的运动场所和各种体育运动器材，让学生根据自己的兴趣选择各种运动项目。

（4）操作体验类场馆。

创客体验室。学生可以将自己在学习中产生的各种奇思妙想和精彩设计，通过创意手工、3D 打印、欢乐机器人的制作等，让自己的梦想成为现实。

DIY 工作室。工作室里提供丰富的材料，比如，纸、陶泥、毛线、布料、木头等，让学生随意拼搭、编织、剪裁、切割，制作出各种有创意的作品。

趣味游戏馆。为学生提供各种游戏道具，让学生轻松享受游戏的乐趣。

（三）在研学旅行中开展休闲活动

研学旅行是近年来新兴的一种旅行与学习相结合的校外教育活动。研学旅行有不同的形式，如自然探究、文化考察、乡土探访，等等。①

1. 自然探究。

自然环境对研学旅行来说是最为重要的一种资源，学生对自然环境形成深层次的感受与理解是研学旅行所希冀达到的目标。卢梭在《爱弥儿》中提出，真正完美的教育应当是由自然的教育、事物的教育和人为的教育共同组成，儿童首先应当尽可能遵循自然的发展，在自然环境中不断磨砺和成长。许多心理学家和教育学者也指出，现代学校教育方式使学生远离自然环境，降低了身体感官的使用程度，导致学生注意力出现明显下降，患心理问题的比例也显著提高，这就更需要学生充分接触自然环境以调节和保持自己的身心健康。另外，学校可以组织孩子开展自然遗产考察、野外生存探险、动植物观察等来促使学生接触自然、感悟自然，产生对自然环境的熟悉感、亲密感，形成正确的环境

---

① 薛博文 . 中小学研学旅行的价值意蕴与发展策略［J］. 现代教育科学，2020（1）.

价值观念，有助于提升学生对环境保护的意识和兴趣。

2. 文化考察。

文化考察具体包括对历史文化景点的参观、红色革命圣地的瞻仰、工厂科技园区的体验等方式。历史文化景点参观主要是了解和认知我国优秀的传统文化，感受中华文明的魅力，提升学生对中华文化的认同感和自豪感，培养国家意识并使学生传承和汲取传统文化中的精华。红色革命圣地瞻仰要让学生近距离感悟到老一辈革命家为国家的独立和振兴所进行的艰苦奋斗，将课本中的故事通过实地实物展现出来，让学生在爱国主义情感教育上得到提升。工厂科技园区体验则是让学生从单调的校园生活中走进工厂、科技馆等机构，运用各类器材和设备来开展创客教育，行之有效地发展学生的动手操作能力和团队协作能力。

3. 乡土探访。

自呱呱坠地起，家乡就是学生最主要的学习和生活场域，是所在地学生最亲切、最熟悉也是最为重要的学习环境。美国学者格林伍德（Greenwood）将地方感定义为是一种与自然、文化和社区的联结，它具有充分的情感因素和认知因素，是长时间在地方情境中与地方积极互动而产生的素养。这种地方感能够坚定个人与自己生长生活的地方的联系。乡土探访的主要目标就是发展和培养学生喜爱和感念家乡的地方情感。这类研学旅行一般以学校所在的地区为基础开展活动，除了对周边自然地理环境的认知之外，还将当地的历史、乡土文化、经济、社会发展等方面向学生传授，让学生充分认识到家乡之美，使学生对"生于斯，长于斯"的家乡充满自豪感，且愿意为其发展而奋斗。

以下是浙江省桐乡市语溪小学的"乡土寻趣"研学旅行的具体做法，供大家参考：

一是乡野走学，是指教师利用乡村学校周边具有教育价值的资源，引导学生在真实的乡野情境中边走边学边思，并用所学的知识解决实际问题，实现认知升华，提高学生综合素养的研学学习方式。

二是农事探访，是指在研学过程中，引导学生观摩和探究一些可观、可赏、可模仿的农事活动，直观形象地积累耕耘经验和劳动经历，模仿、学习和掌握一些农事操作技能，并从中获得学习感悟的研学学习方式。

三是乡情感悟，是指通过对乡间民俗和乡情的研学，达成体验和感悟的研学学习方式。它历经直接认知、欣然接受、尊重和运用当下得到的感悟，是一种由感性认识上升到理性思考的过程，能丰富学生的直观经验，促进学生深度思考。①

第2节
财商与消费教育

在21世纪未来公民核心素养中，新兴领域的三大素养就包括财商素养、信息素养和环境素养（见第一章表1-3）。可见财商素养对于儿童发展的重要性。然而什么是财商素养，财商素养怎么培养，这在学校教育中还是一个比较陌生的领域，对于家长来说更是知之甚少。

财商与财商教育

（一）什么是财商教育

严格意义上，财商是一个约定俗成的概念，而不是一个科学概念。就如同情商的概念，情商的英文是情绪智力（emotion intelligence）。财商是现代人作为"经济生物"在社会中的生存能力，是一个人与金钱打交道的能力，也指理财的智慧。财商可以帮助个人获得良好的发展能力，能在日常生活中理性消费，不盲目跟风，能对生命周期不同阶段制订相应的财务计划，比如合理制订住房贷款计划、子女高等教育金规划、退休养老规划等，能够利用长期投资工

---

① 杨建伟.乡野寻趣：农村小学研学旅行再出发［J］.教学月刊，2019（11）.

具，做出合理稳妥的理财规划，实现不同的财务目标，同时对投资风险有清晰的认知，能够未雨绸缪，理性管控风险等。

财商教育（Financial Education）是由消费辅导、理财教育演变而来，其内涵有所丰富。财商是指一个人认识和驾驭金钱运动规律的能力，是理财的智慧，包括观念（想不想）、知识（怎样想）、行为（怎样做）三个层次。观念是指对金钱、对财富及对财富创造的认识和理解过程；知识是指投资创业必不可少的知识积累，包括会计知识、财务管理知识、投资知识、法律知识等；行为是观念的表现和载体，是观念和知识在自我与环境之间的协调和实施，突出表现为每个人的自我突破、自我激活、自我控制的素质和能力。观念、知识、能力这三者互为补充、互为支持，共同构成了动态的发展的财商概念。[①]

可见财商教育不仅帮助孩子学会理财、学会消费，而且更重要的是培养孩子的理财观念，普及理财与投资知识，以及理财智慧和能力。

（二）发达国家重视财商教育

发达国家非常重视儿童财商教育。艾莎·阿马琪等人（Aisa Amagir et al.2018）在跟踪比较英国接受财商教育和没有接受过财商教育不同组的儿童成长情况，认为儿童财商教育对儿童后天的成长和成才非常重要。费德里科·特廖洛等人（Federico Triolo, et al., 2020）则提出财商是财务和理财方面的智力，财商与智商、情商是现代社会不可或缺的能力和素养，财商教育侧重财富观念教育、财富知识教育、财富心理教育和财富管理行为教育。[②]

2002年2月，美联邦储备委员会时任主席艾伦·格林斯潘在国会发表演讲，他说："为了我们国家的发展进步，财商教育是世界第一的国家保持自己实力的关键。早期教会孩子个人理财方面的知识很重要，要改善中小学的财经教育，帮助年轻人不至于做出错误的财务决定。"在美国，把财商教育称为"从3岁开始实现的人生幸福计划"。让孩子及早学会赚钱、与人分享钱财以及如何依法纳税，培养孩子善于理财的品质和能力，这是美国素质教育的一项

---

① 吴文前.儿童财商教育方法应用探析［J］.教育与教学研究，2011（5）.
② 汪连新.儿童财商教育现状调查及路径探究［J］.中华女子学院学报，2020（3）.

重要内容。

在美国，不管家里多么富有，男孩子6岁以后就会给邻居或父母剪草、送报赚些零用钱，女孩子做家务去赚钱。他们以此来体现自己有自立意识。这种观念将一直伴随他们的一生。美国人常常将自己不需要的东西拿出来拍卖，而小孩也会将自己用不着的玩具摆在家门口出售，以获得一点收入。这样能使孩子认识到：即使出生在富有的家庭里，也应该有工作的欲望和社会责任感。

日本人教育孩子的名言是："除了阳光和空气是大自然赐予的，其他一切都要靠劳动获得。"日本家长不以钱作为奖赏，许多日本学生在课余时间，都要到校外参加劳动赚钱。与美国有所不同的是，日本学校的金钱教育中强调一种责任感，要求学生正视金钱的价值，明智、合理地使用金钱。日本的家长认为，干家务活是孩子应尽的义务，如果孩子干活要付钱的话，这就是对家庭关系的扭曲，其结果往往会使孩子弄虚作假去迎合家长的心理而骗钱。[①]

儿童消费行为状况分析

近几十年来，随着我国社会经济的不断发展，人民生活水平得到极大提高。儿童的消费行为也发生了很大的变化，从20世纪90年代的娱乐化、高档化转向21世纪初的高科技、高品质和成人化趋势。

20世纪90年代以后，随着经济的进一步发展，城乡居民的消费支出逐渐增加，儿童消费行为开始向追求娱乐化、高档化转变。1998年国家统计局所属北京美兰德信息公司对北京、上海、广州、成都和西安五大消费先导城市进行的一项儿童消费调查表明：城市居民在儿童消费上的投入相当大，五市平均每户家庭儿童月消费高达672元。以儿童消费占家庭收入的比例来计算：0—12岁儿童消费支出约占家庭总收入的24.2%。各城市的居民均拿出家庭18%到30%的收入来养育孩子。食品和服装支出占6成以上，居首位。其中食品占总支出的54.3%，服装占支出的12.1%，两项合计占儿童消费总支出的

---

① 吴文前.儿童财商教育方法应用探析［J］.教育与教学研究，2011（5）.

66.4%。供儿童娱乐的玩具和娱乐服务支出占 1 成以上，居第二位。五个消费先导城市儿童的玩具支出占全部支出的 4.9%，娱乐支出占 7.4%，两项合计占全部支出的 12.3%。

进入 21 世纪以后，儿童消费行为开始向追求高科技、高价格、高品质及成人化方向转变。据 2002 年对北京市小学 7—11 岁儿童所做的一项调查显示，在儿童消费的商品中，学习用品占 35%，零食占 28%，娱乐品占 20%，衣物占 10%，洗护用品占 7%。

调查显示：7—11 岁儿童，随着年龄的增长，他们对父母购买以下物品的影响越来越大，如汽车、薯片、洗发护发用品、肉类、影碟、面条、坚果、牙膏、电视机、游戏盘等系列产品。购买糖果、口香糖和玩具，随着年龄增长，影响力是呈下降趋势的。这与孩子年龄增长的消费偏好改变有关。[1]

一项关于中国儿童的 1995 年与 2002 年的比较研究发现（2004），中国儿童的消费 7 年间发生了如下变化：儿童的经济收入是原来的两倍，消费是原来的三倍。1995 年儿童平均每周收入有 11.66 元，消费掉 48%；2002 年儿童的每周收入为 24 元，消费掉 64%。每周的开销也从 1995 年的 5.56 元增加到 2002 年的 15.4 元。如果不考虑通货膨胀或者其他附加变化因素，这笔开销比原来增长了 258%，平均每年增长 37%。1995 年儿童购买和学习相关的物品占 56%，2002 年只占 35%，更多的消费用于可以带来欢乐的零食和衣物之类。

去商店次数明显增多，和父母同去的次数增长了 23%，自己去的次数增长了 32%。儿童现在独自去光顾更多的商店。从 1995 年的每周去 1.6 家增长到 2002 年的 2.9 家，增长了 81%。巨大的增长说明儿童对购物有浓烈的兴趣，这种多进多花的消费理念显示了物质主义倾向，接近西方儿童的生活方式。以勤俭著称的中国，儿童消费正在越来越多地受到现代西方消费文化的影响。[2]

---

① 徐晓.改革开放后中国儿童消费行为研究［J］.武汉商业服务学院学报，2011（3）.
② 同上。

广告对儿童消费心理的影响

（一）儿童对广告的认知与喜好

5—8岁这一年龄段的儿童在观看儿童电视广告的时候，注意力仍然很集中，开始具有早期的购物消费行为，大多喜欢冒险，认知能力相对幼儿大大提高。如果喜欢某一产品的广告，注意的持续时间会更长。这阶段的儿童想象力非常丰富，如果儿童电视广告具有故事情节，就能很快吸引该年龄段的儿童，一旦需求产生，就会产生购买欲望，在自己经济有限的情况下，他们的消费行为会由父母陪伴购买转变为自己独立购物。

8—12岁的儿童更重视电视广告中产品的细节和质量，他们能够逐步区分电视节目和商业广告，并明白商业广告的说服性目的，他们喜欢现实生活中的英雄人物，比如体育和电影明星等，爱好有社会功能的产品。[1]

（二）电视广告对儿童消费心理的影响

儿童观看电视广告所形成的对广告商品的态度是儿童社会化的一个方面，是儿童准备参与社会生活，成为一个商品社会的合格成员的必经发展，它所引发的儿童认知、情感和行动意向是儿童社会化过程中一种重要心理和行为现象。

电视广告对儿童消费的正面影响可能有：其一，电视广告满足了儿童对信息的要求，各种广告还通过介绍不同商品的特征及识别方法，提高儿童的辨别力，促进儿童消费心理和消费行为的成熟。其二，丰富儿童生活，带给儿童愉悦感。广告的世界是极其丰富多彩的，优秀的广告制作精美、情节动人，不仅具有较强的促销力，也具有较高的审美价值。这些广告有助于提高儿童的审美感受能力，丰富儿童的生活，让儿童在广告提供的幻想世界中尽享欢乐。其三，电视广告能够加速儿童消费的社会化过程，增强儿童社会交往意识。

负面影响可能有：一是广告极大地刺激了儿童的购买欲望，由此助长了儿

---

① 周旋.浅析电视广告对儿童消费行为的影响［J］.新闻世界，2010（12）.

童炫耀、攀比的心理。二是广告容易促使儿童养成奢侈浪费的习惯。广告的作用就是使人们自愿掏腰包，尽量地多花钱。面对广告的强大诱惑，一些儿童很难控制自己的花费，从而易养成大手大脚、奢侈浪费的不良习惯。三是广告可能误导儿童，影响儿童健康成长。广告为了实现其既定目标，会采取各种不同的手段来吸引受众，例如恐怖广告、荒诞广告。严重时还会误导儿童行为，在一定程度上对儿童心理产生不良影响，妨碍儿童的健康成长。[①]

儿童财商教育策略

（一）帮助孩子合理消费

时下，儿童消费品牌化、成人化、贵族化已成为一种趋势，这种现象理应引起社会的高度关注。不少教育研究者指出，儿童消费的品牌化趋势对儿童的健康成长有诸多不利影响，比如，容易形成攀比心理，滋生拜金主义，对孩子的人生观、价值观的形成都十分不利。因此，在儿童品牌消费上，家长应保持理性，提倡适度消费，不盲目追求品牌。崔磊等人（2012）提出了帮助孩子合理消费的建议。

1.家长要提高自身的审美情趣，端正消费行为，以身立教。

俗话说，"父母是孩子的第一任老师"，儿童消费行为的形成往往受父母的影响比较大，甚至将父母的穿着打扮作为效仿的对象。如果妈妈说："你今天穿的这双鞋子真好看！"那么孩子就认为穿这双鞋子很漂亮，天天穿着不肯换。如果父母的消费观念比较新潮，喜欢赶时髦、穿金戴银、买名牌，久而久之，孩子也会模仿了。孩子追求名牌效应的心理，除受社会上高消费的影响外，也与有些家长自身的审美观、消费观有关。他们认为现在生活条件好了，给孩子买高档衣服、品牌鞋子，甚至买金项链、金手镯，是应该的，甚至以此炫耀自家的身份、地位或富有，满足自己的虚荣心。有的父母尽管家里经济条件不怎么宽裕，宁愿自己省吃俭用，也要让孩子在别的孩子面前"不掉价"。

---

① 周旋.浅析电视广告对儿童消费行为的影响［J］.新闻世界，2010（12）.

殊不知，这些家长的行为对孩子是一种误导。

2. 家长要通过摆事实、讲道理引导孩子理性消费。

在引导孩子理性消费时，"身教"固然重要，但"言教"也不容忽视。家长要让孩子懂得每个人的需求不同，自己有的东西，别人不一定有，别人有的东西，自己也不一定要有。买东西的标准不是因为别人有，而是看自己是否需要。如果确实需要，再贵也买；如果不需要，再便宜也不买。当孩子提出不合理的要求时，家长应通过摆事实、讲道理予以拒绝。儿童时期的消费行为很大程度受同伴的影响，当孩子看到别的伙伴也穿着流行的名牌时，也会基于攀比心理提出不合理要求，这个时候父母就通过"言教"，在讲清道理之后予以回绝。如果孩子以哭闹相胁，父母可以采用冷处理的方法，孩子发现无法达到要求时自然会停止哭闹。切忌因为孩子哭闹心软，就同意孩子的要求，这种做法只会让孩子把哭闹当成与父母"斗争"的武器，让孩子提出越来越高的要求。

3. 教育孩子养成勤俭节约的好习惯。

勤俭节约是中华民族的传统美德，任何时候都不能丢掉。现在许多孩子都是独生子女，从小养尊处优，不知父母辛劳之苦，更不知道家中每月的收入多少、支出多少、余额多少，对于父母每天要付出的劳动更是不了解。所以，在教育孩子理性消费上，一定要让孩子通过读书、社会实践、做家务等方式了解生活的不易，让孩子学会珍惜现有的生活。

4. 通过让孩子记账培养其理财能力。

培养儿童理性的消费观念，最重要的是让孩子知道家里的经济状况，理解父母挣钱不容易。孩子只有了解了家庭收支状况，才能真正理解父母，才能培养一种责任感，在消费上不过分追求高档、品牌，为父母分忧。在这方面，父母可以设立一个账本，让孩子参与家庭的理财，通过这个小小的账本把家庭每天的收入和支出都记录下来，在这个账本上，除了详细记录每个家庭成员的开支，还要让作为一个完全消费者的孩子明白自己的消费支出在家庭支出中所占的比例，他既然还没有能力为家庭创造财富，理所当然在消费支出上要有所节制，通过这种方式培养孩子的理财能力，更重要的是培养孩子的责任感，这在孩子树立理性消费观念中起着非常重要的作用。在孩子追求品牌消费时，家长可以翻翻孩子的记账本，通过账本上记载的收支数额，消除孩子的不理性消费行为，慢慢地形成好习惯，使孩子的品牌消费行为逐渐回归理性。①

（二）赚取和用好零花钱

1. 家长和孩子一起制定家务活动报酬清单（8—10岁）。首先家长要和孩子一起给家务活分类：哪些是属于个人生活的，如个人书桌的整理；哪些是属于整个家庭公共的，如倒垃圾。属于个人生活的部分，不能取得报酬。只有家庭公共事务，是可以取得报酬的。然后再和孩子一起制定报酬清单。

2. 和孩子一起商讨他的月度零花钱数目（11岁）。同孩子每半年或每季度进行一次"零用钱额度申领"会谈，可以就此展开讨论，直到达成共识。相信经此而得到的零花钱，一定会减少孩子浪费的冲动，对于培养他今后做事情的计划性，也会有很大的帮助。

3. 和孩子一起申请属于他的儿童银行卡（12岁）。目前部分银行推出了针对少儿用户的银行卡服务。家长可以带孩子一起去申领，这个过程既能让孩子尽早熟悉银行服务，培养孩子的金融意识，也可以让家长事后通过刷卡记录了解孩子的消费习惯，以便正确引导孩子消费，一举多得。

（三）儿童财商素养课程开发

儿童财商教育的一个重要途径是财商素养课程开发。本节介绍王汝梅老师的"创客商学院"课程，可供大家借鉴。②

"创客商学院"儿童财商素养课程，是一门跨学科综合实践课程开发。针对小学阶段学生，融合金融理财、计算机编程、写作、美术等学科知识，以一种孩子喜欢的方式，引导其将身边的理财案例发挥想象力编成故事，然后借助智能编程软件，转化为AVG动画游戏，并借助自媒体进行发布，让父母或者

---

① 崔磊，等.儿童的品牌化消费心理及其理性回归［J］.湖北师范学院学报（哲学社会科学版），2012（3）.
② 王汝梅.儿童财商素养课程开发实践探索［J］.中国校外教育，2019（6）.

其他人来体验的跨学科综合实践课程。课程以兴趣为导向，激发孩子的想象力，让他们大胆尝试，将抽象的财商知识故事化、形象化、直观化，在培养孩子财商能力的同时，提高科学素养和文学素养。

"创客商学院"课程围绕金融理财教育课程框架中的六大主题：工作与收入、消费与预算、储蓄、信用、金融投资、风险与保险，明确小学阶段对应的学习目标，融合计算机编程、写作、美术等学科知识，强调知识的综合应用，设计了和小学生生活实际相关联的十项学习内容，重构了课程内容。这十个项目结合孩子实际生活案例，具体是："合理使用压岁钱""钱币变形记""欢乐大富翁""精彩网购""家庭小管家""小小银行家""支付达人""操盘小能手""轻松兑外币""平平安安"。每个项目融入相应理财知识点和编程知识点，再借助智能编程软件，将理财案例故事转化为 AVG 动画游戏。在完成任务的过程中，不单学习理财知识，还学习编写故事、选择背景、设计流程等计算机编程、写作、美术知识，提高了孩子的成就感与自信心，让他们的创造力得到了充分发挥。

第3节
动漫阅读辅导

动漫是孩子喜欢的一个天地，但是许多成年人都不太在意孩子的这个喜爱，常常认为孩子热衷于动漫会影响学习。其实动漫与许多童话故事一样，给孩子以心灵滋润、精神养料，潜移默化地影响孩子的成长。记得我童年时代非常喜欢看连环画，在连环画中我知道了《三国演义》中的刘备、诸葛亮、曹操、关羽等古代英雄人物，知道了《水浒传》中的宋江、吴用、李逵、林冲等绿林好汉。这丰富了我的历史知识，懂得了是非善恶、正义公正等。因此，老师和家长要了解孩子的动漫世界，这是走进孩子心灵的一把钥匙。

儿童动漫阅读状况分析

周英等人（2017）对四川彭州 200 多位中小学生的动漫阅读状况调查发现 [①]：

1. 在课外阅读重要性的认识上，80% 以上学生都持肯定态度，认为非常重要的占 67%，比较重要的占 20.7%。

2. 在动漫阅读的态度上，超过一半的学生都喜欢动漫，不喜欢的仅占 8.3%，表示一般的占 3 成。而对于儿童的动漫阅读，家长中表示赞成的为 31.1%，表示一般的占 4 成，表示不喜欢的为 29.6%。孩子和家长对动漫阅读的态度反差比较大。

3. 在动漫作品选择上，88.7% 的学生按照自己感兴趣的内容自主选择，比例在选项中居首位。选择同学朋友推荐的比例为 44.8%，也很高，在总体比例上超过了学校老师（38.4%）。

4. 从学生喜欢的动漫主题类型上，最受欢迎的是喜剧幽默类（66%），其次是侦探推理类（51.2%），这一点，无论是男生还是女生都是一致的。男女生差别最大的是在体育格斗类，女生仅有 3.1%。此外，情感爱情类，学生喜爱的比例最低（19.7%）。

虽然上述调查的样本比较小，但也具有一定的代表性，与实际情况比较相符。

孩子为什么喜欢动漫

动漫以其独特的魅力渗透在儿童生活的方方面面，那么，孩子为什么对动漫如此着迷呢?

[①] 周英，等 . 城镇化进程中乡村儿童动漫阅读现状：基于四川省彭州市部分中小学生的调查报告 [J]. 社科纵横，2017（3）.

（一）满足儿童社会交往的需求

动漫的卡通形象能够满足儿童社会交往的需求。现代家庭以独生子女居多，同龄伙伴较为缺乏，在现实生活中与同龄人的互动需求常常得不到满足。而动漫中很多角色的原型就是儿童，作品中人物表现出来的思维方式、行为模式等都与一般儿童无太大差异，动漫正是通过这样一些卡通形象拉近与儿童之间的距离，成为儿童天真无邪、乐观向上的精神"小伙伴"，在一定程度上消除了儿童的孤独感。同时，由于大多数儿童都较喜欢动漫，他们的谈话内容、行为模式等都会受到动漫形象或多或少的影响，这可能也导致了那些本来较少接触动漫的儿童为了拉近与其他伙伴的距离而主动去了解动漫。

（二）引发儿童产生情感的共鸣

动漫故事易引发儿童情感的共鸣。生动曲折的故事情节和令人难忘的情感经历，是动漫吸引小观众注意力的关键因素。相对于成年人，儿童的兴趣更加广泛，他们对新鲜事物的好奇心更强，青睐于主题丰富的内容，而根据他们的特点制作出来的动漫正迎合了他们的口味。男孩子活泼好动，喜欢科幻、战斗、探险故事类的动漫作品；女孩子爱思考、情感丰富，更偏爱情感类的片子。动漫在情感与故事的处理上不同于常规影片的处理方式，它情节曲折动人、引人入胜，可以把严肃沉闷的主题变得更易于接近，使哲理变得更具有观赏性、趣味性，更符合孩子的观赏心理，更能引发儿童的共鸣。

（三）动漫用细节打动心灵

动漫的形象性使得动漫作品的娱乐功能更加突出，儿童在观看电视节目的过程中能得到休息和放松。动漫的剧情内容能触动人内心深处的情感世界，一部优秀动漫作品的细节策划是丰富剧情内容的重要环节。许多动漫在其动作的柔美性上并不是很复杂，有些还经常使用分镜头静态画面和画外音来节约制作成本，但是这些作品依旧风靡一时，受到了广大儿童的欢迎。究其原因，就是此类动画片的细节打动了广大的儿童受众，一个简单的主题外加丰富的想象力构成诸多细小的情节往往就能牢牢地抓住儿童的心。①

---

① 劳玲.动漫对儿童成长的影响［J］.传承，2008（11）.

动漫对儿童成长的影响

（一）动漫对儿童审美心理的影响

动漫对儿童审美心理的积极影响体现在以下两个方面：

1. 能够丰富儿童的审美想象。

动漫不拒绝任何美与想象，在动漫艺术中，无论是对自然形态的夸张还是创造出虚拟的形象，可爱的、可笑的、荒诞的，无不对儿童的视觉感官产生不同程度的刺激和愉悦感。

童年时代的孩子充满幻想，在他们眼中，所有事物都是活的，都是可以发生变化的。因为只有在动漫中王子会变成怪物，机器被植入了人类记忆，非人类生物的幻想生命体，人类真正梦想中唯美的家园……镜头中可以展开史诗般宏大的场面，超现实主义的庞大城市、战争，熟悉的电影明星和卡通在三维空间同台演出，这些眼花缭乱的动漫故事无疑是想象力的延伸。

2. 有利于激发儿童的审美情感。

儿童之所以喜欢看动漫是因为动漫作品中融入了大量个性鲜明、表情丰富的动漫形象，再加上对音乐、画面、动作、特效进行了加工处理，语言上进行了夸张、诙谐的表达，同时使这些形象具备了人格化的特征，让儿童一看就会产生浓厚兴趣，激起内心深处的情感体验。

日本漫画家宫崎骏认为："孩子不是为了大人而活，而是在品味只有在幼年才会有的滋味，童年5分钟的经历比大人一年的经历更有价值。"动物是动漫中最常见的主角，也是创作者青睐和擅长的，动物真实地显示出可爱和有趣，使儿童得到这个年纪需要的快乐伙伴和心灵安慰及合适的认识与良知、对自然的敬畏和对生命的尊重。从某种程度上讲，动物的世界和儿童世界是隐秘相通的，只有和谐相处而不是杀戮破坏才会打开自然界一扇神奇的大门。就像在《龙猫》中的黑煤精灵虫与龙猫家族，帮助那些热爱他们的孩子。只要你相信，龙猫就在你的身边，什么不可思议的事情都会发生，只有动漫才能实现这些心灵和谐的梦想。[①]

---

① 孔冉.基于动漫文化背景下的儿童审美教育思考［J］.考试周刊，2014.

动漫对儿童审美心理的消极影响体现在以下两个方面：

1. 真实生活的审美经验为大量的动漫文化代替。

对于儿童的审美经验，直接感受是很重要的。动漫说到底，是人工搭建的生活，其造型、动作、情节都是人情境中的产物，并被固定在一定的媒介上呈现。儿童沉溺于这样的虚拟世界中，享受其带来的刺激与快感，往往忽略了现实世界中一切美的事物，越来越远离大自然。

2. 参差不齐的动漫文化信息给儿童带来不良的审美影响。

在动漫文化发展如此之快的时代，儿童时刻都在与其接触着，在大量的动漫文化信息中，存在诸多不良形象与信息，如：动漫中的暴力情节及那些暴力人物形象，无时无刻不在影响儿童的审美思想，容易引起儿童盲目模仿这些暴力人物的态度与行为，导致在日常生活中容易显现出暴力倾向。因此，那些参差不齐的动漫文化很容易混淆儿童对善恶丑美的审美判断标准。[①]

（二）动漫对儿童社会认知的影响

社会认知是个人对他人的心理状态、行为动机、意向等做出推测与判断的过程。儿童正是通过社会认知了解社会并逐步融入社会。在互联网时代，大众传媒对人的社会认知的影响非常大，特别是动漫图书和动画片，潜移默化地影响着儿童社会认知的发展。

1. 对少年儿童人际交往的影响。

动漫图书和动画片，一方面，对少年儿童来说提供了共同爱好和话题，增加了他们之间的交往。共同感兴趣的动漫图书和动画片给他们提供了一个交流沟通的平台，而不知道该动漫图书和动画片的人往往会被孤立或嘲笑。另一方面，对动漫图书和动画片的理解也给他们提供了人际交往的方法、规则的参考。少年儿童的人际交往能力是在社会环境中潜移默化获得的。动漫图书和动画片成了一个学习的来源。他可以提供人际交往中的基本沟通知识，比如，许多动漫图书和动画片中，活泼、开朗的人总被描述成受大家欢迎的，经常帮助

---

① 孔冉. 基于动漫文化背景下的儿童审美教育思考［J］. 考试周刊，2014.

别人的人也会得到大家的赞扬，干坏事的总会受到惩罚等，这些都对人的基本交往原则进行了描述和强化。

2. 对少年儿童关于人物形象认知及品德形成等方面的影响。

在动漫图书和动画片中，公主总是美的、善良的，王子总是英俊、勇敢的，坏人总是丑陋的、有阴谋的……对此，少年儿童特别是儿童可能会形成不恰当的形象认知，使他们只是简单地通过外貌而形成对他人品行的直接判断，这对人的形象认知发展或品德发展是不利的。另一方面，由于许多动漫图书和动画片中人物的身份与地位、品德总有一致性，比如，王子、公主生来就很富有、善良、富有同情心，而不交代这些财富和品德的正确的获得方式，这容易使少年儿童产生人的富有和品德取决于家庭出身，从而对家庭形成不恰当的评价等，这些看法或观念一旦形成，影响将是深远的。[①]

儿童动漫阅读辅导策略

鉴于动漫对儿童成长有不可或缺的影响，可引导儿童从动漫文化中吸取精神养料，丰富儿童的生活。有研究者提出以下建议：

1. 学校要加强儿童信息素养的培养，增强其辨别和获取动漫信息的能力。

在动漫构造起的儿童世界里，有时风和日丽，有时狂风暴雨，作为儿童接受教育的主要阵地，学校应该正视动漫带来的文化冲击，不断更新教育理念，加强培养儿童辨别信息和抵抗信息污染的能力，强化审美教育和媒介素养教育，使儿童能正确理解和充分利用动漫资源，学会以批判的意识接触、辨别、获取动漫信息，促进其健康成长。

2. 家长要经常注意儿童的观看、阅读倾向，帮助儿童树立正确的动漫观念。

家长应该积极参与孩子的动漫旅程，可以与孩子一起观看、评论动漫作品，必要时也可限制孩子接触动漫的时间或内容，及时抓住机会与孩子讨论动

[①] 杨霞. 浅谈动漫图书和动画片对少年儿童社会认知的影响 [J]. 辽宁教育，2009（9）.

漫的画面设计、内容所表达的思想等，鼓励儿童说出自己的想法并给予正确的评价，引导儿童认清现实与动漫的差别，以高尚的动漫形象感染和影响儿童，培养孩子良好的阅读习惯和对多种审美形态的鉴赏能力，帮助孩子养成良好的自我约束能力。

3. 社会要为儿童营造一个良好环境。

正确引导儿童观看、阅读动漫，营造一个良好的动漫文化氛围，不仅是学校和家庭的责任，更是社会的责任。政府要积极地发挥调控的作用，综合运用法律、行政、舆论和技术等手段统筹安排，制定相关法律法规保护儿童的权益不受侵犯，运用强制手段对各种媒体进行管理和监督，通过一定的技术控制媒体的负面影响，规范动漫文化的传播，加强传媒机构的相互监督和自律，从而营造起良好的媒介教育大环境。①

此外，公共图书馆也可以建立动漫阅读平台，为儿童青少年提供更多健康的动漫阅读平台。日本广岛漫画图书馆每年要举行 20 多次不同主题的漫画展。广岛市漫画图书馆漫画展的典型主题可以归纳为四类。第一类以某一漫画家的作品作为展览主题。这类活动居多，属于漫画家的个人作品展。如手塚治虫、吉田竜夫、永井豪、藤子不二雄等人，都是日本的职业漫画家，创造了许多经典的漫画作品。第二类是根据漫画内容的主题进行展览，如表现食物、刻画职业或者是讲述运动的漫画作品展。第三类是图书馆主办活动中所产生的漫画作品展。如每年一度的漫画大赛募集到的获奖作品展，讲座上用户所创造的漫画作品展。第四类是与图书馆所在地的地域历史、文化相关的漫画作品展。这一类展览很有乡土资料特色。二战时期广岛遭受了原子弹的轰炸，许多漫画取材于这一史实。这一类展览很有乡土资料特色。

动漫俱乐部是另一种动漫阅读平台。如在美国，有一批图书馆的动漫俱乐部是围绕日本动漫展开的，尽管俱乐部的名称略有不同，可统称为"日漫俱乐部"（Manga/Anime Club）。布罗肯阿罗图书馆（Broken Arrow Library）是美国首个建立日漫俱乐部的公共图书馆。2007 年该馆成立了一个俱乐部

---

① 劳玲 . 动漫对儿童成长的影响［J］. 传承，2008（11）.

（Read or Die Manga / Anime Club），它面向 13—18 岁的青少年，每月举行一次活动，主要内容是参与者讨论他们正在阅读的日本漫画，通常参与者也会一起观看一部动画电影或一集动画片。俱乐部还会在万圣节的时候开一次动漫人物模仿秀（cosplay），孩子们可以穿上自己喜欢的动漫角色的服装。其积极结果是：尽管该图书馆漫画藏书有限，但流通率却很高。[①]

国外的这些经验值得我们借鉴和学习，以更好地利用公共图书馆资源，为儿童青少年的动漫阅读营造良好的环境氛围。

本章结语

休闲与营养健康、居住环境、生活方式等因素一样，是儿童生命存在的方式，对其道德、智力和个性发展起着重要作用，是儿童成长发展不可或缺的因素，也是儿童身心健康发展的重要手段。儿童休闲活动不光是学校里有活动安排，更重要的是家长要认识到课余休闲生活对孩子健康成长的价值和意义，丰富孩子的课余休闲活动，把休闲的时空还给孩子。

财商教育是儿童学习的一个新兴领域，它着眼于 21 世纪未来公民的核心素养的培养。财商教育不仅帮助孩子学会理财、学会消费，而且能培养孩子的理财观念，普及理财与投资知识，以及理财智慧和能力。时下，儿童消费品牌化、成人化、贵族化已成为一种趋势，这种现象理应引起社会的高度关注。儿童消费的品牌化趋势对儿童的健康成长有诸多不利影响，比如，容易形成攀比心理，滋生拜金主义，对孩子的人生观、价值观的形成都十分不利。因此，在儿童品牌消费上，家长应保持理性，提倡适度消费，不盲目追求品牌。

动漫是孩子喜欢的一方天地，动漫与许多童话故事一样，给孩子以心灵精神养料，潜移默化地影响孩子的成长。同时动漫又是一把双刃剑，参差不齐的

---

① 李芙蓉，等.美日公共图书馆动漫阅读推广活动探析［J］.中国图书馆学报，2014（6）.

动漫文化也会给孩子带来负面影响。如，儿童沉溺于动漫的虚拟世界中，往往忽略了现实世界中一切美的事物，而远离大自然。再如，动漫中的暴力情节及那些暴力人物形象，容易引起儿童盲目模仿，导致在日常生活中容易显现出暴力倾向。因此，教师和家长要引导孩子认清现实与动漫的差别，以高尚的动漫形象感染和影响孩子，培养孩子对动漫的鉴别和鉴赏能力。

认知行为治疗技术运用

在诸多的心理咨询理论流派中，认知行为治疗（简称 CBT）是为数不多疗效能够得到循证支持的一种咨询理论和方法。近 20 年来，CBT 也受到儿童心理咨询与治疗领域学者的关注和支持。正如比尔曼和韦茨（S.K.Bearman & J.R.Weisz）所说："研究发现，对于儿童与青少年心理健康问题，有 46 种不同的治疗方案能够满足钱布利和霍伦（Chambless，Hollon）提出的'有效'，或可能'有效'的疗法的标准。大多数被确定为'有效'的疗法，在广义上都属于认知行为疗法。它们囊括了儿童青少年的多种心理疾病的治疗，包括自闭症谱系障碍、抑郁症、焦虑障碍、注意力障碍与破坏性行为、创伤性应激反应，以及物质滥用等。"因此，认知行为治疗技术也被广泛地运用于学校心理辅导之中。

本章讨论以下问题：

认知行为治疗的理论基础；

认知行为治疗技术应用；

正念技术应用。

第 *1* 节
认知行为治疗的理论基础

认知行为治疗发展简介

一般来说，认知行为治疗是认知治疗与行为治疗的结合和统称，但认知治疗和行为治疗的理论基础有所不同，故分别加以讨论。

（一）认知治疗理论发展简述

20 世纪 60 年代，两种疗法同时诞生——认知疗法与理性情绪疗法，它们将认知推到了心理治疗的最前沿。认知疗法由贝克创立（Beck，1963，1964，1967）。

贝克出生于 1921 年，1946 年在耶鲁大学获得医学博士学位。1953 年，获得美国神经和精神病学委员会的精神病学资格。后来，他进入宾夕法尼亚医科大学精神病学系。1958 年，在宾夕法尼亚精神分析学院毕业。他早期对抑郁研究很感兴趣，并发表了《抑郁：临床、实验和理论》（1967），讨论了在治疗抑郁症中认知的重要性。贝克的认知理论是基于他对抑郁症患者的临床实践。他原想采用精神分析疗法来治疗抑郁症。根据精神分析的理论，抑郁是敌意指向自我内部的攻击。贝克分析了抑郁症患者的梦，他预测患者带有敌意的梦境会比控制组要多。结果发现，抑郁症患者很少有敌意的主题，而有很多关于有缺陷、剥夺、丧失的主题。他认识到这些主题与患者清醒时的思维是对应的，发现抑郁症患者存在自动的负性思维，即发现歪曲、错误的认知是引起抑郁的关键因素，继而贝克把治疗的思路从精神分析转向认知治疗，并且建构了认知治疗模式。

理性情绪法由艾利斯创立，与认知疗法创立时间十分接近，然而他们俩都是独自完成自己理论的发展工作。艾利斯 1947 年获得哥伦比亚大学临床心理学哲学博士学位。1949—1953 年，通过实施精神分析，他对精神分析的有效性开始产生怀疑，并由此成为反对精神分析的主要人物之一。1953—1955 年，他曾尝试过其他方法，用以取代精神分析。终于，在 1955 年，他提出了自己的理论体系，那就是在咨询和治疗领域影响极大的合理情绪疗法（Rational Emotive Therapy，简称 REBT）。他认为人的情绪和行为障碍不是由于某一激发事件直接引起的，而是由于经受这一事件的个体对其不正确的认知和评价所引起的信念，最后导致在特定情景下的情绪和行为后果，即决定人的情绪与行为反应（emotional and behavioral consequence，缩写为 C）的，不是事件（activating event，缩写为 A）本身，而是对事件的态度和想法（belief，缩写为 B）。我们可以通过改变人的非理性想法，进而改变其情绪和行为反应。故大家常常把理性情绪法称为 ABC 理论，如图 10-1 所示。

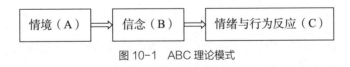

图 10-1 ABC 理论模式

（二）行为治疗理论发展简述

行为治疗理论基础是经典条件学习和操作性条件学习。经典条件学习的理论先驱是巴甫洛夫的经典条件反射实验，强调刺激与反应的联结。华生在此基础上，强调对可观察行为的研究，以及有机体习得新行为的能力，从而提出了经典条件学习理论。华生还做了儿童恐惧习得的实验，说明儿童的不少恐惧行为是学习而来。操作性条件的理论是由斯金纳提出来的，他详细分析了对于反应的强化而改变不适应行为和增强适应行为。这些学习理论为后来的行为疗法奠定了理论基础。

沃尔夫（Wolpe，1958）早期综合运用学习理论提出，通过诱发对抗的副交感神经反应（如放松、自信反应等）可以抑制人类的焦虑情绪。同样，埃森克（Eysenck，1959）通过逐级接触恐惧的物体或情境，结合放松训练来治疗恐惧症。这一方法可以追溯到系统脱敏、自信训练等措施。早期的这些行为技术，主要聚焦于如何通过可操作的强化塑造可测量的行为，以及如何对恐惧刺激的重复暴露来松动刺激与反应的联结。然而，这些技术在很大程度上忽视了引起心理问题的潜在认知过程。[①]

认知行为治疗的基本原则 [②]

（一）当下问题重点关注

认知行为疗法并不像其他一些心理疗法（如精神分析），将追寻适应不良行为的根本原因，或者将来访者童年经历视为重点。尽管了解来访者的成长史，考虑过去经历如何影响现在的功能，也具有很大价值，但是认知行为疗法更加强调的是当下正在发生什么。以下通过具体案例来说明。

埃伦，一位9岁女孩，被诊断为重度抑郁症并发注意缺陷多动障碍（ADHD）。当埃伦5岁的时候，她妈妈被诊断患了一种严重疾病，同时埃伦自己开始服用中枢神经兴奋剂来治疗ADHD。该药物对埃伦有诸多的副作用。她的妈妈在接受高强度治疗时，她在学校会变得脾气非常暴躁、攻击性极强，并且什么都做不了；埃伦甚至还曾短期住院治疗，出院后，她的攻击性和易激惹的行为有所缓解。埃伦在学校很努力，但她的学业表现并不好。当遇到有压力的情境时，特别是与学习有关的事情，埃伦很容易哭泣，说"我做不了""没有人会帮我"，并且出现放弃学习任务等情形。

埃伦在学校表现出攻击性，其入院的这段时间，家人对她的支持也较为缺乏。这样的早期经历无疑加剧了她的"我是无助的、无能的"这样的信念。当

---

① 西盖蒂，等.儿童与青少年认知行为疗法［M］.王建平，等，译.北京：中国轻工业出版社，2014：2.
② 同上：8–17.

她面临学业挑战时，她的这一信念连同ADHD共同被激活，导致她的行为总是招来惩罚，进一步让她验证了自己得不到帮助的想法。然而，治疗师不可能改变过去已经发生的事。现在，她的想法（"这件事我不行""没有人会帮助我"）以及由这些想法引发的行为，如放弃、回避与愤怒等，均维持了她对于自己、他人和世界的消极看法。因此，认知行为治疗师通常会从考察此时此地引发来访者问题的想法与行为的环境着手。

（二）假定适应不良的行为与认知是习得的

认知行为疗法强调已经形成的学习原则的重要性（如经典条件作用、操作性条件作用），以便更好地理解思维和行为是如何维持的。某些因素可能会影响一个人形成适应不良的思维与行为的潜在倾向，如基因与生物易感性。例如，一个对焦虑线索很敏感的孩子，可能会感到很难忍耐一些躯体感受，于是他可能试图去回避这样的经验。一个执行功能有缺陷的孩子可能很难抑制冲动行为，于是他可能去破坏规则。并且，学习经验会强化或者消退行为与认知，导致来访者从原本仅仅有适应不良的行为，逐渐发展为会引起功能损害的、持久的行为模式。

ADHD的症状导致埃伦很难忍受挫折，她之所以在面临学业上的压力时容易放弃也与此有很大的关系。同时，这一行为也通常会使她受到老师的惩罚，而惩罚会继续强化她的逃避行为。而埃伦也有完成挑战性任务的经历，但是这些成功经验往往被老师忽视。

（三）关注具体、清晰、明确的目标

认知行为治疗实施的早期，咨询师会和来访者一起设定目标，这些目标常常要以客观的可观察的方式来描述。目标不仅是清晰界定行为目标的专业术语，而且要通俗易懂。

当咨询师问埃伦，在治疗中她想要解决什么问题时，埃伦首先回答的是，她想要受到更正常的教育，不想继续待在特殊教育班了。由于这个目标可能无法实现，咨询师用提问的方式让她理解，如果她不再被当作需要额外帮助的学生，她的生活可能会有什么不同。通过对这些问题的回答，埃伦认为，如果仍然要留在特殊教育班，她希望可能找到一些方法去完成她的课堂作业和家庭作业，在学业方面表现更好些。另外，埃伦希望自己对学习环境不再那么焦虑，并且可以交到更多的朋友。这些清晰的目标为辅导过程提供了明确的方向，也可以评估来访者的进步和辅导效果。

（四）合作式的咨访关系

认知行为疗法的目的并不仅仅是帮助来访者设立目标，识别、评估适应不良的想法和行为，并对这些想法和行为继续调整，也包括教育来访者学习做这些事情。咨询师常常是"教练"的角色，来访者是"运动员"的角色。教练通过教授新的策略，鼓励运动员主动参与练习，把学到的技术付诸行动。因此，认知行为治疗是咨询师与来访者团队合作的过程。鼓励来访者成为自己的咨询专家，一项很重要的工作就是心理教育。

在对埃伦的治疗过程中，一个重要部分是对来访者及其家人、老师进行有关 ADHD 和抑郁症的教育。埃伦知道自己患有 ADHD，但是她并没有意识到，这种疾病在许多儿童中是很常见的。ADHD 就像过敏等其他疾病一样，虽然会导致一些麻烦，但仍与环境的改变相关。另外，抑郁的儿童还可能会有怎样的易激惹的表现等，这些信息对于埃伦和她的父母来说都是有用的。反过来，埃伦本人、她的父母、老师也可以向咨询师反馈埃伦在日常生活中的具体症状和表现，这对于帮助埃伦的个体化治疗至关重要。

（五）治疗结构严格有序

认知行为治疗程序是结构化的。咨询师会通过设置规范的议程来组织每次会谈。咨询师会告知每一次会谈的目标，并邀请来访者主动参与会谈。会谈开始时，他们通常会简短地回顾上一周的状态，讨论布置的家庭作业中遇到的困难。接下来讨论本次议程中的话题，布置新的家庭作业，请来访者总结会谈内容。对儿童的咨询会谈，通常会以一些参与性的活动结束，例如，做一个游戏，然后他们会告知家长在会谈中做了什么。事实上，家长在咨询会谈之外对儿童练习新技术的支持，常常是产生疗效的关键。

埃伦的会谈常常是从她与她父母最近想讨论的事件开始的。比如，完成作业时发脾气，或情绪的突然爆发。通常，咨询师会把这些话题加入议程，而并不改变原本计划讨论的内容。比如，某次会谈原来计划是学习放松肌肉、深呼吸来获得平静，以减少歪曲思维与破坏性行为。此时咨询师可以熟练地运用新技术来改变来访者刚提到的情况，使埃伦和她父母了解到新技术的重要性，同样，这些特例也是让来访者识别和评估消极思维的机会，从而让其检验自己的想法、行为和情绪之间的关系，并且可能会对这些想法和行为做出调整。可见，认知行为疗法既强调了来访者关心的事件，又能以结构化的方式进行下去。

（六）需要在现实世界达到效果

认知行为治疗更加关注治疗中发生的现象与来访者日常生活经历的联系。这就需要为来访者提供一些实践的机会，让来访者可以从中使用新的策略或者检验自己的信念，这远比只是简单地在咨询室里讨论治疗策略和不合理信念更为有效。例如，一位来访者害怕嘈杂的人群，咨询师就要尽力去创造一个让来访者和人群待在一起的机会。埃伦的案例提供了一个实施现实干预的例子。

埃伦已练习了积极的自我陈述技术，并已经在她的人际互动过程中，尤其是在她烦恼的时候，运用这项技术。埃伦和她的咨询师都同意让她面对曾经非常难以面对的老师，来进行积极的自我陈述。为了教会埃伦这项技术，咨询师可以去学校与这位老师进行交流，初步讨论相应的计划和需要达成的目标，通过埃伦与老师的成功沟通最终纠正了她之前的很多信念。如果仅通过咨询室内的讨论或角色扮演，这一目标是很难完成的。

认知行为治疗基本原理

（一）信念、想法决定情绪与行为

认知行为治疗理论认为，认知、情绪、行为是形成人的心理问题的主要个人因素，除了个人因素之外，还有一个重要的环境因素就是人所面临的情境。故认知、情绪、行为和情境是认知行为治疗的基本要素。情境就像一个开关，人往往是在一定的情境刺激之下发生焦虑或抑郁情绪的，所以情境是一个诱发因素，而不是决定因素。决定个人的情绪与行为反应的是认知。在相同的情境中，不同的想法会产生不同的情绪和行为反应。

例如，某人和朋友约好周末晚上7:00看电影，可是已经7:30了，朋友还没有来（情境）。小李是一个杞人忧天的人，她断定她的朋友在路上出了车祸（想法），极度焦虑不安（情绪反应）。小杨认为她的朋友忘记了（想法），她的这位朋友经常是这样，她感到恼火（情绪反应），然后决定独自去看电影（行为反应）。可见，同样面对等朋友看电影，朋友爽约，小李和小杨的想法不同，情绪与行为反应也不同。

（二）认知模式

艾利斯的认知模式即 ABC 理论模式，已在图 10-1 说明。这里主要介绍贝克的认知模式（如图 10-2）。贝克认为人的认知可以分为三个层次，即表层的认知、中层的认知和深层的认知，表层的认知称为自动想法，深层的认知称为核心信念，介于表层与深层之间的称为中间信念。

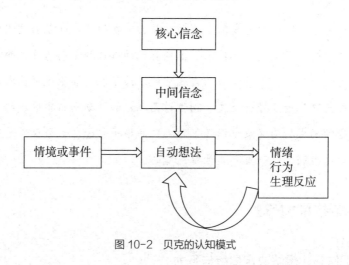

图 10-2　贝克的认知模式

根据贝克的认知模型，自动想法是由具体情境的刺激而触发，是由各人的核心信念和中间信念所决定的。在上例中，对于朋友看电影爽约这件事，为什么小李马上断定朋友出事故了（自动想法），源于小李的核心信念是"杞人忧天"，而中间信念可能是"世界充满了危险""厄运会发生在我身边的人身上"等。再如，一个数学学习困难的学生，学业经常遭受挫折，一遇到数学考试（情境），马上就冒出"我肯定不及格了"的自动想法，于是情绪上焦虑不安，行为上退却、放弃，生理上出现躯体不适症状等。而其核心信念可能是"我是无能的"，中间信念可能是"我什么事也做不好"。这个孩子之所以有"我是无能的"核心信念，源于他长期的学习失败的经历。因此，核心信念与个人的经历、经验密切相关。

（三）自动想法

自动想法往往是在一定的情境中，大脑中自然而然涌现出的、对自己对他人及对周围环境评价的一闪而过的念头，即无意识流露出来的想法（冒出来）。自动想法往往与情绪相关联，自动想法的深层原因来自核心信念，自动想法不完全是错误的，有时也有正确的成分，负性自动想法又称"功能性失调自动想法"。

常见的功能性失调自动想法有如下 20 种[1]：

1. 过度引申。将以往曾经发生的事件引申为经常会发生的普遍现象。例如，"这次我数学不及格，以后也肯定考不好了"。

2. 选择性关注。只关注事物的消极方面，忽视积极方面。例如，"我发现别人注意到我发言时的紧张表情了"。

3. 非此即彼，非白即黑，缺乏弹性。例如，"若我没有做到最优秀，那就是一个失败者"。

4. 贬低积极。对事物积极的方面，觉得没有意义。例如，"别人夸我优秀，这有什么可以得意的"。

5. 瞎猜心思。没有客观依据，随意负面猜测。例如，"这个同事迎面走来

---

① 陈福国 . 实用认知心理治疗学［M］. 上海：上海人民出版社，2012：36–38.

没和我打招呼，肯定看不起我"。

6. 预测命运。预测未来事情会变坏。例如，"看来我这一辈子不会有什么出息"。

7. 灾难当头。负面事件推断至极端，糟糕心态。例如，"我在飞机上心脏不舒服，我会死在飞机上"。

8. 错怪自己。因外界因素所致的负性结果归咎于自己。例如，"这次班级没有评上先进，都是我的责任"。

9. 情绪推理。听任负性情绪引导自己对客观现实做出随意的诠释。例如，"我的情绪很抑郁，因此我的婚姻迟早会出问题"。

10. 乱贴标签。不顾是否符合实际情绪，给自己和他人贴上标签。例如，"我是一个惹人讨厌的人"。

11. 理所当然。用"应该""必须"来设定自己的动机和行为目标。例如，"我是一个很优秀的人，应该得到所有人的尊重"。

12. 管中窥豹。只看到事物的一部分就做出结论。例如，"读书无用，有知识不等于富有"。

13. 后悔莫及。为自己已成定局的往事深感懊悔。例如，"我当初报考医科大学，现在早已成为名医了"。

14. 以偏概全。用片面的观点看待整体事物。例如，"我的乒乓球打得不好，我的素质太差了"。

15. 任意推断。缺乏逻辑思考，对事物随意推论。例如，"我的字写得不好，我为人处世也会很差"。

16. 委曲求全。自己饱受委屈，来成全讨好别人。例如，"我不够强势，只能忍气吞声"。

17. 失衡对比。用不切实际的标准来对事物进行不合理的比较。例如，"别人干得比我出色"。

18. 完美主义。对自己要求十全十美，过于苛刻。例如，"我做什么事都要百分百的成功"。

19. 胡乱指责。经常责怪别人和环境把自己搞得一团糟，拒绝从自身找原因。例如，"在这种人际关系复杂的环境里工作，我的心情怎么会好"。

20. 固执己见。拒绝任何可以驳斥负性想法的证据和理由。例如，"尽管别人说我太瘦，我还是要坚持节食减肥"。

我们可以将上述 20 种自动想法简化为四种——

思维绝对化：非此即彼、非白即黑。

思维片面化：过度引申、以偏概全。

糟糕至极：灾难化，负面推论到极端。

完美主义：对人对己对事过于苛求。

（四）核心信念

核心信念是对自己、对他人、对世界最基本的理解和基本假设。核心信念是个体与其他重要的人相互影响，以及一系列生活经历中形成的，起始于童年。负性核心信念通常可以分为三种类型，即对自我的、对他人的和对环境的评价。

对自我的负性核心信念包括：我无能、我不可爱、我没有价值等；对他人的负性核心信念包括：他人不怀好意、他人没有良心、他人不知好歹等；对环境的负性核心信念包括：这个世界很不安全、这个世界末日来临、这个世界混乱不堪等。

认知行为治疗的会谈结构

（一）基本会谈程序

认知行为治疗会谈是结构化的：咨询师检查来访者过去一周的情况，回顾家庭作业，并为接下来的一周布置家庭作业。其余时间便是会谈的主要部分。基本会谈程序如表 10-1 所示。

表 10-1　基本会谈程序

1. 与来访者一起核查近一周的情况。
2. 与来访者共同商定会谈内容。
3. 回顾上一周的家庭作业。
4. 根据咨询计划实施主要的会谈内容。
5. 布置新的家庭作业（通常基于会谈的内容）。
6. 与来访者一起总结本次会谈（询问来访者学到了什么）。

（二）家庭作业

家庭作业布置是认知行为治疗的一个重要环节，目的是咨询师帮助来访者学习和练习相应的认知行为治疗的技能，以改变自己的认知与行为。同时它也是咨询师了解来访者接受咨询的动态变化。家庭作业是确保咨询效果的重要保障，以致贝克强调，"完成家庭作业就是必需的而不是可选的部分"。

常见的家庭作业有如下这些项目：

阅读咨询笔记：复习咨询笔记中撰写的内容。

行为激活：激发来访者恢复正常活动，采取某种具体行动。

行为试验：采取某个行为，验证新旧思维或信念的正确性。

行为技巧：学习某些解决当下问题的行为策略。

问题解决：尝试解决具体问题的做法（针对问题情境）。

监控自动想法：填写自动想法监控表。

第 2 节
认知行为治疗技术应用

认知行为治疗技术主要讨论临床评估技术、认知干预技术和行为干预技术。

临床评估技术

临床评估主要是通过对来访者情况详细的了解，以对其心理问题做出准确的评估与诊断，为咨询目标与计划的制订提供科学依据。认知行为治疗非常强调临床评估的作用，可以说评估要贯穿于整个咨询过程之中。

在评估过程中，有以下目标是必须达到的：（1）做出诊断，以此描述来访者的症状；（2）对来访者的症状给出初步的解释，为下一步治疗计划做铺垫；（3）完成初步问题清单，这个问题清单要看得见、摸得着。

在认知行为治疗中常用的评估技术有临床会谈、自评量表、自我监测和个案概念化等。

（一）临床会谈

一个全面而系统的临床会谈包括以下内容。

1.来访者的相关个人信息，如年龄、性别、婚育、职业、文化程度、宗教信仰、居住信息。

2.主诉问题的临床表现、严重程度和对生活、工作及学习的影响程度。

3.心理问题的诱因事件、持续时间、病程和变化情况。

4.全面收集来访者生活、工作和学习中各方面的信息，确认是否存在问题。

5.身体健康方面的信息，确认来访者是否存在身体残疾、慢性疾病和其他身体健康问题。

6.既往病史信息，了解其过去是否曾经患过精神疾病，是否有过心理疾病，是否有过心理咨询经历。

7.了解来访者家庭教育背景，以及父母关系、亲子关系。

8.了解来访者的成长史和重大生活应激事件。

以上问题重点关注当下的问题。一种较好的提问方式是："是什么让你今天来咨询的？"或者"能告诉我你现在面临的是什么问题？"让来访者用自己的话来解释他们的问题。如果一位来访者将惊恐发作说成"压力发作"，那么在随后的访谈中，咨询师就应当使用"压力发作"，而不是"惊恐发作"。

（二）自评量表

自评量表不仅是咨询师评估来访者的心理测量工具，同时也是来访者进行自我检测的有效方法。在认知行为治疗中最常用的自评工具有贝克抑郁量表（BDI）、焦虑自评量表（SAS）、抑郁自评量表（SDS）等。由于自评量表是来访者自我陈述的材料，有一定的主观性，可以作为咨询师评估的参考，其实咨询师临床观察与评估更为客观。

（三）自我监测

来访者自我监测是一种有效的临床评估技术，可以获得来访者的问题是如何影响他的日常生活的相关信息。运用这个方法，来访者可以记录下目标行为的发生。自我监测内容包括行为发生的日期、时间、症状出现的情境、症状发生时的想法及情绪反应。自我监测中获取的信息（如症状诱因、回避、功能异常的想法和情绪反应类型等）可用于评估过程，了解来访者问题产生的原因，有利于咨询目标和计划的制订。

如有位因拔头发而来求助的十几岁的女孩。咨询师让来访者回家用一周时间监测自己拔头发的行为。下次来咨询时，她向咨询师展示了她的监测记录。她告诉咨询师只在上学的时候会拔头发，而且只在上社会课和数学课时会拔头发。咨询师问她这两种课有什么共同之处，她说这两种课都无聊至极。她觉得在有趣、有挑战性的课上，她几乎不会去拔头发。这对于她咨询目标和计划的制订非常关键。

（四）个案概念化

所谓个案概念化是指，对来访者心理问题的形成原因，及其认知、情绪、行为的相互影响做比较系统的解释。个案概念化便于咨询师客观理清问题的来龙去脉。不同的咨询理论流派，个案概念化的形式有所不同。认知行为疗法中的个案概念化主要根据认知模式进行分析。需要说明的是，个案概念化往往不是一步到位，是在咨询过程中不断清晰的。

个案概念化的操作可以从横向概念化和纵向概念化两方面进行。横向概念化是对来访者当前心理问题原因的分析，纵向概念化则是对来访者心理问题的历史成因的分析。[①]

1. 横向概念化。

横向概念化主要涉及四个概念：情境、认知、情绪和行为。其操作流程如下：

第一步，咨询师应当确定来访者存在的症状，即情绪和行为方面的问题；第二步，确定存在这些情绪和行为问题的具体情境，也就是在哪些情形下有这样的表现；第三步，通过提问，挖掘其间情境和情绪、行为之间的认知内容。

以考试焦虑为例，某学生告诉咨询师，他为考试而感到焦虑。这时咨询师就要先确认情绪表现为焦虑。接下来，咨询师就需要确认引发焦虑的各种情境，这个步骤实际上就是确认其临床表现。

一旦确认了情境和情绪，接着就要确定情境和情绪之间的认知内容。咨询师需要询问在哪种情况下体验到某种情绪时，他是怎么想的或者他对自己说了什么。例如，这位学生提到，自己看书没有进展的时候，就感到忧心忡忡。这时，咨询师可以询问他感到忧心的时候，他心里在想什么，或者他对自己说了什么。学生告诉咨询师："读书没有进展，学习任务就不能及时完成，接下来的月考就会考不好。"

这样，个案概念化就初步形成了：看书没有进展（情境）—学习任务不能及时完成，月考就会考不好（认知）—忧心忡忡（情绪）/停止看书并走神（行为）。由此可知，情境是引发焦虑的诱因，而认知是直接原因。情境是客观存在的，而来访者的认知是可以调整的。

2. 纵向概念化。

纵向概念化是寻找决定表层认知（自动想法）背后的深层信念（核心信念）决定的，核心信念则是在童年经历中形成的。其操作流程如下：

第一步，以自动想法为起点，确认来访者核心信念的内容；第二步，收集

---

① 郭召良. 认知行为疗法入门［M］. 北京：人民邮电出版社，2020：74-77.

早年父母养育等方面的童年经历；第三步，通过了解其个人成长史方面的素材，确定本次策略类型；第四步，根据其补偿策略和当下的问题情境，确认其中间信念内容。

认知行为疗法关注当下，但并不意味着对过去的忽略。因为只有了解来访者的过去，才能知道其核心信念是怎么形成和发展起来的。

认知干预技术

认知干预技术有许多，本章列举常用的几种供参考。

（一）挑战技术

"必须""总是""应该"等都是一种绝对化的思维方式，是由不合逻辑的、功能不良的自动想法组成。咨询师可以这样提问（以"我必须完美"为例）：你必须完美的证据是什么？这个规则来自哪里？谁命令你必须完美？每个人都必须完美吗？为什么你对别人和对自己有不同的标准？咨询对话举例[①]：

咨询师：你在自动想法记录中写到你的形象不好。这是谁给你的评价？

来访者：是自己。

咨询师：你在群体中形象不好到什么程度？

来访者：中等偏下。

咨询师：这是谁给的评价？

来访者：也是我自己。

咨询师：是否有人在形象方面比你差？

来访者：有的，不过不是很多。

咨询师：他们也都和你一样情绪低落，十分抑郁吗？

来访者：并非都是。

咨询师：照你的说法，他们形象比你更差，情绪也会比你更低落吗？

---

① 陈福国.实用认知心理治疗学［M］.上海：上海人民出版社，2012：208.

来访者：这倒不一定。

咨询师：为什么？

来访者：他们对自己形象的好坏不像我这么在乎。

咨询师：看来对自己形象的在乎程度与自己的情绪状态有直接的联系咯？

来访者：是的，在乎了，评价低了，情绪就低。

咨询师：你能试试调整对自己形象的在乎程度吗？这样就能降低你对自我评价所产生的心理压力。

来访者：可以试试。

（二）苏格拉底提问法

苏格拉底提问法是指咨询师通过提问，引导来访者对自己的自动想法进行重新思考，而非教导说服。找到一些并不支持该自动想法的反面证据后，来访者原有的歪曲或消极的想法就有可能得以松动和改变。

操作要点：（1）通过问答搞清对方的思路，使其自己发现问题所在。（2）偏重开放式提问，不轻易回答对方的问题。（3）在问答中反复诘难和归纳，从而得出明确的概念与结论。例如，咨询对话举例[①]：

来访者：我害怕考试。

咨询师：你害怕什么？

来访者：我害怕考不好。

咨询师：你什么时候感到最害怕？

来访者：考前，在刚进入考场的时候。

咨询师：进入考场你在想些什么？

来访者：我想，我今天肯定考不好了。

咨询师：说说你这样肯定的理由。

来访者：我以前考试有多次失败的经历。

咨询师：今天你已经失败了吗？

---

① 陈福国．实用认知心理治疗学［M］．上海：上海人民出版社，2012：77–78.

来访者：考试还没有开始。

咨询师：当你在想，肯定自己今天考试会失败时的状态如何？

来访者：状态很差，脑子几乎一片空白。

咨询师：很差的状态会对考试有影响吗？

来访者：肯定会有影响。

咨询师：影响结果会如何？

来访者：考试又要失败了。

咨询师：你今天的失败会是什么引起的？

来访者：是今天不好的状态。

咨询师：你不好的状态是什么引起的？

来访者：是我对今天考试的预期想法。

咨询师：如果你对今天的考试事先没有负面的预期，状态会如何？

来访者：状态会好一些。

咨询师：考试状态好一些的结果会是如何？

来访者：考试发挥得会好一些。

咨询师：如果你发挥得好一些，那害怕状态会有变化吗？

来访者：害怕程度会好一些。

（三）DTR（功能性失调自动想法记录）技术

DTR（全称 the dysfunctional thought record，功能性失调自动想法记录）技术能够帮助来访者对其自动想法做出更有效反应，从而降低其心境不良。DTR 技术具体通过咨询师引导来访者填写 DTR 表格（表 10–2）来进行。填写表格分两个阶段，通过两次或两次以上会谈完成。第一阶段完成前面四个空栏，第二阶段完成后面的两栏。

第一阶段分为四步：

第一步，记录来访者自己的情绪体验，并对这个情绪打分（　）。

第二步，填写日期和情境（或事件）。

第三步，觉察自己的自动想法，询问自己在体验到这种情绪的时候，自己在想什么。

第四步，对自己的自动想法和情绪进行评估，评估自己对自动想法的相信程度（0—100%），评估不良情绪体验的程度（0—100分），不良情绪越强烈，分值越高，反之，分值越低。

第二阶段完成后面两栏。通过咨询师与来访者会谈，找到合理想法替代，缓解了自己的不良情绪。

表10-2的实例是一位公司员工填写的，他在办公室里产生焦虑、恐惧的想法：如果不能完成报告可能会遭到老板的解雇。通过来访者与咨询师第二次会谈，他找到合理的替代想法，即"尽力而为，没有人是完美的"，焦虑情绪得到了缓解。

表 10-2　DTR 表格

时　间	情　境	原来的想法	情绪反应	合理的反应	结　果
	引起不良情绪的事件或者情境	1. 写下你的自动想法 2. 对功能性失调自动想法相信程度0—100%	1. 不良的情绪 2. 不良情绪的程度0—100分	1. 写出合理的替代想法 2. 对理性替代想法的相信程度0—100%	1. 再评估对原来想法的相信程度0—100% 2. 再评估不良情绪的程度1—100分
5月12日	办公室	如果我不能很好地完成这份报告，我会被解雇相信程度：80%	焦虑80分 恐惧70分	尽力而为，没有人是完美的	感觉好多了焦虑50分 恐惧30分

（四）成本 – 效益分析

成本 – 效益分析原本是经济学术语，用来衡量一项经济活动的投入与产出。认知行为治疗中的成本 – 效益分析是指，分析相信某种认知观念（自动想法或者信念）带来的有利之处和不利之处，激发来访者放弃某种不合理想法，选择合理想法。具体操作步骤：（1）先由来访者填写成本 – 效益分析表，列出自己原有想法的有利和不利之处，并进行比较。（2）由咨询师与来访者共同讨论分析，进行理性再思考，填写一份新的成本 - 效益分析表，从而体会调整后的实际效果。例如，一个焦虑症来访者担心坐公交车会导致心脏病发作。原来想法的成本 - 效益分析表见表10-3，经过咨询师与来访者共同讨论分析，得到新的想法的成本 - 效益分析表（表10-4）。①

表10-3　原来想法的成本 - 效益分析表

有利之处	不利之处
我可以避免心脏病发作	我害怕、担心
	我不能乘坐公交车
	我要么走路，要么叫出租，但经济负担太重
	我已很少外出
	我的人际交往圈已经变得很小

原来想法：如果我乘坐公交车，我会心脏病发作而死亡。

有利之处与不利之处各占20%、80%。

表10-4　新的想法的成本 - 效益分析表

有利之处	不利之处
我害怕，担心可减轻一些	我还是有些担忧
我可以尝试乘坐公交车	我有些冒险，不知发病结果如何
我体力上不至于太累	
我外出可以增多	
我的人际交往不至于太受限制	

新的想法：如果我乘坐公交车，我不一定会心脏病发作。

有利之处与不利之处各占80%、20%。

（五）核查客观证据

核查证据是对于来访者曲解自动想法进行有效干预的一种好方法。来访者

---

① 陈福国.实用认知心理治疗学［M］.上海：上海人民出版社，2012：80-81.

对于在一定情境下冒出的自动想法都自认为很有道理，很少对自己负性自动想法的依据仔细考虑。因此，咨询师可以引导来访者提供其自动想法的客观证据。当来访者似乎理直气壮地讲述自己的证据时，就会发现其中的缺陷和漏洞，就会对自己原来的想法产生动摇，对已经习惯的自动想法开始重新思考。例如，一位来访者因乒乓球打得不好，而任意推断自己能力不行，情绪低落。咨询对话举例如下[①]：

来访者：我每次打乒乓球输了，心情总是很沉重，而且糟糕的情绪会持续很久。

咨询师：当时你脑子里自然而然冒出的想法是什么？

来访者：我乒乓球打不好，我没有体育天赋。

咨询师：你除了喜欢打乒乓球之外，还喜欢什么体育运动？

来访者：我喜欢游泳，还喜欢保龄球。

咨询师：你的游泳成绩如何？

来访者：我曾经获得国家三级运动员证书，我擅长游自由泳。

咨询师：你的保龄球打得如何？

来访者：打得也不错，得到过一些奖项。

咨询师：看来你有体育强项。

来访者：是的。

咨询师：这怎么解释你没有体育天赋呢？

来访者：这倒我没有想过，我自由泳游得好，保龄球打得好，是真的。

咨询师：现在你得重新考虑一下，就是乒乓球有时会输，怎么就认定自己没有体育天赋呢？

（六）垂直向下技术[②]

垂直向下技术（又称为逐级推导）是改变来访者中间假设和核心信念的

---

① 陈福国.实用认知心理治疗学［M］.上海：上海人民出版社，2012：67-68.

② 同上：78.

一个常用的技术。该技术的关键问话是："如果这个想法是真的，将意味着什么？"垂直向下的目的是引导来访者从自动想法推导至支撑自动想法背后的假设和核心信念。推导的起点是自动想法，终点是核心信念。以表 10-5 为例：

表 10-5　垂直向下技术

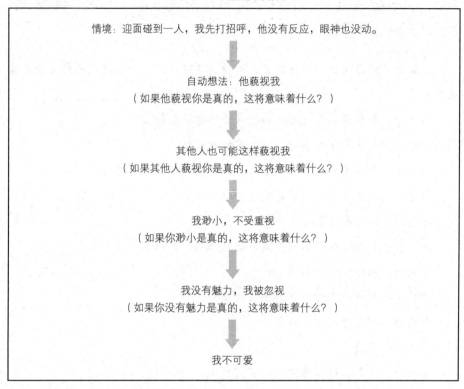

情境：迎面碰到一人，我先打招呼，他没有反应，眼神也没动。

自动想法：他藐视我
（如果他藐视你是真的，这将意味着什么？）

其他人也可能这样藐视我
（如果其他人藐视你是真的，这将意味着什么？）

我渺小，不受重视
（如果你渺小是真的，这将意味着什么？）

我没有魅力，我被忽视
（如果你没有魅力是真的，这将意味着什么？）

我不可爱

（七）停止想法 ①

负性自动想法的涌现经常具有滚雪球效应。一个想法刚刚出来，就会牵动另一个想法的冒出。如果这些曲解的想法连绵不断，来访者就会难以抵御，因为自动想法来得太快，使得来访者应接不暇，难以招架。

咨询师可以指导来访者采用一些简单的刺激方法来打断冒出来的自动想法思维流。例如，搓搓手，轻轻地咳嗽一声，或对自己提示"停止想下去"等。

---

① 陈福国 . 实用认知心理治疗学［M］. 上海：上海人民出版社，2012：87—88.

临床实践表明，虽然停止想法只是一种暂时性措施，但确实能够产生干扰负性自动想法继续放大的效果。

（八）澄清双重标准①

在一个完美主义来访者的眼中，他对待自己的标准和对待别人的标准会大相径庭，差别很大。他们以双重标准来评判和处理问题，因此当别人对此感到疑惑时，他们却不以为然，感到十分正常。例如，厌食症者对自己脱形消瘦的形体感到满意，而如果别人与她同样程度的消瘦，她的评价却截然不同，认为别人是异常消瘦，既不健康，又无美感。所以，咨询师应该引导来访者统一这些双重标准，调整不合理想法。例如：

咨询师：你和其他同学考试成绩相同，为何你就觉得自己是失败者，而没有认为同学和你一样受挫失败呢？

来访者：我的要求和同学的要求不一样。

咨询师：怎么不一样？

来访者：他们可以差一点，我可不能差。

咨询师：为什么？

来访者：我对自己的要求高。

咨询师：你对自己要求高可以，但在相同情况下，出现相同的结果，你却十分沮丧。

来访者：我能容忍别人，却不能容忍自己。

咨询师：你对于一件客观事物有双重标准，对自己的标准要高于别人的标准。

来访者：是的。

咨询师：你能否试着统一标准，不要对自己过于苛求，因为这种苛求对你的身心健康已经产生了负面的影响。

来访者：我尽量努力试试。

---

① 陈福国．实用认知心理治疗学［M］．上海：上海人民出版社，2012：74-75.

行为干预技术

行为干预技术与认知干预技术一样，也是多种多样的。现介绍常用的几种。

（一）行为矫正法

行为矫正是指通过适当的强化手段，增进学生积极行为的发生，减少并逐渐克服不良行为的一种技术。行为矫正技术旨在帮助学生塑造良好行为和改变偏差行为，是教师开展个别辅导时最为常用的心理辅导技术。

行为矫正的过程一般可分为以下五个步骤：

1. 确定目标行为。目标行为就是指需要克服的偏差行为，或者是需要培养的积极行为。辅导老师此时要根据当事人自己叙述的行为状态和平时观察到的该当事人的行为表现，以确定需要矫正（增加或减少）的目标行为。

该环节主要的工作包括：（1）界定问题，了解当事人的问题行为是什么、有什么特点；（2）查清当事人的个人发展情况，了解该问题行为是如何习得的，又是如何被巩固的；（3）确定矫正目标。

2. 建立目标行为的基线水平。目标行为确定以后，需要经过一段时间（一般至少3天）的观察，来测定目标行为出现的次数，然后求出每天或者每周的平均值，以此作为目标行为的基线水平。个别辅导的效果好坏将由辅导过程中及结束时目标行为的出现频率与基线水平比较后得出。

3. 选择强化物（方法）。行为改变是通过强化手段获得的，因此选择强化方法是行为矫正技术的关键所在。

强化方法一般有以下几种：

（1）正强化，指当事人出现积极的目标行为或克服消极的目标行为时给予奖励。作为奖励的强化物可以包括如学习用品、食品、玩具、小红旗等具体实物，也可以是微笑、抚摸、表扬等精神奖励，还可以是娱乐、上网等活动形式。

（2）负强化，指通过减少或免除惩罚增进当事人的积极目标行为或克服其消极的目标行为，如撤去处分、减少家庭作业等。

（3）消退强化，即有意地忽视当事人的消极行为，取消对之的强化反应，如冷淡、不理睬、漠视等。

（4）惩罚强化，指当事人出现消极行为时给予惩罚，实质使之不舒服或厌恶，如用橡皮圈弹自己。

4. 实施行为矫正程序。根据矫正计划，具体实施对问题行为的矫正。为了考察行为矫正程序的实际效果，需要对实施期间的目标行为表现做观察和记录，并与先前建立的基线水平进行比较。

5. 效果评估与反馈。按计划实施了行为矫正之后，行为矫正即告结束，这时根据记录到的数据与资料对矫正效果进行评估，安排进一步巩固效果的措施。

（二）代币制

代币制是以代币作为强化物，使用代币及其交换系统，帮助来访者减少不良行为、增加适应行为的干预技术。实践表明，它是儿童行为问题辅导中常用的有效的行为治疗技术。代币制的实施有以下步骤：

1. 确定目标行为。

明确在行为干预中要处理的行为，通常是有待提高的适应行为。

2. 选择使用的代币。

代币形式多种多样，可以是印好的卡片、专用券、各种形状的小贴片（如小红旗、五角星等）、在纸卡上盖章等。

3. 拟定行为要求。

制定目标行为表现的评定等级和标准，说明不同行为表现与代币之间的关系，即表现出良好的行为就能获得代币。同时规定用代币奖励的方式。

4. 拟定交换系统。

编制代币与强化物的交换系统，该系统列出实施代币制过程中所能提供的各种强化物，标出它们各自的价值，即说明每一强化物与代币的等价交换关系。

5. 按目标行为表现给予代币。

根据来访者的具体表现给予相应的代币，鼓励来访者努力争取更多的代币，同时严格按照拟定执行，不允许"讨价还价"。

6. 确定如何交换强化物。

拟定用代币交换强化物的时间、地点、方式等规定，让来访者将持有的代币换取自己想要的强化物。兑换必须恪守所规定的承诺。

例如，要纠正一位小学生写字潦草的行为，可以用以下的代币制表（表10-6）。

表 10-6　改正写字潦草的代币制

辅导要求	获得代币点数
1. 对照字帖练习100字，笔顺正确	8
2. 数学家庭作业字迹清楚	3
3. 作文每篇500字以上，字迹工整	15
奖励兑现	所需点数
1. 星期天去奶奶家吃饭	7
2. 看电视动画片	7
3. 选我喜欢的一本书	40
4. 买新的运动服	500

（三）系统脱敏法

系统脱敏法是一种缓慢的、逐步暴露的行为干预技术，常常用于治疗恐惧、焦虑等心理问题，由沃尔普创立。这种方法主要是通过咨询师指导，使来访者逐步分级地暴露在伴有焦虑情绪的恐惧情境中，通过放松训练，以放松的状态来对抗焦虑情绪，从而达到降低焦虑而克服恐惧的目的。

系统脱敏的实施包括四个步骤：

1. 确定系统脱敏的具体目标。目标应该是明确、具体、现实，可操作的。例如，对于恐惧的系统脱敏，无论是针对场所恐惧、社交恐惧还是特殊事物恐惧，目标都必须十分清晰、明了、具体。

2. 设定恐惧的程度等级。在咨询师指导下，根据来访者主观评价，以极度恐惧为100分，心情平静为0分，分别划出中间的状态，如轻度恐惧为25分，中度恐惧为50分，高度恐惧为75分。然后根据不同恐惧等级设定相应的恐惧情境。以来访者对乘地铁的场所恐惧为例，见表10-7。

表 10-7 对乘地铁恐惧程度的等级表

序 列	恐惧情境	分 值
1	看地铁车厢内环境照片	5
2	想象乘坐在地铁车厢里	10
3	站在地铁候车室，看到地铁到达站台	25
4	当地铁到站后，车厢门打开时，来访者快速走进车厢，并即刻退出车厢	50
5	当地铁到站后走进车厢，乘坐 1 站便在下一站下车	75
6	在地铁到站后走进车厢，乘坐 3 站后下车	90
7	坐在地铁车厢里，路程超过 5 站路	95
8	毫无恐惧地、轻松地乘坐地铁到达任何目的地	100

3. 进行放松训练。放松训练可以运用腹式呼吸、肌肉放松等练习，使人全身肌肉进入放松状态。各种生理反应指标，如呼吸、心率、血压、肌电、皮电等都达到放松的反应指标。

4. 进行分级脱敏训练。要求来访者在全身放松的状态下，按某一等级的恐惧情境进行脱敏练习。从最轻的恐惧等级开始放松训练，在某一等级恐惧情境，通过放松，完全适应了恐惧情境，才能进入下一恐惧情境的脱敏训练，直到来访者对最严重的恐惧情境达到脱敏。

（四）行为实验法

行为实验技术能够直接验证来访者的自动想法或信念的真伪，对于调整来访者功能失调的认知有直接效果。具体操作有以下步骤：

1. 咨询师通过与来访者会谈筛选出来访者典型的自动想法或信念，而这些自动想法已经严重影响其行为方式。

2. 咨询师设计一些实验的手段与方法，向来访者解释并使其认同该实验，通过实验的结果改变来访者原先的想法。

3. 进行实证性实验，尽可能达到来访者的主观愿望和要求。

4. 评估实验的结果，检验其结果是否与来访者的想法或假设相吻合。

5. 小结实验，进行讨论，由来访者认同客观的试验结果，认识改变行为方式的必要性。

例如，一个有反复洗头强迫行为的女性来访者，她认为走在马路上，路边所积的脏水会随较强的自然风形成雾状，这雾珠会飘落在她的头上，觉得满头是脏水，不洗会很难受。这是她洗头发的根本理由。

咨询师为之设计了一个行为实验，咨询师在咨询室准备了一盆清水，配置了一个功率较大的电扇，让来访者站在一个她认为最容易被水雾笼罩的位置。然后开启电扇，并变换电扇转速和风向，让其细细体会水能否被吹成水雾，水雾能飘散多少距离。再用面巾纸对头发进行吸附。反复实验，结果面巾纸上没有发现水迹，证明她头发没有被水雾沾染。实验的最后结果令来访者信服，来访者开始调整认知，也逐渐调整了反复洗发的强迫行为。①

第 3 节　正念技术应用

正念是近 20 年兴起的第三代认知行为疗法的核心技术。第三代认知行为疗法包括正念减压、正念认知疗法、辩证行为疗法和接纳承诺疗法。大量临床实践表明，正念不仅用于成人的心理治疗和心理减压，而且也广泛应用于儿童青少年的心理健康领域。

正念的由来

"正念"这个概念最初源于佛教禅修，巴利文称为 Vipassanā，是从坐禅、冥想、参悟等发展而来。"正念"在英语中被翻译为"mindfulness"，有心灵丰满、充实的含义。乔·卡巴金（J·Kabat-Zinn）将"正念"定义为：

---

① 陈福国.实用认知心理治疗学［M］.上海：上海人民出版社，2012：101-102.

"一种觉知力：是通过有目的地将注意力集中于当下，不加评判地觉知一个又一个瞬间所呈现的体验，而涌现出的一种觉知力。"他认为，"正念"的思想核心在于两点：一是将注意力集中于当下；二是对当下所呈现的所有观念均不做评价。以"正念"为理论基础的心理疗法均将"注意当下"与"不做评判"作为核心思想与主要方法。

正念的思想渊源可追溯至 2500 年前释迦牟尼佛的教导，基本思想是：万事万物都是生灭变化的（无常），但是人却会对本质无常的愉悦感受产生习惯性的贪爱、执取的反应，希望其永住，而对不愉悦的感受则产生嗔恨、排斥的反应，希望其快快消失。因此，人类痛苦烦恼的真正根源不是感受本身愉悦与否，而是这种贪嗔反应。如果能去掉这种习性反应，就可从痛苦中彻底解脱。正念禅修正是这样一种努力，即通过对各种感受仅仅是单纯的观察与觉知（即正念），发展起对一切感受毫无贪嗔、完全接纳的平等心，通过日益微细与敏锐的觉知力和日益扩展的平等心，使人达至最终的觉悟与解脱。这种禅修方式一直通过口口相传的方式保存在缅甸等南传佛教国家。其具体的修习方式大都是从对呼吸及行住坐卧等过程中当下自然产生的身心感受进行观察入手，强调对此时此地的实际的身心感受的接纳与觉知，既不赞成以持诵某种音声或专注于某处某神等方式来加强注意力，也反对用暗示或想象等方法寻求或创造某种入静或舒适的感受，这也是它与其他静坐冥想的区别之处，而且其中极少宗教色彩，因而随着禅修大师进入西方世界后，很快为西方文化背景下的人们所接受。[①]

基于正念的心理疗法

（一）正念减压疗法

正念减压疗法（简称 MBSR）是卡巴金于 1979 年在美国麻省大学医学中心设立减压门诊时，创立的一种心理减压方法。作为辅助（而非取代）一般的医疗

---

① 李英，等.正念禅修在心理治疗和医学领域中的应用［J］.心理科学，2009（2）.

方法，其目的是教导病患运用自己内在的身心力量，为自己的身心健康积极地做一些他人无法替代的事——培育正念。参与疗程的病患患有不同的生理或心理疾病，包括头痛、高血压、背痛、心脏病、癌症、艾滋病、气喘、长期性疼痛、肌纤维酸瘤、皮肤病、与压力有关的肠胃病、睡眠失调、焦虑与恐慌症等。

减压门诊于 1995 年扩大为正念中心。2005 年 4 月正念中心召开"将正念疗程整合至医学、保健与社会之中"的年度学术研讨会，积极研究"正念修行"的治疗力量，并将其推广至医学、保健乃至教育领域。至今，正念减压疗程已成为美国医疗体系内历史最悠久、规模最庞大的减压疗程。据估计，早在 2004 年，美国、加拿大、英国等西方国家境内已有超过 240 家的医学中心、医院或诊所开设正念减压疗程，教导病人正念修行。

正念减压课程采取的是连续 8—10 周，每周 1 次的团体训练课程形式，每个团体不超过 30 人，每次 2.5—3 小时，不仅实际练习正念禅修，也讨论如何以正念和平等心来面对与处理生活中的压力和自身疾病，并在第六周进行一整天约 7—8 小时的全程禁语的密集型正念禅修，具体练习有 45 分钟的身体感受扫描，以及坐禅（以端坐的方式观察呼吸的感受）、行禅（在日常的走路、站立和吃饭等活动过程中保持正念），等等。

（二）正念认知疗法

泰斯德等人（Teasdale、Segal、Willams）将 MBSR 改进后引入认知疗法，创立了主要用于抑郁症和抑郁症复发治疗的正念认知疗法（简称 MBCT），采用的也是 8 周的集体治疗方式。他们认为正念的核心在于：以一种不评价、接受和觉知当下的态度，来应对令人厌恶的认知、感受和情感的能力。因此，他们运用心理教育和团体讨论帮助抑郁患者在观察中增强对负性思维升起的觉知力，而且只将那些负性思维看作是会来了又去的精神活动，既不当成自己，也不当成自己现实的精确反映，帮助患者摆脱习惯性的抑郁思维模式的干扰。①

---

① 李英，等.正念禅修在心理治疗和医学领域中的应用［J］.心理科学，2009（2）.

（三）辩证行为疗法

辩证行为疗法是由莱恩汉（Linehan）创立的用来治疗边缘性人格障碍（Borderline Personality disorder，简称 BPD）的治疗方法。莱恩汉认为，BPD 患者的主要特征是不能容忍生活压力，不会自我接受。因此，治疗的核心便在于使他们能够容忍生活压力，以及学会自我接受。辩证行为疗法被设计用来治疗那些有极端行为异常的个体。其基本思想是主张通过学习中道思想而消除极端行为，并达到一种平衡状态。

辩证行为疗法所采用的具体技术主要有四种，即掌握正念方法、改变人际效能、情绪调节和承受痛苦。临床实践表明，辩证行为疗法不仅对于人格障碍者治疗有帮助，而且对于正常人处理压力和情绪问题也很有效。[①]

正念基本技术

（一）核心技术

1. 静坐冥想。

静坐冥想是正念训练最核心、最基本、最主要的技术，包括正念呼吸、正念身体、正念声音、正念想法四个方面，它们是循序渐进的过程。在练习中，有意地、不逃避、不加评判地、如其所是地观察伴随呼吸时腹部的起伏，观察身体的各种感觉，注意周围的声音，注意想法的升起、发展、变化，以至消失。

卡巴金非常强调呼吸在正念冥想中的作用，把呼吸的力量称为"疗愈过程中不起眼的同盟"，他说："呼吸在冥想和疗愈中扮演着极其重要的角色。虽然未经过冥想训练的人不把呼吸当回事，觉得它颇无趣，呼吸是冥想工作中的一个同盟和老师，有着不可思议的力量。"[②]

正念呼吸练习步骤如下：

（1）采取一个舒适的坐姿，仰卧或者坐着。如果你是坐着的话，你的坐姿

---

① 马修·麦克凯，等.辩证行为疗法［M］.王鹏飞，等，译.重庆：重庆大学出版社，2018：1–2.
② 卡巴金.多舛的生命：正念疗愈帮你抚平压力、疼痛和创伤［M］.童慧琦，等，译.北京：机械工业出版社，2020：36.

尽量体现庄重，保持脊柱挺直，双肩下垂。

（2）如果感觉舒适，闭上眼睛。

（3）让注意力温和地落在你的腹部，仿佛你在丛林的空地上，撞见一只在一棵树桩上晒太阳的、害羞的动物。吸气时，感觉腹部微微隆起或扩张；呼气时，下落或回收。

（4）尽量保持聚焦于呼吸相关的各种感觉上，与吸气的整个时间"在一起"，仿佛你在驾驭自己呼吸的波浪。

（5）当你注意到心念从呼吸上漂移了，留意是什么将你带走了，然后温和地把注意力带回腹部，带回与吸气和呼气相关的腹部感觉上。

（6）如果你的心念从呼吸上漂移一千次，那么你的"工作"就是当你留意到它已经不在呼吸上的那个时刻，单纯地留意一下心念有什么，然后把注意力带回到呼吸上。尽最大努力，持续地安住于气息出入身体时带来的感受中，或者一再地回到呼吸上来。

（7）无论你觉得是否喜欢，每天在一个方便的时间里练习15分钟，一个星期后看看将这份自律的冥想练习整合进生活中的感觉如何。觉察每日里花些时间只是与你的呼吸在一起，而不去做任何事情是一种什么样的感觉。[①]

2. 身体扫描。

卡巴金说："正念减压中一个非常强大的冥想练习是身体扫描，用以帮助重建身心的关系。在身体扫描中，我们对身体加以全面而细致的关注，它是一个有效地同时发展专注力和注意力的灵活性的方法。"练习时，练习者闭上眼睛，按照一定的顺序（从头到脚或从脚到头）逐个扫描并觉知不同身体部位的感受，旨在精细觉知身体的每一个部位。身体觉知能力的增强可以帮助我们处理情绪，同时把注意力从思维状态中转移到对身体的觉知上来。

具体练习步骤[②]：

（1）在一个舒适的地方，例如在地板的泡沫垫子上或在床上，仰卧下来。

---

① 卡巴金.多舛的生命：正念疗愈帮你抚平压力、疼痛和创伤［M］.童慧琦，等，译.北京：机械工业出版社，2020：46.
② 同上：84.

记住这个躺卧练习的意图是"醒来"而非"入睡"。确保你足够暖和。

（2）眼睛微微地闭上。

（3）温和地将你的注意力安放在腹部，感受每一次吸气和每一次呼气时腹部的起伏。

（4）把注意力带到左脚的脚指头。当注意力导向它们时，看看你是否也能把你的呼吸导向那里。想象你的呼吸沿着身体而下，从鼻子到肺，继续经过躯干，顺着左腿下去，一路到脚指头，然后再回过来经由鼻子呼气。

（5）允许自己去感觉任何或者所有来自脚指头的感觉，或许可以区分不同的脚指头，观察在这个部位感觉的不断变动。

（6）当你准备好离开脚指头时，保持几口呼吸。然后按顺序把气息转入脚掌、脚跟、脚背，然后是脚踝，继续向各个部位吸气，并从那里呼出气息，观察你所体验到的感觉。然后放下那个部位，并接着往下。

（7）每次当你留意到你的注意力漂移了，从对身体的聚焦上漂移，先留意是什么把你带走，或是什么在你的头脑里，然后把你的心念带回到呼吸，以及你所聚焦的部位上。

（8）按照这种方法，继续慢慢地把注意力上移至左腿，到余下的整个身体，当你到达每一个部位时，把你的注意力保持在呼吸以及每个部位的感知上，与它们共呼吸，然后将它们放下。①

（二）其他正念技术

除了静坐冥想和身体扫描，还有行禅、三分钟呼吸空间、正念瑜伽等，简要介绍如下。

1.行禅。

行禅是在行走之中进行的正念训练。练习时，将注意力集中在脚部，注意脚底与地面接触的感觉，注意行走中脚的抬起、移动、放下，注意脚部、小腿等部位的各种感觉。整个过程自然地呼吸，不加控制。

---

① 卡巴金.多舛的生命：正念疗愈帮你抚平压力、疼痛和创伤［M］.童慧琪，等，译.北京：机械工业出版社，2020：84-86.

2. 三分钟呼吸空间。

三分钟呼吸空间是在练习中，练习者采用坐姿，闭上双眼，体验此时此刻的想法、情绪状态、身体的各种感觉。慢慢地把注意力集中到呼吸，注意腹部的起伏。围绕呼吸，将身体作为一个整体去觉知。快速地做一次身体扫描，注意身体的感觉，将注意力停留在异样的感觉上，并对这种感觉命名。

3. 正念瑜伽。

正念瑜伽整合了正念训练和瑜伽，它不追求动作姿势的完美，而是强调在练习瑜伽的过程中体验运动和拉伸的躯体感觉。[①]

正念在儿童青少年心理健康领域的运用

大量文献表明，国外在儿童青少年心理健康领域，正念技术得到广泛运用，国内也开始了这方面的尝试。[②]

（一）正念促进儿童认知能力发展

1. 正念提升注意力。

早在 1973 年，林登（Linden）研究发现，18 周的正念训练可以提高儿童维持有效注意和抗分心刺激的能力，提高镶嵌图形测验的成绩。2010年，森普尔（Semple）等在研究中，让实验组儿童接受正念认知疗法，结果发现被试的注意力和自控能力得到提高。伊诺克（Enoch，2015）在研究中让实验组与控制组儿童均完成 4 个注意任务：简单 CPT 任务（Continuous performancetest）、Go/No — Go 任务、视觉取消任务、字谜游戏任务，然后让实验组儿童接受 6 次、每次 20 分钟的正念训练，控制组儿童则继续进行其他暑期课程，研究结果发现，在正念训练结束后，实验组儿童在多个注意任务上成绩提高高于控制组儿童，表明为儿童提供基于正念的干预有助于增加儿童持续的注意力。

---

① 余青云，等.基于正念禅修的心理疗法述评［J］.医学与哲学（人文社会医学版），2010（3）.
② 张倩，等.正念心理疗法在儿少卫生领域的应用研究现状与展望［J］.中国学校卫生，2018（9）.

在国内，马超（2013）以小学四年级的学生为被试，进行注意力的正念训练和执行功能训练。研究结果发现，执行功能训练组的执行网络功能显著提高，正念训练组的执行网络功能和定向网络功能均提高。研究者认为正念训练对于注意更具有综合效果。

2. 正念增强记忆力。

对于学生而言，记忆能力的高低直接影响学业成绩。已有研究发现正念训练对于个体的记忆力具有良好的提升效果。纳塔欣（Natesh，2014）等以12—16岁的青少年为被试，研究了正念状态与工作记忆的关系，以 Corsi 积木测验（Corsi block task）测量视觉空间工作记忆，并使用正念注意觉知量表和状态焦虑量表对被试进行测量，结果显示，正念注意觉知水平越高，被试的焦虑水平就越低，且工作记忆广度越大。在另一项研究（2012）中，研究者对美国南部城市 1 所小学的教师和学生进行正念减压训练影响记忆力的效果研究。其中 4 名教师接受了 11 周的正念减压训练，然后在课堂上对学生进行讲授，并同样让学生进行 11 周的正念减压训练；同时，另 4 名教师及其学生为控制组。在学生进行正念减压训练前、中、后 3 个时间点收集工作记忆广度测试数据，结果表明，正念减压训练可改善工作记忆的加工，扩大工作记忆的广度。

3. 正念锻炼思维能力。

有研究者认为，正念为学习和创造性思维提供了良好的起点，应作为所有年龄和所有能力水平学生日常经验的一部分。在实证研究方面，古迪等发现，正念减压训练可以提高中学生的创造力水平。克劳可也在研究中发现，小学二年级和四年级的儿童在经过 10 周正念冥想的训练后，创造力有显著的提升。

4. 正念加强执行功能。

执行功能是指在完成复杂的认知任务时，个体对各种认知过程进行协调，以保证认知系统以灵活、优化的方式实现特定目标的一般性控制机制，对于儿童青少年未来的学习生活有着重要的意义。

弗卢克（Flook，2010）等以随机控制实验评估"正念觉察练习计划"对儿童执行功能的干预效果，使用此计划对 64 名二、三年级的 7—9 岁儿童施以训练，共 8 周，每周 2 次，每次 30 分钟，结果显示，原本低执行功能的学生在训练后有显著的提升。斯莫利（Smalley，2010）等在大学早教中心选取了44名4—5岁的孩子进行8周正念训练，结果显示，正念练习提高了学生的执行功能，表明年幼的孩子适合进行正念练习。

（二）正念有助儿童青少年改善情绪

沃尔（Wall，2005）对11—13岁的少年进行了正念减压训练，结束后学生报告他们变得更加平静。布罗德里克（Broderick，2009）等依据正念减压疗法创建了"学习呼吸"课程，在美国独立女子学校17—19岁的学生中进行研究，结果显示，与对照组相比，实验组学生报告消极情绪降低，平静、放松和自我接纳感增强。耿岩（2013）基于正念编制了正念健心操，并对中学生进行训练，结果发现，正念水平与正性情绪呈正相关，与负性情绪呈负相关。

特别在考试焦虑方面，正念可以有效减缓考试焦虑。考试焦虑是一种在考试情景下引发的，对考试充满担忧的负性情绪。这种情绪会导致各种防御行为，并会延伸影响到个体的认知、情绪及人格健康。戈尔普（Golpour，2012）等研究表明，通过正念呼吸练习，孩子报告在面对考试时的紧张程度有所下降，更为放松；老师也认为学生能更好地处理压力性生活事件。孟祥寒（2013）通过对高一、高二学生进行考试焦虑干预研究，结果发现，放松训练与正念训练都对考试焦虑有显著缓解作用，但正念训练效果好于放松训练，且在改善学生的特质焦虑上更有效。

（三）正念促进儿童青少年的社会性发展

威尔斯和戴恩哈特（Willis、Dinehart，2014）认为正念练习可以帮助孩子提高自我管理能力、社交行为，有助于孩子的社会性发展，特别在口头辱骂、行为攻击、破坏类等冲动行为方面，正念可以帮助孩子暂停情绪的即时行为反应，增加冲动情绪和行为之间的反应时间，帮助孩子认清自己的冲动欲望和重新评估行为的恰当性，从而对惯常的自动反应系统进行重塑，习得新的、更健康的反应。因而，研究者认为正念可以改善愤怒管理，抑制暴力倾向，对青少年品行障碍的改善具有积极意义。

美国纽约州史密斯敦市阿科塞特（Accompsette）中学（2014）采用正念

对学生进行训练，发现学生提高了自我行为意识和规则意识，减少了同龄人之间的争吵，欺凌行为减少，并在一定程度上培育了积极的社会技能，包括耐心、同情、慷慨等。梅甘（Megan，2008）对 8 名青少年欺负者进行正念干预的定性研究结果显示，75% 的参与者在人际关系、自我关系、情绪、自我管理等方面有了明显的改善，欺负者的多动、对立、反抗等行为问题有所减少。

（四）正念改善儿童青少年的睡眠与饮食习惯

一些研究显示，正念可以通过改善儿童青少年的睡眠质量、饮食习惯，从而增进其身体健康。在贝尔等人（2013）的研究中，62 名中学生（13—15 岁）接受了匹兹堡睡眠质量指数测试，最后选取 10 名睡眠不佳的被试进行正念干预。结果发现，正念干预可以改善睡眠质量，具体表现为参与者的客观睡眠时间延迟、睡眠效率和总睡眠时间均有显著改善。

巴恩斯（Barnes，2016）等对 20 名高中肥胖学生进行正念饮食觉知训练，另 20 名肥胖学生接受常规的健康教育。经过 12 周的干预之后发现，正念饮食觉知训练比常规的健康教育更能增加被试中度和剧烈的有氧运动时间，改善其饮食习惯，使他们倾向于选择低能量和低脂肪的食物。研究者认为，此训练计划可以作为解决高危青少年肥胖发病初期的一种有效手段。

本章结语

认知行为治疗是儿童青少年心理辅导常用的咨询理论与技术。这是一个结构严谨、概念清晰、体系完整，并且其疗效得到大量循证研究的支持。通过系统培训，受训的心理服务人员可在临床实践中操作和运用，以及接受督导。目前，社会上各种咨询技术的培训眼花缭乱，学校心理老师常常不知道如何选择。我在《优秀心理辅导老师专业成长的若干问题》一文中指出："我觉得先要把四个基本流派的理论技术脉络了解清楚，即人本治疗理论、行为治疗理论、认知治疗理论和精神分析理论。前三个流派要掌握到技术层面，要专精一

门，现在一般把行为治疗理论与认知治疗理论合二为一，称为认知行为治疗理论（简称 CBT），CBT 理论与技术的结构性、程序性、实操性强，便于训练和督导，CBT 的疗效得到许多循证研究的支持，在国外比较流行，对于中小学生心理辅导尤其适合。我希望心理老师把 CBT 原理和技术的掌握作为一门基本功，当然人本治疗的咨询理念和原则对于咨访关系的建立很有帮助，得到业内人士的广泛认同。若有时间和精力，可以学习精神分析的基本思想、发展脉络和主要观点。这对个案内心的深度分析与理解有帮助。此外，焦点解决短期治疗、叙事治疗、家庭治疗和游戏治疗等都要在掌握扎实的基本功的前提下，不断深入学习。"①

要掌握认知行为治疗技术，关键在于学以致用，在临床实践中不断地运用，光学不用等于白学。在目前国内职前、职后心理咨询专业培训体系不够完善的情况下，可以通过专家指导、成长小组和名师工作室等多种研修形式，接受临床督导，把咨询理论和技术转化为自己的辅导技能。

另外，要注意儿童心理辅导中认知行为治疗技术的运用不同于青少年和成年人，因为儿童的认知发展处于形象思维向抽象逻辑思维过度的阶段。在儿童心理辅导过程中，往往不是通过改变孩子的认知去调节其情绪和行为，而恰恰是从改变其行为进而提高其合理的认知水平。在前几章儿童行为和情绪问题的辅导案例中都有说明，例如，儿童的社交焦虑，重点是采用逐级暴露的行为干预技术，减少社交退缩行为，进而提高儿童的自信。

---

① 吴增强. 优秀心理辅导老师专业成长的若干问题［J］. 中小学心理健康教育，2017（13）.

表达性艺术治疗技术运用

近年来，表达性艺术疗法被广泛地运用于儿童青少年心理健康领域。表达性艺术治疗是一种综合多种艺术形式的治疗方法，为人们的成长、发展和康复服务。

在表达性艺术治疗中可使用想象、仪式和创造性的过程，运用绘画、雕塑、舞蹈、音乐、戏剧、诗歌或散文等多种艺术形式，帮助人们以适当的解决方式处理和整合创伤性感受、减轻压力。表达性艺术治疗的形式有：绘画治疗、沙盘游戏治疗、音乐治疗、舞蹈治疗、陶艺治疗、艺术造型治疗、戏剧治疗、诗歌治疗、阅读治疗，等等。它在欧美等国，已成为正式执业的心理治疗与咨询工作中的一个独特领域。

本章讨论以下问题：

绘画疗法技术的运用；

沙盘游戏治疗技术的运用；

校园心理情景剧技术的运用。

11

第 *1* 节
绘画疗法技术的运用

由于儿童的语言和思维还处在发展过程中，因此，儿童心理辅导与成人心理辅导一个很大的区别是成人咨询主要采用"谈话"，而儿童主要采用非语言咨询技术。而绘画疗法就非常适合儿童的心理发展特点。绘画是儿童的重要"语言"，是儿童常用的非语言工具。因此，以绘画为媒介，利用儿童的绘画对儿童的心理问题进行干预的绘画疗法就成为儿童心理辅导的一种重要的方法。

绘画疗法的原理

（一）神经生理学基础

神经心理学家罗杰·斯佩里的"割裂脑"实验表明，左半球言语功能占优势，是和言语有关的，像概念形成、逻辑推理、数学运算这些活动，左半球也占优势；右半球占优势的功能是不需要语言参加的空间知觉和形象思维活动，像音乐、绘画和美术能力，情绪的表达和识别能力等。这表明，音乐、绘画、情绪等心理机能都由右半球所控制。同时，国内外不少研究也表明，处理情绪冲突、创伤等心理问题，由于人脑左半球运行的语言或言语功用有限，而要用右半球运行的艺术方式来处置。这正是由斯佩里的实验所证实的：音乐、绘画和情绪的表达与识别都由右半球所掌控。由此可以看出，绘画可以成为个体情绪、情感表达的工具之一，大脑左右两半球的这种功能分工为绘画疗法奠定了生理学上的基础。

（二）潜意识的视觉化

精神分析的观点认为，视觉形象就是潜意识的表象，是个体内在许多遭禁忌的欲望和冲动的呈现，是一种自我表达的象征。一个人的情感埋藏得越深，则离其意识就越远，寻找相应的语言将其表达出来的可能性就越低。绘画作为情绪、情感表达的工具，能够反映出人们内在的、潜意识层面的信息，是将潜意识的内容视觉化的过程。

绘画天然就是人类表达心灵的有效工具。绘画除了具有天然性，更具有象征性。人们在绘画时，会很自然地浮现出一些联想、记忆或某些片段，这时绘画就具有某种象征意义。这种象征意义确实包容了我们的体验或经验，但我们不必担心它有什么威胁，只是把它表达出来。所以，绘画的象征性使其成为距离潜意识更近的一种工具，或者我们称其为潜意识直接表达自己的工具。

（三）投射技术的应用

投射在不同的心理研究领域有不同的界定。在精神分析理论中，投射是一种心理防御机制，用来减轻焦虑的压力及保护自我以维持内在的人格结构，此时的投射是个体将自己的过失或不为社会认可的欲望和意念归之于他人，又称为否认投射。如不为单纯的心理防御，投射是一种正常的心理现象，指将自己的信念、价值观或其他主观过程潜意识地归之于他人的过程，但不是为了减轻焦虑。

绘画疗法主要是以精神分析理论中的投射为基础。投射的产物不仅以梦境、幻觉、妄想等形式存在，而且艺术的形式也可以理解为投射，而绘画是艺术的一种重要形式之一。从投射的角度看绘画，是一种将心灵的图画转化为可见的、可说的和可知的形态的过程。人们对绘画的防御心理较低，不知不觉中就会把内心深层次的动机、情绪、焦虑、冲突、价值观和愿望等投射或被压抑的内容更快地释放出来，并且开始重构过去。①

绘画疗法对儿童心理辅导的作用

（一）理解儿童的内心世界

在心理辅导中，辅导者对于来访者的理解是至关重要的。语言是辅导者与

---

① 袁桂平.绘画疗法在儿童心理辅导中的应用［J］.少年儿童研究（理论版），2010（6）.

来访者之间沟通的主要媒介，是理解他们内心世界的重要手段。但是，由于儿童在词汇量、言语的完整性以及内部言语等方面都还有待提高、完善，这使得儿童与辅导者之间的沟通与探讨受到限制。他们不可能像成人那样用语言符号来表征和传达自己经验世界的感受和情绪。所有这些使得辅导者很难真正理解儿童的内心世界。

绘画是抒发和表达个体需要的最直接的方式，对于儿童来说也是这样。儿童可以借助他们的绘画形象地展示出他们的内心世界及其变化。儿童绘画中的线条、色彩、空间布局与结构都有着象征意义。流畅的线条、明朗活泼的画面，可能来自一个快乐安定的儿童；相反，紧张不安的儿童，画面中也可能显示出躁动不安。我们可以将儿童的绘画过程看作是他们的说话过程：他们的画就是他们的文字，他们作画的过程就是在与自己或辅导者沟通。从儿童的绘画中，可以看到他们对世界的经验和怎样组织这些经验，可以看出他们对这些经验的反应和感受，可以发现他们的愿望和需要，可以体现他们对自己的概念。辅导者越是能够真切地感受和理解儿童的画，就越能接近他们自己的概念性的世界。相对于言语这种媒介，绘画是辅导者理解儿童内心世界的一种重要媒介。

（二）调节儿童心理

由于绘画语言的形象性、模糊性和非理性化的特点，可以让儿童更容易将自己的情绪和感受表达出来，而且不至于伤害他人，具有情绪宣泄的作用。在绘画过程中儿童可以发泄他的不满、压抑和烦闷的情绪，可以尽情抒发他的思念、兴奋和快乐；另外，辅导中的绘画过程是自发的、自由的，也是可以自控的，即使儿童不是出于情绪宣泄，也可以使儿童情绪上的冲突或困扰得到缓和，使儿童压抑的思想和不良的情绪释放出来。绘画起着安全阀的作用，它使危害个性的内部压力下降。所以，绘画本身具有调节身心的作用。绘画过程也是一个创造的过程，具有自我反省性，使得个人的意念和情感得到统整，提高儿童对自己和现实关系的认知水平，增强其自我了解和自我成长；绘画作品和儿童本身的一些联想，可以帮助儿童维持内在世界和外在世界之间的和谐一致性；绘画中，儿童可以直接经历和感受到自己的力量和能力，也是一种创造潜能的释放，有助于儿童自我接纳和自信的提高。所以，绘画可以成为促进儿童改变和成长的工具，绘画本身对于儿童的心理具有调节效能。

（三）建立良好的辅导关系

在心理辅导过程中，辅导者与来访者之间的辅导关系是非常重要的，人本主义心理治疗大师罗杰斯曾经指出：许多用心良苦的辅导之所以未能成功，是因为在这些辅导过程中，从未能建立起一种令人满意的辅导关系。在对儿童的心理辅导中，建立良好的辅导关系同样至关重要。一种常见的情况是，不少接受辅导的儿童是应家长或教师的要求而来的，而非自愿的，这就给建立良好的辅导关系带来了挑战。

绘画则为辅导者与儿童建立良好的辅导关系提供了一种契机，这是因为绘画是儿童喜爱的一种活动。绝大多数的儿童都喜欢绘画，并且觉得这种方式比实际讨论沮丧、难过的经验更没有威胁性。因为实际的讨论常会造成许多困扰与混乱，而绘画却可以让孩子在一个舒适安全的状态下分享自己的感觉。在绘画过程中，儿童不需要面对辅导者而投入一种创作，可以自由地表达自己，自我防卫降到最低程度。辅导过程中，辅导者鼓励儿童作画，会使他们感受到一种自由、开放和安全，对相互尊重和信赖的辅导关系的建立是大有裨益的。现实也证明了这一点，当请来访儿童画画时，即使一些不善言辞的儿童、因表现不良被教师或家长要求来辅导而有些对抗或恐惧的儿童，也很乐意进行。[①]

绘画疗法的技术

（一）涂鸦法

涂鸦法被用于心理咨询和治疗时就成了一种有趣而有用的方法。英国精神分析学家唐纳德·温尼科特著有《涂鸦与梦境》一书，其中的 21 个治疗案例生动地展示了运用涂鸦游戏与儿童青少年互动交流，帮助他们解决心理问题的

---

① 袁桂平.绘画疗法在儿童心理辅导中的应用［J］.少年儿童研究（理论版），2010（6）.

探索历程。温尼科特说："涂鸦游戏让我和孩子互动，参与到案例的描述中，让整个案例鲜活起来，孩子和咨询的对话就更加逼真。"在心理辅导过程中将涂鸦法加入其中，就使得咨询师和来访者有了一个绘画作品的媒介，这具有重要意义：第一，涂鸦本身是游戏，打破了僵硬的沟通方式；第二，涂鸦法更容易表现潜意识，更能够让儿童青少年表达自己的内心；第三，涂鸦过程本身具有释放内心和宣泄情绪的作用；第四，涂鸦法与其他绘画疗法一样，作品在来访者对自我症状的认识中具有重要意义。[①] 涂鸦法有多种形式，陶新华老师（2019）介绍的互动涂鸦法具体内容如下。

互动涂鸦法，即首先由同伴或咨询师在画纸上随便图画出点、线条、色块等，引起作画者的兴趣，明确构图的起点。在学校团体中使用互动涂鸦绘画疗法会非常有吸引力，学生饶有兴趣地投入其中，有强烈的参与感，在咨询师的积极引导下，每个人都可以从中获得启发。咨询师可以自发性地对互动涂鸦绘画疗法进行创造。互动涂鸦又可分为情绪线条绘画疗法和小团体集体涂鸦绘画疗法。[②]

1. 情绪线条绘画疗法。

情绪线条绘画疗法的操作步骤如下：（1）请来访者选一支表达高兴情绪的颜色的蜡笔或油画棒，在 A4 白纸上画出一根表达高兴情绪的线条；（2）请来访者选出一支表达悲伤、难受情绪的颜色的蜡笔或油画棒，画出一根表达悲伤、难受情绪的线条；（3）请来访者选一支表达愤怒情绪的颜色的蜡笔或油画棒，画出一根表达愤怒情绪的线条；（4）请来访者选一支表达平静情绪的颜色的蜡笔或油画棒，画出一根表达平静情绪的线条；（5）来访者与同伴分享自己的情绪画，分别叙说 4 条情绪线条表达了怎样的情绪以及与之有关的故事；（6）与同伴交换画纸，在同伴的画纸上创作一幅风景画；（7）为这幅风景画命名并编写一个故事，故事不少于 150 字；（8）与同伴分享风景画的内容和编写的故事。

---

①　陶新华．涂鸦法在中小学绘画治疗中的应用［J］．江苏教育，2019（40）．
②　陶新华．互动涂鸦绘画疗法在学校中的应用［J］．江苏教育，2019（39）．

图 11-1 是一次教师培训中的案例作品，这位教师画了高兴、悲伤、愤怒、平静 4 条情绪线条。由于锯齿状的愤怒线条不容易处理，对于同伴是一个挑战，经过挣扎和思考，同伴最后将这 4 条情绪线条变成了一个大头娃娃。当这幅画回到原来的作者手中时，她被震撼了："原来生活可以有如此大的不一样。"这位教师和同伴都有一个儿子，于是两人的讨论特别热烈：愤怒的大嘴很伤人；愤怒是别人引起的，却在伤害自己和他人，最受伤害的可能是自己的儿子，儿子很无辜；高兴和平静的线条变成了发际线和眼睛，眼光要看远一点，未来一定是美好的。同伴的再创造使得原来的简单线条变成了一幅肖像，绘画表达出来的共情产生了良好的效果，同伴的积极反馈和影响力促进了彼此的成长。

图 11-1　情绪线条绘画作品

绘画互动过程中有很多的不确定性，由于没有目的，只是相互涂鸦、自由联想和相互探索，所以思路容易被打开，也容易达成共识，更有利于来访者自由表达自己。

2. 小团体集体涂鸦绘画疗法。

小团体集体涂鸦绘画疗法适用于 5—6 人的小团体，参与者坐成圈比较好，如果不能坐成圈，也必须使参与者能够按顺序闭环传递画纸。操作步骤如下：（1）首先在 A4 纸上画一个三角形、方形或圆形，并在画纸的反面签上自己的名字，然后按顺时针或逆时针方向传给下一个同伴；（2）同伴拿到传来的画纸开始 60 秒自由作画，根据画纸上的形状发挥自己的想象力和创造力随意表达，

60秒后停下，再按照之前的顺序向下一个同伴传递；（3）经过五六次传递后，会拿到签有自己名字的那幅画，对画进行修改、补充；（4）根据这幅画编写一个故事并命名，完成后在组内与同伴分享；（5）分享活动过程中自己的感受以及在同伴分享中获得的启发。

图11-2开始的时候只是画了一个圆，最后成为这样一幅作品。要求参与者谈论这个活动对于现实生活的启发时，他们都觉得开始不满意或极普通的东西，经过大家一起努力有了很大的变化，一切都不是自己预想的结果，一切又都是最好的安排，生活就是在妥协中合作，在合作中寻找快乐和共同点。

图 11-2　集体涂鸦作品

（二）房 – 树 – 人绘画投射技术

美国心理学家巴克（Buck，1948，1966）的"房–树–人"（House-Tree-Person，HTP）测验是较为著名的绘画投射测验。巴克率先在美国《临床心理学》杂志上系统论述了HTP测验，该测验后被世界上许多国家引进并加以推广应用。这项测验是作为智力测验的辅助工具开发出来的，任务是画出一间房子、一棵树和一个人，因为这三个物体为每一个儿童所熟悉，包括年龄很小的儿童，而且这三个物体可以诱发儿童的联想，并可能将联想投射到绘画上。巴克曾说：HTP测验能激发儿童有意识的联想和无意识的联想，儿童画出的人、房子和树或其他内容可以反映儿童的人格、知觉和态度。房子能反映家庭或家庭成员的相关信息和问题，树能表现儿童心理发展和他们对环境的感受。咨询师可通过分析儿童画出的房子、树、人的特征以及画的细节比例、透视、颜色使用，对所画的形象进行评价。[①]

HTP 操作如下：

主试首先要求被试画房子："请拿起一支铅笔，请你尽可能画一幅房子的好画给我。你可以画任何一种你喜欢的房子；而且，只要你愿意，你随便画多久都可以。要尽可能画一所好房子。"后面关于"树""人"的指导语与此相同。主试应当注意每一幅画完成的时间。完成这些画后，主试必须就一系列问题对被试进行询问。

如，房子有几层楼？它是木房、砖房或其他？它是你自己家的房子吗？在画的时候，你想到了谁的房子？你想自己拥有这房子吗？为什么？……

这树是什么种类？树大概多大了？树活着吗？这是一棵健康的树吗？你为什么会有这种印象？这是一棵强壮的树吗？你为什么会有这种印象？这棵树使你记起谁？为什么？……

这个人是男的还是女的（男孩或女孩）？他多大年龄？他是谁？他是朋友、亲戚，还是其他人？在你画图时你想起的是谁？他在干什么？他在哪里？他在想什么？这个人给你什么印象？这个人快乐吗？……

按巴克的说法，这些问题并不是僵化的、一成不变的、标准化的问题，而是用来作为一种刺激，进一步揭示被试的情绪反应。通过这些询问，让被试有机会去"定义、描述、解释其画出的物体和他的环境"。

根据伯斯（Robert，1987）的观点，房屋代表我们的生命实体，树象征着生命的能量、能量水平和能量的方向，人代表着自我形象。因此，对整幅图的分析，可从以下几个方面着手：

一是整体上的分析。画的主要故事是什么？对画面的感觉，包括其画面的大小、笔画的力度、构图、颜色等。

---

① 陈薪屹．"房－树－人"绘画投射技术基本理论及在儿童心理辅导中的运用［J］．中小学心理健康教育，2009（3）．

二是看房屋。色调如何？开放还是封闭？房屋是稳定的还是摇摇欲坠的？豪华还是简朴？

三是看人。这人正在做什么事情？画中人物的主要情绪如何？强调的部位和缺漏的部位是哪些？人物之间互动怎样？

四是看树。这棵树的生命力如何？树冠、树枝、树叶、树干、树根分别有什么特点？是否有果实？是否有小动物？

五是看房、树、人三者之间的距离。三者的空间位置和相互距离怎样？三者在整个画面中所占的面积哪个最大或最小？人与树、房有互动吗？

六是看有没有附加物。

在实际操作中，我们可以作动态分析，也可以单就某方面进行重点分析。

例一（图11-3），画面中的房屋在画的上部，缺少应有的地基，即安全感。门是关着的，与外界交流少。屋顶是尖形的，表明作画者内心有一定的冲突。许多研究者给予烟囱多种象征意义。此画面没有烟囱，作画者可能缺少家的温暖。最值得关注的是房屋里的两个人：家长正在用棒子教训小孩，房屋的侧面窗户下画了一个骷髅，还有骨头堆成的两把叉，表明作画者正处在较严重的情绪冲突中。

图 11-3　绘画作品 1

例二（图11-4上部）：树冠和树枝优美、比例恰当，代表一个人发展的平衡。树冠与树枝的变化程度、大小、形状传递着成长信息以及与环境的关系。树干上的疤痕是成长过程中受到创伤的标志。图中的树占据了整个图画，树冠很大，表明作者有强烈的成就动机和自豪感。树上的果实多少大小代表成就欲望、希望目标等。这棵树上没有果实，说明绘画者尚未设立可实现的目标。

图 11-4　绘画作品 2

例三（图 11-4 下部）：人物画中女性特色明显。画中出现全身且有脚，说明绘画者自我意识清楚、自我整合良好。人物眼睛很大，强调通过眼睛来获得外界信息，用感性的方式来了解世界。肩膀较方，表示肩负责任，或争强好胜。但画面中四肢显得不成比例，手部腿部不明显。手是用来制造工具、掌握工具的重要部位，手最基本的含义是代表行动力、做事情的决心，腿和脚最基本的含义是表示踏实和稳定。联系例二的"树型图"，我们看出这是一位有强烈的成就动机，但行动力不够的女生。

例四（图 11-5）：在绘画早期投射测验中，最具影响的要算玛考文的个体在人物画中内在心理的投射研究。她认为画人表现了绘画者的冲突特征、防御机制、神经症以及病理学特征。她为画出的人物的各个部位（比如纽扣、口袋、烟斗等）以及画面的其他细节赋予了图画特定的象征意义。树冠的线条为直线，代表自信、果断或固执；树冠往一边倒，表明绘画者有一定的压力。人物画中，人物脖子稍长、细，表明作者有一定的依赖性，有出人头地的愿望；无手，表明行动力不够。人物的显著特征是肚子大、向外突出，儿童画在某方面突出有多方面结论，疾病、欲望、创伤皆有可能。罗恩菲尔德发现，如果儿童对人物形象的某一部位不断夸大或歪曲，往往是因为儿童的此部位不正常或有障碍。

图 11-5　绘画作品 3

绘画疗法技术运用实例分析

绘画疗法技术广泛运用于儿童心理辅导之中。

何珍老师（2020）运用绘画疗法技术对一名留守儿童进行 6 次辅导，取得良好的效果。现介绍如下[①]：

（一）个案基本信息

小 C，男，汉族，9 岁，小学三年级学生。父亲外出工作，每年回家的次数较少。小 C 平时与奶奶住在一起，有个年幼的弟弟。小 C 活泼可爱，遇事容易冲动，情绪反应激烈，觉得班上的同学都不喜欢他。他的学业成绩中等，在音乐、语言表达方面表现优秀，没有学过绘画。在一次测验中因忘记在试卷

①　何珍.绘画疗法对留守儿童心理弹性的应用［J］.教育观察，2020（48）.

上写名字，被老师判为 0 分之后，他总觉得自己笨。当被同学嘲笑考 0 分时，更觉得自己很笨，变得不自信，觉得自己做什么都做不好，被批评时情绪反应特别大。

（二）诊断评估

在进行辅导干预前，小 C 完成了心理韧性量表测试，测试结果显示，其总体心理弹性水平（3.03）处于中等偏低水平，在具体因子中只有目标专注（4.2）高于平均水平，情绪控制（3）、人际协助（3）低于平均水平，积极认知（3）、家庭支持（2.33）均明显低于平均水平，说明小 C 急需改善其认知及调节与家人的关系，学会控制情绪，和同学和睦相处。

（三）辅导干预过程

综合小 C 的基本情况及个人意愿，与小 C 探讨辅导干预的目标如下：第一，改变小 C 对自我的消极认知，帮助其重新构建积极认知，建立自信、积极的自我评价。第二，改善其与家人的关系，让其学会主动沟通、不攻击、不排挤的表达方式。第三，提高其情绪控制能力，培养其积极、乐观、满足的情绪。辅导干预以绘画形式共设计了 6 次，每次 40 分钟，每次绘画的主题是根据上一次辅导的情况确定的。

1. 第一次绘画辅导——自画像。

（1）画面解读。小 C 快速地完成了自画像，表明小 C 不大愿意过多地表达自己，想要掩饰真实的自我。（分析画面的内容，并不直接把分析结果告诉小 C，只记在辅导老师的心里，在交流中去验证、辅导）从画面看，画面较大，小 C 对自我的评价非常高，过分自信，但自制力差。自画像画面中的人物没有画全，只出现肩膀以上部位，表明自我意识比较模糊，画面下切，说明迫于环境而压抑自己。从躯干开始画，反映了小 C 自我概念不清，人际关系不大好，适应性比较差。修长眼，表明有创造力，善于决断。一字形嘴巴画得大大的，表明内心有很多话无法表达出来。短粗的脖子表明有冲动的倾向，脾气较大，比较固执。宽宽的肩膀表明目前正承受比较大的压力。没有画头发，表明有想引起关注的想法。没有画鼻子，表明缺乏精力。没画耳朵，表明很少倾听别人的意见。

（2）画面交流。小 C 谈到画面中的自己时，给自己的评价是糟糕的，认为自己是个调皮捣蛋的人，缺点一大堆，优点却寥寥无几。缺失的耳朵和鼻子、紧闭的嘴巴都源自妈妈总在唠叨，让他感到心烦，不愿意听，也不愿意说，拒绝沟通。小 C 认为自己目前存在的烦恼主要是妈妈把以前对自己的爱百分之百给了弟弟，一点都不爱自己了，自己没有人喜欢了。

（3）小结。通过对绘画作品的分析与交流，可以看出小 C 对自己有很多自我否定，在认知中存在夸大、消极思考的习惯。与人沟通不畅，特别是与家人的沟通，感觉来自妈妈的关爱不足，导致一些问题行为的产生。本次绘画辅导的重点是找出小 C 想解决的主要问题，帮助小 C 认清自我。

2. 第二次绘画辅导干预——房 - 树 - 人。

（1）画面解读。一栋大大的房子上画满了方形的窗户，没画门，说明画者对家的注重，渴望被人理解，但与外界交流存在不顺畅的情况。树干粗大，相比之下树冠较小，说明成长中受到的关爱、滋养较多，但目前能力得不到充分发挥。尖树枝说明易冲动，有攻击性，情绪比较紧张。小小的人物，没有画鼻子、耳朵、脖子，双手平举，说明自我价值被忽略，不自信，不接纳现实的自我，不愿意倾听。

（2）画面交流。小 C 描述："画面中画的是酒店，这是我和妈妈出去玩时住过的酒店，这个气球是我们出去玩时买的，现在飞走了，再也不回来了。"这代表着自己的快乐时光一去不回，想回到过去的时光，希望妈妈能陪伴在自己的身边。但现实是小 C 在和妈妈相处时两人有不少冲突，妈妈对自己的关爱减少。

（3）小结。（绘画前先就上次辅导结束时的家庭作业进行讨论，引导小 C 理性对待收集到的评价，接纳自己，正面、积极地评价自己。）通过对房、树、人的分析和讨论，小 C 已经意识到和妈妈的沟通存在的问题，在接下来的一周时间里，小 C 观察记录和妈妈相处的情形。

3. 第三次绘画辅导干预——你眼中和理想的妈妈。

（1）画面解读。小 C 画的妈妈，一个大方框把妈妈圈在里面，一字形嘴巴，手里拿着一把刀，表明固执己见，有比较强的攻击性。小 C 理想中的妈妈是圆脸，短发，开口大笑，竖起大大的大拇指，表明做事干脆利落，有诉求，想表达，性格温和，善于理解他人和照顾他人。

（2）画面交流。小C谈到眼中的妈妈是现实中的妈妈，妈妈对自己比较严厉，如果作业完成不好，就会被批评，这个时候自己就会特别伤心。平时妈妈比较关心弟弟，除了作业，两人之间的互动较少。理想中，小C希望妈妈能温柔对待自己，不批评自己，能多表扬自己，多听听自己的想法，除了陪弟弟也能陪自己玩游戏。

（3）小结。通过绘画分析和讨论，小C更了解妈妈，也尝试着改变和妈妈相处的模式。因为没有进行亲子绘画辅导，在家庭互动的效果中，妈妈没有明显地改变，小C自我改变对亲子关系的改善效果较小，容易呈现反复。

4. 第四次绘画辅导干预——一个让你生气的人。

（1）画面解读。小C用比较重的笔墨完成绘画，画中人物占整个画面较大面积，画面下切为半身人，有压抑感。小小的眼睛表明只关注自我，对外界不屑一顾。

（2）画面交流。通过小C对画面的感受表达与评估，不难发现，小C对画中人有着强烈的负面情绪。问及最想对对方说的话，比较容易引发小C运用语言把对画中人的负面情绪说出来。同时，在对画面进行情感处理时，小C表示更愿意用撕掉这幅画的方式处理。

（3）小结。此次绘画让小C画出令其愤怒的人。对画面进行描述，并说出自己的感受，有助于其宣泄愤怒的情绪。引导小C对着画中人说出最想对他说的话，释放负面情绪。完成后，小C的面部表情变得比较放松，情绪变得较为平静。在进一步与小C交流其在学校与同学交往的情况时，小C表示在愤怒的情况下，容易用偏激的语言攻击同学，导致与同学的关系变差。与小C探讨与人互动的模式，让其了解人际交往时的沟通表达方式。家庭作业：练习对负面情绪的管理，让小C遇到让自己生气的事情时，先停下来深呼吸，想一想，数10个数，然后再行动。

5. 第五次绘画辅导干预——爬山图。

（1）画面解读。画面中，一个人借助缆绳爬上了半山腰，一个人拿着一把铁镐在另一面的半山腰上，山底下站着一个人。山很陡峭，表明当下小C的压力比较大，爬山的方式比较艰辛。

（2）画面交流。根据小 C 的描述，目前小 C 面临的困惑和困难主要是学习方面的，上课比较难集中注意力。画面中的人物分别代表自己、同学、妈妈。借助缆绳爬山的是小 C，他很努力想要爬到山顶。拿着铁镐的是同学，同学并不是来帮助他的，而是在想办法阻止他爬上山顶。他希望山脚下的妈妈能帮助他，不让同学影响到他。引导小 C 思考其他爬山方式，也给小 C 提供一些其他的方式。这些爬山方式，在现实的学习中代表着其他的学习方法，这些方法能不能较好地解决小 C 学习上的问题，目前还未可知。

（3）小结。通过对小 C 爬山图的解析与讨论，小 C 已经意识到自己的学习目标明确，对学习有动力、有决心，学习存在一些障碍。虽然现在获得的学习成绩与自己的努力并不匹配，但面对压力、困惑时，小 C 能想到向妈妈寻求帮助，这样既有利于学习能力的提升，又有利于亲子关系的改善。家庭作业：采用讨论的方法，找出适合自己的学习方法。

6. 第六次绘画辅导干预——房–树–人。

（1）画面解读。整体画面大小适中，表明小 C 对自我认知良好，自我控制良好。果树树冠偏向右边，上面结了 5 个大果，表明小 C 踏实努力，对未来有强烈的渴望，有明确的目标，有信心和能力实现自己的目标。在房子上画一扇很大的有把手的门，表明小 C 比较渴望与外界交流，但更希望别人主动与自己交流。人物画在房子的旁边，两个人正在玩游戏，表明小 C 和家人特别是妈妈的关系渐渐亲密。

（2）画面交流。小 C 说这次的画与上次的不同，主要体现在生活的变化上，妈妈在不忙的时候会抽时间陪小 C 玩游戏了。小 C 给自己设定了学习目标，主动完成作业，跟妈妈的冲突减少了。

（3）小结。通过两幅画的对比，小 C 的自我认知有了较大的改变，整个人变得比较积极，亲子之间有了更多的互动和沟通。进一步与小 C 沟通在辅导结束后如何应用绘画调节自己的情绪，进行亲子互动。

（四）辅导干预效果反思

在最后一次辅导干预中用心理韧性量表对小 C 进行复测，其总分、各项得分均有所提高，总体心理弹性水平高于中等水平，其中，目标专注（4.6）、情绪控制（4.3）、人际协助（3.7）有了较为明显的提升，高于平均水平，虽然积极认知（3.5）、家庭支持（2.7）均低于平均水平，但较之前也有了提升。这都说明小 C 的心理弹性在绘画疗法的辅导干预下有所提高，自我认知的能力有了明显的提高，能够更客观地看待自己，对待别人的批评，与父母的关系也较之前和谐、亲密。

这个案例何老师巧妙地运用了绘画治疗技术，帮助案主缓解情绪，改善同伴关系和亲子关系。其中有几点值得我们借鉴：（1）通过对小 C 绘画作品的分析与交流，发现了孩子的问题所在：如小 C 对自己有很多自我否定，觉得妈妈对自己的关爱不够，导致一些问题行为的产生。（2）通过对小 C 房 – 树 – 人作品的分析和讨论，让小 C 意识到和妈妈的沟通存在的问题，让孩子进一步了解妈妈，尝试着改变和妈妈相处的模式。（3）通过绘画让小 C 合理宣泄自己的负性情绪，学习情绪调节。（4）在绘画中，帮助小 C 提高问题解决技能，如面对学习压力、困惑时，启发孩子寻求妈妈的帮助，找出适合自己的学习方法。

第 2 节
沙盘游戏治疗技术的运用

沙盘游戏治疗是指在咨询师的陪伴下，来访者借助沙具模型自由地在沙盘中进行自我表达，使无意识的冲突通过象征的形式表现出来，进而使混乱的心理内容得到有益重整，最终实现心灵的疗愈与转化的一种心理辅导方式。近年来，不少中小学的心理辅导室都配备了沙盘，沙盘游戏治疗技术在儿童青少年心理辅导中得到广泛的运用。

沙盘游戏疗法的由来及发展

沙盘疗法（Sandplay Therapy）是将分析心理学理论思想和游戏疗法技术有效地整合为一体的一种心理疗法，也称作沙盘游戏、箱庭疗法或沙箱疗法。该疗法发端于 1911 年威尔斯（Wells）所撰写的有关幼儿自发性游戏和创造性想象等内容的《地板游戏》。1929 年，劳恩菲尔德（Lowenfeld）在儿童心理治疗中借鉴儿童自发性游戏理念，同时引入盛放沙、水的盘子作为治疗工具，实现了与心理不适儿童的有效沟通，促使沙盘技术得以诞生，始称"世界技法"。20 世纪 60 年代，瑞士荣格分析心理学家考尔夫（Kalff）将荣格的分析心理学融入"世界技法"，她在 1962 年的国际分析心理学会议上正式提出了"沙盘游戏治疗"的思想，在 1985 年发起成立了国际沙盘游戏治疗学会，这标志着沙盘游戏治疗体系的形成。

由于受考尔夫及其追随者强调沙盘作品象征意义理念的影响，沙盘游戏疗法在儿童领域的早期研究局限于理论研究，但随着对沙盘疗法定量性和可操作性特点的重视，实证研究也逐步发展起来，涌现出了比勒（Buhler）（1935—1951）用于研究心理健康和非健康群体沙盘作品异同的"世界测验"，以及里德（Reed）（1975）、哈珀（Harper）（1988，1991）各自开发的用于研究特殊儿童群体的"儿童沙箱观察量表"和"世界主题"等。这些研究促使儿童沙盘疗法量化的诊断和评估手段有了基础性的发展。

近年来，儿童沙盘疗法研究领域呈现出基础研究和应用研究并重的趋势。基础研究关注儿童期不同年龄阶段沙盘作品呈现的共性特征，以把握沙盘对儿童内心世界的表征规律；对儿童不同心理问题和心理障碍的适用、疗程、模式、疗效等则成为沙盘疗法技术应用研究领域的重点探索内容。

沙盘游戏治疗的基本原理

卡尔夫认为，她是在荣格分析心理学和中国文化这两大思想来源的基础上，有效地整合了威尔斯，尤其是洛温菲尔德的专业技术，建立了沙盘游戏治疗的理论体系。无意识水平的工作、象征性的分析原理和感应性的治愈机制，是从事沙盘游戏治疗的三项基本原理。其中包含着"安全、保护和自由"的沙盘游戏治疗的基本条件，"非言语"和"非指导"的沙盘游戏治疗的基本特征，以及"共情""感应"与"转化"的沙盘游戏治疗和心理分析的综合性治愈效果。①

（一）无意识水平的工作

在无意识水平上进行分析与治疗，正是弗洛伊德精神分析和荣格分析心理学的传统。意识与无意识的分裂与冲突，形成了大部分心理病症的根源；在治疗与分析的过程中沟通无意识，在意识与无意识之间建立贯通的桥梁，进入无意识来化解各种情结，通过无意识来增加与扩充意识自我的容量和承受，也都是沙盘游戏治疗的基本考虑。

要在沙盘游戏治疗中体现"无意识水平"的工作，首先需要对无意识有一种容纳与接受的态度。这也要求培养一种更加敏感和更为开放的心胸，来倾听发自内心深处的表达，让无意识自发地涌现。同时，也要求有一种更加积极的意识准备和更加成熟的心态，来面对和承受来自无意识的内容。因为在无意识中，有远古的智慧，也有被压抑的内容；有对意识与自我的充实，也会有对意识与自我的挑战。在为凯·布莱德温主编的《沙盘游戏：起源、理论与实践》一书撰写序言的时候，卡尔夫曾经这样说："当我 1956 年前往伦敦跟随洛温菲尔德学习其'世界技术'的时候，我的主要兴趣在于把此技术作为通往儿童无意识的一个理想中介。然而很快我就发现，当病人，不管是儿童还是成年人，在一般分析治疗规定的时间中逐一建构其'世界'的时候，就可以观察到由潜在的无意识所引导的一种过程的运作。"在沙盘游戏的过程中，来访者与沙盘游戏分析师一起，在无意识的引导下通往治愈和发展之路。

在这种意义上，沙盘游戏治疗的三个基本条件：安全、保护和自由，不仅

---

① 申荷永，等.沙盘游戏治疗的历史与理论［J］.心理发展与教育，2005（2）.

仅是意识层面的要求，而且都必须能够满足沙盘游戏者无意识层面的需要。也就是说，在从事沙盘游戏治疗的时候，沙盘治疗者所面对的不仅仅是沙盘游戏者的意识，而且更要十分敏感地来面对沙盘游戏者的无意识。因而，所谓的"非言语治疗"，实际上也就是发挥无意识的语言；所谓的"非指导性治疗"，实际上正是要发挥无意识的指导作用。

（二）象征性的分析原理

沙盘游戏治疗工作室的特色，主要是两个沙盘（称为干沙沙盘和湿沙沙盘，湿沙沙盘可以放水进去），以及分类齐全的沙盘模型，包括各种人物、动物、植物，建筑材料、交通工具以及宗教和文化等造型。而这些沙盘模型，正是象征性的载体。通过各种形状的沙盘模型，所要捕捉与把握的就是原型和原型意象的意义。卡尔夫在《沙盘游戏治疗杂志》创刊号上，撰文介绍了沙盘游戏治疗及其意义，同时也提出了对沙盘游戏分析师的基本要求。卡尔夫总结说：作为沙盘游戏分析师，除了心理学的基础和训练之外，还必须具备这样两条重要的条件：其一是对于象征性的理解，其二是能够建立一个自由和受保护的空间。

尽管我们把沙盘称为"非言语的心理治疗"，但是沙盘图画在"说话"，它使用的是符合无意识心理学的象征性语言。一个符号或文字包含着超出一般和直接意义的内涵时，便具有了象征或象征性的意义。比如，看似一个"车轮"，当其出现在沙盘中的时候，除了其现实的车轮的功能和作用之外，还具有深远的宗教与神话的象征性意义。称其为"神话的象征意义"，本身已超越了单纯意识层面意义，深入于集体无意识内容的层面。荣格分析心理学中对于梦的象征的分析技术，除了"联想分析"之外，还加入了"扩充分析"，实际上也就是要在个体联想基础上，把分析的工作扩展到集体无意识和原型的层面。于是，在沙盘游戏治疗的工作中，对于这种象征性的理解，以及对于所象征内容的感受与体验，总是非常重要的工作与努力。比如，动物往往可以表示与人类理性和判断相对应的本能、直觉，冲动和阴影等意义……不同的动物，则有着不同的象征。比如狮子的勇猛和攻击性，绵羊的温顺和无辜等。不同的颜色能够使人产生不同的联想，具有不同的象征意义。如红色与血液、兴奋与冲动，蓝色与天空和海洋，平静与深远等。正如卡尔夫所强调的那样，对于沙盘游戏分析师来说，理解沙盘游戏中的象征，也就等于掌握了从事沙盘游戏治疗的有力工具。

（三）感应性的治愈机制

感应是所有心理分析乃至心理治疗中的关键因素。实际上，感应影响或决定着麦斯麦（Mesmer）之催眠术的治疗效果，同样也是弗洛伊德自由联想，以及荣格积极想象方法背后的重要机制。卡尔夫用《易经》的思想来充实其沙盘游戏治疗的时候，也是在发挥其中的感应原理："易无思也，无为也，寂然不动，感而遂通天下之故，非天下之至神，其孰能与于此。"感应中包含着至诚，至诚如神；有感应就会有转化，就会有沙盘游戏治疗的效果。

"沙盘游戏"的基本概念，正可呼应"天时""地利"与"人和"的观念，以及《易经》之"乾""坤"和"咸"卦的思想。咸者，感也，《易经》如是说："天地感而万物化生，圣人感人心而天下和平，观其所感，而天下万物之情可见矣。"数千年的中国文化智慧，包含着丰富而深刻的心理学思想与内涵。荣格曾从中发挥出其"共时性"的理论，认为共时性的出现，就是心理分析中治愈效果的表现，正如马斯洛的高峰体验往往伴随着其自我实现的过程一样。

沙盘游戏治疗十分重视"共情"的治愈作用，并且注重在实践中发挥其方法与技术的效果。看起来是"非言语"与"非指导"的沙盘游戏治疗，但"安全、保护和自由"的气氛，以及默默守护着沙盘与整个治疗室气氛的沙盘分析者，无时不在发挥感应和共情的治愈作用。卡尔夫也把共时性与自性化过程相联系，并且认为自性化同样是沙盘游戏治疗与治愈的目的。

沙盘游戏疗法的操作

沙盘疗法的材料由沙箱、沙和玩具三部分组成。在沙盘疗法实施过程中，儿童在沙盘所提供的自由和受保护的空间内，可以随意地用手拂动沙，并将自由选择的玩具摆放在沙箱内与沙共同构成一些场景作品，这些场景作品是儿童通过非言语的、象征的方式沟通其内心重要情感和理念，进而实现其身心合一体验的一种形式；儿童所创作出的沙盘作品既象征着儿童内心的痛苦，同时也象征着其心理治愈潜能。咨询师以陪同观察的身份出现，积极关注儿童的操作行为及其所呈现的具有自身象征意义作品的特有解释。沙盘疗法提倡儿童在情境中的表达，支持非言语同言语之间的沟通。与使用抽象词句对情感的表达相比，沙盘疗法依托全身活动扩大了情感表达的范围，通过"手触及沙"的活动方式促使身体和心灵以及物质和精神得到整合，有助于儿童区分内心世界和外部世界，促使无意识的心理内容直接转化为有意识的行动，进而澄清儿童的心理问题。①

面对一个新来的"沙盘游戏者"，辅导师首先要做的工作是在较短的时间内让彼此熟悉起来，取得沙盘游戏者对自己的信任，同时初步了解沙盘游戏者的基本情况。然后，辅导师将沙盘游戏者的兴趣逐渐引向沙盘游戏的材料，并明确告诉他，只要他愿意，他可以自由地使用它们，自由建造头脑中想象出的任何图景。沙盘游戏者在玩沙盘游戏的过程中，辅导师通常要坐在一个离沙盘较近的地方，以便及时发现其在建造过程中所泄露出的种种秘密，但这个地方又不能太近，太近了会干扰其建造过程。

在沙盘游戏完成之前，辅导师最好不要插话，不要问问题，也不要发表自己的个人意见，只是静静地观看。当沙盘游戏完成之后，辅导师要询问每一个形象具体代表着什么，或提出一些其他的问题。既然一个沙盘布景出现了，对它任何进一步的讨论都自然地会围绕着对主题或扩展主题的兴趣展开。面对这个带有积极想象的创造性过程，深入地分析理解往往比直接的解释、判断更重要。汉德森曾恰当地描绘了这种寻求领悟的态度，认为它介于朋友之间互相分

① 张钤铭，徐光兴，等. 沙盘疗法在儿童心理咨询中的应用研究述评 [J]. 西北师大学报（社会科学版），2011（1）.

享经历的态度与一个具有神话学知识的注解者工作时的专业态度之间。当然，从严格意义上说，面对某一具体的沙盘布景，只有它的创造者才能真正知道它意味的是什么，以及这种游戏的体验到底意味着什么、有什么样的感觉，等等。因而，作为一个沙盘游戏疗法的心理辅导师，仅仅当好一个观察者是不够的，还应该尝试做一个参与者。[①]

沙盘游戏疗法在儿童心理健康领域的应用

张钘铭、徐光兴等人（2011）对沙盘游戏疗法在儿童心理健康问题方面的干预做了比较系统的梳理与论述。[②]

（一）儿童情绪问题干预

王萍和黄钢等研究者（2008）采用个案研究的 ABAB 实验设计方法对一名 12 岁女性聋童的社交焦虑障碍实施沙盘治疗。先后进行了两期沙盘干预，干预 1 期为每次 50 分钟、每周 2 次、为期 40 天的沙盘治疗；干预 2 期为每次 50 分钟、每周 2 次、为期 16 天的沙盘治疗。结果发现，与治疗前相比，治疗后被试社会交往行为次数明显增加，交往范围逐渐扩大且交往质量有所提高，社交焦虑症状得以缓解。同时，王萍和黄钢等研究者（2009）考察沙盘疗法对社交焦虑障碍聋童生活质量的影响状况发现，通过沙盘治疗，不仅聋童的社交焦虑得到了缓解，而且其低于同龄儿童的生活质量也有显著提升，表明沙盘疗法是改善聋童生活质量的一种有效的心理支持方法。将 20 名焦虑性情绪障碍儿童随机分为治疗组 10 名和对照组 10 名，前者接受每次 50 分钟、每周一次、共 8 次的沙盘治疗，后者不接受沙盘治疗，对照研究结果表明，沙盘疗法明显地缓解了焦虑性情绪障碍儿童的焦虑情绪，具有较好的疗效。游春茹（2005）对一名退缩与人际孤立女童实施 20 次、每次 40~60 分钟的沙盘游戏

---

① 郑元洁. 沙盘游戏法及应用［J］. 中小学心理健康教育，2005（11）.
② 张钘铭，徐光兴，等. 沙盘疗法在儿童心理咨询中的应用研究述评［J］. 西北师大学报（社会科学版），2011（1）.

治疗，旨在探讨被试接受治疗过程中，自我关系与人际关系的转变状况及其人际关系发展效果。结果显示，被试由与家人缺乏互动、退缩孤立转变为主动关爱家人、主动与他人建立联系，人际孤立现象得到了改善。

（二）创伤后应激反应心理援助

创伤后应激反应是个体在经历或目睹创伤事件后所产生的诸如焦虑、悲伤、失落、内疚、羞愧、易怒、愤怒、疲惫、健忘、精力难以集中、不安全感等心理应激反应，有些严重的个体甚至会产生创伤后应激障碍（PTSD），并伴有焦虑、抑郁等其他症状。虐待、灾难性事件、人为创伤等创伤事件在生活中时有发生，促使尚处于发展阶段且创伤应对策略极为有限、创伤应对能力极其脆弱的儿童成为遭受重创的群体之一。

1. 受虐待儿童心理援助。

格拉布斯（Grubbs，1995）采用每次 50 分钟、共计 12 次的干预疗程考察沙盘疗法对两名遭受性虐待男童的治疗效果，结果显示，沙盘治疗过程中父母的支持有助于受虐儿童的治愈，能够促进其深层创伤的释放，反映出遭受性虐待儿童治愈效果的持续与其外部环境支持的强烈依存关系。孙菲菲、张日昇和徐洁（2008）的咨询对象是一名 13 岁的家暴受虐男童，接受咨询前，其抑郁、焦虑情绪高且不稳定，易激惹，自我意识较差，同伴、亲子关系不佳，学业成绩不良。经过每周 2 次、历时 5 个月共 25 次的沙盘治疗，上述状况均有所改善，表明沙盘疗法能够有效改善来访者的各种内隐和外显问题行为。

2. 灾后儿童心理援助。

儿童是灾后心理援助的重点人群之一。陈灿锐和申荷永（2009）针对地震中丧亲儿童的沙盘治疗研究显示，与未经受灾难的普通对照组儿童的沙盘作品相比，丧亲儿童表现出的创伤主题比例高，治愈主题比例低，表明沙盘疗法能够揭示地震中丧亲儿童的心理问题，但是，由于儿童灾后自我恢复能力较弱，故治愈比例较低，需要经过长期的心理援助以促进其内心创伤的积极转化。格林和康诺利（Green & Connolly，2009）对丧亲儿童的个案研究显示，家庭沙盘治疗能够提高儿童面对丧亲现实的心理能力，促进其自我治愈。这说明灾后丧亲儿童的心理援助除需要长期实施外，家庭沙盘治疗模式也具有重要的借鉴价值。

（三）注意缺陷多动障碍辅导

徐洁、张日昇和张雯（2008）对一名10岁注意缺陷多动障碍男童实施沙盘治疗个案研究，治疗过程为期13个月，共24次，同时包括个体和家庭沙盘治疗，结果发现，注意缺陷多动障碍儿童的沙盘作品以及沙盘制作过程具备其独有特征。同时，沙盘疗法能促进注意缺陷多动障碍儿童的人格发展并显著改善其症状，显示出了沙盘疗法对注意缺陷多动障碍儿童的良好治疗效果。

沙盘游戏疗法实例分析

不少文献表明，儿童的行为问题可以运用沙盘游戏治疗技术得到有效的解决。唐珍妮（2018）对一小学生的行为问题运用沙盘游戏进行辅导，通过五次沙盘游戏及谈话治疗，该小学生的行为问题得到改善，学习成绩和人际关系随之得到提升。现介绍案例如下。[①]

（一）个案基本情况

K，10岁男生，小学四年级，从三年级开始出现上课坐不住、经常坐一会儿整个人就滑到地板上的情况，有时候还会在班上尿裤子，成绩较三年级直线下滑，作业和考试经常完不成，在班级和年段中人际关系非常差。自从在班主任以"K是有神经病、有毛病的傻孩子"为由明令禁止其他学生与K交往、家长会上也指名道姓地批评K之后，其他学生家长亦纷纷不让孩子与K接触，因此K在班级中受到学生排挤，从那以后，每一次班主任批评K，K就会从座位上站起来满教室跑。回到家，他有时候会偷拿母亲包里的零钱出去买东西

---

① 唐珍妮. 沙盘游戏对小学生行为问题的辅导［J］. 中小学心理健康教育，2018（31）.

吃，在学校偷老师的笔记本，撕掉。直到四年级开学新换的班主任发现K的情况已经严重影响到他的学习和人际交往，建议家长带K前来咨询。该男童无躯体疾病史，生长发育正常，学习成绩较差，写作业拖拉且经常完成不了，情绪不稳定，容易发脾气，家中有个两岁的妹妹，平时父亲工作较忙，早出晚归，两个孩子的饮食起居均由母亲在家照料。

（二）辅导过程

从2017年9月16日至10月28日，共进行5次辅导，每次1小时，第1—3次辅导每周六开展1次，第4—5次辅导每间隔2周进行1次。纵观K的5次沙盘，总体表现出较为显著的阶段性特征，分别为：内在问题呈现阶段、内在整合疗愈阶段、巩固发展阶段。

1.内在问题呈现阶段（第1、2次沙盘）。

K第1次来的时候表现得很平静，对我也非常有礼貌，不像是老师和家长口中那个问题儿童。我跟他聊了一些基本情况之后，把他带到沙盘边上。K立刻就被吸引，并且上手去摸那些沙具模型。我向K简单介绍了沙盘游戏，并示意他可以随时准备开始。不一会儿，K就摆出了整齐的两列即将对战的猛兽，左侧是一列相对小型的猛兽，右侧则是一列相对大型的巨兽，两列巨兽在沙盘内经过一阵厮杀后，大型巨兽全军覆没，小型猛兽也几乎全部被灭，仅仅剩下一只白色山羊和灰色鳄鱼伫立在沙盘中部正下方静静观望战斗过后惨烈的景象（如图11-6所示）。如今回想起这个场景，我都依然为之深深震撼。沙盘直观展现了K潜意识中的风起云涌，我感受到他强烈的内心冲突与挣扎，卡尔夫说"从象征的角度来说，新的心理内容正在变得有意识，并以原始的形态呈现出来"。幸存的那两只小型猛兽代表了K潜意识中新发展出的品质，它们看似不大但却充满力量。在随后的谈话中，K透露出被老师批评责骂和同伴的排斥让他感到难受，他努力想要学好，但是怎么也不能学得更好。从中可以判断K的行为问题根源很可能与学习问题和人际交往问题有关。于是在接下来的谈话中，我逐步针对K的学习方法和社交技能给予了必要指导，并让K的母亲尽量在K学习过程中营造安静的环境，同时争取让K的父亲尽力参与到孩子的教育中来。

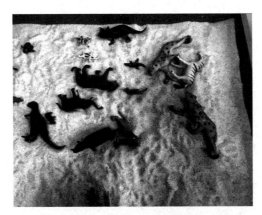

图 11-6　第 1 次沙盘作品

第 2 次来访，K 看到我显得非常熟络，仿佛我们是认识了很久的老朋友。他的母亲告诉我，上周咨询过后，K 回家不会再乱发脾气了，也不再在课堂上乱跑了，老师给了 K 很多表扬，K 最近学习的积极提高了，但是上课还是会时不时出现莫名站起又坐下的行为。我告诉 K 的母亲，孩子行为问题的转变是一个螺旋渐进的过程，哪怕偶尔出现旧有问题的反复也属正常，耐心等待，改变一定会逐渐发生。

第 2 次沙盘名为"家庭战争"，K 细心挑选了 6 个沙具，代表他家的 6 个成员，它们首先在沙盘的左侧中部围成一圈，随后代表母亲和奶奶的沙具开始互相打斗，逐渐全体家庭成员都参与到这场打斗中来，最终，代表奶奶和爷爷的沙具在战斗的对峙下倒地，其余的 4 个沙具都被放置在沙盘左上角的一个外围有栅栏的教堂似的建筑物中。K 说这个是医院，他们送受伤的人去医院治疗了（如图 11-7 所示）。虽然这次的沙盘主题依然离不开战斗，但是出现了一些保护性（栅栏）和疗愈性（医院、沙发）的内容，可以看出 K 的内心正在进入一种安全的、被保护的滋养状态。K 的爷爷奶奶早已去世，因此那两个倒地的沙具很可能象征着旧有的创伤正在逐渐消逝，也就是说，K 的内心正在接纳过去受到的伤害，并且朝着更积极的方向发展。

图 11-7　第 2 次沙盘作品

2. 内在整合疗愈阶段（第 3、4 次沙盘）。

第 3 次来咨询时，K 的母亲说最近孩子的学习有所进步，在老师的鼓励下，班级里的同学开始和 K 一起玩耍了，K 的母亲去学校接孩子，同学们会主动向她反馈 K 最近在学校的表现，这让她感觉到孩子正在逐步被老师和同学接纳和关怀，希望孩子能够继续像这样发展。这次的沙盘，K 命名为"古墓探险"。他在沙盘正中摆出了最喜欢的老师和几个同学，随后在人物右边摆了一座桥，说："他们现在要跨过桥去对面山洞里的一座古墓。"我问古墓里有什么，他说有可怕的怪物，也有宝藏，大家要去找宝藏（弥勒佛）。后来可怕的怪物出现了，把老师、同学都打倒了，最后好的怪物出现，拯救了大家，众人通过大桥回到了出发地点，围作一团，摆出胜利的姿势庆祝（如图 11-8 所示）。进入山洞探寻宝藏的行为象征着 K 的意识开始放松并逐渐下沉，也预示着即将有新的心理品质会被发掘出来，大桥连通着潜意识与意识之间的道路，最后在好的怪物的援助下，坏的怪物被击败，大家围成一圈，站在中间的老师高举着双臂庆祝，意味着在咨询师的陪伴下，在这个自由而受保护的空间里，K 的心灵正在走向有效的自我调节，这也为下一次的进步做好了铺垫。

第 4 次沙盘，K 命名为"海边度假"。这次的沙盘一改往日战斗的场面，使用的全部都是现代的、居家休闲的沙具。沙盘从右边一弯小小的湖水开始，从水面延伸至周围，沙地上散落着大大小小的宝石、海星和贝类，它们大致呈三角形分布，沙滩上有躺着晒日光浴的女士，她附近有座带庭院的房子，沙盘左侧是一个卖园艺植物的男士和一位卖水果的女士，房子里的两姐妹用买来的水果和植物装扮着自己的院子，她们享受其中，非常快乐（如图11-9所示）。日常生活场景的出现意味着K进入了卡尔夫所说的自我发展阶段中的"适应集体阶段"，这个阶段意味着新的、意识化的内容被同化到日常的觉察之中，自我形成了有意识的觉察，他知道自己是谁及其来龙去脉，因而松了一口气，暂时进入平稳状态。

图11-8　第3次沙盘作品

图11-9　第4次沙盘作品

3.巩固发展阶段（第5次沙盘）。

最后一次来咨询时，K的母亲反映虽然K的英语和作文进步较慢，但是总体成绩和行为表现都已经有了明显改善，情绪趋于稳定，但是最近K的班级临时换了一个新的班主任，K在这期间出现过一次尿裤子，被老师责骂，除此之外未出现其他行为问题。这次的沙盘，K命名为"外星人入侵"。首先K

在沙盘左下角的沙子上划出了一块正方形区域，靠近正方形四个角的位置分别站立着1个人类战士，随后在沙盘左上角放置了10个人物沙具，K说这是外星人要来占领地球。接下来每次都会有两个外星人出列挑战人类战士，每次都是外星人战败，但在最后一次激烈的战斗中，4个人类战士敌不过外星人攻击时，援助的飞机和战车帮助人类战胜了外星人（如图11-10所示）。

这次的沙盘是前几次沙盘的延续，虽然在这个过程中再次上演了打斗场景，意味着K在持续深入潜意识的过程中遇到了新的问题需要解决，但是在这次的沙盘中出现了正方形的边界和外援的飞机、战车，一旁的正方形区域陈列着所有被打败的外星人，最后全体人类战士和支援的战车围成一圈，俯视着外星人战败后留下的那把剑（挂衣架），仿佛在用一种仪式庆祝着自己的战果。从这些象征性的行为和景象可以看出，K在治疗阶段所形成的新的自我已经逐渐趋于稳定的状态，他意识到他有充分的资源可以支持和保护自己不断向内探索并获得成长。

图11-10　第5次沙盘作品

这个案例让我们看到经过沙盘辅导，K无论在家还是在学校中的行为表现都在不断发生积极转变，人际关系也逐步得以改善。值得注意的是，有效的沙盘游戏治疗技术的运用，离不开家长的理解、配合，所以在给儿童做沙盘治疗的时候，咨询师不仅要具备基本的专业技能，还要懂得如何与家长有效沟通，掌握一定的家庭辅导知识，这样才能更好地帮助孩子获得成长与改变。

第 3 节
校园心理情景剧技术的运用

近年来校园心理情景剧在学校普遍流行，深受学生喜爱，它是学校开展心理健康教育活动的一个重要的形式，也是学校心理健康教育的一道独特风景线。

校园心理情景剧概述 [①]

（一）校园心理情景剧的含义

1911 年，在维也纳公园的一棵大树下，当时还是医科学生的莫雷诺常常欣赏与观察孩子们的游戏行为，并尝试用戏剧的方式生动地讲故事给孩子们听，鼓励他们把自己创作的故事表演出来。孩子们通过角色扮演的方式开发了自己的心灵世界，分享彼此在理性和感性上的满足，心理剧的胚胎开始孕育。1919 年，莫雷诺用两个希腊字——"灵魂"（psyche）和"行动"（drama）来命名心理剧（psychodrama），心理剧开始萌芽。100 多年后的今天，莫雷诺这种以行动、经验和创造取向所带领的学习方式已经走进了中国的校园，我们称之为"校园心理情景剧"，是莫雷诺的心理剧在学校应用中的创新。

心理剧是一种团体心理治疗方法，来访者将自己的心理问题通过行动表演的方式展示给治疗师，透过暖身、设景、替身、角色扮演、演出、镜观等行动心理咨询方法，以极具治疗性的团体经验与回馈，参与成员能在当下重新体验生命中重要的人与事件对自己的影响，产生新的觉察与领悟，自发性与创造性地走出人生困境，实现自我整合与人际关系和谐。心理剧是用来帮助个体"演绎"本身问题的方法，在团体互动中，参与者借着身体活动，将行为冲动转化为心灵的演出，感悟内心的需求和渴望，促进人格的发展与完善。莫雷诺培养

---

① 吴增强. 发展性心理辅导：理论与实务 ［M］. 上海：上海教育科技出版社，2018：322–325.

的第一批导演之一、心理剧专家卡璞说："心理剧是一种可以让你练习怎样过人生，但不会因为犯错而被惩罚的方法。"可见，心理剧是一个内心剧，它解决的并不是客观的事实，而是探索个体内在的主观世界里的事实，了解什么困难在组织个体的成长、幸福和快乐。在心理剧中，时间、空间是假设的，但感受、情绪都是真实的。

受心理剧启发，心理情景剧应运而生，是心理剧方法的一种衍生形式。心理情景剧（psycho-scene-drama），是利用与生活相似的情景，通过行动表达的方法与技术，以舞台表演的形式重现生活情景中的心理活动与冲突，使当事人和参与者认识到其中的主要问题，当事人自己或在参与者的协助下解决，从而促进当事人、参与者的认知领悟、情绪表达和行为改变。[①] 校园心理情景剧是基于心理情景剧的基础，使用心理剧技术把学生遇到的心理困惑搬上校园舞台，重塑故事情节，让学生自己创作、表演、观看和体悟，从而使表演者与观看者都得到启发。它作为一种校园心理活动，为学生提供了一种发现、思考和解决问题的思维方式。

校园心理情景剧是在心理剧、心理情景剧的基础上发展而来，以心理剧的治疗原理为基础，承袭了心理剧的治疗框架与技术，但是两者又有所区别，如表 11-1 所示：

表 11-1　心理剧和校园心理情景剧的区别

	心理剧	校园心理情景剧
目标	矫治性目标为主	发展性目标为主
主角	真实的来访者	由学生扮演
问题	来访者的个人问题	团体中的普遍问题
导演	经过专业认证的心理剧导演，在舞台上	在心理教师指导下，学生担任，在幕后
观众	心理剧团体成员	学生、家长、教师
形式	没有剧本、生成的、无固定形式的	有剧本、进行排练预演的、结构相近的

---

① 邓旭阳，桑志芹. 心理剧与情景剧理论与实践［M］. 北京：化学工业出版社，2009：173.

校园心理情景剧具有主题性、创造性、戏剧性、教育性等特点。

1. 主题性：校园心理情景剧必须围绕一定的主题，比如人际交往、压力应对、亲子沟通、自我成长等与学生相关的内容，这些主题是学生在日常生活中常常会面临和关注的，具有普遍性和典型性，容易导致内心冲突和困惑，也容易引起表演者和观众的思考与共鸣。

2. 创造性：首先，校园心理情景剧多反映校园生活，素材源自学生自身或熟悉的内容，剧情的选择、编排不能简单再现这些素材，而需要对这些丰富的素材进行创新，这样才能提高情景剧的吸引力、鲜活性和感染力；其次，表演者的表演并不是对剧本的照本宣科，要根据自己对角色的理解进行演绎，同时，在校园心理情景剧搬上舞台之前，会进行一段时间的排练，每次排演，表演者自身的经验感受都会不同，通过自己深层的领悟来创造性地演出，活化角色功能。

3. 戏剧性：校园心理情景剧一般演出时间为 20 分钟，在表演中要着重展示主题中人物的心理感受、冲突和困惑，增强演出的感染力，需要强调戏剧化的演出效果，要求表演者以形象、生动、夸张、浓缩的方式进行展现。

4. 教育性：心理健康教育的目的贯穿情景剧的始终。校园心理情景剧比较注重教育启发、适度，通过情景演出，引发表演者和观众深思，从心理健康的角度对该主题形成更深入全面的认识，并结合自己的生活实际找到适合自己的解决办法。

（二）校园心理情景剧的要素和过程

校园心理情景剧主要有三个构成要素，可以概括为人、事、物。

人物：有指导教师、导演、编剧、主角、配角、观众。指导教师一般由心理教师担任，负责组织学生参与校园心理情景剧的创作与表演，并进行专业指导，同时协调安排展演与学生观看；导演是整部剧的策划者、组织者，把握和控制情景剧的进程；编剧的主要任务是编排情节、撰写剧本，并根据排演过程进行修改，编剧有时就由导演或表演者承担；主角是演出中的主要人物，是情景剧中深入探讨的焦点，在校园心理情景剧中，主角一般为学生，他的个人经验会引起观看学生的兴趣与共鸣；配角是代表主角生活中的人或物的其他表演者，如主角的同学、家长、老师、替身等；观众是观看情景剧表演的学生、家长和老师，是情景剧中的人物之一，虽然他们不参与表演，但他们通过观看演出体验、感受，获得成长，同时一些情景剧会设置观众互动环节，观众参与互动并提供反馈和建议，支持表演者和导演。

事件：校园心理情景剧不塑造人物典型，而是围绕事件展开，通过事件展现表演者心理发展历程和对问题的感受，探寻事件对个体心理发展造成的影响。校园心理情景剧通过对事件的演绎促使表演者和观众重新思考和领悟，以达到调整自己的认知和行为的目标。

物体：主要是指舞台和道具。舞台是校园心理情景剧表演的场所，是任务活动的地点，是事件发生发展的空间，主要有舞台、观众席，也包括灯光、背景、音乐等。根据情景剧和展演规模、学校实际情况，舞台可以灵活多变，如学校剧场、报告厅、心理教室、操场都可以成为表演的舞台。道具是为了表演需要，烘托剧情，如为配合不同角色的服装、展现主角心理被束缚的布条或绳子、代表时间隧道的门框，等等。

一部完整的校园心理情景剧主要有素材收集、主题确立、剧情创作、排演练习、展示演出五个过程。

素材收集：校园心理情景剧多反映校园生活，素材来源非常丰富，学生自身生活、感兴趣的现象、热议话题、心理室咨询问题、心理调查等。

主题确立：对搜集到的材料进行整理和概括，把握一剧一主题的原则，对一个心理冲突进行艺术加工和创作。适应、人际、情绪、生涯、亲子、学习压力，这些都是情景剧的热门主题。

剧情创作：剧情是校园心理情景剧的灵魂，剧情安排围绕主题展开，要富于矛盾冲突与起伏。剧情常有问题呈现、冲突激化、心理剖析、问题解决这样四个环节，既呈现一个完整的故事情节，又有剧情的起伏。

排演练习：招募表演者，并在校园心理情景剧演出之前，熟悉剧本、揣摩人物、排演练习。多数学生对表演并不了解，舞台空间感、肢体语言的表达、台词的念诵都需要指导老师和导演给予指导并经过反复排练才能得以提升。排练过程，既是对团体的磨合，也是对剧本的修改和完善过程。

展示演出：表演者在舞台上对校园心理情景剧进行表演，观众在观众席观看，这期间可以设置表演者与观众互动的环节，可以邀请观众发表观点和建议，也可以邀请观众上台体验角色，甚至可以由观众投票决定剧情发展走向等。展示演出环节需要指导老师与学校其他部门进行沟通，在时间、舞台、观众等方面做出妥善的安排。

校园心理情景剧的演出技术[①]

校园心理情景剧的剧情发展采用多种心理剧的技术：为了帮助主角自我觉察，可以采用替身、独白、多重角色的自我等演出技术；为了增进和催化情绪的表现，可以使用旁白、夸大的非言语沟通；为了帮助主角洞察自己的行为，可以采用角色互换、静观、雕塑等技巧。

（一）替身

一个配角站在主角的身后与主角同台表演，或替主角说话，这个配角即是替身。替身可以模仿主角的内心思想和感受，并时常表达出潜意识的内容。替身帮助主角觉察其内部心理过程，引导他表达出思想和感受。

实例：《这好像不是爱》。

——剧照选自上海大学附属中学第一届校园心理情景剧大赛

---

① 邓旭阳，桑志芹.心理剧与情景剧理论与实践［M］.北京：化学工业出版社，2009：325–328.

剧情：一天下雨了，同桌好心将伞借给小李一起撑，这一幕被小李的父亲看到，误会女儿早恋，回家后与小李起了争执，引发了一系列故事……

剧本节选：

女儿：我哪样了啊？

妈妈：好啦好啦，别吵了！你爸呢，觉得你和那个新的男同桌走得近了点，担心耽误你学习。

女儿：（愣住，眨眨眼）我和小刚近了点？（憋笑）你不会是觉得我和他早恋吧？

爸爸：不是吗？我今天看你又撑伞又傻笑的，跟你说了不要早恋，你还笑，信不信我打断你的腿啊！

女儿：不是，我没有啊。真没有，借伞的事情是人家好心，还有我哪有笑啊，你要是再不信，就去问我班主任，这总行了吧！（摔门，回房间）

替身：看来爸爸不相信你啊！

女儿：明明什么事情也没有，他们大人就是疑神疑鬼。

替身：他们说你早恋，你就干脆恋爱给他们看。

女儿：这不好吧……

替身：这有什么，不管你有没有谈恋爱，他们都认定你谈了。不谈还对不起这不明不白背得这个锅呢。

——剧本节选自上海大学附属中学第二届校园心理情景剧大赛

（二）独白

主角直接面对观众说话或自言自语，表达自身的感受和思想，在情景剧表演中，主角会被导演要求表达当时的感受。独白使主角有机会表达他自己或他人正在思考和体验但未直接表达的感受。这种做法可以使主角总结概括自己的思想，表达自己的情感，更密切地检验自己的情感。

实例：《你很特别》。

剧情：故事人物是一群小学生，在他们的世界中，每个人都有一盒星星和一盒灰点点，星星是好的评价，灰点点是负面评价，会相互给对方贴上星星和灰点点。孩子们每天都会面对各种评价,这些评价会带给他们什么呢?

剧本节选:

笨笨独白:我就是他们说的笨笨,像我这样成绩不好,又什么都做不好的人,就只有得灰点点的份了。其实,我也很想被贴上星星的。有些人只因为看到我身上有很多灰点点,就莫名其妙地跑过来,给我加了一个灰点点,根本没有理由。

同学甲:你瞧他身上怎么有这么多灰点点!

同学乙:他身上有这么多灰点点,肯定不是一个好孩子。

同学甲:就是。我们再给他多贴几个。

众人:他本来就该贴很多灰点点的,因为他身上有那么多灰点点。

笨笨独白:听多了这样的话,我自己也这么认为了。是的,我不是个好孩子。我现在很想跟有很多灰点点的人在一起。

——作者:徐汇区田林第三小学　施敏

(三)多重角色的自我

多重角色的自我也叫多重替身。当主角有多重矛盾的感受时,多重替身可以参与到心理剧中,展现主角的多面性,表现主角的内部状态、渴望、优点和缺点。

实例:《当青春遇上校园》剧照。

——剧照选自上海大学附属中学第一届校园心理情景剧大赛

（四）角色互换

主角和舞台上的其他人互换角色。主角扮演与他们有冲突的其他角色的过程中，其人际关系的歪曲信念可以被解释、探究，并进行行为矫正，通过角色互换，主角可以重新整合、重新消化和超越束缚他们的情景。

实例：《123，木头人》。

剧情：作者以木头人游戏为蓝本巧妙地设置了一个现实生活的法则，主人公可以任意成为他想成为的同学，像他们一样生活、学习。

剧本节选：

苏子木内心独白：（困惑）为什么我周围同学的生活，都远比我的生活精彩？（站起身来，低头沮丧的口气）又为什么，从来都没有人关注我？（双手握拳，生气地砸）

黑暗中突然传来一个声音：苏子木同学，你好。

苏子木：（蓦地一惊）你是谁？

那个声音：别害怕！看你这么多年一直庸庸碌碌地生活，我想赋予你一种超能力——123，木头人。只要你对着任何一个人说"123，木头人"，你就可以变成他，体验他的生活，而你原本的身体会被定格。当你想还原成原来的自己时，只需碰一下自己原来的身体。

（苏靠近班长）

苏子木：（指向班长）123，木头人！

"班长"：哇！真的可以啊！这样一来我就可以摆脱原来那个平庸的我，苏子木也可以过上强人的生活了。

……

"班长"：CEO有新活动？学生会准备高中开放日？放学后班长留下来布置工作？什么，日本交流学生？Oh，no！（摇头）做男人，麻烦；做班长，更麻烦。

——剧本节选自江苏省苏州中学校园心理情景剧优秀剧本

（五）空椅子技术

将一张空椅子放在舞台中间，让每位成员将其想象为一位他想诉说的对象而与其展开对话，从这个角度说，空椅子也是一个配角。

实例：《我想和她说说话》。

剧情：小美和妈妈因为一次误解而疏远，心理老师请来小美和妈妈，让她们分别对着前面的空椅子说出想对对方说的话，双方在幕后听到了对方的心声，最终打开心结。

（六）束绳技术

在有些校园心理情景剧中，导演会根据剧情的发展，采用"束绳技术"来帮助主角从无形的压力中走出来。"束绳"是利用绳索来束缚主角的肢体，以象征心理的无形压力，借此引导主角能更真实地进入到情境中，说出心中被压迫之痛苦，最后再鼓励他从束绳中挣脱出来，以表示突破层层压力得到解脱，来发泄心中的不满。

实例：《我该听谁的》剧照。

——剧照选自上海大学附属中学第一届校园心理情景剧大赛

校园心理情景剧的形式 [①]

在学校里开展校园心理情景剧的形式是非常丰富的，主要有以下几种。

1. 心理社团。在学生社团中有组织地开展校园心理情景剧活动，如自主编排拍摄、汇报演出、参观访问、校际交流等，都可以最大限度地调动学生参与的积极性，高中可以由志趣相投的同学自发组成心理剧社团，心理老师任指导教师，在管理和操作上更加灵活有效，也是校园心理剧开展的重要阵地。

2. 小组辅导。校园心理情景剧也拥有一些和心理剧一样的治疗效果，也可以作为小团体辅导的一种辅导方法。校园心理情景剧小组辅导中，主角可以由相似经历或困惑的成员来进行角色扮演，通过角色扮演将抽象的问题具体化，有助于小组成员宣泄情感，觉察自己的状态，也帮助心理辅导教师评估主角的思考和感受，指导成员使用新的处理问题的方法。

3. 心理辅导活动课。在心理辅导活动课中，可以利用已有剧本故事，也可以现场设计剧情片段进行表演，此时校园心理情景剧就作为发展性、预防性辅导的一种辅助手段起作用。

4. 校园心理情景剧大赛。校园心理情景剧大赛是一种师生与家长喜闻乐见的活动形式，比赛可以在学校的舞台、报告厅、体育馆等进行展演比赛，比赛过程也可以进行直播与录像，具有参与面广、普及面广的特点。同时也可以进行校际的交流与比赛。

5. 校园心理情景剧微视频。利用微视频的方法将校园心理情景剧剧本转化为拍摄脚本，运用一些影视拍摄手法、背景音乐渲染、后期制作等方法将表演进行深层次加工。制作完成的微视频可以在学校大屏幕、微信号等平台进行展映和交流。

[①] 邓旭阳，桑志芹. 心理剧与情景剧理论与实践［M］. 北京：化学工业出版社，2009：328–329.

校园心理情景剧案例评析

初中校园心理情景剧《战"痘"记》①

开头

地点：镜子前

在某年某月的某一天

（小洁呆呆地望着镜中的自己，欣赏着自己美丽的小脸蛋。）

小洁：哎，休息了一个暑假，总算又可以到学校里去秀一秀我的美貌了。像我这样的美女几千年才出一个啊，我可真是天生丽质难……难……难……啊！（假象中的痘痘）我……我的脸上怎么会有痘痘呢？这，这不可能，这不可能的！

假象中的痘痘：我是青春痘军团的首领，我们青春痘的目标就是摧毁所有美丽的脸庞，并且打击她们的自信。嘿，嘿，我看你怎么出门，看你怎么见人，看你怎么恢复青春。哇哈哈……

小洁：啊……

场景一

地点：家中

（第二天，小洁在家中。）

爸爸：小洁，周六是你爷爷70岁生日，你去不去给他老人家祝寿啊？

（爷爷平时最疼我了，他过生日我怎么能不去呢？）

小洁：爸，我……

假象中的痘痘：你真的要去看你爷爷吗？照照镜子，看看你现在这张脸。你那70岁的爷爷经得起你这样吓吗？

小洁：爸，我不去了……

爸爸：为什么呀？

小洁：反正我就是不去了。时间不早了，我上学去了。

---

① 本剧本由上海市普陀区江宁学校杭艺老师编写。

场景二

地点：教室

同学甲：小洁，一起出去玩吧。

小洁：闷了一个上午了，我也该出去透透气了。好，我们……

假象中的痘痘：你在教室里丢人还不够，现在还要跑到操场去，让全校的人都看到你这个满脸痘痘的丑八怪吗？

小洁：我，我胃痛，我不去了。

同学乙：不去，不去，不去最好。

小洁：呜……

场景三

地点：办公室

（几天以后）

小洁：老师，您找我？

老师：小洁，你来啦，坐吧。老师接到一个通知，说市里有一个演讲比赛，老师想把这次的机会给你，你想不想去参加呢？

（这么好的机会可真是千载难逢啊！）

小洁：老师，我……

假象中的痘痘：小洁，你忘了你的那张脸了吗？你现在这副模样，是要给学校争光，还是抹黑呢？你可要想清楚了！

小洁：老师，我不想参加。

老师：为什么？这可是一次很好的机会啊！小洁，最近老师觉得你有点不对劲，学习成绩也退步了，而且也不愿意和同学一起玩了，小洁，能告诉老师到底发生了什么事吗？

小洁：哎，都是痘痘惹的祸。因为脸上起了痘痘，所以我每天一回家就去敷面膜、贴黄瓜，总是忙到很晚，所以经常来不及完成作业。而上课时，我一累，就不知不觉地睡着了，所以，老师您最近教的知识我都还没弄懂呢。至于我不和同学打成一片，这也不是我希望的，可是痘痘他们都笑我。

老师：原来就是这几粒小痘痘啊！别担心，老师有对付痘痘的小秘诀：决战痘痘 ABC。

小洁：决战痘痘 ABC？

老师：没错，就是决战痘痘 ABC。

A 就是 able——能力。

小洁，像你们 14—16 岁的青少年脸上长出"小痘痘"是很正常的事情。但这一般不影响健康，通常不需要治疗，20 岁以后大部分会自然缓解，我们自身是有自我修复的能力。

B 就是 blance——平衡。

你要保持充分的睡眠，注意用温水洗脸，经常保持面部皮肤的清洁，选用适宜你们青少年的清洁护肤品，保持面部水油平衡。

C 就是 confidence——自信。

自信的状态，良好的情绪，也是小痘痘的克星哦。

来，跟着老师说"我最出色"。

小洁：我最出色。（声音轻）

老师：我最自信。

小洁：我最自信。（渐响）

老师：来，小洁，连起来说一遍。

小洁：我最出色，我最自信；我最出色，我最自信。（响）

老师：好吧，比赛的事，你再好好考虑一下，好吗？

小洁：哦。那老师我先走了，老师再见。

场景四

地点：回家路上

（在放学回家的路上，老师的话始终回响在小洁的耳边……）

小洁：决战痘痘 ABC？

路人甲：最近孙燕姿来上海开了一场演唱会，舞台上她自信满满，星光四射，是全场的焦点。

路人乙：孙燕姿，就是那个脸上坑坑注注的女歌手？

路人甲：对，就是她。我可喜欢她了！

路人乙：可我觉得她的相貌并不怎么出众。

路人甲：我觉得这并不重要，她真正的闪光点是她内在的自信心。我看过她参加的一个明星访谈，面对镜头，她敢于直面自己的缺点，她的自信深深震撼了我，所以我才会那么喜欢她。

路人乙：那你有没有关于孙燕姿的资料呢？

路人甲：哦，我那儿刚好有孙燕姿演唱会的视频，走，到我家去看吧！

（小洁若有所思）

场景五

地点：镜子前

（小洁又来到镜子前）

小洁：好像我也并不是那么丑嘛！我不敢面对自我，不敢去做那些我原本就没有胆量去做的事难道真的是因为痘痘吗？

假象中的痘痘：难道不是吗？

小洁：我觉得关键并不在于我的脸上起了难看的痘痘，更重要的原因是我失去了自信。

假象中的痘痘：你真的相信老师的话吗？你真的相信什么 ABC 吗？你真的以为你可以打败我吗？哼，不可能，不可能，绝对不可能。（着急）

小洁：谁说的，我就是要和你赛一赛，相信我只要坚持我的 ABC 原则，掌握合适的方法，充满自信，我就一定能打败你。

假象中的痘痘：好，我们就来看看到底谁是最后的赢家！（气急败坏）

小洁：好啊，咱们走着瞧。你完蛋了，你死定了，你 game over 了。

假象中的痘痘：怎么可能……怎么可能……（失望，消失）

小洁：不和你吵了，我要去打篮球了。再见！

结尾

地点：学校

（真好，我们活泼可爱、开朗乐观的小洁又回来了，脸上依然带着灿烂的笑容，仍旧自信满满地迎接每一天！）

小洁：一二三，进球，今天真是太棒了，我们把对手打了个落花流水。其实痘痘也并不怎么可怕，只要保证良好的睡眠，控制水油平衡，心情愉快，痘痘就猖狂不了了。

总之，一句话：自信满满，青春无敌。

处于青春期的初中生对自己的相貌十分关注，很多孩子受痘痘的困扰，《战"痘"记》选择的主题非常能够引起学生的共鸣，引起他们对剧情发展的关注。在表演过程中，痘痘外化成一个角色，主角小洁可以与之对话，小洁受痘痘影响的内心想法由痘痘表演出来，使得观众可以清晰地感受到小洁内在的想法，引发自己的思考。老师传授的 ABC 三招既实用又简单，观众在观看过程中学会了这些方法，与主角一起成功战"痘"。

小学校园心理情景剧《想说就说出来》①

场景一

地点：教室里

镜头 1：

（小白和小鸽子是好朋友，她们俩关系特别好。今天，轮到她们俩值日，你瞧，她们不正在打扫卫生吗？突然……）

小白：（脸色严肃，气呼呼，把扫帚丢掉）别扫了，你给我出来……

（小组长看到后，心里很好奇，就跟了过去。）

小鸽子：（被拉到一个角落里，小鸽子挣开小白的手，嘴里不停嘀咕）干吗？不打扫完，组长会报告老师的。

小白：你在嘀咕些什么呀？

小鸽子：没，没什么。

小白：你知道我为什么找你吗？

（小鸽子摇摇头）

---

① 本剧本由上海市嘉定区安亭小学孙文冲老师编写。

小白：（生气地提高嗓门）好呀！做错事，就当作没发生呀！好吧！就让我告诉你，你究竟做了什么坏事！

（小鸽子低头不语）

小白：（从口袋里掏出叮当猫）还记得这个吗？

（小鸽子吃了一惊，就低下头，点了点头。）

小白：这是我爸爸送给我的生日礼物，是我最喜欢的。你不是也知道吗？（转身对着镜头）自从我的爸爸和妈妈离婚之后，我就一直和妈妈生活在一起，可是我是多么想念爸爸呀！所以，每当想爸爸的时候，我就会拿出爸爸送给我的生日礼物叮当猫，一直看着她，听她唱歌，仿佛是爸爸在我耳畔唱歌。（陶醉……转身对小鸽子说）上个星期，你一看见叮当猫，就说特别喜欢，就借过去玩。因为你是我最要好的朋友，所以我就借给你了。没想到，你竟然把她弄坏了。这样子，我再也听不到爸爸的歌声了。你——你……

小鸽子：（面带苦涩，一脸歉意）对不起，我真的不是故意的！

小白：（大发雷霆）一句"不是故意的"，就可以了吗？我要跟你绝交！（说完，转身离去！）

小鸽子：（伸出手，似乎想挽留，但小白的背影越来越远，没有回头，于是小鸽子的手在空中停止并缩了回来。）小白……

小鸽子：（呜咽着）小白，我真的不是故意的！真的……呜呜呜！

镜头2：

独白：镜头给小组长。

（小白和小鸽子是我们全班公认关系最铁的好朋友，没想到她们之间发生了这么大的事。小鸽子平时很内向，不爱说话，自从交了小白这个朋友，她仿佛捡到宝似的，每天开开心心的，也变得开朗起来。可是，如今小白不跟她做朋友了，小鸽子心里一定难过极了。瞧，她哭得多伤心呀！这下怎么办才好呀？对了，我先去和她聊聊吧。）

小组长：（走过去，轻轻拍拍呜咽着的小鸽子）小鸽子，别难过了。

（小鸽子没有停止反而更加呜咽）

小组长：刚才我看你被小白拉了出来，心里很好奇，就跟了过来。所以我无意间听到了你们之间的事。真对不起哦！

（小鸽子呜咽声小了些）

小组长：事情已经发生了，我们就得想办法解决呀！哭是解决不了问题的。

小鸽子：（抹了下泪水，抽泣）那……那你说，我该怎么办？

小组长：你们的问题是因为叮当猫，那你说说叮当猫是怎么被弄坏的呀？

小鸽子：叮当猫其实不是我弄坏的……

小组长：（着急）那你快说到底怎么回事呀？

小鸽子：昨天晚上，我做完作业，就在玩小白的叮当猫，然后我渴了，就去冰箱拿水喝，回来的时候，发现我的弟弟在玩叮当猫，我跑过去一看，叮当猫被弟弟摔坏了。当时我气死了，就狠狠骂了弟弟，然后弟弟哭了，于是我就被妈妈打了……（呜咽了一会）……我不知道怎么办，就把坏了的叮当猫放在书包里，估计刚才我在打扫卫生，小白帮我整理书包时发现了叮当猫……唉……

小组长：听了你的解释，原来错不全在你身上。那你干嘛不跟小白解释呀？

小鸽子：叮当猫是她最喜欢的玩具，而且是她爸爸送的。刚才她那么生气，我解释有什么用呢？

小组长：刚才她是在气头上，说话过分点。据我的了解，她现在一定在后悔呢。

小鸽子：骗人，你这是在安慰我！

小组长：我干嘛要骗你？她这么生气，是因为她觉得你把叮当猫弄坏了，可是事实上，叮当猫不是你弄坏的呀。我相信你把事情跟她解释清楚，她一定会原谅你的！

小鸽子：（有点笑容了）真的？

小组长：（坚定地点头）嗯，是的！

小鸽子：（有点迟疑为难的样子）可是，我不好意思当面跟她解释，我怕她一见我就发火走开。

小组长：那……那你就写封信，我帮你给她！

小鸽子：好的！

场景二

地点：长廊里

镜头1：

自从小白和小鸽子绝交之后，小白也好像变了一个人似的，对什么事情都没了兴趣，只是一个人呆呆地看着同学们玩耍！

镜头2：

小组长：（走过去）小白，你最近不开心吗？

小白：嗯。

小组长：其实，小鸽子也非常不开心。

小白：是吗？

小组长：你们是多要好的朋友呀，干嘛闹得彼此不开心呢？

小白：跟你说，你也不懂！

小组长：是……是……我什么都不懂。（掏出一封信）我只知道有人写了一封信要我转交给你，记得当时她给我这封信的时候，眼睛还红红的。（把信塞给她）你想让小鸽子一直难过下去吗？自己好好看着办吧。

镜头3：

小白展开信，看着信……

（旁白）

小白：

你好！

我是小鸽子，是你的好朋友。不知道我现在还是不是了！可是，不管你当不当我是朋友，你永远是我的好朋友！

以前，没有遇到你的时候，即使在阳光下，我也会感到寒冷；即使站在人山人海中，我也会感到孤独……我就一个人静静地待在黑暗的角落里，看着周围的人每天都在阳光下欢笑、嬉戏。

自从遇到了你，与你成了好朋友，我的世界仿佛变了，我也来到了阳光下，和你一起玩耍、一起唱歌、一起做作业。让我第一次感觉到了生活、学习的美好，而这一切都是你带给我的！

我一直都珍惜我们的友谊，可是因为叮当猫的风波，你的身影从我身旁永远地消失了。

你不在了？你在哪里？

你知道，现在的我是多么怀念过去快乐的时光吗？

其实，对待叮当猫，我一直都像呵护着我们的友谊一般，可是，谁想到我的弟弟竟会偷进我的房间把它摔坏了？当我看见叮当猫摔碎的样子，我仿佛也听到了我们友谊的破碎声。我知道它对你的重要性，可是我没有呵护好它。这是我的不对，所以，不管你生气也好，还是发火也罢，都是应该的，但是，小白，你能不能不离开我？我还想和你做朋友，真的，我们还可以做朋友吗？

这两天，你过得还好吗？我今天向爸爸借了一些钱，买了一个新的叮当猫。尽管它不是你爸爸送给你的那个，但是我希望它能修补好我们的友谊。

小白，我可以再次成为你的朋友吗？还可以吗？

小白：（颤抖着拿着信）傻小鸽子，干吗不解释呢？可以，当然可以，我们永远是好朋友！（跑出去找小鸽子……）

场景三
地点：长廊里

镜头 1：

小鸽子在走廊上出神地发着呆，有种精神恍惚的感觉。

小白：（跑出去，停住了）小鸽子……

小鸽子：（转身惊讶）小白——你……

小白：（笑着点点头）嗯，我们永远是好朋友……

小鸽子：谢谢你……

小白：那天，我说话过分了点，真是对不起！其实，小鸽子，你真傻，有事情干吗不跟我解释呢？如果你事先跟我解释，我肯定不会发火了！

小鸽子：真的吗？唉，早知道，我就不用这几天这么痛苦了！

小白：好了呀，事情过去了就不说了，我们一起去跳绳吧！

小鸽子：好耶！

镜头2：

小鸽子与小白冰释前嫌，正在操场上开心得跳绳呢，她们的欢声笑语弥漫在整个操场上！

该剧是讲两位好朋友因一件事情发生冲突，在小组长的调解下，通过沟通化解误会、冰释前嫌的故事。主要呈现了性格内向的小鸽子拥有一份令人羡慕的友谊，但是在一次误会中，小鸽子囿于自身的性格特点以及交往模式，选择了消极应对问题的解决策略——逃避，这让她和同学小白的友谊濒临断交的境地。后来，在小组长的开导下，小鸽子选择了积极应对问题的策略——主动沟通。小鸽子的这段经历，不仅使她重新找回了倍感珍惜的友谊，而且也提高了其人际交往能力。

本章结语

表达性艺术治疗的形式是多种多样的，本章选取了绘画治疗技术、沙盘游戏治疗技术和校园心理情景剧，是基于其在目前中小学心理健康教育领域已经得到比较广泛的运用，尤其适用于儿童心理辅导。虽然这三项技术在国内已有不少专题培训，但是总体来说，系统的专业培训是远远不够的。本章讨论的这些内容，也是给读者初步入门的介绍，结合具体案例分析讨论，便于大家理解和运用。

不论是绘画疗法还是沙盘游戏疗法，都是以游戏活动贯穿，其实心理情景剧中的角色扮演也有游戏的成分。游戏是心理老师与孩子心灵对话的载体。许多儿童精神分析大师都是运用游戏来探讨儿童的潜意识和人格发展的进程。例如，客体关系代表人物梅兰妮·克莱茵，创造性地运用游戏，揭开婴幼儿的心理世界，指出母婴关系是婴幼儿人格发展的原始决定因素。再如，另一位著名的英国精神分析学家温尼科特在对儿童的诊断和治疗工作中，经常利用涂鸦游戏，了解儿童的内心世界。正如温尼科特所说："涂鸦游戏让我和孩子互动，参与到案例的描述中，让整个案例鲜活起来，孩子和咨询的对话就更加逼真。"

国内外文献资料表明，近年来表达性艺术治疗已在不同临床领域进行实践，如乳腺癌、创伤后应激障碍、儿童性虐待、精神心理疾病、药物滥用、帕金森病、阿尔茨海默病、厌食症、产科以及临终关怀等。[①] 对于学校心理工作者来说，可以运用这些技术帮助孩子解决一般的成长困惑，例如，学习压力引发的情绪和行为问题、人际交往问题、生活应激事件困扰问题，等等。但是从更为积极的视角来看，要着眼于儿童的发展性心理辅导，应该运用这些技术培养孩子积极的心态和积极的应对能力，激发孩子的创造力，给予孩子成长中积极的动力和能量，这是有待我们继续去实践探索的。

---

① 刘星.表达性艺术治疗临床应用研究进展［J］.全科护理，2021（3）.

家庭治疗技术运用

当前家庭治疗技术日益受到学校心理辅导工作者的重视，因为大量事例表明，儿童青少年的许多心理与行为问题源于家庭教育的失当。从生态系统观的视角，儿童的心理发展与其所处的家庭环境、学校环境和社会环境密切相关。如何运用家庭治疗技术帮助家长改进家庭教育功能、改善亲子沟通，促进孩子和家长的共同成长是一项紧迫的工作。

本章讨论以下问题：

家庭治疗理论流派概述；

家庭治疗技术运用；

家庭治疗案例分析。

第 *1* 节
家庭治疗理论流派概述

家庭治疗（family therapy）是 20 世纪 50 年代以来发展起来的一种以家庭为单位的治疗技术，是以系统观念来理解和干预家庭的一种心理治疗方法。简单地说，家庭治疗就是指心理医生在接待有心理问题的病人时采取的以"家庭"为对象而施行的心理治疗措施。它认为来访者的问题是家庭成员交互作用的结果，因此，改变病理现象不能单从治疗个人着手，而应以整个家庭系统为对象。因此，它主要是针对病人的家庭，利用各种方法来改善病人的家庭环境或求得病人家人对来访者的理解及治疗的支持，其治疗的重心在于如何运用家庭结构、沟通、角色扮演等观念来改善人际关系等。[1] 家庭治疗理论流派林林总总，本章介绍几个主要的流派。

鲍温家庭系统理论

在婚姻与家庭治疗的各种流派中，鲍温家庭系统理论（Bowen family systems theory）一直广受推崇，其开创者莫里·鲍温被认为是婚姻与家庭治疗领域的开山鼻祖之一，他对家庭过程（family process）的描述与阐释为系统理论的临床运用做出了巨大的理论贡献。鲍温主张用心理分析来挖掘家庭各成员的深层心理与行为动机，了解亲子关系的发展历程，着眼于改善家庭成员的情感表达方式与欲望处理途径，促进家人的心理成长。鲍温倡导把家庭置于

---

[1] 郑满利. 家庭心理治疗理论研究综述［J］. 平顶山师专学报，2003（6）.

多代或历史框架中分析，正是由于这一独特的代际视角，该理论又被称为代际模型。

（一）主要观点

不同于心理分析学派和行为学派，鲍温理论具有鲜明的系统观。鲍温认为，家庭是一个情绪单元，也是一个连锁关系网络，某个家庭成员的情绪障碍会影响其关系系统，首先受影响的便是家庭系统，而要想帮助被诊断为病人的家庭成员并解决主诉问题，一切评估与分析都离不开整个家庭系统，特别是对家庭过程的整体把握。鲍温认为潜伏于所有人类行为背后的驱力均源自家庭生活中的暗流涌动，以及家庭成员之间为获得距离感和整体感而同时进行的推拉作用，这种试图平衡两种力量（家庭整体感和个人自主性）的努力是所有人类问题的核心。

慢性焦虑（chronic anxiety）是鲍温理论中的重要概念，它是家庭功能失调的根本原因。慢性焦虑无所不在，是所有生命形式共有的一种生物学现象。当有机体觉察到现实或想象中的危险时，焦虑便被唤起。八种力量建构了慢性焦虑，也塑造了家庭功能，具体如下。

第一，自我分化和情绪融合。这是指个体和其他家庭成员间情绪的依附或独立的程度。从个体层面来讲，情绪和认知的平衡始终是自我分化的标准；从人际层面来讲，个体能够体验到与他人的亲密感，但同时作为自主的个体而不陷入家庭的情绪纠纷之中。家庭整体感和个人自主性就好比光谱的两端，自主性较强的人能更加理性地面对问题，不致为感性所左右，而情感与原生家庭过度融合则极易形成"未分化的家庭自我组块"。自我分化度低的人往往借用以下方式来应对他们高水平的慢性焦虑，包括夫妻冲突、自身或子女的健康问题或情绪失调、三角关系。情绪融合度越高，就越担心自我不被认可，也就越缺乏应对外界压力的理性思考和灵活能力，从而加剧了慢性焦虑，并且这一模式还可能被代际复制。相反，高度自我分化的个体更能够适应环境的变化，更少经历情绪压力。

第二，三角关系。三角关系也称情感三角，指冲突的双方拉进一位重要的家庭成员以组成三个人的互动关系。第三方的加入促进了双方沟通，但也潜在地将焦虑事件从双方关系转移到第三方身上。作为一种习得的缓解冲突方式，三角关系的影子见诸不同世代。

第三，核心家庭情绪系统。鲍温认为，人们会选择和自己分化水平相当的人作为自己的配偶，并创造出相似机制的家庭。

第四，家庭投射过程。这是指自我分化不佳的父母，将本身的不成熟和焦虑感投射到孩子身上，使孩子被误判为问题制造者。

第五，情感阻断／隔离。情感阻断是代际之间处理不分化的方式。依照鲍温的观点，个体如果是为了能脱离与父母情感接触，而选择不与父母同住或不与父母互动的方式，来得到自由的空间，就称为情感阻断。

第六，多代传递过程。长期的焦虑会通过父母对子女有意或无意的引导实现跨代传递。子女习得的情绪过程与父母相差无几，自我分化水平有限。鲍温认为这样的家庭传统和家庭信念需要一分为二地去看待，既可以是积极的，又可以是消极的。

第七，手足位置。孩子在手足中的排行与形成的人格特质相关。在多子女的家庭中，父母中的一方往往会选择同自己手足位置一致的孩子构建情感三角，来缓冲紧张的夫妻关系。

第八，社会退行。这一概念将鲍温家庭理论推广到宏观层面。正如家庭功能的发挥受到慢性焦虑的制约，当社会也面临诸如人口膨胀、资源消耗、环境污染等慢性压力时，亦会产生社会焦虑氛围，影响社会整体功能，也将引发个体更多的焦虑。

由此可见，鲍温家庭理论为家庭工作者提供了一项重要的参考模型。它的独特之处在于不以缓解症状为直接目标，而是深入探索家庭过程，以及个人情感经历与家庭动力之间的相互影响。通过协助各家庭成员清晰地认知并修正思维与行为模式，从根本上改善家庭互动关系，提升个人的心理与情绪健康水平。[①]

---

① 袁芮.家庭治疗在本土情境中的运用——以鲍温家庭系统理论为例［J］.社会工作与管理，2018（2）.

（二）治疗策略

在家庭系统治疗中，咨询师采取中立的、客观的角色以避免自己卷入家庭三角关系中。他们在对家庭进行干预治疗之前，首先通过一系列的会谈评估和测量技术来试图评估家庭过去和现在的情绪系统。最终，改变家庭系统的治疗目标包括：降低家庭成员的焦虑，帮助家庭成员从三人系统中去三角化，帮助每个家庭成员提高他们基本的自我分化水平。在评估技术上，他创建了家谱图，了解家庭当前问题的起源，它是一种相对不带情绪的收集之类的方法，有助于理解家庭，并把家庭与治疗探索关系联系起来。[①]

（三）对儿童青少年心理辅导的启示

咨询师可以将儿童置于一个三代家人的情境中，让他们去接触一些小秘密、未解决的困惑、丧失的关系和掩藏的感受。儿童青少年因此会表达一些攻击、反叛和不同方面的感受，这些会让整个家庭如坐针毡。咨询师想要知道，子女在迅速成长中的什么东西会让父母感到不安。答案可能与父母内在生活和他们自己的原生家庭带来的未解决的问题相关。咨询师应提醒来访家庭：不要仅仅从表面上去理解孩子的行为表现。一个女孩子非常出格的叛逆行为，可能是整个家庭对于孩子的长大感到非常焦虑的信号；一个男孩不愿去上大学，可能是他父亲对于被爱而不是对成就的渴望的表达。在每一种场景中，儿童青少年时期是一段无意识的强大驱动力在工作的时期，这会让代际两端的家人都受到巨大扰动。[②]

结构式家庭治疗

结构式家庭疗法由米纽钦（Minuchin）所创立，强调家庭的结构对家庭关系的影响。它和其他家庭治疗方式一样，把个体问题置于关系之中理解，其

---

① 艾琳·戈登贝格，等.家庭治疗概论［M］.李正云，等，译.西安：陕西师范大学出版社，2005：146–149.
② 张麒.学校心理咨询技术与实务［M］.上海：华东师范大学出版社，2017：108–109.

目的在于重建家庭结构、清晰界限使家庭成员以自由的、非理性的模式彼此沟通。结构式家庭治疗为我们提供了一个清晰的组织框架来理解家庭和对家庭进行治疗。

（一）主要观点

结构式家庭治疗特别关注家庭互动模式，因为这些模式为家庭结构提供了线索，家庭子系统界限的渗透性和联合的存在，所有这些最终都会影响家庭在稳定和变化之间达到一种微妙平衡的能力。

1. 家庭结构。家庭结构是一整套无形或者隐蔽的功能性需求或代码，它们组成了家庭成员彼此相互作用的方式。结构代表着家庭为实现正常家庭功能而发展的操作规则的总和。为保证家庭和谐与稳定，家庭成员必须尽可能长久地努力维持其偏好的模式，并尽力适应不断变化的外在情境。米纽钦认为一个功能良好的家庭应该具有阶层化的结构。一般而言，这种结构以无形的方式隐藏在家庭成员的行为反应、言语表达、情感态度等，治疗师必须借着观察家庭成员在治疗历程中，谁对谁说什么，以何种方式说，结果如何，才可以了解到家庭的结构。

2. 家庭子系统。家庭子系统根据性别、代际、共同兴趣、功能来划分，如配偶子系统、父母子系统、同胞子系统。子系统大量共同存在但又相对独立，它们以一种完整的方式运行，以保护家庭系统的分化和完整性。每个成员都可能同时属于几个不同的次系统，在不同的次系统可能拥有不同水准的权力，扮演不同的角色，进行不同的互动。其中，配偶、父母和手足次系统是家庭中最显著和重要的次系统。

3. 边界。系统和家庭子系统及个人和外在的环境由一种看不见的线分开，这条线称为界限。界限在一个家庭内可有不同的形态，可能是纠缠形式（界限模糊，家庭成员过分陷入彼此的生活），可能是疏离形式（界限僵化，家庭人际距离大，常常缺乏相互依赖和相互支持）。家庭内界限的清晰度是评估家庭功能的一个有效变数。良好的家庭功能中的子系统界限应该是清楚的，如果界限不清楚，易导致各种家庭问题。

4. 结盟、权力和联盟。结盟是由家庭成员在进行家庭活动时共同参与或反对的方式来定义，是指家庭成员彼此间产生的情感或心理联结。权力涉及每个家庭成员对一项操作结果的相对影响力，与背景和情境有关，与家庭成员主动或被动地联合力量的方式有关。权力由家庭成员间的结盟产生，是家庭功能良好或功能失调的一个重要因素。联盟是反对第三方的特定家庭成员之间的结盟，稳定的联盟是固定的、顽固的联合体。

5. 家庭生命周期。家庭生命经历 6 个时期：离开家庭（单身年轻人）；通过结婚建立家庭；有婴儿的家庭；有青少年的家庭；孩子离开；晚年家庭生活。家庭在经历生命周期时，试图在稳定和变化之间维持一种微妙的平衡；家庭的功能越健全，在家庭转换期时越愿意接受改变，并且更愿意按照不断变化的情况要求而改变其结构。[①]

（二）治疗策略

结构式家庭治疗在临床实践的过程中形成了一套理念。结构式家庭治疗认为，家庭问题深植于强有力而不可见的家庭结构，个人的症状必须在家庭的互动模式中才能充分理解，要消除症状必须改变家庭的组织和结构，其中的治疗师必须参与到家庭中去，在症状所在机构中扮演领导角色，重组家庭结构。结构主义者认为家庭成员症状的出现与维持是由于家庭结构不适应正在改变的环境或发展要求所致，如家庭内部成员的交往方式。结构式家庭疗法的治疗目标在于让家庭重建自身，从而让其成员自由地、以非病理模式彼此联系。对于结构式家庭治疗来说，改变症状的最有效方式是改变维持症状存在的家庭互动模式，协助整个家庭系统的成长。所以，治疗师通过加入家庭系统，让家庭成员发现已渐失调的家庭行为模式，改变患者症状所依赖的家庭行为模式。但是，治疗师只是帮助家庭成员一起改变现有不良家庭结构，具体问题应由家庭成员自己解决。[②]

---

① 洪幼娟.结构式家庭疗法的应用技术概述［J］.宜春学院学报，2010（5）.
② 同上。

（三）对儿童青少年心理辅导的启示

结构式家庭治疗有较强的指导性，给有孩子的家庭带来了信心和权威，咨询师特别支持父母的权威、成员间的界限与分化水平。为回应行为不良青少年，特别是滥用药物或逃学的青少年，咨询师会制订出包含所有家庭成员的计划，通过一些行动让家庭成员有所改变，让所有家庭成员都能够负责任和保持彼此的情感联结。[①]

系统式家庭治疗

系统式家庭治疗是 20 世纪 50 年代在西方出现的心理治疗流派，1988 年由德国著名精神病学家和心理治疗家斯蒂尔林教授和西蒙博士（Stierlin，Simon），通过"中德心理治疗讲习班"第一次将家庭治疗正式传入中国，并逐渐完成了在我国临床实践中的跨文化移植。系统式家庭治疗认为个体身上呈现的问题或症状是家庭成员相互作用的结果，家庭才是"问题"。因此，改变"病态的现象"不能单从治疗个别成员入手，而应以整个家庭为对象，通过访谈和行为作业传达信息，以影响家庭结构、交流和认知特点，改善人际关系。

（一）主要观点

1. 加入（Engagement）。

首先要激发家庭系统中的关键者参与到变化的进程中，让家庭成员意识到当下问题的形成和解决与家庭有关，即从症状拓展至关系。这一机制在治疗的开始阶段发挥重要作用，否则家庭治疗将很难起效，家庭系统发挥不了支持作用。

2. 联盟（Alliance）。

在治疗师和来访者／家庭之间建立积极的联结，为达成共识性目标建立和谐有效的情感纽带，为将来的积极变化奠定基础。

---

① 张麒. 学校心理咨询技术与实务［M］. 上海：华东师范大学出版社，2017：112.

3. 聚焦互动（Interactional Focus）。

这是系统式家庭治疗的核心机制，家庭互动模式的变化才能达成症状和问题的改变，例如家庭权利的转移、沟通改善等。更为重要的是，家庭成员自身才是改变的资源和根源。

4. 成长进程（Developmental Process）。

要针对不同的个体制订干预计划，培养个体和家庭的成长。家庭和个体变化要考虑到治疗进程的阶段性（动机阶段、改变阶段、总结概括阶段）和连续性。当家庭成员不认为问题的解决和形成与家庭关系有关，就很难进入家庭心理支持的下一个阶段。

5. 聚焦此时此刻（Here and Now Focus）。

家庭当下的沟通和针对问题／危机的解决，可能是维持问题最具动力性的互动模式，也是动机激活和改变的最有效资源。因此，家庭和治疗师不用花费大量时间对过往经历和问题进行探索，重点是现在和未来。①

（二）治疗策略

系统家庭治疗理论认为，家庭是一个系统，家庭成员是系统中的组成部分，且每个成员都有其认识事物的方式，即"内在解释"。内在解释不仅决定了个体稳定的行为模式，其本身也不断受到行为结果的反馈与修正。换言之，个体的内在解释与其行为是不断相互作用、相互影响的，它们之间不是单行道的因果关系，而是环性反馈的因果关系。此外，每个家庭成员的环性反馈过程还会彼此影响，彼此关联，这样就构成了一个动态的、相互作用的复杂系统，家庭成员的生理或病理行为就是其良性或恶性反馈过程的结果。因此，系统式家庭治疗者主张，通过介入新的观点和做法，改变与病理行为相关联的不良反馈环，就可以达到治疗的目的。另外，系统式家庭治疗承认特定的生物或心理因素的作用，也不反对病人同时接受其他方式的治疗，但其本身的主要着眼点在于改造家庭的互动模式。在实际治疗过程中，主要采用"循环式询问"和

---

① 陈发展，赵旭东．系统式家庭治疗对新冠肺炎疫情下的大众心理支持［J］．国际精神病学杂志，2020（3）．

"家庭作业"等技术。①

（三）对儿童青少年心理辅导的启示

系统式家庭治疗将家庭作为整体，以系统、动态的视角看待家庭成员的心理问题，通过改变家庭成员围绕症状所展现出来的交往方式，达到治疗症状的目的。这对于儿童青少年心理辅导颇有启示，系统式家庭治疗理论认为，家庭系统会在孩子青春期阶段进行重大的转换，大多数家庭在经历了一定程度的困惑和混乱之后会逐渐改变家庭规则和限制，重新调整家庭结构，使孩子获得更多的自主和独立；家庭成员的问题不全是个人的问题，而是家庭系统的功能出现了问题。因此，家庭系统功能的改善是促进孩子心理问题解决的关键。②

萨提亚家庭治疗模式

萨提亚家庭治疗模式是由美国著名的家庭治疗大师维琴尼亚·萨提亚创立的。萨提亚是美国家庭治疗发展史上最重要的人物之一，被视为家庭治疗的先驱。该模式将家庭看作是一个系统，认为心理治疗的主要目标在于通过各种技术扰动整个家庭中各个成员之间的互动模式，提升来访者的自我价值，挖掘自身潜力，帮助来访者应对个人问题。高自尊和表里如一的生存姿态的建立是治疗的最主要的目标。③

（一）主要观点

1. 问题本身不是问题，如何应对才是问题。

人生当中会遇到很多问题，问题也是生活的一部分，对于同样的问题，不同的人有不同的应对方式，因此，关键的是应对问题的方式而不是问题本身。应对是我们每个人谋求生存的方式。

---

① 徐云. 系统式家庭治疗及其本土化思考 [J]. 文教资料，2006（18）.
② 姚莹. 系统式家庭治疗理论在初中心理健康教育中的应用 [J]. 江苏教育，2020（88）.
③ 常红丽. 萨提亚家庭治疗模式在青少年心理健康工作中的应用 [J]. 科协论坛，2010（7）.

2. 改变是可能的。

我们不能改变过去的事情，但是我们能改变过去的事情对现在的影响。不管是工作还是学习，人们身上都有很多原生家庭的影子。萨提亚认为，一个人和他的原生家庭有着千丝万缕的联系，这种联系有可能影响他的一生。一个人和他的经历有着难以割断的联系，我们不快乐可能是因为儿时未被满足的期待。比如有些人认为自己不自信、认为自己不够好等心理，就是原生家庭的规则在个人成长过程中逐渐内化成的信念。这些信念一般来源于家庭的要求或者父母的期待。过去的事情无法改变，父母养育我们成人，他们已经付出了很多心血，这就需要我们调整自身的心态，调整那些已经内化为信念的不适应目前情况的、对自我成长不利的心态。每个个体都是独特的，所受到的原生家庭的影响也是不同的，比如小时候亲人的去世、父母的离婚、遭受的不公平待遇等。

3. 父母在任何时候都会尽其所能。

父母都很爱孩子，但是由于父母能力有限，或者他们也不知道如何才能做得更好，孩子在成长过程中常常累积了许多害怕、愤怒、怀疑、愧疚等。萨提亚模式中成长的标志就在于个人在人性的层面，而非角色的层面，与父母相遇。父母同样是普通人，他们有自己成长、生活、成熟的过程，在他们的成长过程中也会受到自身原生家庭的影响，他们所受到的教育、所遭遇的事情等也会对他们的成长过程产生影响，当我们从人性的层面上与父母相遇，就会对父母产生更多的理解。

4. 我们所有人都拥有让自己成功应对困境和成长所需的内部资源。

每个人都有能力成长，有能力生活在这个世界上，但有的时候这些资源、生命能量跟我们失去了联结，使我们觉得非常痛苦和迷茫。萨提亚模式提供了一个新的视角，那就是个人如何联结自己本来就拥有的生命资源和能量以便获得更好的成长。

5. 自我的冰山模式。

冰山模式其实是一个隐喻，它指一个人的"自我"就像一座冰山一样，我们能看到的只是表面很少的一部分行为，而更大一部分的内在世界却藏在更深层次，不为人所见，恰如冰山。其由外向内有七个层次。

（1）行为。一般来说，我们看见的都只是冰山一角，那就是外在行为的呈现，但在下面蕴藏着情绪、感受、期待、渴望等。它为我们认识自己目前的状态、捕捉原生家庭对自己的正面影响或从其负面影响中锻炼出能力，提供了一个有效途径。学习冰山模式后，我们会更好地理解父母与其原生家庭的关系，从而明白他们抚养我们的方式。

（2）应对。各类原生家庭中的生存姿态面对同样的事情，不同人的反应也是不同的。如何通过一个人外在的行为去看其内在的感受、期待等。冰山模式中外在行为的下面一层是应对方式，萨提亚认为应对方式是家庭成员自我价值感的反映。她认为，面对问题，一个人与另一个有关系的人的应对方式将是五种方式之一，这些风格通过身体姿态和身体语言表达的内容，与通过言语表达的一样多。

萨提亚认为，每个人都处在"自己""他人"和"情境"所组成的客观环境里，对以上三个元素常常顾此失彼，有所取舍，甚至完全忽略，以致造成负面情感以及生理症状。讨好型应对姿态的人常常忽略"自己"，过分在意别人；指责型的人常常忽略"他人"；超理智型的人同时忽略"自己"和"他人"；打岔型的人则将三者全都忽略；表里一致型的人同时尊重自己、他人和情境。表里一致型正是萨提亚所倡导的目标。

（3）感受。冰山模式中再往下一层就是感受层面。萨提亚曾说，感受是属于我们的，我们都拥有感受。它包括喜悦、兴奋、愤怒、恐惧、着迷、悲伤等。感受与观点、期待等冰山层面的其他内容息息相关，因此，在认识自己的过程中一定要学会管理好自己的情绪，学习以感受为信号来探索自己内在的冰山。当个体内在产生一个期待的时候，如期待父母和善地对待我的时候，可能就会产生一种感受。当这个期待没有被满足，我们会感到失望，失望积蓄下来可能就会变成愤怒；当期待被满足了以后，我们会感受到幸福和温暖等。萨提亚很好地运用了感受，她把感受作为一种人类内在的能量，然后学习如何转化这种能量，让它变为生产力和推动力。

（4）知觉。感受的下一层是知觉，知觉是个体内在中非常丰富的内容，它包括人的思想、信念、价值观、家庭规则、在原生家庭成长过程中的经验及其内化等。观点层面分为理性和非理性两种信念。有时人们被非理性的信念困住，就会产生负面的感受，人的状态就会变得没有生命力。理性的信念有这样一些特点：它是有希望、高耐挫力、可接受的；非理性的信念一般是强迫性、可怕、低忍受力和自责的。我们应多接触理性的信念，提升自己的内在成熟度，以便未来更好地融入社会。

（5）期待。知觉的下一层就是期待。期待包括他人对我们的期待、我们自己对自身的期待和我们对他人的期待三种。

（6）渴望。再往冰山的更深层探索就是渴望层面，渴望是普遍性的，不因为性别、年龄、人种等差异而不同，它是每个人都需要的，包括爱、被爱、接纳、认可、肯定、有价值、尊重、自由、归属等。这些都是萨提亚所谈到的关于人性层面的一些需要，不论是呱呱坠地的婴儿还是已经成熟的成年人，抑或风烛残年的老人，这些都是其内心的渴望。

（7）自我。冰山的最下面一层是自我，自我是个体内在的生命力，是我们作为人类内在的核心，是我们成长的资源所在。在跟自己有联结时，我们的生活就会充满生命力、状态高昂。每个人都有跟自我联结的可能性，因此，我们就要学习如何更好地跟自我联结。[①]

（二）治疗策略

萨提亚家庭治疗的目标是提升个体潜能，使个体发展得更完善；使家庭产生新的希望，帮助其唤醒曾经的梦想。同时，萨提亚坚持认为问题本身不是问题，应对问题的方式才是问题，于是治疗的另一个目标是教每个家庭成员用新的方式来看待和处理问题，强化和提高他们的应对能力。另外，治疗需要关注健康和可能性，而不是病理学方面。所以，萨提亚的治疗目标是促进健康而不是消除症状，如果导致症状发展的过程改变了，症状也会瓦解。

治疗步骤一般可分为四步：

---

① 魏敏.走出迷茫，认识自己——家庭治疗流派先驱萨提亚的理念评介［N］.中国科学报，2012-07-23.

1. 评估：萨提亚的家庭治疗将家庭看作一个系统。整个家庭结构以及每个家庭成员之间的互动都可以起到牵一发而动全身的作用。所以治疗师首先要进入家庭环境，通过观察家庭成员之间的交往互动过程了解：（1）这个家庭系统是开放系统还是封闭系统；（2）家庭的沟通模式；（3）家庭规则；（4）来访者的自尊和自我价值感。

2. 设立目标：咨询师和来访者一起商定咨询目标，帮助来访者挖掘自身潜力、强化提高他们应对问题的方式。建立其表里如一的沟通姿态和高自尊是最主要的目标。

3. 选择治疗技术：萨提亚发展了一系列可称为"改变工具"的干预技术，"角色舞会""家庭重塑"以及互动成分技术。另外还有冥想、家庭规则转化指南、温度读取以及幽默等其他改变工具，咨询师可以根据实际情况和自己的实践能力，和来访者商讨选择决定。

4. 反馈：咨询一个疗程结束后，咨询师可以根据来访者自身心理问题改善状况的自我报告、咨询师的临床观察、来访者家人观察以及心理测试结果对咨询效果进行评估。①

（三）对儿童青少年心理辅导的启示

萨提亚家庭治疗是一种体验式家庭治疗模式。在与儿童青少年接触中，体验模式常常会得到共鸣，因为儿童青少年处于更乐意体验新鲜事物的年龄阶段，他们的独立思辨能力正在发展之中，更渴望的是自己亲身体会到的经验和结论。萨提亚家庭治疗模式强调对真实的确认，努力让家庭成员间迸发出一些更真诚的感情。体验式家庭治疗经常使用两个重要方法——幽默和游戏。特别是对肢体动作的调动，适合对儿童青少年群体的辅导。②

---

① 常红丽.萨提亚家庭治疗模式在青少年心理健康工作中的应用 ［J］.科协论坛，2010（7）.
② 张麒.学校心理咨询技术与实务 ［M］.上海：华东师范大学出版社，2017：110.

第 2 节
家庭治疗技术运用

上述家庭治疗流派都有相应的技术，本节介绍几个适合儿童青少年心理辅导的常用技术。

家谱图技术

鲍恩于 20 世纪 70 年代创造了家谱图，并提出以家谱图作为工具收集有关家庭信息、分析家庭结构和家庭关系模式，家谱图现已发展成为家庭治疗领域国际通用的临床工具。家谱图可以将家庭结构清晰地展示出来；对于逐渐显现于各种人际关系的家庭模式及其运作方式，亦可通过家谱图十分方便地记录、补充和更新。通常，使用图表或问卷收集记录信息很容易发现遗漏，而使用家谱图记述信息更加直观、清晰。家谱图可以帮助我们更方便地记录一个家庭的复杂背景，包括家庭历史、家庭模式以及对来访者治疗有持续影响的事件。就像语言能够组织并强化我们的思维一样，家谱图可以帮助治疗师系统化地思考来访者生活中的事件和人际关系，以及这些因素如何对来访者的健康和疾病模式产生影响。[①]

（一）家谱图的符号

家谱图是用于确定家庭成员情况的视觉化图像，包括家庭成员的性别、代际、年龄、婚姻状况等。图 12-1 提供了最常用的家谱图符号。每一个家庭成员都会以方框（男性）或者圆圈（女性）来表示，并在图形内部写上年龄。被确认的来访者或病人（IP）会以双线条来表示。兄弟姐妹会按照出生的先后顺

---

① 莫妮卡·麦戈德里克，等.家谱图：评估与干预（第三版）[M].谢中垚，译.北京：当代中国出版社，2018：3.

序，从左至右排列。年轻的一代画在下方，年长的一代画在上方。婚姻由实线连接表示，丈夫在左边。承诺的伴侣关系由点线连接。

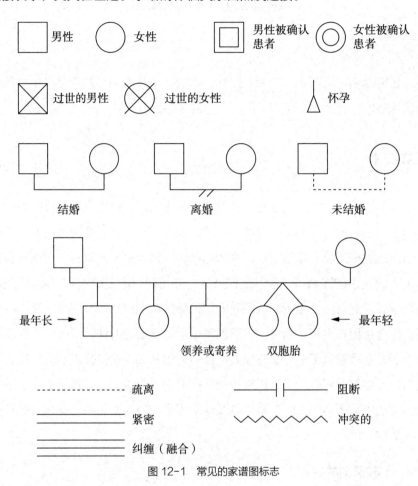

图 12-1　常见的家谱图标志

（二）家谱图绘制步骤

构建家谱图可以分为两个阶段。第一阶段在于其广度：

1.收集每个家庭成员的性别、年龄、姓名等信息，从最年轻的家庭成员开始并逐步往上。

2.对于过世了的家庭成员，注明死亡时的年龄，并标记 X。同时，须注明死因。

3. 在家庭成员之间画上连接线，用以表示生理关系或法律关系。

4. 在关系线上，标注关系开始以及结束的时间。

第二阶段在于其深度：

1. 对每一位相关的家庭成员的描述。如，"让我们从你的父亲开始。能说一些关于他的情况吗？"对于需要更多结构性的来访者，你或许可以问："可以用五个词来描述你的父亲吗？"无论你是采取哪种方式搜集信息，你都需要确保描述中有正面的部分和负面的部分。

2. 家庭成员对于来访者的描述。如，"如果你的父母和兄弟姐妹现在在这里，他们会怎么描述你？"或者"你的父母和兄弟姐妹会用哪五个词来描述你？"这些描述经常能够显示出来访者在家庭中的角色（如替罪羊、明星、败家子、搞笑人）。

3. 对于二人关系的描述。如，"说一说你和你父亲之间的关系。你和你姐姐之间的关系是怎样的？你父母之间的关系如何？这些关系随着时间有过哪些变化？"

4. 对家庭生活的描述。如，"在你的家庭生活中，典型的一天是怎么度过的？你们家会做些什么作为娱乐活动？"

5. 对于家庭情感氛围的描述。如，"在你的家庭里，愤怒、悲伤和愉悦都是怎么表达的？如果你遇到了问题，你会跟谁说？如果你的父母对你的行为感到不高兴，他们会怎么管教你呢？"这些描述能够显示出家庭内部的规则——显性的规则（如，满 16 岁以前不准约会）和隐性的规则（如，我们不能谈论已经过世的家庭成员）。

6. 家庭信念系统和真言。如，"在你的家庭中，核心的信念是什么？"例如，家庭可能秉持这种关于性别的信念（如，男人不应该脆弱，不应该表现出除了愤怒以外的其他情绪），以及什么是正常或不正常的信念（"我们的关系非常好，我们从来不吵架"）。[①]

---

① 乔艾伦·帕特森，等.家庭治疗技术（第三版）[M].王雨吟，译.北京：中国轻工业出版社，2020.

（三）家谱图分析

为了更好地帮助咨询师从家谱图中得到关于家庭的有治疗意义的信息，家谱图分析可以从以下几方面进行：

1. 家庭结构分析。

目前居住在一起的是核心家庭、单亲家庭、再婚家庭、三代人家庭、有无家庭之外成员一起居住等。孩子的排行、兄弟姐妹之间的年龄差距，及其他影响孩子发展的因素，如父母对子女的态度、父母是否有性别偏见、孩子的个性等。

2. 家庭生活循环。

从家谱图上家庭成员的年龄和一些重要的日期可以看出，家庭中的一些生活事件的发生是在预期之中还是在预期之外。如，孩子出生、离家及结婚，子女的养育、离职与退休等。在这些重要的转折阶段，家庭是如何应对的。

3. 生活事件与家庭功能。

家庭治疗师常常会注意一些偶然事件的发生，以及生活变化、转折、创伤事件的影响；家庭对一些周年纪念日的反应；社会的、经济的以及政治事件的影响等。

4. 家庭关系模式及家庭中的三角关系。

家庭关系模式可以用"密切""融合不分""敌对""疏远""冲突""隔离"等描述不同类型的家庭关系特征。家庭中的三角关系是指任何一个两人关系中有第三个人的进入。比如，夫妻与子女形成的三角关系、夫妻与任何一方父母形成的三角关系、离婚家庭、再婚家庭中的三角关系、隔代的三角关系以及与家庭之外的成员形成的三角关系等。[①]

（四）家谱图技术运用案例分析

徐晓翠、许映红（2014）运用家谱图技术对一名拒学的男孩进行辅导，取得成效。现摘录她们的案例报告如下[②]：

---

① 侯志瑾. 家谱图及其在心理咨询与治疗中的应用［J］. 中国心理卫生杂志，2005（4）.
② 徐晓翠，许映红. 外婆的担忧——家谱图在学校心理咨询中的应用［J］. 中小学心理健康教育，2014（7）.

案例背景：GG，男，13 岁，小学六年级。由外婆和母亲带来咨询室咨询，之前三个多月中因病断断续续在家休养。据其所在学校心理老师反映，来访者的外婆曾多次找心理老师沟通孩子的情况，有时反复叙述一些问题，很是担忧外孙的状况。

1. 初步搜集资料（第一次咨询）。

GG 和外婆、母亲一起到咨询室的时候，辅导老师已经准备就绪。GG 瘦瘦的身体，穿着厚厚的棉衣，看起来有点弱不禁风。刚落座，简单相互介绍了一下，退休在家的外婆抢先打开了话匣子。据外婆介绍，本学期刚开学两个星期时，GG 有一次肚子疼，外婆去学校接其回家，断断续续看病、吃药两三个月。最初各医院都没检查出什么问题，最近发现胃有点问题，目前在外婆认识的一个权威精神科医生的建议下吃中药进行控制，稍有成效。中途去过华山医院心身科，吃了两次药，状态并无好转，因担心副作用而停药。

外婆继续说着孩子的状况，说孩子身体不好，很怕冷，心疼孩子受了那么多苦。辅导老师多次询问 GG，GG 欲言又止，外婆立刻接话帮孩子回答问题。咨询过程中，可能是感觉无聊，GG 在咨询室的球形卡通座椅上晃来晃去，感觉颇有活力，并不像外婆说的没精神。GG 的思维似乎也很敏捷，只是很多时候外婆和妈妈基本已经帮他事无巨细地回答了，根本不需要其动脑思考和回答。辅导中还发现，不仅 GG 对外婆的依赖性强，母亲对外婆的依赖性也很强。目前为止，家里的菜都是外婆去买的，小家庭的运转跟外婆有着很密切的联系，而父亲则经常出差，在家庭里的角色担当并不显著。孩子跟外婆的互动、对外婆的依赖、外婆对孩子生病的态度，都影响到孩子的心理。

据外婆和母亲描述，GG 自身学习比较认真，就是有时动作较慢，辅导老师分析，可能来访者没有很好地适应刚开学的学习进度，于是出现了肚子疼的紧张现象，却在外婆的"重视"下，一路"严重"，经常不上学，到后来病情有所控制，但是已跟不上学习进度，就更不想上学了。孩子在压力之下逃避上学的情况实属正常，这时父母的态度如果强硬一点，帮助孩子改善学习方法，减轻压力，可能孩子的情况也不会越来越严重。

第一次辅导结束前，GG 表示现在想上学了，但是学起来很吃力。家长希望能休学一年，慢慢打好五年级的基础，改变学习习惯。同时，外婆表示会慢慢脱离小家庭，让女儿自己买菜、做饭。

2. 进一步完善资料，绘制家谱图（第二次咨询）。

第二次咨询由GG单独前来，辅导老师在GG的描述下绘制家谱图。

首先，咨询师用基本符号画出来访者的基本家庭结构，然后在此基础上添加其他有关家庭信息。家庭信息包括三个方面的内容：人口学方面的信息（来访者的出生时间、父母的年龄、是否有兄弟姐妹、在家里的排行、父母的职业、父母的受教育水平等），家庭功能方面的信息（家庭成员的健康、情绪和行为方面的功能），重要的家庭生活事件（家庭中的重要转折、关系的变化、成功与失败等）。另外，要了解在来访者心中家庭的气氛和成员间的互动情况。母亲和外婆不在身边，GG一个人进行咨询时，其思路非常清晰，同时所用的语言都很成熟，让辅导老师很诧异。这表明孩子本身并不是没有能力，而是在母亲、外婆的保护下，隐藏了很多东西。同时，据家谱图（见图12-2）分析，孩子目前存在的问题多是从家长身上习得的，比如突然的坏脾气（父母）、学习上的逃避和偷懒（爷爷、爸爸）、对外婆的依赖性（妈妈）。父亲在家庭教育中的角色缺失，爷爷、奶奶和外公、外婆的冲突，也让他受到了一定的影响。

3. 展示家谱图，和家长探讨问题及改善方法（第三次咨询）。

本次咨询重在向外婆和母亲展示家谱图，引导她们从绘制的家谱图中得到领悟。分析家庭结构：目前居住在一起的虽然是孩子和父母两代人，但是母亲对外婆生活上的过度依赖，让外婆经常卷入这个家庭中，包括孩子的接送和家庭的饮食起居，这在一定程度上影响了母亲和父亲自身职责的履行；在孩子的印象中，发生过一些重要的事情，如爷爷奶奶和外公外婆因为房子问题而大吵大闹；在孩子的印象中，父亲易冲动，经常是爷爷奶奶和外公外婆争吵的导火索，这对孩子性格和行为习惯的养成造成了不良影响；母亲的没有耐性和对外婆的过于依赖，也成为孩子很多行为的"榜样"；夫妻分别和自己的父母关系较亲密，而彼此之间关系不够紧密，造成小家庭的功能失调，虽然表面上没有什么大的问题，但孩子无故出现的身体不适、不肯上学，其实就是典型的症状。建议家长改善家庭环境，为孩子营造一个相对和谐的生活环境，不直接在孩子面前表达冲突和发生争执；同时，要以身作则，为孩子的学习做出勤奋、努力的榜样；外婆应避免成为孩子的保护伞。

4. 案例跟踪（两个月后）。

外婆试着"狠心"，慢慢地从女儿的家庭中退出；夫妻之间遇到事情开始尝试跟彼此沟通，而不再一味采纳原生家庭的建议；父亲开始多关注孩子的学习；GG 没有休学，偶尔有生病请假情况，但相比之前要好转很多，成绩中等偏下。

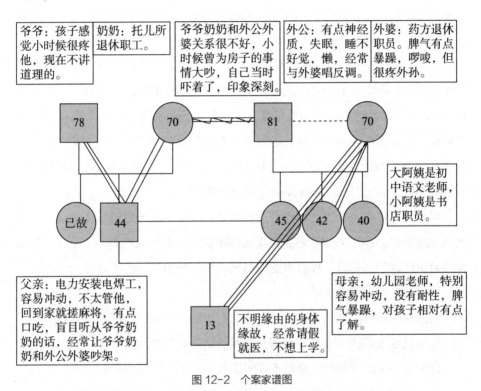

图 12-2　个案家谱图

提问技术

家庭治疗的过程中，如何向来访者提问，对于咨询师与来访者的积极互动和咨询过程的顺利进行至关重要。

（一）循环提问

首先在固定的专业治疗室内，治疗师以专业而又随意的方式营造一种融洽、和谐以及平等的氛围，然后治疗师自然而然地就某一问题轮流、反复地问每一位家庭成员，每一位家庭成员的回答或许是相同的观点，也可以是不同的观点。从家人之间相同或不同的回答中，治疗师团队以及家人自己可以发现家庭成员各自的交流模式以及家人之间交流及表达的差异，这种对家庭成员各自的交流模式以及家人之间交流及表达差异的呈现本身即可达到扰动家庭成员重新思考的作用，从而使家人自己对以后的生活形成新的启迪和思索，从而改变旧的生活模式，形成新的生活方式。

例如，对家长和孩子沟通不良的来访家庭，治疗师问妈妈："如果你说100句话，你估计孩子听到心里的有多少句？"同样的问题再问爸爸。最后问孩子："如果爸爸或妈妈说100句话，你听到心里的有多少句？"这是典型的循环提问，从提问中我们可以让家庭成员看到成员之间的差异，促使爸爸、妈妈寻找自身的原因，思考是什么原因造成了这些差异，而不仅仅纠缠于症状，对治疗师诉说自己付出了很多却得不到孩子的理解。

再如，在针对大众进行疫情心理支持时，除了关注个体的压力之外，还要关注家庭成员对该压力的描述，旨在建构家庭人际系统与压力的关系，拓展系统中解决问题的新信息，促进家庭成员间的相互理解。

以下循环提问可以尝试：

您的家人应对疫情的方法和您有什么不同吗？（对行为的差异提问）

您家里谁最紧张，谁最不紧张？（对情绪的差异提问）

您的家里谁最理解您，谁最不理解您？（对关系的差异提问）

您是如何理解您太太的紧张和恐慌的？（对问题的解释进行提问）

您家现在和疫情之前最大的不同是什么？（前后差异的提问）[1]

---

[1] 陈发展，赵旭东．系统式家庭治疗对新冠肺炎疫情下的大众心理支持［J］．国际精神病学杂志，2020（3）．

（二）差异性提问

治疗师问家庭中的某个成员症状的出现是否是有条件的，促使其向这方面思考。如对有抽动障碍的孩子，治疗师问："孩子在谁面前抽的次数比较多？在谁面前抽的次数比较少？"治疗师的提问，使家庭成员认识到孩子的发病是有条件的，从而促使家庭自身寻找家庭内在的原因。

（三）假设提问

治疗师问家庭中的成员如果症状性行为消失后家庭中发生了什么变化。如对有抽动障碍的孩子，治疗师问孩子："如果你的症状在你明天早晨起床后完全消失了，你觉得你的家庭中会发生什么变化？"孩子可能会回答："如果那样的话我就会上学去，爸爸妈妈就不会再为我的病而争吵，同学们也会改变对我的态度。"通过孩子的回答，我们可以找到孩子生病的原因：可能是因为不想上学，也可能是不想让爸爸妈妈争吵，也可能是同学对他不好等，这些孩子在家庭中可能处于弱势，他们没什么东西可以为自己争到在家庭中的一席之地，唯有通过生病来引起家庭成员的关注，疾病是他们最好的武器。

（四）阳性赋义提问

通常来访者认为症状或问题的出现都是不好的，他们总是习惯于从消极的一面来看待症状。但在治疗师眼中，有些症状或问题是不利于来访者及其家庭的发展的，有些症状或问题是有其积极意义的，此时治疗师就要适时地对来访者的某些症状或问题从另一个角度给予解释，给某些症状或问题一个"美丽的意义"，使其认识到目前的症状或问题的存在可能也有积极的意义，从而打破来访者的消极态度的恶性循环，甚至做到与症状和平共处，从而达到带着症状去生活的目的，使家人的注意力由关注症状或问题的消除转移到关注如何更好地重建新的生活。

例如，来访者说："我这人总是意志不坚定，做什么事都是有头无尾。"治疗师说："你觉得这是坏事吗？我倒不这么认为，也许有人觉得这样挺好的，现在社会发展得这么快，每天有那么多新奇的事物产生，它可以让你尝试生活中的不同事情。而那些守旧的人就做不到这点。"

阳性赋义这一技术在治疗中经常用到，一方面，它对于治疗关系的建立很重要，因为来访者就是因为找不到某些症状或问题的出路才来找你的，治疗师此时一定要给予来访者不同于一般人的，以及带有人本思想的、人性化的理解和共情，从另一个新的角度给予来访者足够的心理支持和肯定；另一方面，它使来访者思考症状给自己带来的多重意义和新的启示。

（五）利用悖论提问

利用悖论来促使家人的自我领悟。在治疗中，根据人本主义的思想，我们要尊重来访者的感受，慢慢顺着来访者的思路和感受替来访者说出其已经想到或还没有想到的想法和感受，然后慢慢与其讨论或令其慢慢领悟自己内心的声音，即便来访者的有些想法在治疗师看来是比较难以实现的。治疗师有时需要有意夸大来访者的意思并达到荒谬的地步，使来访者及其家人重新审视自己的想法，促使来访者及家人的自我领悟。

例如，来访者说："我想找一个有千万家产的老公，因为我觉得我有能力成为百万富翁，我要找一个比自己强的人。"治疗师说："我觉得千万家产的男人配不上你，像你这么优秀的人，老公至少应该有亿万家产或者更多。"通过治疗师的回答，来访者可能会意识到自己其实并没有那么优秀，也并不会找有亿万家产的老公，因为那有点太荒谬了，促使其对自身进行反思，重新审视自己的内心。[1]

（六）资源取向提问

资源取向是系统式家庭治疗重大的理论变化，强调"问题"的功能意义，以及问题携带者的健康资源，促进个体自立，开发主动影响"问题"的责任能力。资源取向是一种与缺陷取向完全不同的理解问题的态度，从系统的角度看待问题的发生发展过程。例如，在资源取向的态度之下，新冠肺炎疫情对于个体和家庭的功能和意义是什么呢？这样的理解有助于压力之下的个体解除自我责备和无助，让系统的互动获得重新建构的可能，有利于获取解决问题的

---

[1] 李红娟，罗锦秀.系统家庭治疗技术在心理治疗中的应用 [J].校园心理，2010（2）.

新信息。

以下提问可以尝试：

此次疫情中，您家让您感到温暖的是什么？

您家中，谁能理解您的感受？谁对您的支持最大？

您家是如何团结一致来应对疫情的？

这次疫情结束后，您最想回忆的一段经历是什么？

这次疫情结束后，您和家人在这段经历中的收获会有哪些？

疫情过后，您估计你们家最大的变化可能是什么？

沟通姿势技术

沟通姿态技术是萨提亚家庭治疗的一项重要技术。萨提亚认为由于个体早期的生命体验，基本的普遍性渴望（被爱、被接纳、被确认、被肯定）没有被满足，对生存有所威胁时所发展出的不够健康的沟通姿态，即为了求生存而发展出来的一套自动化的模式。主要包括讨好型、指责型、超理智型、打岔型。当渴望被满足、未影响生存时，发展出真诚一致的沟通姿态。

（一）讨好型沟通姿态

讨好型沟通姿态：单膝跪地，向上伸出一只手，另一只手紧悟胸口（见图 12-3）。向人们表明，我愿意为你做任何事，脸上常常有一种令人愉快的表情。这类孩子能关注到情景和他人，但忽视了自我。他们在人际交往中容易得到外界的接纳和喜爱，与一致型不同的是，讨好型往往言行不一致，内心有反对声音，却压抑隐忍。

讨好型的惯用语言是"我不值得一提""我不值得被爱""这全是我的错""要想让自己能够活下去并且保持安宁，唯一的方式就是不顾自己的感受，对所有事情表示顺从"。主要感受是受伤、被压抑的愤怒，讨好导致的后果是自己的愤怒并代之生理紊乱，甚至会导致通过自我牺牲、自我伤害来表达自我价值感缺乏。

单膝跪地，身体有些摇晃，伸出一只手做出乞讨的姿势。

站在那里，一只手放在腰间，另一只手连同手臂直指着他人。

图 12-3　讨好型沟通姿态 　　　　　　图 12-4　指责型沟通姿态

（二）指责型沟通姿态

指责型沟通姿态：挺直脊背，用挺直的食指指向他人，另一只手置于腰间，皱起眉毛，绷紧脸（见图 12-4）。有这种沟通姿态的人往往只关注到情景和自我，但忽视了他人。主要表现是以评判、命令、寻找错误、指责等方式去表达敌意、霸道、挑剔和拒绝。惯用的句型是"这全是你的错！""你怎么回事""什么事都做不好"。其内心独白是"我是孤立而且不成功的""只有让别人听从我，我才是有价值的""我们绝不可以表现得软弱"。主要感受是愤怒、被压抑的受伤。

青少年特别是出自强调秩序和安静的家庭的孩子，常常会因为自主独立的需要，在压力和冲突下会以这种姿态来表达自己。但是这种姿态同样是低自尊的表现，而且会长时间身处紧张和孤独的困惑之中。

（三）超理智型沟通姿态

超理智型沟通姿态：标准姿态是笔直僵硬，不动弹（见图 12-5）。这种姿态的人往往能关注到情景，而忽视了自我和他人。主要表现是冷淡，严肃而高人一等的神情、僵硬而刻板的姿势等。内心独白是"我感到脆弱和孤立""一个人必须有才智"。主要感受是内心极为敏感、害怕失去控制、孤单。僵化、强迫、理性化的行动表现让人感觉无法接近。

（四）打岔型沟通姿态

打岔型沟通姿态：人看上去滑稽、扭曲，可能是低头，双肩在头前摆动；或者是做难度更大的扭曲状，姿势夸张，头偏向一边，表情抽搐（见图 12-6）。这种人既不能关注到情景，也不能关注到自我和他人。主要表现是抓不住重点、不合时宜的行为等。内心独白是"没有人关心这个""没有属于我的地方"。内心的主要感受是害怕失去控制、孤单、孤立感。

脊柱是一条又长又重的钢棍，从屁股一直延伸到脖子；仿佛有一个铁领子束着脖子。

身体每次向不同的方向移动着，两膝以夸张的内八字的方式靠在一起。

图 12-5　超理智型沟通姿态　　　　图 12-6　打岔型沟通姿态

（五）真诚一致型沟通

真诚一致型沟通姿态技能关注到自我，也能关注到他人和情景。内心体验是和谐、平衡、高自尊。行为表现是有活力的、负责任的、有创造性的，灵活又不乏稳定。

值得注意的是，四种不一致性沟通姿态不是孤立的、静止的，人们往往会随着人际互动而变化。比如从讨好型转为指责，又从指责转为打岔，但是始终在这四种姿态里转化。在学校情境中，心理老师可以带领学生通过动作体验不同的沟通姿态，从而更容易帮助学生觉察、学习如何从自我、他人和情境三方面反思自己和父母在冲突和压力之下的沟通姿态，努力尝试身心一致地表达自己的感受、想法和需要，更好地理解父母。[①]

---

① 张麒.学校心理咨询技术与实务［M］.上海：华东师范大学出版社，2017：128-130.

第 3 节
家庭治疗案例分析

本节通过两个家庭治疗案例分析，来了解家庭治疗技术在儿童青少年心理辅导中的运用，便于大家学习参考。

父女沟通不畅家庭治疗案例分析

林瑛老师（2020）运用系统式家庭治疗技术解决了一例父女沟通问题，以下是她的案例报告[①]：

（一）案例概况

小陈，女，13 岁，初一，某农村中学学生。有一个两岁的妹妹。妈妈不到 40 岁，曾从事美发工作，生育二胎后从事服务性工作。爸爸 40 岁，打工，因有腿伤，赋闲在家。

小陈由父母带到 6 岁，6 岁后外公外婆参与孩子的接送，主要抚养人仍然是父母。母亲比较耐心，跟孩子有较好的沟通。父亲在家时较少，一般 6 点后回家，常常打麻将、玩手机。半年前，父亲腿受伤后在家养伤，父女之间沟通不良，常常发生冲突。2019 年 2 月底开学时，孩子表示不想读书。经妈妈做工作到学校报名，跟老师沟通时，表达不想上学的原因是：对爸爸意见大，觉得爸爸对她不好，两人沟通不畅。2 月 23 日前来咨询，3 月 30 日第二次咨询。

第一次咨询时，父亲第一个走进咨询室，跛脚，全程使用不太标准的普通话。母亲第二个走进咨询室，个矮，微胖，健谈，表情生动。孩子最后进来，穿带帽羽绒服，全程套着帽子，整个人仿佛想缩进衣服里，短发，不经解释看不出性别。母亲先入座，孩子紧随母亲坐在同一张沙发上，较亲昵。父亲坐在

---

① 林瑛.系统式家庭治疗在父女沟通不畅咨询个案中的应用［J］.中小学心理健康教育，2020（2）.

母女对面。父母情绪正常，主动交流。女儿非常沉默，不愿意表达。

（二）评估

根据病与非病的三原则，该来访者的知情意协调一致，个性稳定，有自知力，经父母劝解而来，有求助愿望，无幻觉、妄想等精神病性症状，因此可以排除精神病。对照症状学标准，该来访者由于现实问题（跟父亲沟通不畅）而产生内在冲突，情绪焦虑和无助，内心冲突为常形，排除神经症。不良情绪持续不超过半年，社会功能降低，但受损不严重，经劝解尚能上学，情绪反应仅限于跟父亲沟通不良，未泛化，因此属于一般心理问题。

（三）原因分析

生理原因：孩子到了青春期，心理发展的矛盾性有可能激化现实矛盾，加大亲子冲突。

社会原因：（1）父亲打游戏、玩手机、打麻将较多，对孩子缺乏关心、陪伴和回应。（2）父亲腿受伤，失业在家，对未来的恐惧、对经济压力的担心、身体的不适以及对拖累妻子的歉疚等情绪感受，有可能激化现实矛盾，加大亲子冲突。（3）父亲与他自己的父亲关系一般，没有从原生家庭习得有效的沟通方式，导致沟通不畅、亲子冲突。

心理原因：（1）母女结盟导致父亲在家庭中的地位较为疏离。女儿表现为依赖母亲而对抗父亲，几经冲突后，父亲可能放弃对女儿的期望而转为斥责、蔑视。这种三角关系会影响夫妻之间的理解和亲密。父亲游离于家庭之外，要么忙于工作，要么沉溺于手机和麻将。（2）夫妻关系不良，妻子压抑了很多对丈夫的愤怒，并把这部分情绪投射给了孩子，孩子扮演了妈妈的代言人，帮助妈妈表达了压抑的对爸爸的愤怒和指责，加剧了父女冲突。由此可以判断，小陈不想上学，表面上看是因为父女沟通不畅，实际上，跟家庭的互动模式和关系模式有错综复杂的关系。看起来是孩子"病"了，实际上它也表达了家庭各个成员的需求，即这个家庭"生病"了。因此，对小陈的咨询不能仅限于她个人，更需要父母的参与配合。这就需要借助系统式家庭治疗的观点来进行全面干预。系统式家庭治疗的观念认为：治疗不是激进的主动的干预，而是温和的扰动，依靠提问和布置作业，帮助家庭调整互动模式，从而促进症状的改善。

以下拟从系统式家庭治疗的工具和技术两个方面，对系统式家庭治疗在本案例中的应用进行总结和梳理。

（四）辅导过程

1. 家谱图。

绘制家谱图是系统式家庭治疗预备性讨论的第一项任务。在治疗前，来访者须填写"家庭背景表及两系三代家谱"，如父母二系三代人的人口学及职业情况、健康情况，以及婚姻、受教育水平、精神卫生问题、重要经历。根据了解的信息，运用相应符号、规则绘制家谱图，使得来访者的重要的个人及家庭事件、问题、家庭互动模式和关系变得一目了然，成为治疗师提出治疗性假设的重要前提。鉴于本案来访者受教育水平不高，其家谱图由咨询师通过访谈帮助绘制。从家谱图中看出：父亲跟爷爷关系一般，爷爷奶奶的关系一般，来访者与父亲关系不良，显示出亲子关系模式的代际传承。来访者父母关系一般，来访者与母亲关系亲密而依赖，来访者与父亲对抗而抵触，三者相互纠缠，互为因果。家谱图的绘制对家庭问题、家庭互动模式及家庭关系的呈现，为咨询师提出治疗性假设提供了思路。

2. 提问技术。

在系统式家庭治疗的会谈中，咨询师主要运用提问的技术对来访者及其家庭进行扰动。

（1）循环提问。

循环提问的方法是系统式治疗师或咨询师的工具箱里最重要的工具之一，当着全家人的面，轮流而且反复地请每一位家庭成员表达他对另外一个家庭成员行为的观察或者对另外两个家庭成员之间关系的看法，或者提问一个人的行为与另外一个人的行为之间的关系。

咨询片段：

师：一家人都来了，你们想共同解决家庭的什么问题？

母：娃娃不想上学，我说总要去退费嘛。到了学校，老师就劝她。她就说，因为跟爸爸沟通不好，爸爸打游戏、耍手机、打麻将比较多，对她回应比较少。

师：妈妈说，孩子不想上学，是因为爸爸与孩子沟通不好，打游戏、用手机、打麻将比较多，爸爸怎么看？

父：不晓得什么原因，我说话她不理我。

师：爸爸说不知道什么原因，女儿怎么看？（转向女儿，女儿沉默。）

母：（和颜悦色地，耐心地，用手肘和面部表情邀请女儿）你说嘛。

女：我不想理他。

师：什么原因呢？假如外公外婆在现场，他们会怎么说？

母：他们没文化，只会说，该打了。

师：那女儿不理爸爸，是什么原因呢？

（女儿又沉默）

父：（愤怒）你说，总要有回应，没礼貌！在家也是，睡觉不起床，喊她不回应，用被子盖着头，你吃不吃饭，总要有个表示嘛……

（女儿更沉默，哭泣，母亲递纸巾，女儿愤怒地拒绝。）

同一问题循环反复询问不同的家庭成员，根据家庭成员的回答，可以从中观察到小陈家庭成员的互动模式：女儿不搭理父亲—母亲好言相劝，循循善诱，父亲却简单粗暴，愤怒指责—女儿更加沉默、抗拒。而这一模式恰恰就是问题行为及其原因的呈现：小陈反感父亲的简单粗暴，以不加理睬的沉默抗拒父亲；母亲好言相劝，循循善诱，呈现出母女结盟的状态，同时也显露出母亲跟父亲在对孩子管教问题上存在的矛盾和冲突。

（2）责任回归性提问。

对于症状形成的责任，家庭成员之间往往相互推诿和指责，责任回归性提问让家庭成员更多思考自己对于症状行为的"贡献"。

咨询片段：

师：爸爸在女儿不回应时很生气和愤怒，在爸爸看来，跟人沟通，女儿必须有回应，是吗？

父：是。作为晚辈，即使是平辈，至少要有个回应，要不然，走向社会，哪个管你那么多。

师：爸爸担心女儿走向社会吃亏，作为父母有这样的担心很正常。爸爸始终坚持认为，沟通必须有回应。我很好奇，爸爸在跟人沟通的时候，有没有不回应的时候？

母：有！跟我，我说话，他在用手机的时候。跟女儿，女儿说作业不会做，他在玩手机的时候。

师：这很有趣，爸爸说女儿不回应自己，爸爸跟妈妈，跟女儿沟通时，也有不回应的行为。会不会有人会认为，爸爸的行为对孩子有影响？

（父亲沉默思考）

咨询片段：

（咨询师感到亲子沟通状况可能跟父亲的固有模式和原生家庭有关系，因此探究了父亲的成长经历。父亲老家在江西，父母关系良好，他父亲偏严厉，自述跟父亲关系一般，跟母亲关系稍好。他排行老大，还有妹妹和弟弟，都在江西生活，自己中学离家到四川打拼。）

师：爸爸一个人背井离乡，只身到四川辛苦打拼，挺不容易的，直到遇见爱情才留下来，是这样的吗？

（父亲表情柔和，有幸福的感觉。）

（女儿明显不屑一顾）

母：她叫我跟他离婚。

师：看起来女儿对爸爸不满意，甚至觉得妈妈该跟爸爸离婚。我有点好奇，会不会有人会认为，爸爸妈妈的关系对孩子的状态有影响？……

责任回归性提问，让父亲思考自己在沟通中的不回应对于女儿症状行为的影响，让夫妻双方思考夫妻关系对于孩子症状行为的影响。让父母明白小陈对父亲的不回应跟父亲在亲子沟通中的不回应有关系，跟夫妻关系不良有关系，从而思考改变的方向，承担改变的责任。

（3）改善—恶化性提问。

改善—恶化性提问通过对症状行为和恶化的情况进行提问，让家庭成员思考不同行为对症状的影响，从而选择更多积极的行为，避免消极行为，促进症状的改善。

咨询片段：

父：我说话她就是不理我啊。

师：有没有好的时候呢？什么情况下沟通状况会更好一点？

父：她心情好一点的时候，家人一块儿去玩儿的时候。

师：什么情况下这种沟通状况会更严重呢？

父：早上起床，我反复催她的时候，还有，我骂她的时候。

通过改善——恶化性提问，让家庭成员思考行为和症状的关系，避免不好的行为，明确改善的方向，同时也促使家庭成员看到资源和能力，增强改变症状行为的信心。

（4）前瞻性提问。

前瞻性提问是指向未来的提问，基于当下的情况对未来进行设计，让家庭成员看到希望或者改变，从而增强信心或激发当下改变的动力。

咨询片段：

（母亲讲了一个女儿跟同学发生冲突，自己给女儿撑腰并处理的故事；还讲了女儿站在危险的地方，自己责打和教育女儿的故事；还说爸爸从没有打过女儿，只拖过。这期间，母女有自然流畅的互动，女儿嗔怪地埋怨妈妈太狠了，但并不感觉生分和有距离。）

父：（极其不耐烦）让老师说嘛。

母：（反击）说女儿感兴趣的事，她就放松了，就有话，就有回应了。

师：我看到爸爸妈妈有不同的意见，在这个地方有争吵，我很好奇在家里也是这样吗？我们设想下，如果继续这么吵下去，三个月之后会怎么样，孩子的状态会更好吗？

前瞻性提问的运用，引起了家庭成员对未来可能发生的情况的思考，激发了当下改变的动力。

（5）澄清性提问。

帮助来访者澄清一些模糊的认知，使问题呈现更具体清晰。

咨询片段：

师：这种沟通困境是什么时候出现的？

父：半年前，受伤后。

师：受伤后，有什么不同？

父：心情比较差，烦躁。

师：还有哪些不同？

父：也有经济压力和对未来的担心，不仅不能挣钱，还要拖累妻子照顾自己。

师：看到女儿不如自己的期待，就忍不住发火，这种烦躁、愤怒其实不完全因为女儿，是吗？

（父亲点头）

师：我想此刻爸爸对女儿心里是有一份歉疚的，是吗？

父：嗯。

（女儿肢体松动了些，感觉父女关系有松动。）

系统式家庭治疗还有许多提问方式，比如例外提问、差异性提问、假设性提问、资源性提问、奇迹询问，等等。两次咨询不能穷尽所有的提问技术，以上仅从5个提问技术运用片段进行举例，以探讨系统式家庭治疗的提问技术在本案例中的应用。

3.布置家庭作业。

在系统式家庭治疗的会谈中，布置作业是为了促进家庭产生某些变化，是系统治疗极为重要的一环。

（1）记秘密红账。要求小陈父母记录跟孩子互动沟通良好的情况，越细致越好。要求小陈记录父母的变化。作业目的是促进小陈和父母关注对方的积极行为，另一方面，引导双方做出积极行为，同时也让孩子感受到父母对自己的用心与关爱。这样的作业一方面能促进其他成员的注意力重新分配，另一方面则引导来访者及其家庭成员做出积极的互动行为。

（2）要求父母意见不一致要争吵时，停下来，用手机录下来。该作业的目的在于增加父母的觉察，叫停夫妻双方的争吵行为。

系统式家庭治疗中的布置家庭作业还包括悖论干预和症状处方，单、双日家庭作业，角色互换（role-exchanging），水枪射击或弹橡皮筋和定期写信或打电话。鉴于来访者及其家庭成员的受教育程度不高，咨询师选用了少量且易操作的家庭作业。

咨询结果：两次咨询结束后回访。

第一次母亲反馈，"比之前好多了。老公觉得孩子理他就满足了。我觉得还不行，还应该让孩子跟他无话不谈"。——说明咨询效果良好，来访者及其家庭对未来有更多期待。

第二次母亲反馈，"还行。爸爸答应接孩子，因为打麻将两次都食言了，说又不是弄个祖宗来供。自己劝了女儿，好多了。女儿说，以后单身，看妈妈结婚都那么累"。——显示咨询效果不够稳定和持久，也再次证明"小陈的症状背后是夫妻的关系问题，小陈只是做了这个生病家庭的代言人"这一假设的合理性。系统治疗工作不可能一蹴而就，需要后续跟进。

上述案例的可取之处在于，辅导过程体现了系统式家庭治疗的基本原则，即治疗不是激进的主动的干预，而是温和的扰动，依靠提问和布置作业，帮助家庭调整父女、父母的互动模式，从而促进父女沟通和关系的改善。当然，家庭动力系统和互动模式是长期形成的，有其惯性和张力，改变也需要一个长期的过程。

拒学男孩的家庭治疗案例分析

武志伟（2012）运用系统式家庭治疗帮助一个拒学的男孩，现摘录案例报告如下[①]：

---

① 武志伟. 系统家庭治疗模式在个别化青少年中的应用——基于一项个案的研究［J］. 社会工作实务研究，2012（5）.

（一）个案基本情况

小D，16岁男生，成绩优异，被家人评价为"好孩子"，"省心"。但是自从一次D上学迟到后，被老师用试卷敲了一下头后就表现出一些不正常的行为：拒绝上学，整天待在家里，并逐渐染上网瘾，沉溺于网络游戏之中——他经常玩20个小时的电脑，然后睡10小时左右的觉，再接着起来玩游戏。小D自己能够认识到玩网络游戏是堕落的，他也想改变这种状况，只是有情绪需要爆发就会难以控制自己，从而出现对父母的"惩罚"。小D拒绝上学以后，和父母的关系严重僵化。不和母亲说话，称之为"她"，以及遇到一些事情，让父亲站2个小时不能动。甚至曾经有一次，因为父亲提醒D不要玩游戏太晚，D让父亲在床上坐了一晚，不能睡觉。

在D小学二年级之前，由于工作原因，父母分居两地。7岁之前D和母亲一起生活，父亲每周回家一次；上了小学，D和父亲生活在一起，直到二年级之后母亲才搬到济南来。D平时大多由父亲管，而父亲对他的要求比较严格，这对D产生了一些压力。D的父亲和母亲感情不错，但是平时多多少少会有一些口角争执。D的父亲是一家之主，但是母亲可能会有时候对父亲的要求置之不理。

（二）评估分析

经过一段时间的接触，我认为D的问题不仅仅是个人的问题，更是家庭的内部系统之间的问题。首先，家庭消极的沟通模式，父母和孩子之间缺乏沟通，D很多事情，比如对来访的亲戚朋友的反感，都不会告诉父母。父母缺乏一些谈话技巧，使得建议的话让D感觉到是命令，从而产生压迫感。其次，专制型的家庭模式。从小，D的父母就对他严格要求，包括在寒暑假为D制订严格的学习计划，D作业如写错就要撕掉重写等。D的父亲管教他较多，让D感觉到更多的压迫感，情绪不断压抑，最终才突然爆发。最后，作为16岁的孩子，D正处于青春期阶段，青春期的特征，尤其是叛逆和自我独立性对D的情况起到了推波助澜的作用。

（三）辅导过程

1. 对D的治疗。

（1）家庭作业法。通过与D的交流和观察，我认为，D第一个需要解决的就是生活作息问题。因为不规律的作息直接危害 D 的身体健康，而且 D 自己也有改变这一现状的意愿。因此我采用了家庭作业法。通过家庭作业，让他认识到自己的一些非理性的行为，并且逐渐接受并习得理性的正常行为，慢慢地戒除网瘾，形成良好的作息规律。

第一周作业：记日记。让 D 记录下每天自己在做什么事情。比如几点起床、吃饭、上网、看电视等。通过记录一周的作息，D 自己认识到作息不规律，生活太空虚，自己也想寻找一些事情来丰富自己的生活。

第二周作业：让 D 思考可以做什么。让 D 每天思考一件自己可以在家做的事情，并且尝试去做。这样，可以调动 D 改变自己现状的主动性，也使得一些活动能够更好地满足 D 的意愿。

第三周作业：按计划作息。D 和我一起制定了一个比较宽松的作息安排表。包括早上 8 点起床，一天至少吃两顿饭，每天出去走 10 分钟，自己打扫自己的屋子等。这个安排表比较宽松，目的是让 D 执行起来容易实现，不会让 D 感觉到太大的压力。

（2）了解家庭关系。在逐渐改变了 D 的作息之后，由于双方已经达成了一定的共识和接纳，所以我就开始和 D 探讨家庭关系。我引导 D 分享他对家庭关系的看法，对父母以前的教养方式的回忆以及态度等，从而更为全面地了解 D 与父母关系僵化的原因。在这个过程中，我没有劝说 D 以感恩和孝顺的心态对待父母，而只是告诉他要有事情和父母说，比如不喜欢父母的同事朋友来劝他的事情，就应当告诉父母。

2. 对父母的治疗。

（1）分配角色任务。首先，减少对 D 的干预。之前 D 如果玩网络游戏玩到 11 点多钟，父母就是劝 D 别玩了，快点去睡觉。但是结果往往事与愿违，D 非但不听，还会玩更长的时间，并且激化与父母的关系。于是，我就建议父母采取"不过问"的态度，给 D 准备好一些面包和水之后，就去睡觉。

其次，减少对 D 的关注。如果父母过多关注 D 的非正常行为，在 D 行为爆发的时候过多的迁就，就会使得 D 产生"得寸进尺"的心理，从而不利于行为的恢复，甚至加剧行为的恶化。因此，我建议父母不需要寻求太多的治疗方法，找很多的人劝说D，而是恢复正常的生活状态，给D一些自由的空间。

（2）了解D的情况。仅仅通过D来了解家庭关系是远远不够的，我也同他的父母交流，了解D以前的情况，家庭的关系，以及他们观察的D的最近的变化。

家庭治疗之前的治疗主要在家庭的子系统层面所做的治疗。在11月中旬，也就是治疗一个多月之后，由于有一定的了解和专业关系的建立，我让D与父母一起坐下来，做一个系统的家庭治疗。在这次交流过程中，我通过循环提问和差异性提问，询问D对父母的关系看法，澄清了一些D以前认为的父母不对的地方，同时也让父母更多地了解D的真实想法；而且，通过"家庭图谱"的方式，细化了三人之间的亲近程度和交流方式；最后，我让D和父母之间互相道感谢和拥抱，三人的关系出现一点融化的迹象。

由上述案例可知，系统式家庭治疗能够有效地在家庭层面，尤其是家庭关系角度探究青少年问题的原因。其治疗过程不仅有利于青少年的行为的恢复，而且有利于家庭关系的正常化，有利于家庭的正向发展。

本章结语

儿童的许多行为和心理问题是由不良的家庭教育环境引起的。学校心理老师和班主任在处理孩子的问题的时候，往往需要做父母的工作，这就需要学习家庭治疗的理论与技术。而目前对于学校心理工作者的家庭治疗理论和技术的专业培训是远远不够的，是需要加强的环节。心理老师和班主任学习家庭治疗的理论和技术，并不是要给孩子的家庭做治疗，而是运用这些技术来更清晰地分析家庭功能、家庭的亲子关系与互动对于孩子成长的影响；帮助父母更好地与孩子建立亲密、和谐的关系；帮助父母寻找到适合孩子的教养方式。心理老师有一项职责是做家长的心理顾问，本章所介绍的系统家庭治疗、结构式家庭治疗，乃至萨提亚家庭治疗的这些理念和技术，都是为做好这项工作提供专业技术的支持。

鲍温的家庭系统治疗，通过咨询师帮助家庭成员从三人系统中去三角化，帮助每个家庭成员提高他们基本的自我分化水平，降低家庭成员的焦虑。在评估技术上，他创建了家谱图，了解家庭当前问题的起源，它是一种相对不带情绪的收集之类的方法，有助于理解家庭，并把家庭与治疗探索关系联系起来。

结构性家庭治疗注重家庭的组织、关系、角色与权力的执行等结构上。此治疗方式就是使用各式各样的具体方法，来纠正家庭结构上的问题，促进家庭功能。

系统式家庭治疗是把系统论、控制论、信息论等现代科学方法论引进家庭治疗中，把一个家庭看作一个系统，其中的每个成员都是一个子系统。家庭系统中成员的互动方式构成的家庭模式与规则是来访者症状产生的主要原因，因此，治疗的重点就在于围绕症状找出家庭规则中的问题系统，加以治疗，从而促成症状的消失。其中循环提问、差异提问、假设提问、资源取向提问等技术都具有可操作性，便于心理老师在儿童辅导中运用。

萨提亚家庭治疗模式的主要目标在于通过各种技术扰动整个家庭中各个成员之间的互动模式，提升来访者的自我价值，挖掘自身潜力，帮助来访者应对个人问题。高自尊和表里如一的生存姿态的建立是治疗的最主要的目标。其中沟通生存姿态技术的运用，可以帮助孩子和家长更好地互相理解、互相支持。

家是孩子温馨的港湾，父母是孩子的第一任老师。如同孩子的成长，父母也需要成长，家庭也需要成长建设。家庭治疗理论和技术为教育工作者帮助家庭成长提供专业支持，有助于为孩子的健康成长建设和谐的家庭教育生态环境。